煤炭职业教育"十四五"规划教材
高等职业教育"新形态"一体化教材

工程制图与CAD

主编 陈玉莲

中国矿业大学出版社
·徐州·

内 容 提 要

本教材针对应用型本科、高职高专教育特点，采用现行标准，以企业案例为主线、以任务为载体、以问题为导向，注重实用性与实践性，并与职业资格证书及技能鉴定标准进行有效衔接，强化学生解决实际问题的能力和创新能力的培养，既适应产业对人才的需求，又体现以职业能力为本位的“产教融合”校企合作人才培养特色。

本书可作为应用型本科、高等职业院校近机类、非机类各相关专业教材，亦可作为成人教育院校的教学用书，或CAD中(高)级绘图员职业资格证的培训辅导教材，还可供相关专业的工程技术人员学习参考。

图书在版编目(CIP)数据

工程制图与CAD / 陈玉莲主编. —徐州：中国矿业大学出版社，2024.2

ISBN 978-7-5646-5591-4

Ⅰ. ①工… Ⅱ. ①陈… Ⅲ. ①工程制图—AutoCAD软件 Ⅳ. ①TB237

中国版本图书馆CIP数据核字(2022)第206998号

书　　名 工程制图与CAD

主　　编 陈玉莲

责任编辑 何晓明　何　戈

出版发行 中国矿业大学出版社有限责任公司

(江苏省徐州市解放南路　邮编221008)

营销热线 (0516)83884103　83885105

出版服务 (0516)83995789　83884920

网　　址 http://www.cumtp.com　**E-mail**:cumtpvip@cumtp.com

印　　刷 苏州市古得堡数码印刷有限公司

开　　本 787 mm×1092 mm　1/16　**本册印张** 21　**本册字数** 537千字

版次印次 2024年2月第1版　2024年2月第1次印刷

总 定 价 59.00元(共两册)

前 言

本教材突出应用性，紧密结合经济全球化时代高校应用型人才培养工作的实际需要，基础理论以“必需、够用”为度，适量删减了画法几何中部分图解的内容，以培养学生的徒手绘图、尺规绘图和计算机绘图实践能力为重点，注重三者的有机融合，加强图示能力的培养，力求提高教材的科学性、实践性、先进性和实用性。本教材有以下主要特点：

1. 体例结构新颖活泼，知识体系实用有效

本教材以立体表达方式为主干，从“体”出发阐述正投影基本规律，将传统的点、线、面融入立体的投影之中，采用模块导向(制图的基本知识、投影基础、工程图样和 AutoCAD 绘图 4 个模块)→项目引导(14 个工程项目)→任务驱动(紧密结合工程实际案例)的体例结构编排。通过完成工程典型模块的实践项目，学生可以掌握工程制图的岗位工作技能，突出以学生为主的项目化训练，最终实现学生贯彻制图国家标准绘制和阅读工程专业图样工作能力(手工绘图及计算机绘图)的建构。

2. 突出先进性，构建“新形态”教材

本教材结合国内外专业前沿、最新工程成果案例，且全部采用技术标准和机械制图最新标准及与制图有关的其他标准，充分体现工程图学学科的发展，计算机绘图则以最新版 AutoCAD 2023 为蓝本。每个项目以学习目标、思政目标、学习项目工单和引例导入，利用现代信息技术及多元化知识载体(文本、图片、视频、链接等)，形成了内容全面、图文并茂、实例丰富的“新形态”一体化教材。

3. 配套资源丰富，融入课程思政

为了方便日常教学，开发了体现课程思政、“岗课赛证”等的教案、课程标准和课件(以知识点融入思政内容)、dwg 源文件、习题答案、模型等优质资源相配套。

本教材由兰州资源环境职业技术大学陈玉莲担任主编并统稿，由华亭煤业集团有限责任公司张卫平高工主审。具体编写分工如下：吴敏娇编写项目 1、项目 2 和项目 3；蒋晓瑜编写项目 4；金丽娜编写项目 5、项目 6、项目 7、项目 8 和附

录；谢金丁编写项目 9 和项目 10；黄雪琪编写项目 11；杨添玺编写项目 12；陈玉莲编写项目 13；青海省能源发展(集团)有限责任公司施贵年编写项目 14。

本教材在编写过程中参考了许多文献资料，在此向相关作者表示衷心的感谢。

由于水平有限，书中难免存在疏漏和不足之处，敬请广大读者和同仁批评指正。

编　者

2023 年 12 月

目 录

模块 1 制图的基本知识和技能

模块 2 投影基础

模块 3　工程图样

模块 4　AutoCAD 绘图

模块1　制图的基本知识和技能

项目1 认识图样

教学目标

初步认识工程图样，了解本课程的目标项目，掌握本课程的学习方法；能熟练使用铅笔、三角板、圆规、绘图板、丁字尺等常用绘图工具。

思政目标

1. 了解“蓝图”，激发学生爱国热情，增强文化自信和文化认同，明确使命担当——学习工程制图，绘就梦想蓝图。

2. “工欲善其事，必先利其器”。熟悉手工绘图工具。

学习项目工单

项目名称	认识图样
项目描述	通过网络、图书等资源查找关于蓝图的知识，从个人、家庭、国家三个层面理解新时代蓝图——中国梦，号召青年学子担当使命、勇于开拓
项目分析	引经据典谈谈你对蓝图的认识
成果展示及评价	分小组完成所要求的项目，推荐一位成员解说展示作品，小组互评后由教师综合评价

引例

联系蓝图(图1-1)的由来，理解工程图样的重要性和作用。没有蓝图，我们无法看到大师们充满幻想的设计流传百世。

引导学生观察一张完整的图纸由哪几部分组成。

线条、尺寸、符号是制图的“字词”，灵活准确的表达方式是制图的“修辞手法”，国家标准是制图的“语法”，尺规、软件是制图的“工具”，而规范明了的蓝图便是制图的“华章”。

介绍图学简史，唤起学生的爱国热情，树立文化自信；从学习本课程的意义入手，分析工程图样的作用，解读课程“初心”——用简单、清晰的图样表达工件，联系我国“制造业强国战略”，引导学生明确课程使命、树立远大理想和正确的三观，从而勇于肩负起时代的使命。

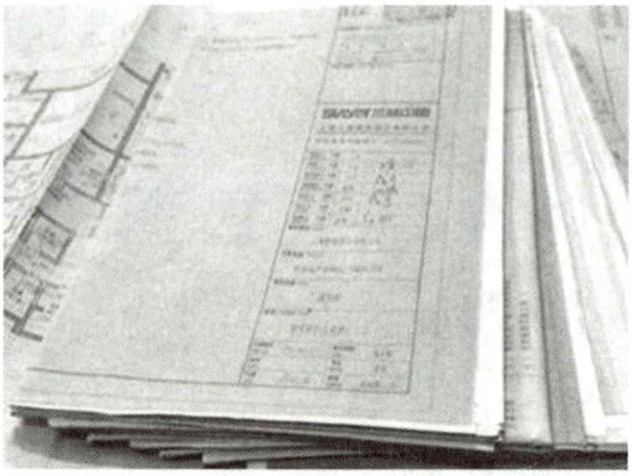

图 1-1　蓝图

任务 1　初识工程图样

一、概述

首先让我们认识一下工程图样。图 1-2 所示为千斤顶实物图、千斤顶上零件螺套的零件图和千斤顶的装配图。

在工程技术上，根据投影原理、制图标准或者有关规定，表示工程对象形状、大小、结构及技术要求的图，称为图样。不同性质的生产部门对使用的图样有不同的要求和名称，如机械图样、建筑图样、电气图样、化工图样等，统称为工程图样。

图 1-2(a)是立体图，其优点是立体感强、直观、生动，其缺点是不易反映出物体各个表面的实形，也不便于尺寸标注。因此，工程上常将它作为工程辅助图样来说明产品的结构。图 1-2(b)是千斤顶上的一个零件——螺套的零件图，它能够精确地表达螺套的结构形状、尺寸大小及技术要求。图 1-2(c)是千斤顶的装配图，它表达了千斤顶的工作原理、性能要求以及各零件间的装配关系。图 1-2(b)和(c)是根据投影原理、制图标准或者有关规定绘制的，表示工程对象，并有必要的技术说明，有语言和文字无法表达的形象、直观优势。工程图样是指导生产和进行技术交流的重要技术文件。工程设计人员通过图样表达设计思想和进行技术交流，工程管理人员通过图样进行管理，工程施工人员通过图样进行施工。因此，图样是设计、制造、技术交流和施工的重要技术文件，被喻为工程界的“技术语言”。

“按图施工”是工业生产中的一句常用话，从侧面反映了图样在工业生产中的地位和作用，反映了图样与生产的关系。工程图样的缺点是没有立体感，要想看懂工程图样，与所表示的机器或零件对应起来，并进行加工制造、检验、装配等工作，是需要经过专门训练的。工程技术人员只有掌握这种技术语言才能从事相应的工作，熟练地绘制及阅读工程图样是工程师必备的能力和素质。

二、中国工程图学简史

工程图学作为一门科学学科，有着其系统的理论基础和方法，这些理论的形成和发展经历了漫长的历史岁月，在地理图、天文图、建筑图以及机械图等方面都有着杰出的成就。

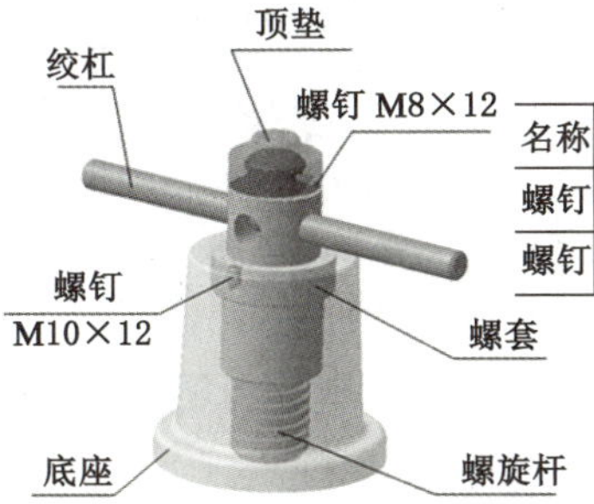

明细表

名称	代号	规格	材料
螺钉	GB/T 75—2018	M8×12	Q235A
螺钉	GB/T 71—2018	M10×12	Q235A

(a) 千斤顶实物图

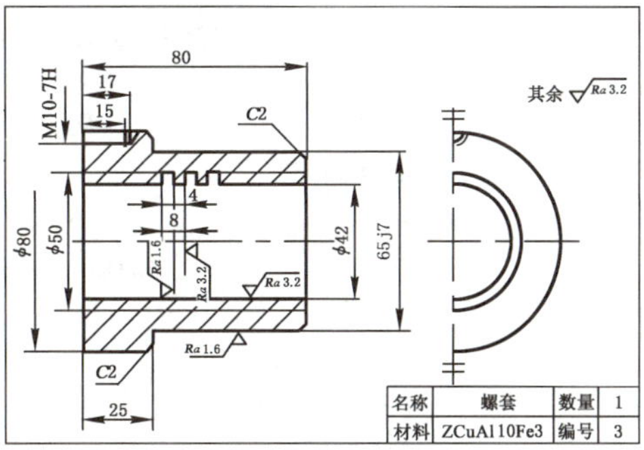

(b) 螺套零件图

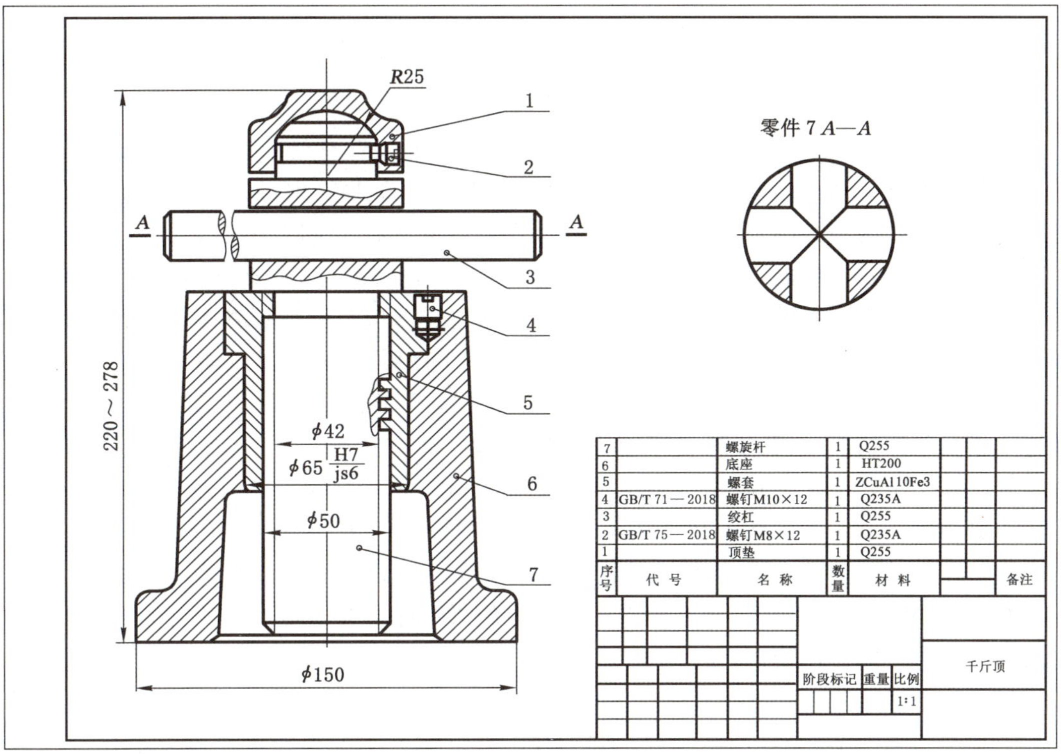

(c) 千斤顶的装配图

图 1-2 千斤顶图样

中国工程图学的历史源远流长，在几千年的发展历程中成就甚丰，如图 1-3 所示。

随着科学技术和工业生产的发展，工程制图的方法、内容和形式在不断变化，工程图样的制图标准也在不断更新和发展。计算机绘图技术的出现，使得整个工程图学进入一个全新的时代。计算机技术及其成果引入工程图学后，图样管理实现了生产管理模式的现代化；计算机作为绘图工具生成各种视图，与传统的手工绘图相比，效率高、速度快、绘图精准。自从计算机图形技术发展起来以后，新的成图技术正在成为设计行业的主流。

技巧点拨：

手工绘图是基础，基础必须学扎实、牢固，然后才能有创新；计算机绘图是方向，掌握新

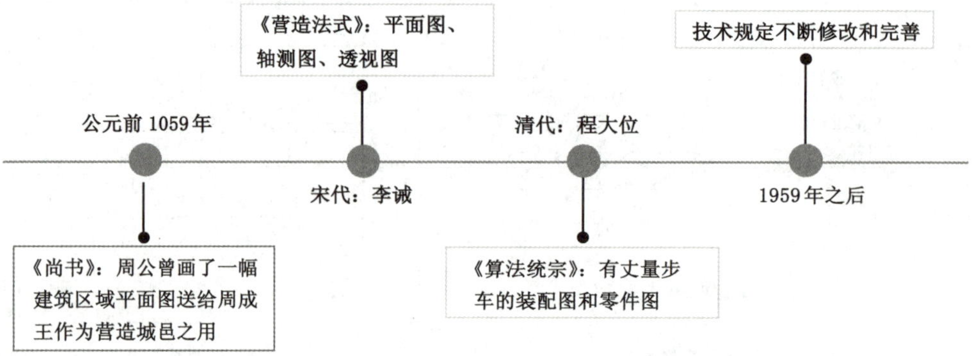

图1-3　中国工程图学简史

技术才会出效益、出水平。

三、工程制图的主要内容和基本要求

工程制图与CAD是应用型本科、高职高专院校工科专业学生必修的技术基础课，是研究工程图样的绘制和识读规律的一门学科，旨在培养学生的空间思维能力。掌握手工绘图和计算机绘图的基本技能，是学习后续课程必不可少的基础。其主要目的是培养学生具有阅读工程图样和手工画图、计算机绘图的能力。通过学习应达到如下基本要求：

(1) 掌握正投影法的基本原理及其应用，培养空间想象能力和思维能力。

(2) 学习制图国家标准及相关的行业标准，掌握并正确运用各种表示法，具备绘制和识读简单工程图样的能力，初步具备查阅标准和技术资料的能力。

(3) 通过教学实践环节，能将本课程的基本知识、原理和技能进行综合运用与全面训练。掌握手工绘图的基本技能和AutoCAD的基本操作，初步具备计算机绘图技能。

(4) 通过本门课程的学习，培养认真负责的工作态度和一丝不苟的工作作风。

此外，在教学过程中必须有意识地培养学生的创造能力和一定的审美能力，使自己绘制的图样既有一定的使用价值，又给人以美感。

四、工程制图学习方法

工程制图与CAD是一门实践性很强的技术基础课。本课程的核心内容是学习如何用二维平面图形来表达三维空间物体(画图)，以及由二维平面图形想象三维空间物体的形状(读图)，因此在学习过程中应做到如下几点：

(1) 在学习过程中，要重点掌握正投影法的基本理论和基本方法，不断地“照物画图”和“依图想物”，切忌死记硬背。通过循序渐进的练习，不断提高空间思维能力和表达能力。

(2) 本课程实践性较强。课后及时完成相应的习题或作业，是学好本课程的重要环节。只有通过大量的实践，养成正确使用尺规绘图工具或计算机按照正确方法、步骤绘图的习惯，才能不断提高画图与读图的能力，提高绘图的技巧。

(3) 要重视实践，树立理论联系实际的学风。由于工程图样在生产实际中起着很重要的作用，其中任何一点差错都会给生产带来不应有的损失。在大作业、上机操作等实践环节，既要用理论指导画图，又要通过画图实践加深对基础理论和作图方法的理解，以利于工程素质的培养。

(4) 工程图样既然是工程界的交流语言，就应遵循技术制图相关国家标准，因此，在学习过程中应树立“严格遵守标准”的观念，贯彻执行国家标准，培养良好的工作作风。

任务2 常用绘图工具的使用方法

掌握绘图工具的使用方法，是手工绘图时保证质量和加快绘图速度的一个重要前提。下面主要介绍手工绘图时常用绘图工具的使用方法。

一、图板、丁字尺和三角板

图板用来铺放和固定图纸，工作表面应平整，木质纹理应细密，软硬适中。图板两端的导边应平直，防止受热受潮发生翘曲变形或开裂。图板的大小规格各不相同，常用的图板规格有0号、1号和2号，绘图时图纸可用胶带纸固定在图板上，如图1-4所示。

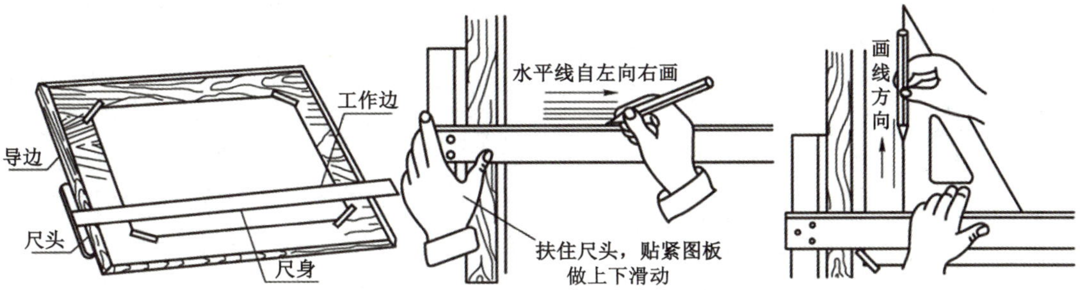

图1-4 图板和丁字尺

丁字尺由尺头和尺身组成，尺头和尺身的结合处必须牢固。尺头的内侧必须平整，使用时应紧贴图板的导边；尺身的上侧面为工作边，主要用于绘制水平线。使用时，用左手扶住尺身，将尺头的内侧边紧贴图板的导边，上下移动丁字尺，自左向右可画出一系列不同位置的水平线，手势如图1-4所示。丁字尺用完之后，应将其悬挂在墙上，以免尺身发生弯曲。

一副三角板由45°和30°(60°)各一块组成，主要与丁字尺配合使用，可以方便地画出各种特殊角度的直线，如图1-5所示。

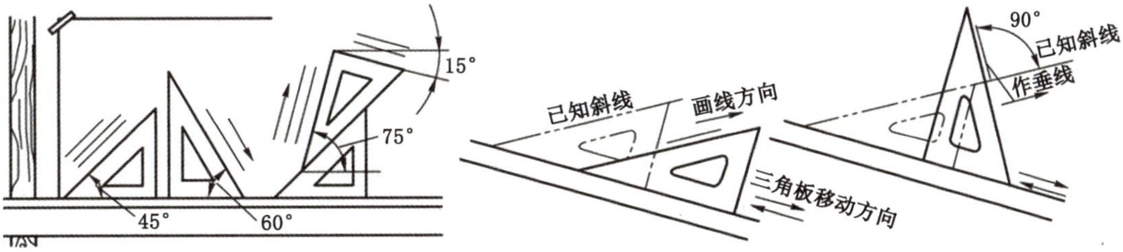

图1-5 用三角板画平行线及垂直线

二、圆规和分规

圆规用于画圆或圆弧。一般有大圆规、弹簧圆规和点圆规三种。使用时，应先调整针脚，使针尖略长于铅芯，且插针和铅芯脚都与纸面大致保持垂直。圆规笔脚上的铅芯常削成楔形和铲形：楔形用于画细线，铲形用于画粗实线。画大圆弧时，可加上延伸杆，如图1-6所示。

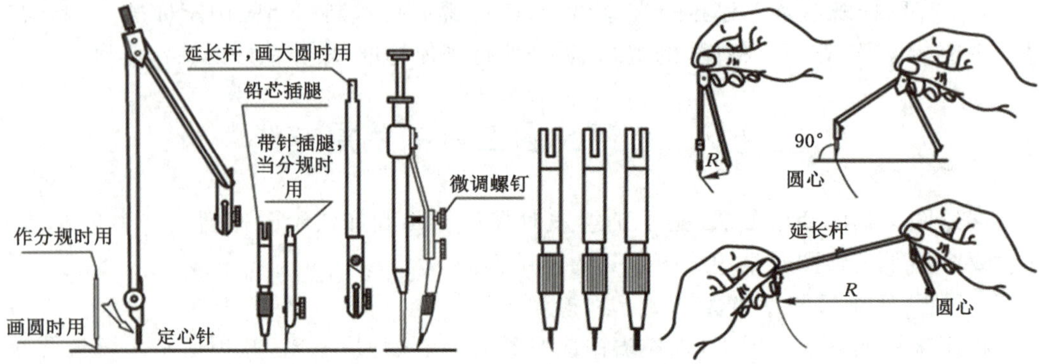

图 1-6　圆规的用法

分规是用来量取尺寸和等分线段或圆周的工具。分规的两腿均装有钢针，当分规两腿合拢时，两针尖应合成一点，如图 1-7 所示。

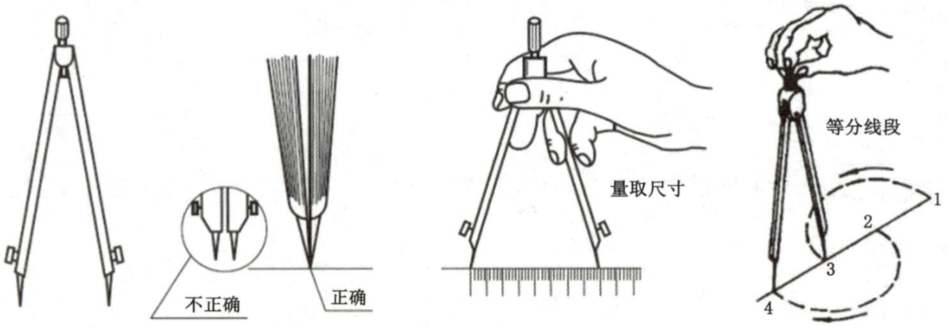

图 1-7　分规的用法

三、铅笔

绘图铅笔的笔芯有软硬之分，分别用标号 B、H 表示：B 前面数字越大表示铅芯越软且黑，H 前面数字越大表示铅芯越硬且淡，标号 HB 表示笔芯软硬适中。画粗实线常用 2B 或 B 的铅笔；画细实线、细虚线、细点画线、箭头和写字时，常用 H 或 HB 的铅笔；画底稿线常用 2H 的铅笔。铅笔要削成合适的形状和尺寸，削铅笔应从无标号的一端削起，以便保留标号来辨认笔芯的软硬。图 1-8 所示为铅笔的削法。

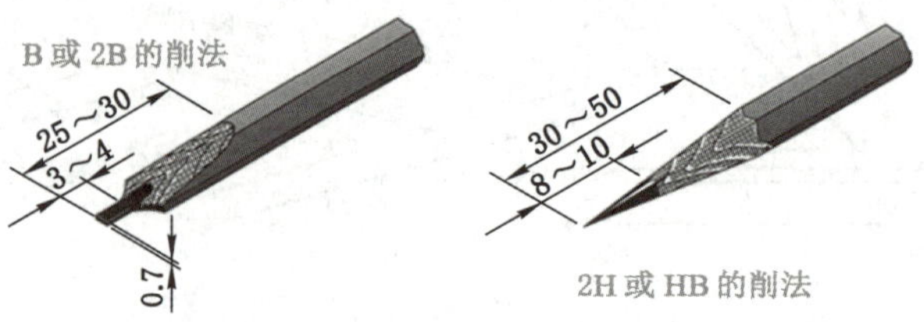

图 1-8　铅笔的削法

四、其他

除了上述绘图工具之外，绘图时还需要准备量角器、铅笔刀、橡皮、固定图纸用的塑料透明胶纸、擦图片、砂纸（磨铅笔用）以及清除图面上橡皮屑用的小毛刷等。

项目2 应用国标手工绘制平面图形

教学目标

了解机械制图和CAD制图国家标准的一般规定；熟悉常用图形的几何作图方法和技巧；能按国标手工正确绘制平面图形和进行尺寸标注。

思政目标

1.“不以规矩，不能成方圆。”明确工程制图的国标和行业规范等内容，建立标准化意识，形成严谨、规范的绘图习惯，强化遵纪守法意识。

2. 探究图形奥秘，夯实绘图技能。

学习项目工单

项目名称	线型的绘制
项目描述	分析图1-2所示图纸各组成部分，并分析相关国标规定
项目分析	具备查阅和使用国标的能力，熟悉图纸构成部分标准，如幅面、图框、标题栏、线型、文字等
成果展示及评价	分小组完成所要求项目，推荐一位成员解说展示作品，小组互评后由教师综合评价

引例

自然界充满丰富多彩的图形，特别是美妙的螺旋，如DNA的双螺旋、银河系的螺旋、菊石的螺旋等。从古老的长城、故宫，到今天的鸟巢、水立方，都证明着基本图形元素是表达万物形态、原理、结构的基本要素。

生活中的图形如图2-1所示。

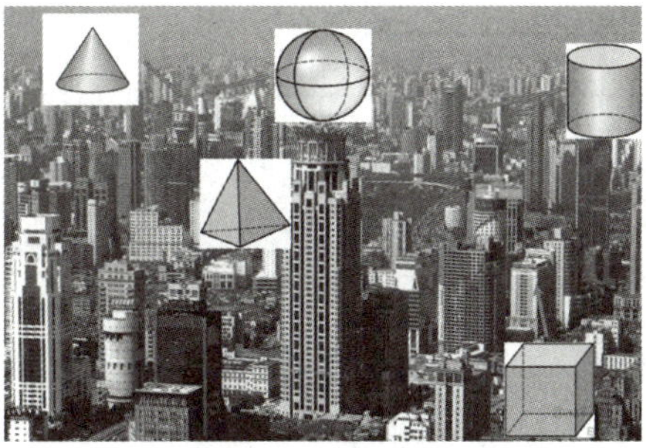

图2-1 生活中的图形

画法几何是工程制图的理论基础，也是研究“形”的科学，尺规作图理论的核心是图形问题几何化。分析图形构形的规律性和技巧性，欣赏平面图形构成的美妙。

任务1　制图国家标准简介

一、图纸幅面和格式(GB/T 14689—2008)

1. 图纸幅面

图纸的基本幅面有五种，分别用幅面代号A0、A1、A2、A3、A4表示。绘制技术图样时，应优先采用表2-1规定的基本幅面。必要时允许加长幅面，加长幅面及图幅尺寸在《技术制图 图纸幅面和格式》(GB/T 14689—2008)中另有规定。

表2-1　图纸幅面及图框尺寸　　单位：mm

幅面代号	A0	A1	A2	A3	A4
$B\times L$	841×1 189	594×841	420×594	297×420	210×297
e	20		10		
c	10			5	
a	25				

图样中的方框有内、外两个，如图2-2所示。外框表示图纸边界，用细实线绘制，其大小为幅面尺寸；内框是绘图区域，用粗实线绘制，其尺寸见表2-1。图框格式分为不留装订边和留有装订边两种，但同一产品的图样只能采用一种格式，应优先采用不留装订边的格式。

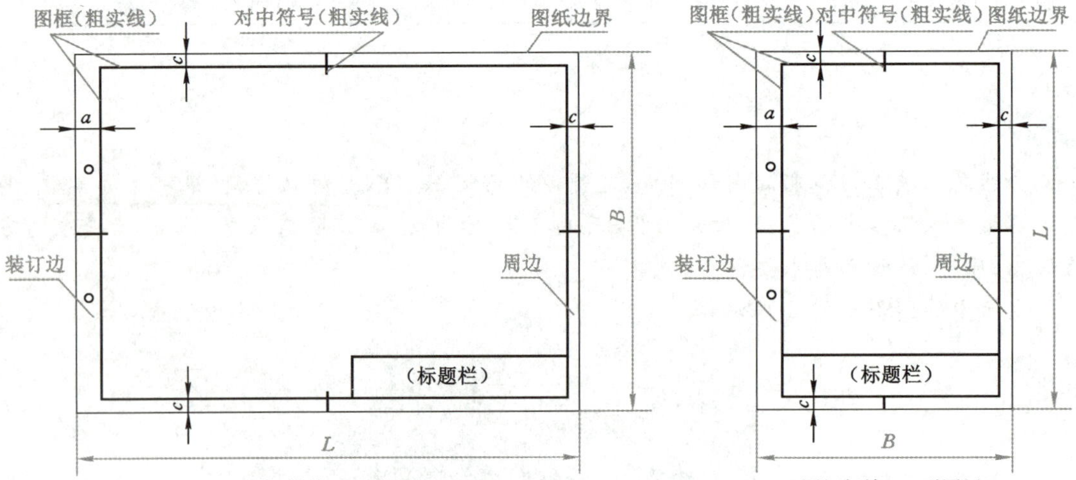

(a) 有装订边的图框格式

图2-2　图框格式

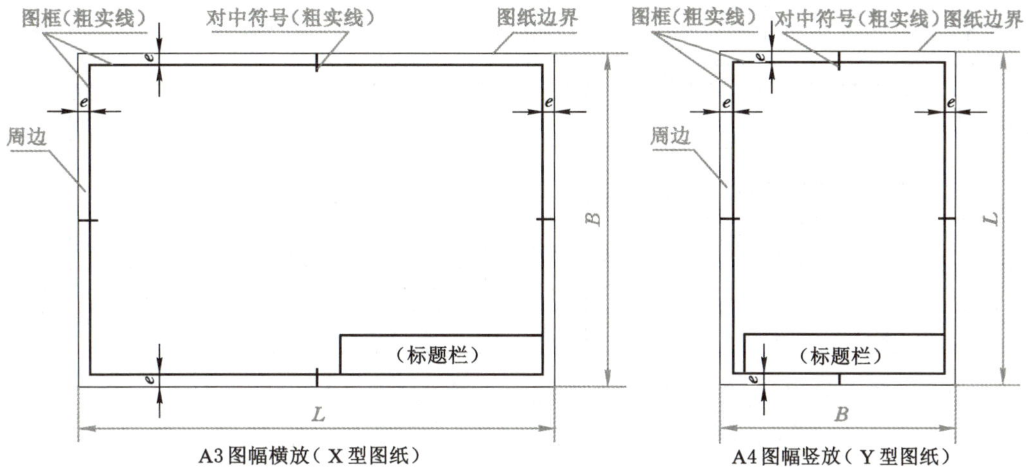

(b) 无装订边的图框格式

图 2-2 (续)

为了使图样复制和缩微摄影时定位方便,应在图纸各边长的中点处分别画出对中符号。对中符号用粗实线绘制,线宽不小于 0.5 mm,长度从纸边界开始至伸入图框内约 5 mm,当对中符号伸入标题栏内时,伸入标题栏部分不画,如图 2-2 所示。

2. 标题栏(GB/T 10609.1—2008)

为了便于管理图样和查阅,每张图纸都必须画出标题栏。标题栏通常绘制在图框的右下角,如图 2-2 所示。标题栏中文字的方向为看图、画图的方向。当看图的方向与标题栏中的文字方向不一致时,应在图纸的下边对中符号处画出一个方向符号。方向符号是用细实线绘制的等边三角形,其大小和所处位置如图 2-3 所示。

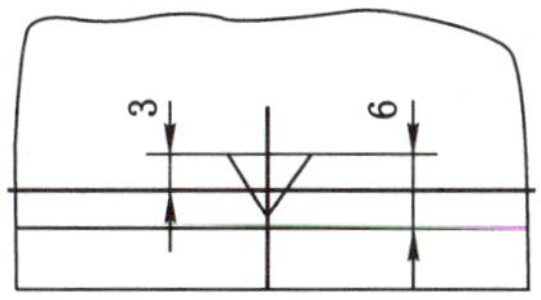

图 2-3 图纸方向符号

图 2-4 所示为《技术制图 标题栏》(GB/T 10609.1—2008)规定的格式,标题栏的基本要求、格式、内容与尺寸不随图纸大小、格式变化。为简便起见,建议采用图 2-5 所示的简易格式。

二、比例(GB/T 14690—1993)

比例是指图中图形与其实物相应要素的线性尺寸之比。比例用符号“:”表示,如 1:1、2:1 等。绘制图样时,应在表 2-2 规定的系列中选取适当的比例。为了能从图样上得到实物大小的真实概念,应尽量采用 1:1 的比例绘图,当形体不易采用 1:1 绘制图样时,也可用缩小或放大比例画图,但不论放大或缩小,标注尺寸时都必须标注形体的实际尺寸,而与比例无关,如图 2-6 所示。比例一般应标注在标题栏的比例栏内。

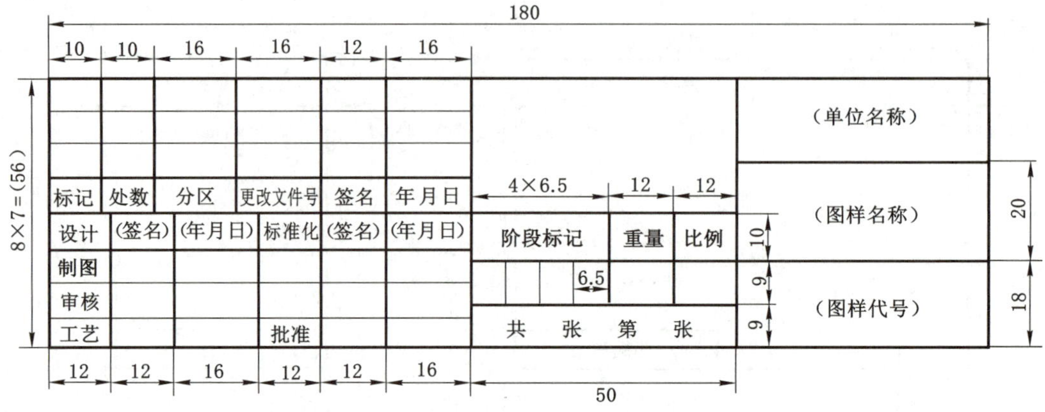

图 2-4 标题栏

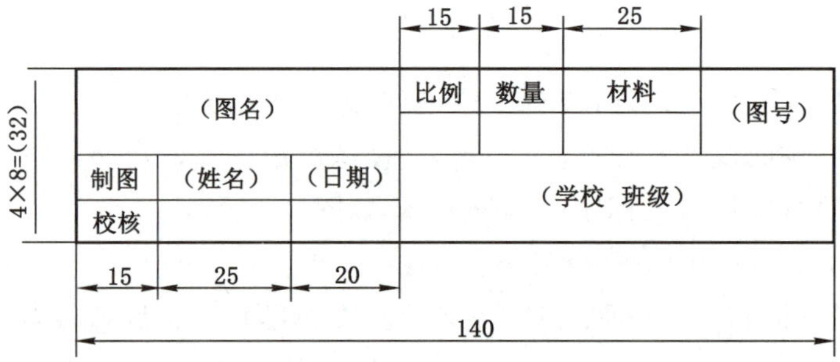

图 2-5 简易标题栏

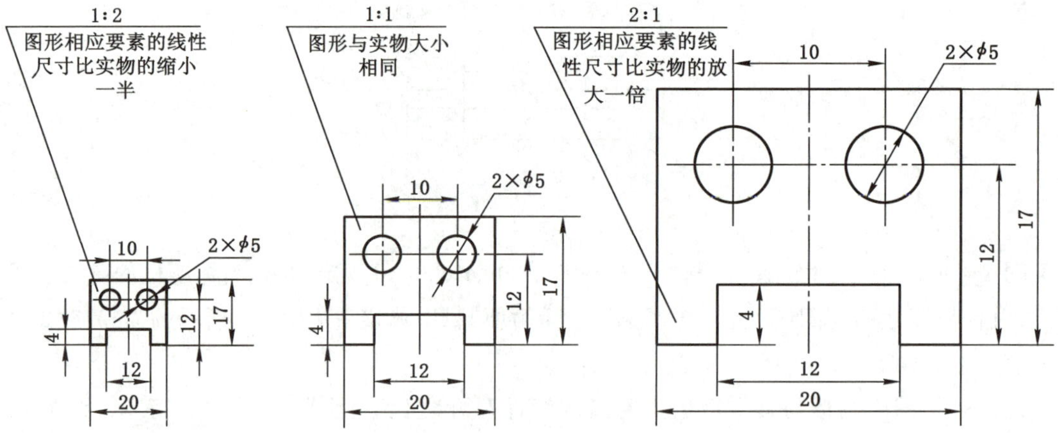

(a) 缩小比例　　(b) 原值比例　　(c) 放大比例

图 2-6 比例及标注

表 2-2 绘图比例

种类	优先选择系列	允许选择系列
原值比例	1∶1	—
放大比例(比值>1)	10∶1、5∶1、2∶1、 5×10^n∶1、2×10^n∶1、1×10^n∶1	2.5∶1、4∶1、 2.5×10^n∶1、4×10^n∶1
缩小比例(比值<1)	1∶2、1∶5、1∶10、 1∶2×10^n、1∶5×10^n、1∶1×10^n	1∶1.5、1∶2.5、1∶3、1∶4、1∶6、 1∶1.5×10^n、1∶2.5×10^n、 1∶3×10^n、1∶4×10^n、1∶6×10^n

注:n 为正整数。

技巧点拨:

三种图形的大小不同,但它们表达的实物的大小相同。

三、字体(GB/T 14691—1993)

字体是指图中文字、字母、数字的书写形式。在图样上除了要用图形来表达零件的结构形状外,还必须用文字、字母及数字来说明它的大小和技术要求等其他内容。

1. 基本规定

(1) 字体高度代表字体的号数。字体高度系列为:1.8 mm、2.5 mm、3.5 mm、5 mm、7 mm、10 mm、14 mm、20 mm。如需要书写更大的字,其字体高度应按$\sqrt{2}$的比率递增。

(2) 汉字应写成长仿宋体字,并应采用国家正式公布的简化字。汉字的高度 h 应不小于 3.5 mm,字宽为 $h/\sqrt{2}$。

(3) 字母和数字分 A 型和 B 型。A 型字体的笔画宽度 $d=h/14$,B 型字体的笔画宽度 $d=h/10$。

(4) 字母和数字可写成斜体和直体。斜体字向右倾斜,与水平基准线成 75°。

技巧点拨:

用计算机绘制工程图样时,汉字、数字、字母(除表示变量外)一般应以直体输出。

2. 字体示例

汉字、数字和字母的示例见表 2-3。

表 2-3 字体示例

字体		示例
长仿宋体汉字	5 号	学好工程制图,培养和发展空间想象能力
	3.5 号	计算机绘图是工程技术人员必须具备的绘图技能

表 2-3(续)

字体		示例		
拉丁字母	大写	ABCDEFGHIJKLMNOPQRSTUVWXYZ		
	小写	abcdefghijklmnopqrstuvwxyz		
数字	直体	0123456789	斜体	*0123456789*
字体应用示例		$\phi20^{+0.010}_{-0.023}$ $7°^{+1°}_{-2°}$ $\frac{3}{5}$ 10^3 s^{-1} D_1 T_d 10JS5(±0.003) M24-6h mm/kg $\phi25\frac{H6}{m5}$ $\frac{I}{2:1}$ 6.3		

四、图线(GB/T 17450—1998、GB/T 4457.4—2002)

1. 线型

图线是起点和终点间以任意方式连接的一种几何要素,形状可以是直线或曲线、连续线或不连续线。《技术制图 图线》(GB/T 17450—1998)中规定了 15 种基本线型及若干种基本线型的变形,需要时可查国家标准。绘制工程图样使用 9 种基本图线,见表 2-4 。不连续独立部分称为线素,如点、长度不同的画和间隔。手工绘图时线素应符合表 2-4 的规定。

表 2-4 常用图线

代码	线型	图线型式	线宽	一般应用
01.1	细实线		$b/2$	过渡线、尺寸线及尺寸界线、剖面线、重合断面的轮廓线、指引线、螺纹牙底线及基准线等
	波浪线		$b/2$	断裂处的边界线,视图与剖视图的分界线
	双折线	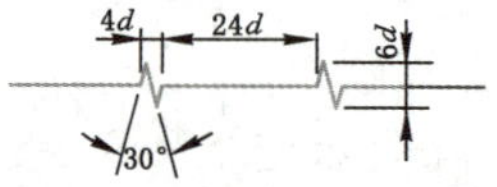	$b/2$	断裂处的边界线,视图与剖视图的分界线
01.2	粗实线		b	可见轮廓线、表示剖切面起讫和转折的剖切符号、相贯线
02.1	细虚线	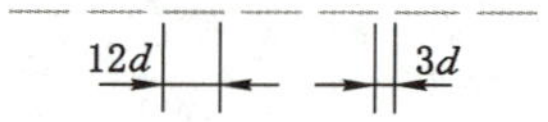	$b/2$	不可见轮廓线、不可见棱边线
02.2	粗虚线		b	允许表面处理的表示线
04.1	细点画线	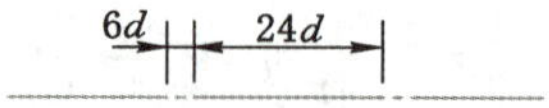	$b/2$	轴线、对称中心线、分度圆(线)、剖切线等
04.2	粗点画线		b	限定范围表示线
05.1	细双点画线	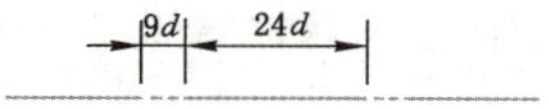	$b/2$	相邻辅助零件的轮廓线、可动零件极限位置的轮廓线、轨迹线、中断线等

工程图样的线型一般采用粗、细两种线宽，宽度比为 2∶1。线型“代码”中小数点前为基本线型代码，小数点后“1”表示细线、“2”表示粗线。线宽的推荐系列为：0.13 mm、0.18 mm、0.25 mm、0.35 mm、0.5 mm、0.7 mm、1 mm、1.4 mm、2 mm，考虑图样复制问题，应尽量避免采用 0.13 mm 和 0.18 mm 的线宽。《机械制图 图样画法 图线》(GB/T 4457.4—2002)中规定优先采用粗(细)线宽分别为“0.5(0.25) mm”和“0.7(0.35) mm”两种组别。各种图线用法如图 2-7 所示。

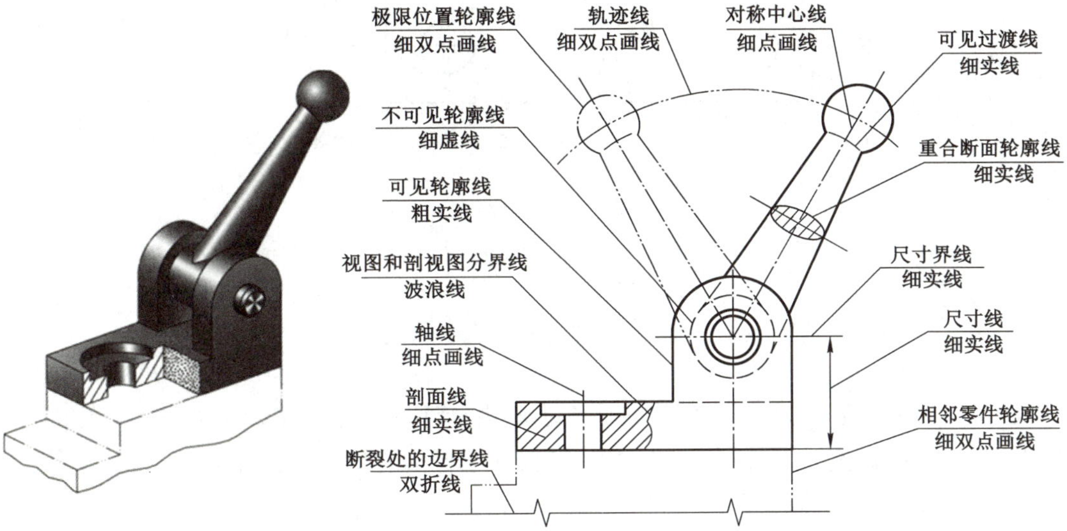

图 2-7 各种图线用法

2. 画法

(1) 同一图样中同类图线的宽度应基本一致。虚线、点画线及双点画线的线段长度和间隔应各自大致相等。

(2) 两条平行线之间的距离应不小于粗实线的 2 倍宽度，其最小距离不得小于 0.7 mm。

(3) 绘制圆的对称中心线时，圆心应交在画线处，首末两端应是画而不是点，且一般超出图形的轮廓线 2～5 mm，如图 2-8 中大圆的中心线。

(4) 在较小的图形上绘制点画线或双点画线有困难时，可用细实线代替，如图 2-8 中两个小圆的中心线。

(5) 虚线与虚线相交或虚线与其他图线相交，应在画线处相交。当虚线在粗实线的延长线上时，粗实线应画到分界点，先留空隙再画虚线。当直线圆弧与虚线圆弧相切时，直线圆弧应画到切点，先留空隙再画虚线圆弧。如图 2-8 所示。

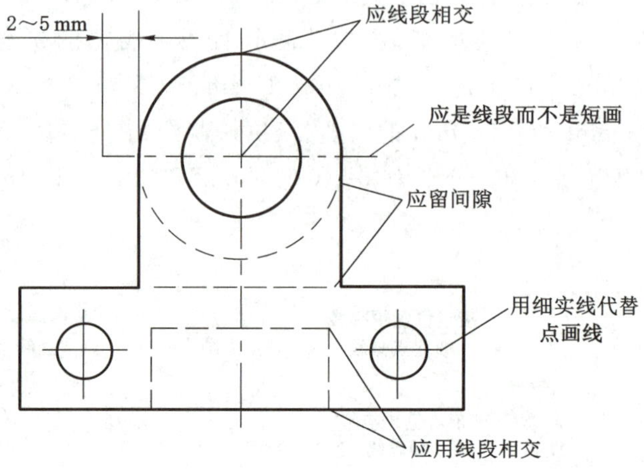

图 2-8　图线的画法

任务 2　尺寸注法

图样中图形只能表达物体的形状，而大小则由标注的尺寸确定。尺寸是用特定长度或角度单位表示的数值，并在技术图样上用图线、符号和技术要求表示出来。

一、基本规则

(1) 零件的真实大小应以图样上所注的尺寸数值为依据，与图形的大小及绘图的准确度无关。

(2) 零件的每一尺寸，一般只标注一次，并应标注在反映该结构最清晰的图形上。

(3) 标注尺寸时，应尽可能使用表 2-5 中的符号和缩写词。

表 2-5　常用符号和缩写词

名称	符号和缩写词	名称	符号和缩写词	名称	符号和缩写词
直径	ϕ	厚度	t	沉孔或锪平	⌴
半径	R	正方形	□	埋头孔	⌵
球直径	$S\phi$	45°倒角	C	均布	EQS
球半径	SR	深度	↧	弧长	⌒

注：正方形符号、深度符号、沉孔或锪平符号、埋头孔符号、弧长符号的线宽为 $h/10$，高度为 h（h 为图样中字体高度）。

二、尺寸的组成

一个完整线性尺寸由尺寸界线、尺寸线、尺寸终端（箭头或斜线）和尺寸数字四部分组成，其相互关系与标注如图 2-9 所示。

1. 尺寸界线

尺寸界线表示尺寸的起止范围，用细实线绘制，并应自图形的轮廓线、轴线或对称中心

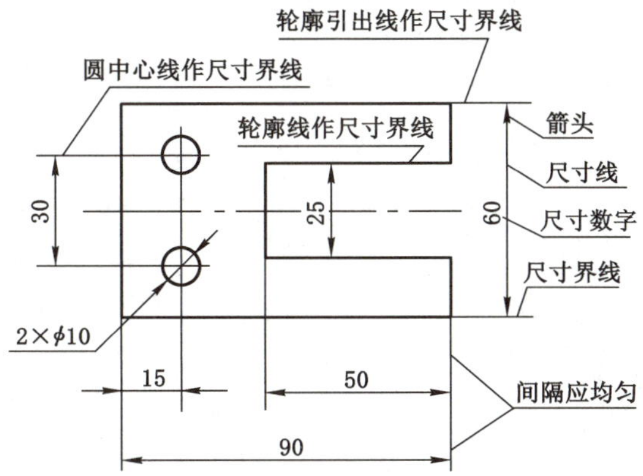

图 2-9　尺寸的组成

线引出，或由它们代替。尺寸界线一般与尺寸线垂直，且超出尺寸线 2～3 mm。

2. 尺寸线

尺寸线表示尺寸度量的方向。尺寸线用细实线单独绘制，不能用其他图线替代，一般也不得与其他图线重合或者画在其他图线的延长线上。标注线性尺寸时，尺寸线必须与所标注的线段平行；当有几条互相平行的尺寸线时，其间隔要均匀，间距约 7 mm，并将大尺寸注在小尺寸外面，以免尺寸线与尺寸界线相交。

3. 尺寸终端

工程图样中尺寸终端有箭头和斜线两种形式，其画法如图 2-10 所示。图 2-10 中的 d 为粗实线的宽度(常用 0.7 mm)；斜线用细实线绘制，图 2-10 中的 h 为字体高度。圆的直径、圆弧半径及角度的尺寸线的终端应画成箭头。当尺寸线的终端采用斜线形式时，尺寸线与尺寸界线必须互相垂直。

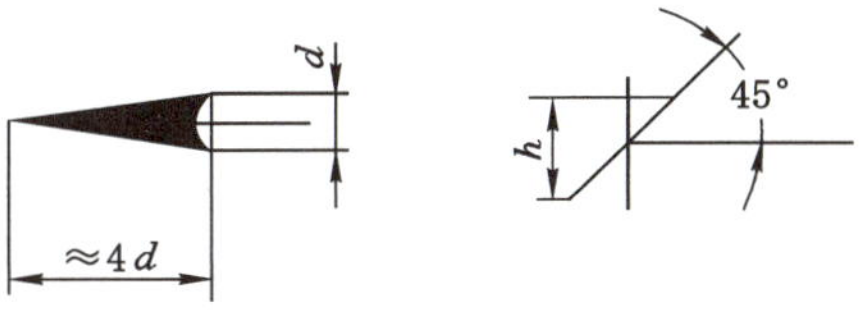

图 2-10　尺寸终端的画法

4. 尺寸数字

线性尺寸的数字一般应注写在尺寸线的上方，也允许注在尺寸线的中断处，但在同一张图样中应采用同一种形式，并尽量采用前一种形式，当书写空间不够时也可引出标注。线性尺寸数字的方向以标题栏方向为准，水平尺寸数字字头朝上，垂直尺寸数字字头朝左，倾斜方向的尺寸数字保持字头向上的趋势。

三、常用的尺寸注法

常用的尺寸注法见表 2-6。

表 2-6　常用的尺寸注法(GB/T 4458.4—2003、GB/T 16675.2—2012)

内容	图例	说明
线性尺寸的数字方向	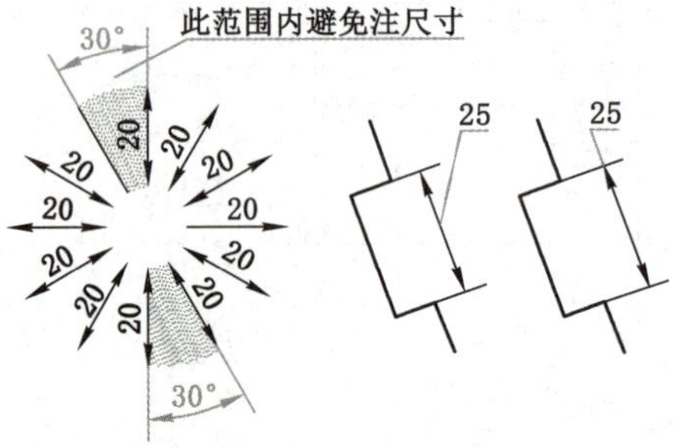	尺寸数字应按左图所示的方向注写,并尽可能避免在图示 30°范围内标注尺寸,当无法避免时应引出标注。对于非水平方向上的尺寸,其数字方向也可水平注写在尺寸线的中断处
尺寸数字	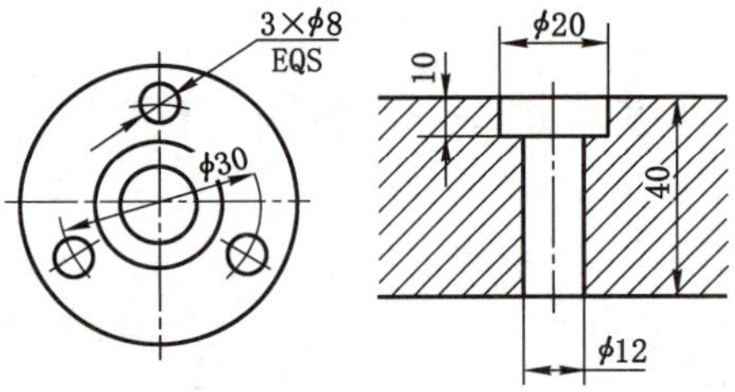	尺寸数字不允许被任何图线所通过,否则,需要将图线断开
角度	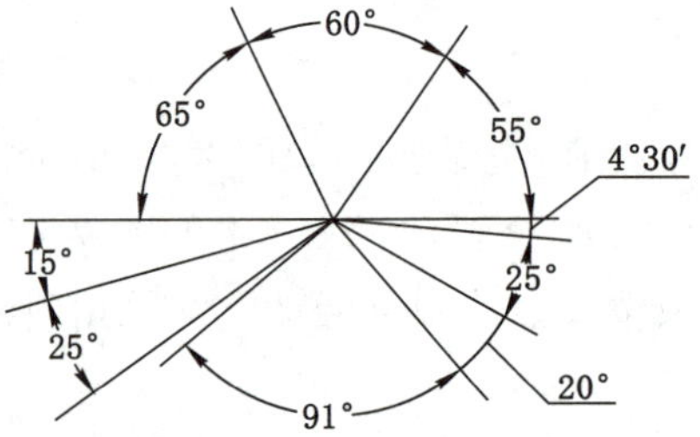	尺寸界线自径向引出,尺寸线画成圆弧,圆心是角的顶点。尺寸数字一律写成水平方向,一般注写在尺寸线的中断处,也可写在尺寸线的上方,或引出标注
圆、圆弧、球面、对称机件	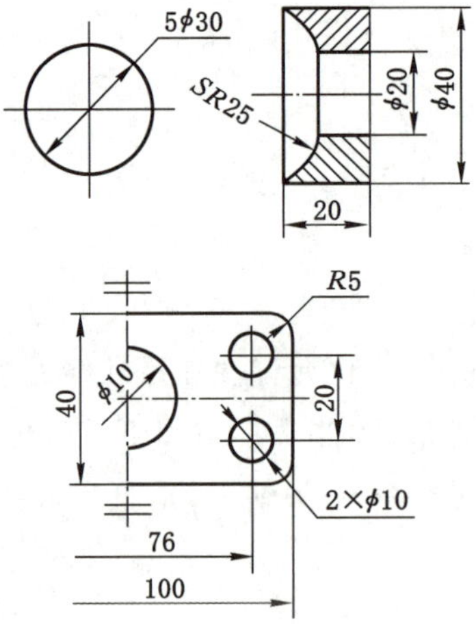	1. 圆心角大于 180°时,要标注圆的直径,且尺寸数字前加“ϕ”;圆心角小于等于 180°时,要标注圆的半径,且尺寸数字前加“*R*”;标注球面直径或半径尺寸时,应在符号 ϕ 或 *R* 前再加符号“*S*”。 2. 只画出一半或大于一半时,尺寸线应略超过对称中心线或断裂处的边界线,仅在尺寸线的一端画出箭头。在对称中心线的两端分别画出两条与其垂直的平行细实线是对称符号。分布在对称线两侧的相同结构,可仅标注其中一侧的结构尺寸

表 2-6(续)

内容	图例	说明
大圆弧	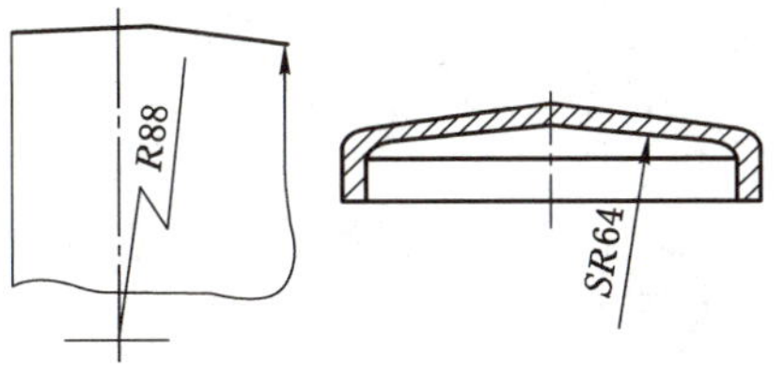	大圆弧无法标出圆心位置时，可按此图例标注
弦长和弧长	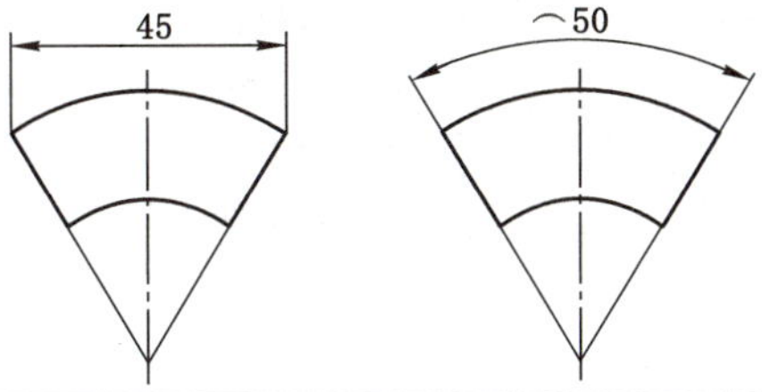	标注弦长时，尺寸界线应平行于弦的垂直平分线。标注弧长尺寸时，尺寸线用圆弧，并应在尺寸数字左方加注符号“⌒”
小尺寸	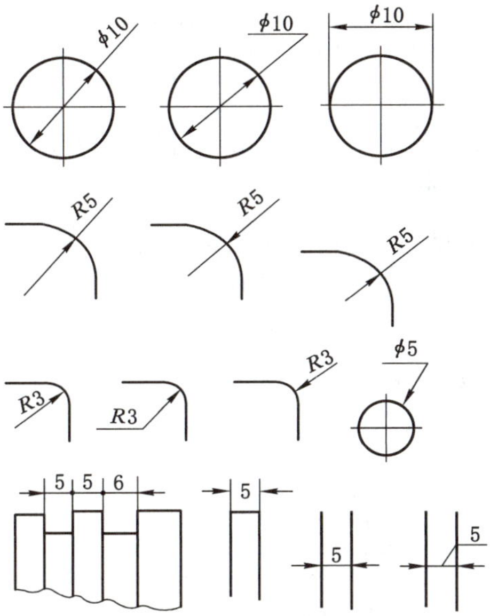	因图形较小，没有足够位置画箭头时，箭头可画在尺寸界线的外侧，或用小圆点代替两个箭头；尺寸数字也可写在外侧或引出标注，圆和圆弧的小尺寸可按这些图例标注
光滑过渡处的尺寸	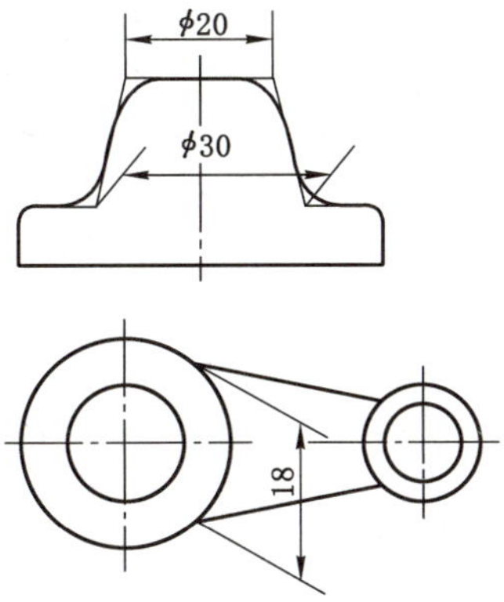	在光滑过渡处，应用细实线将轮廓线延长，并从它们的交点引出尺寸界线。尺寸界线一般与尺寸线垂直，为了使图形清楚，必要时允许尺寸界线与尺寸线倾斜

表 2-6(续)

内容	图例	说明
简化注法	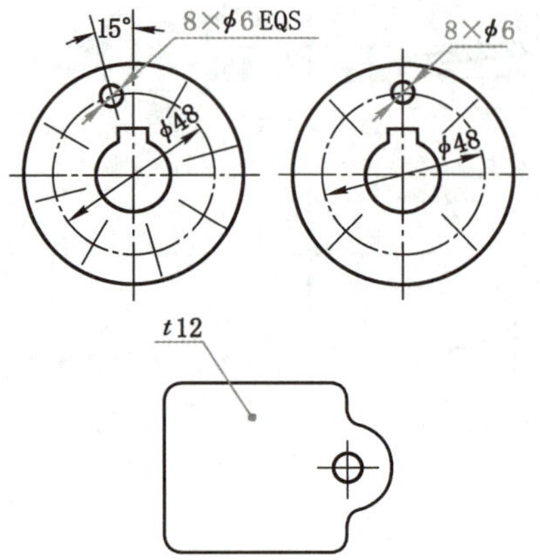	1. 在同一图形中，对于尺寸相同的孔、槽等组成要素，可仅在一个要素上注出其尺寸和数量，并用缩写词“EQS”表示“均匀分布”。当组成要素的定位和分布情况在图形中已明确时，可不标注其角度，并省略“EQS”。 2. 标注板状零件的厚度时，可在尺寸数字前加注厚度符号“t”

技巧点拨:

标注尺寸是一项耐心细致的工作，尺寸在图样中的排布要清晰、整齐、匀称。因此，除了按上述尺寸注法标注尺寸外，还应注意以下问题：

(1) 数字：在同一张图纸上，基本尺寸的字高要一致，一般采用 3.5 号字，不能根据数值的大小改变字符的大小，字符间隔要均匀。字体应严格按国家标准规定书写。

(2) 箭头：在同一张图样上，箭头大小要一致。

(3) 尺寸线：相互平行的尺寸线间距要相等，尽量避免尺寸线相交。

观察图 2-11 中的尺寸标注，并进行正误对比。

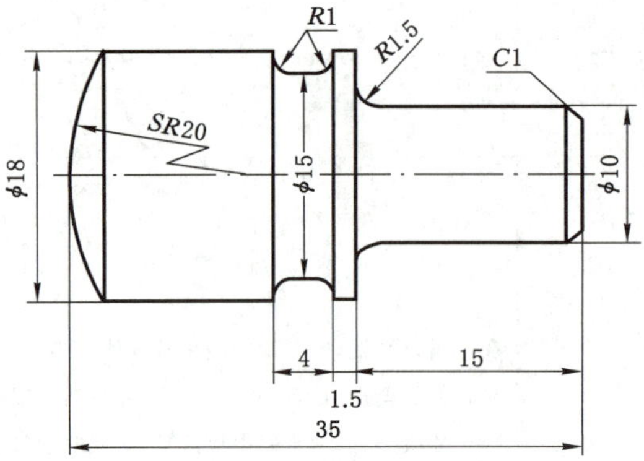

(a) 正确

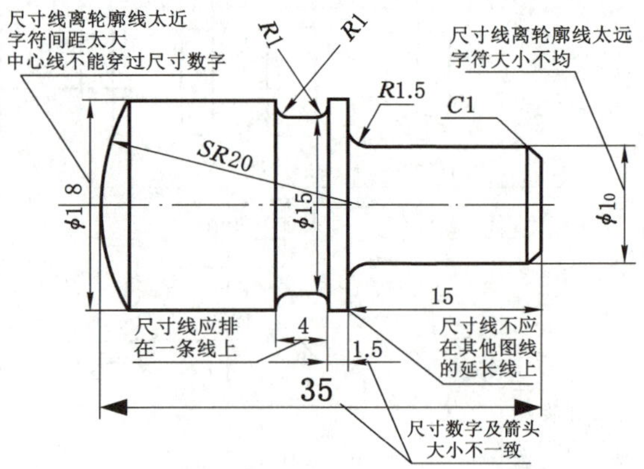

(b) 不正确

图 2-11　标注尺寸正误示例

任务3 几何作图

任何平面图形都可以看成是由一些简单几何图形组成的。几何作图是指依照给定的条件，准确地绘制出预定几何图形。常用的几何作图有等分线段、等分圆周、斜度与锥度、线段连接和平面曲线等。熟练掌握几何作图方法，迅速准确地画出平面图形，是工程技术人员的基本技能之一。

一、线段的等分

将线段任意等分，可以采用平行线法。

下面将 AB 直线段进行五等分，作图过程如图2-12所示。

(1) 先由一端点 A(或 B)任作射线 AC(BC)，在 AC(BC)上以适当长度截得1、2、3、4、5各等分点。

(2) 连接5、B(5、A)，并过4、3、2、1各点分别作 $5B$($5A$)的平行线，即得线段 AB 的五等分点。

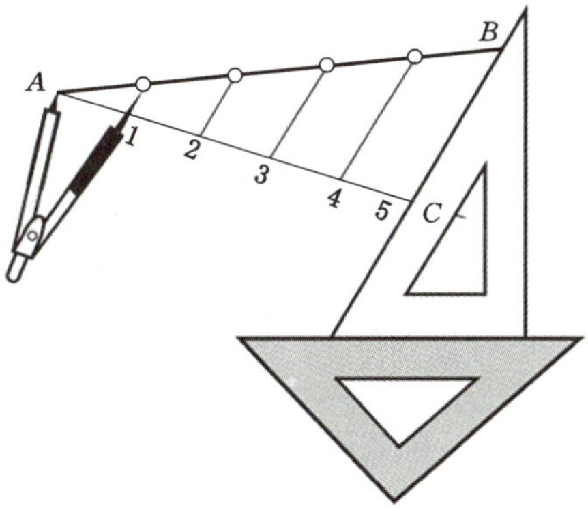

图2-12 平行线法等分线段

二、圆的等分和作正多边形

在后面学习紧固件螺栓、螺母时，经常需要画正六边形。正六边形的画法有两种：

(1) 用圆规作正六边形：以已知圆直径的两端点为圆心、以已知圆的半径为半径画弧，与圆周相交，即得等分点，依次连接各点即可得圆内接正六边形，如图2-13所示。

(2) 用30°～60°三角板和丁字尺相配合作圆内接正六边形，如图2-13所示。

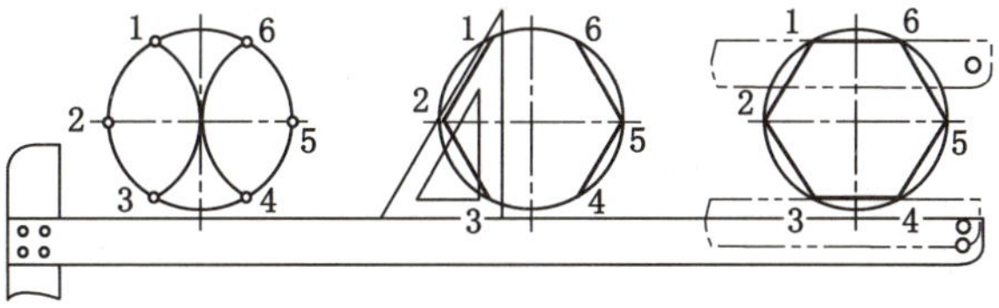

图2-13 正六边形的画法

三、斜度和锥度

1. 斜度

斜度是指一直线(或平面)对另一直线(或平面)的倾斜程度,在图样中以 1∶n 的形式标注,图 2-14 所示为工字梁中斜度的作图方法(平行线法)。

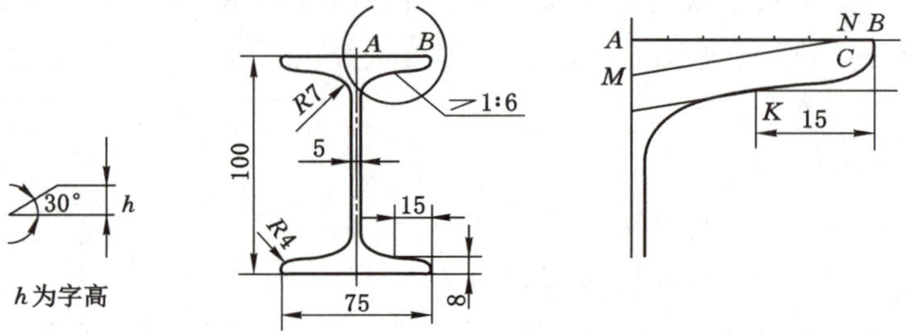

图 2-14　斜度的画法

2. 锥度

锥度表示正圆锥的底圆直径与圆锥高度之比,在图样中以 1∶n 的形式标注,图 2-15 所示为锥度的作图方法。

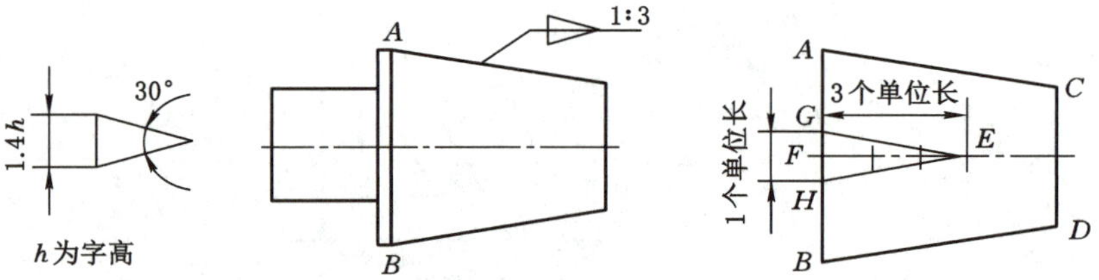

图 2-15　锥度的画法

四、圆弧连接

在绘制工程图样时,用一已知半径的圆弧(连接弧)同时光滑连接两已知线段(直线或圆弧)称为圆弧连接。作图时,连接弧半径常是已知的,而连接弧的圆心和连接点(切点)需要作图确定。

1. 圆弧连接原理

圆弧连接的基本原理见表 2-7。

表 2-7　圆弧连接的基本原理

类型	图例	确定连接弧圆心	确定切点
圆弧与直线相切	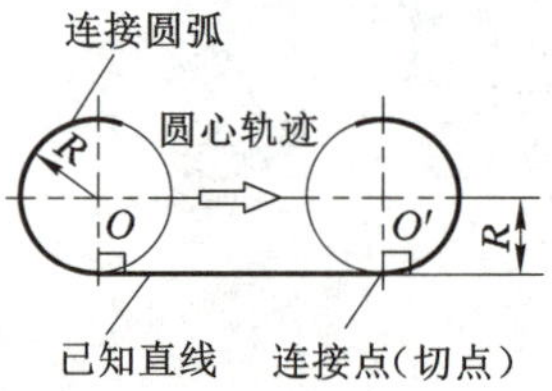	连接弧圆心轨迹是一条与已知直线平行且相距为 R 的直线	过连接弧圆心向已知直线作垂线,垂足即为切点

表 2-7(续)

类型	图例	确定连接弧圆心	确定切点
圆弧与圆弧相外切	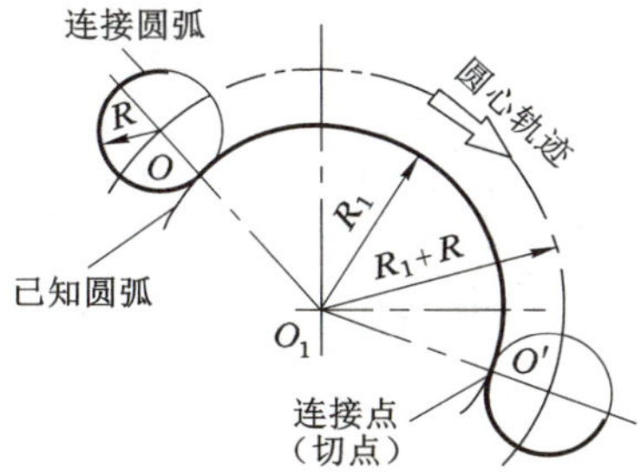	连接圆弧的圆心轨迹是已知圆弧的同心圆弧,其半径为 $R+R_1$	切点为两圆心连线与已知圆弧的交点
圆弧与圆弧相内切	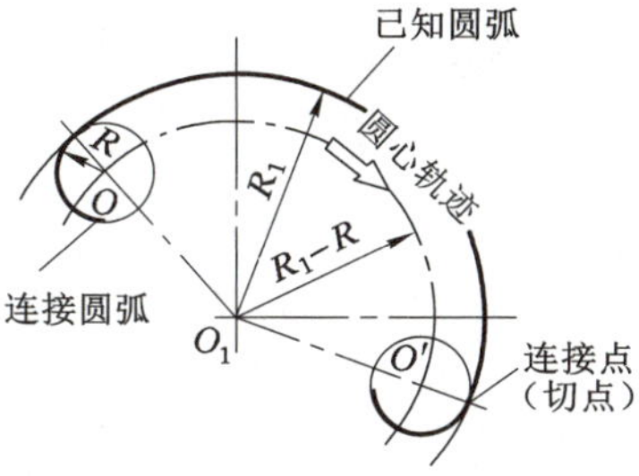	连接圆弧的圆心轨迹是已知圆弧的同心圆弧,其半径为 R_1-R	切点为两圆心连线延长线与已知圆弧的交点

2. 圆弧连接作图

在图 2-16 所示拨叉的平面图中,R16、R35、R12 均为连接弧。各种圆弧连接方法见表 2-8。

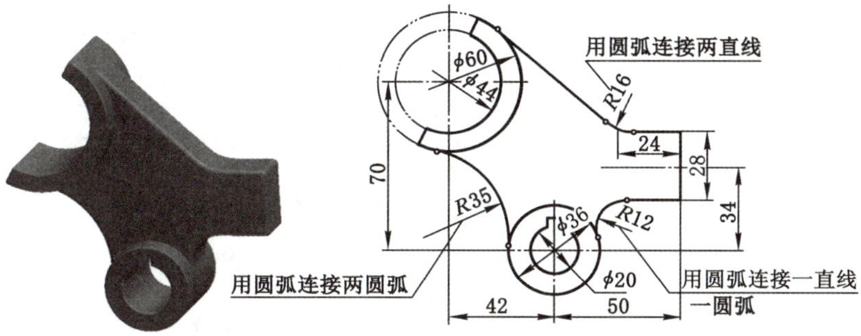

图 2-16 拨叉

表 2-8 圆弧连接方法

连接类型(已知条件)	作图方法和步骤		
	1. 求连接弧圆心 O	2. 求切点 A、B	3. 画连接弧并描粗
用已知半径为 R 的圆弧连接两直线 MN、EF	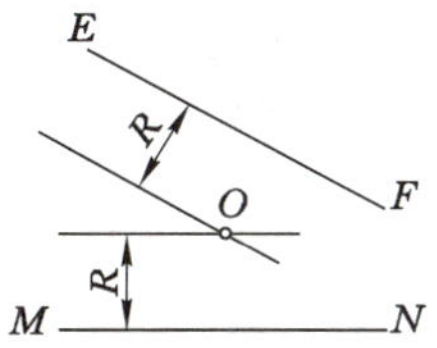	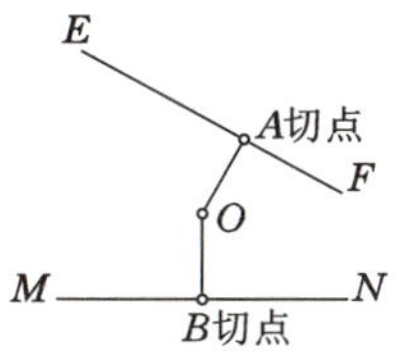	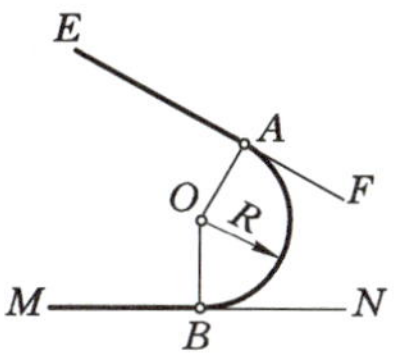

表 2-8(续)

连接类型（已知条件）	作图方法和步骤		
	1. 求连接弧圆心 O	2. 求切点 A、B	3. 画连接弧并描粗
用已知半径为 R 的圆弧外切两个半径分别为 R_1、R_2 的已知圆弧	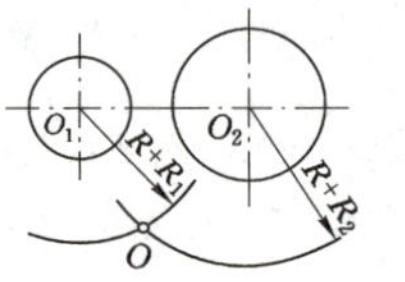	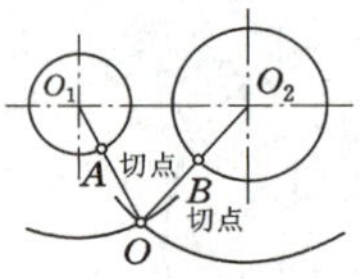	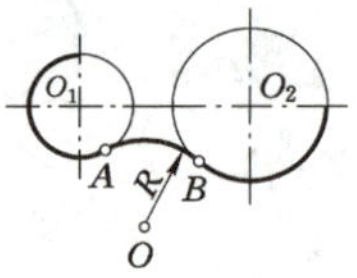
用已知半径为 R 的圆弧内切两个半径分别为 R_1、R_2 的已知圆弧	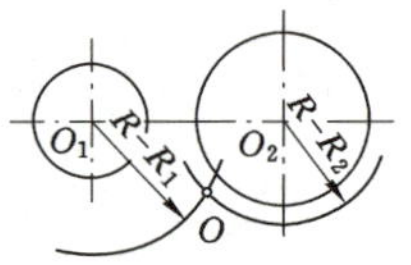	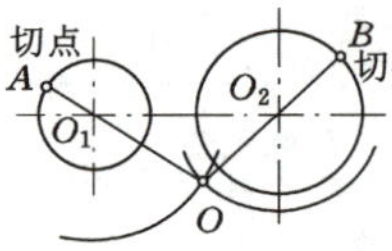	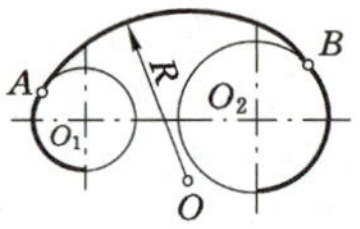
用已知半径为 R 的圆弧内、外切两个半径分别为 R_1、R_2 的已知圆弧	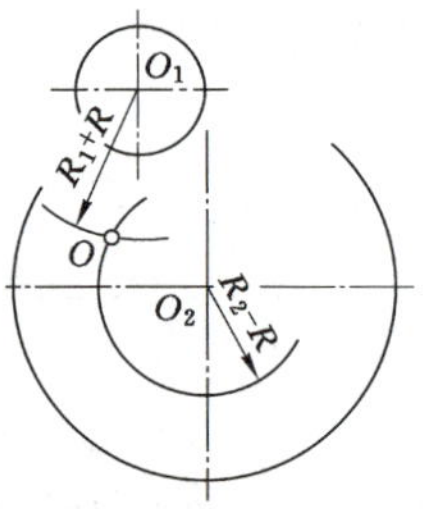	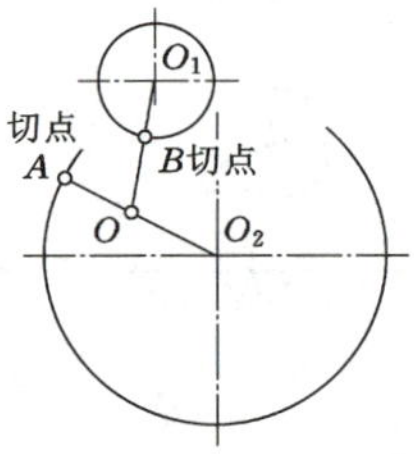	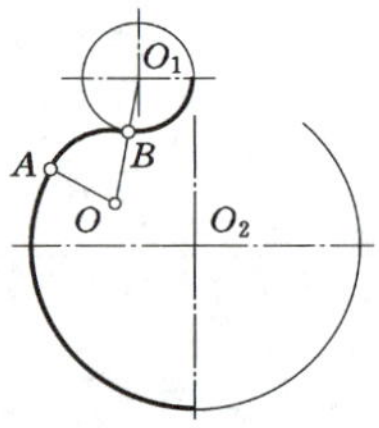
用已知半径为 R 的圆弧连接直线 MN 和半径为 R_1 的已知圆弧	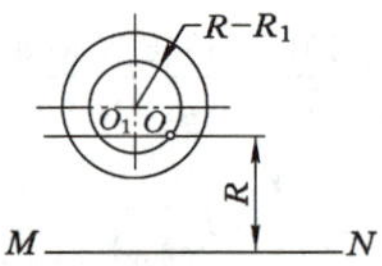	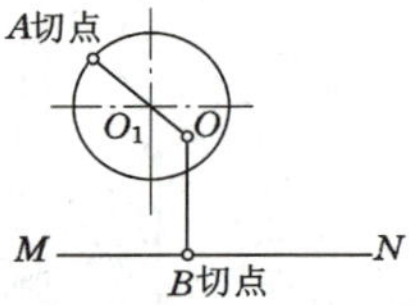	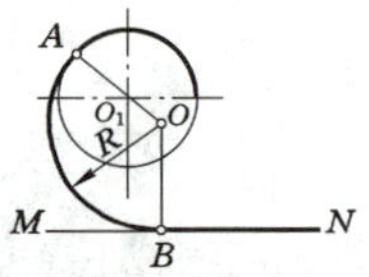

技巧点拨：

若用圆弧连接正交两直线，可如图 2-17 所示准确、方便、快捷作图。

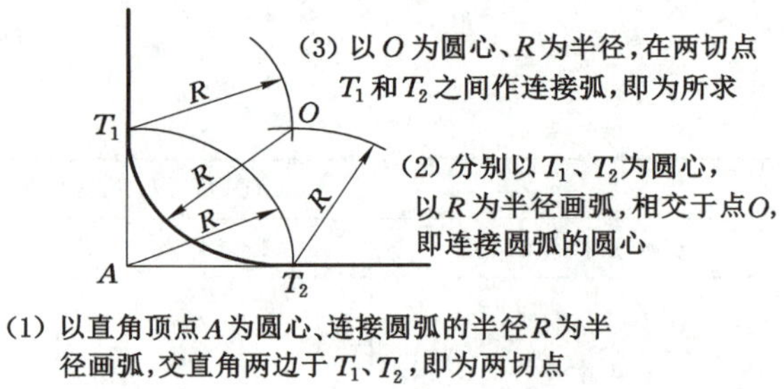

图 2-17 圆弧连接两直角边

任务 4 平面图形分析及作图方法

要想正确地绘制平面图形并对它标注尺寸，必须对平面图形进行线段分析和尺寸分析。

一、尺寸分析

1. 尺寸类型

平面图形的尺寸按其作用不同，分为定形尺寸和定位尺寸两类。对平面图形的尺寸进行分析，可以检查尺寸的完整性以及确定各线段的作图顺序。要想确定平面图形中线段的上下、左右相对位置，必须引入基准的概念。

(1) 尺寸基准

尺寸基准是确定尺寸位置的几何元素(点、线或面)。通常以对称图形的对称线、大圆的中心线、主要轮廓线或端面等作为尺寸基准。如图 2-18 所示，选择图形的底边为该图形垂直方向的尺寸基准，选择右侧边为水平方向的尺寸基准。

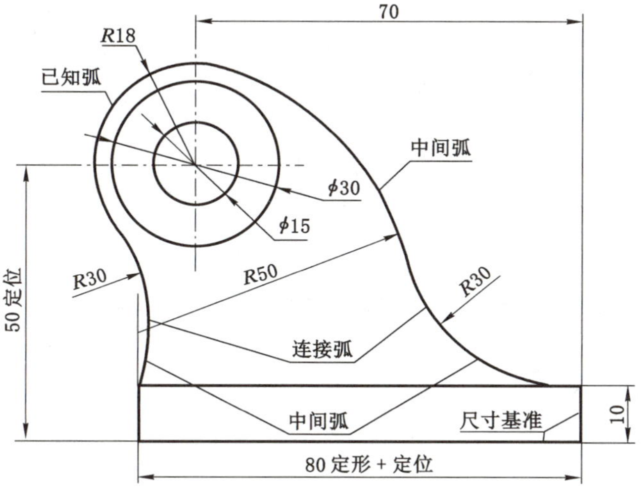

图 2-18 支架平面图

(2) 定形尺寸

确定平面图形中各组成部分的形状和线段大小的尺寸为定形尺寸，如直线段的长度、圆及圆弧的直径或半径、角度的大小等。如图 2-18 所示支架中的 $R18$、$\phi30$、$\phi15$、$R50$、$R30$ 等都是确定圆弧形状大小的定形尺寸。

(3) 定位尺寸

确定平面图形中各组成部分之间相对位置的尺寸为定位尺寸。定位尺寸应从尺寸基准注起，如图 2-18 所示支架中的尺寸 70、80 和 50。

技巧点拨：

有时一个尺寸可以兼有定形和定位两种作用，如图 2-18 所示支架中的 80，既是矩形的长，也是 $R50$ 的横向定位尺寸。

2. 尺寸标注

标注尺寸时，应首先确定图形的尺寸基准，然后依次注出各线段的定形尺寸和定位尺寸。通过几何作图可以确定的线段，不要注尺寸。

平面图形尺寸标注的基本要求是：正确（符合国家标准规定）、完整（不重不漏）、清晰（便于读图）。

尺寸标注完成后应进行检查，看是否有遗漏或重复。可以按画图过程进行检查，画图时没有用到的尺寸是重复尺寸，应去掉；如果按所注尺寸无法完成作图，说明尺寸不足，应补上所需尺寸。几种常见平面图形的尺寸标注示例见表 2-9。

表 2-9 常见平面图形的尺寸标注示例

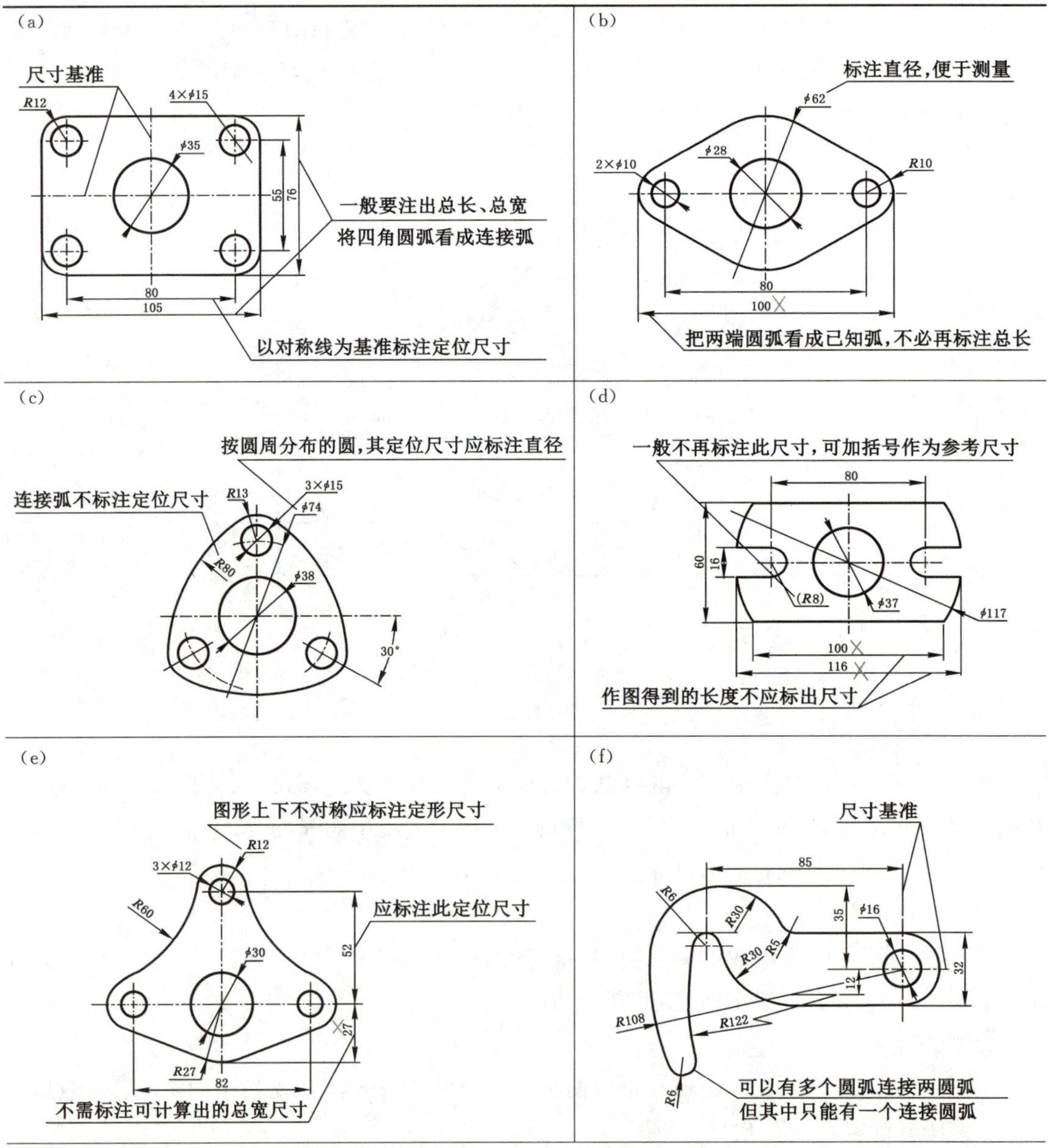

表 2-9(续)

(g)

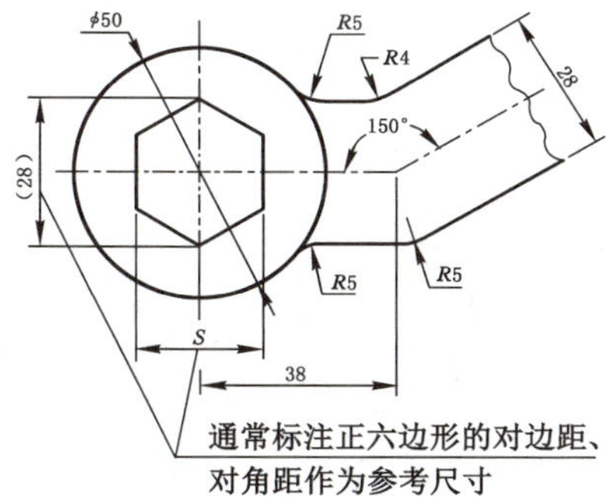

(h)

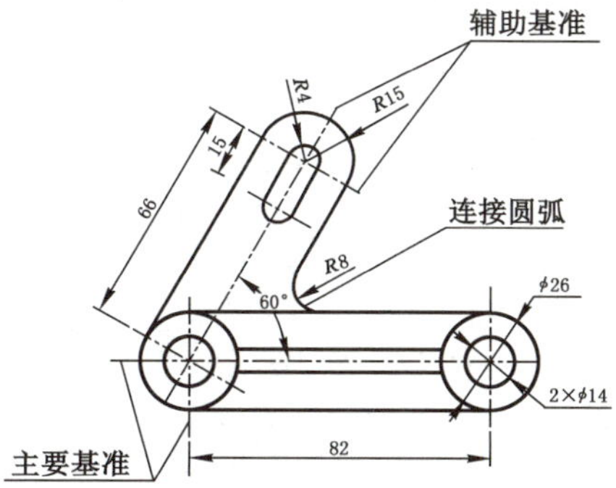

二、线段分析

平面图形的线段，通常根据其定位尺寸的完整与否分为三类。

1. 已知线段

定形尺寸和定位尺寸齐全的线段，称为已知线段。如图 2-18 所示支架中的 $R18$、$\phi30$、$\phi15$ 和 80、10。

2. 中间线段

已知定形尺寸和一个定位尺寸的线段，称为中间线段。如图 2-18 所示支架中的 $R50$，其圆心在长度方向的定位尺寸为 80 的左侧轮廓线的延长线上，而高度方向的定位尺寸没有给出。

3. 连接线段

只有定形尺寸、没有定位尺寸的线段，称为连接线段。如图 2-18 所示支架中的两个 $R30$，其圆心可利用该圆弧与 $R50$ 及 $R30$ 相切的条件求出。

技巧点拨：

已知线段可直接画出，而连接线段和中间线段根据与相关条件才能画出。

三、手工画图方法和步骤

绘图的手段一般有使用绘图工具绘图、徒手绘图和使用计算机绘图。为了提高使用绘图工具绘制图样的质量和速度，除了能正确使用绘图工具外，还必须掌握正确的绘图步骤和方法。

绘制平面图形前首先要分析图形。通常根据所注尺寸确定哪些是已知线段、哪些是中间线段、哪些是连接线段，确定长度方向和高度方向的基准线。

1. 仪器绘图的步骤

(1) 准备工作

拟订作图步骤→确定比例→选择图幅→固定图纸→画出图框、对中符号和标题栏。

(2) 绘制底稿

画出基准线→画已知弧→画中间弧→画连接弧，如图 2-19(a)～(d)所示。

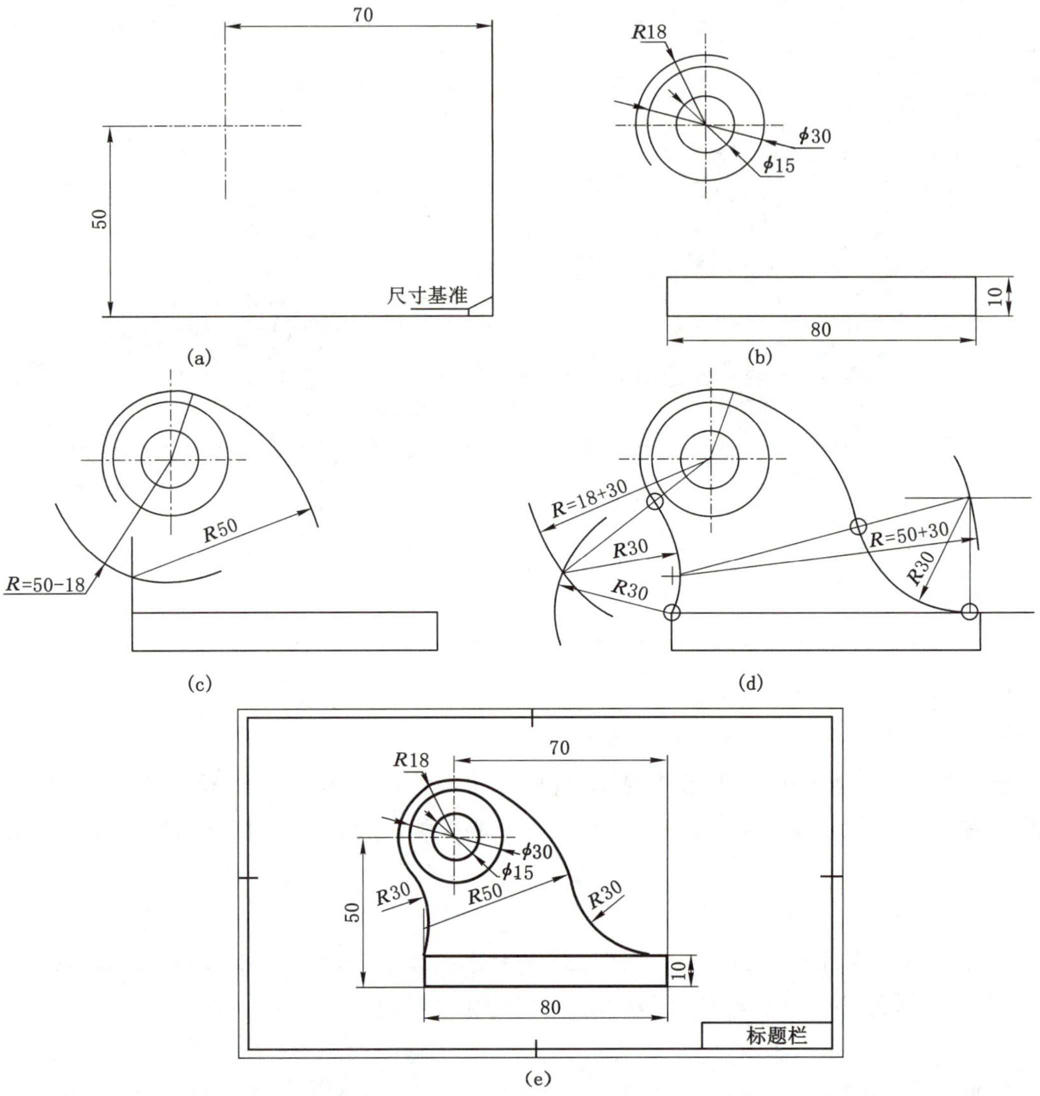

图 2-19　支架平面图形绘图步骤

(3) 加深描粗

加深描粗前要检查、修正错误。描粗时要先粗后细、先曲后直、先水平后垂斜。

(4) 标注尺寸

画尺寸界线、尺寸线和箭头,标注尺寸,最后填写标题栏。

【例 2-1】 绘制如图 2-20 所示的手柄。

分析:图 2-20 中的 $R10$、$R15$、$\phi5$、25×20 是已知线段;圆弧 $R50$ 是中间线段(其圆心在长度方向的定位尺寸为 45,而高度方向的定位尺寸没有给出,画图时根据它和 $R10$ 相切的条件才能画出);圆弧 $R12$ 是连接线段(其圆心可利用该圆弧与 $R50$ 及 $R15$ 相切的条件求出)。

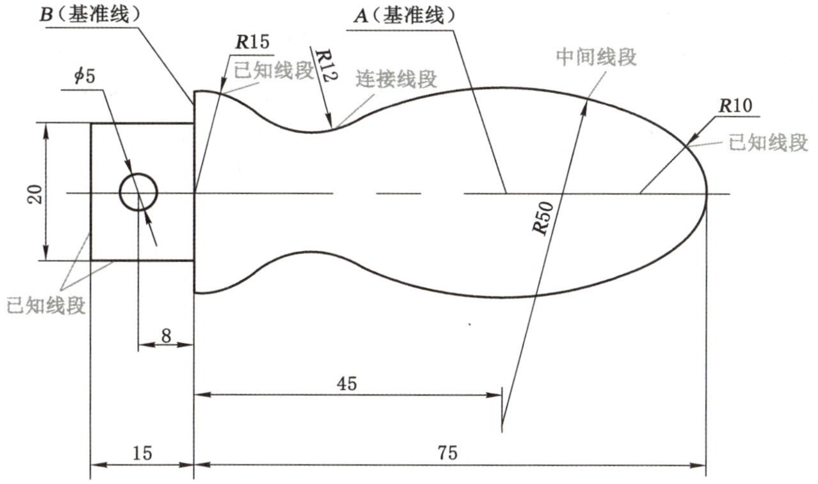

图 2-20 手柄(图形分析)

① 准备工作(略)。

② 绘制图形,如图 2-21 所示。

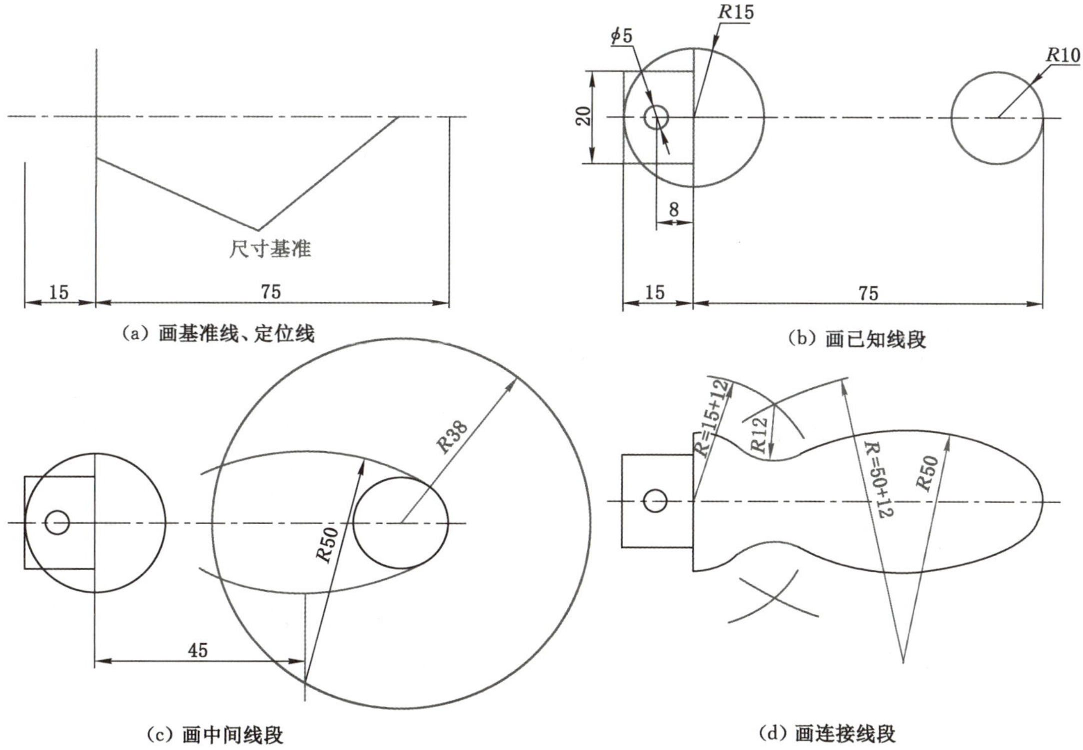

图 2-21 绘制手柄

③ 加深描粗(略)。

④ 标注尺寸,如图 2-22 所示。

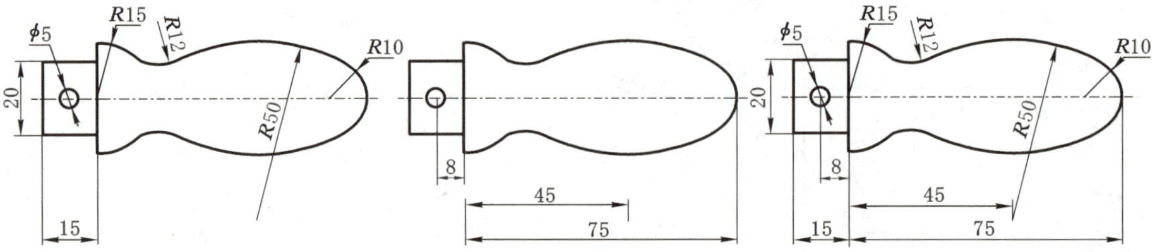

(a) 标注定形尺寸　(b) 标注定位尺寸　(c) 标注完全的尺寸

图 2-22　标注手柄尺寸

2. 画草图的方法

有时在工作中也需要画徒手图,因此还需要学习徒手画图的基本技能。徒手绘制的图样也称为草图。所谓草图,只是不用尺、规等工具而已,绝非是潦草之图。草图仍应基本上做到:图形正确、线型正确分明、比例匀称、字体工整、图面整洁、尺寸齐全。

(1) 握笔的方法

手握笔的位置要比尺规作图高些,以利于运笔和观察目标。笔杆与纸面成 45°～60°角,执笔稳而有力。

(2) 直线的画法

画直线时,眼睛看着画线的终点,轻轻移动手腕和手臂。画水平线时,为了便于运笔,可将图纸稍微向左倾斜,自左向右画线,如图 2-23(a)所示;画竖直线时,由上向下运笔,如图 2-23(b)所示;斜线一般不好画,故画图时可以转动图纸,使所画的斜线正好处于顺手方向,如图 2-23(c)所示。

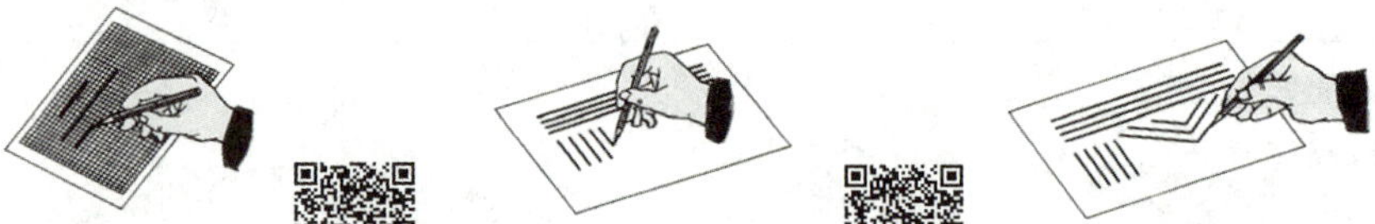

(a)　(b)　(c)

图 2-23　徒手画直线

(3) 圆及圆角的画法

画圆时,应先定圆心位置,过圆心画两条中心线。画小圆时,用目测在中心线上定出 4 点,过这 4 点画圆,如图 2-24(a)所示。当圆的直径较大时,可过圆心增画两条 45°斜线,在斜线上再定 4 点,过这 8 点画圆,如图 2-24(b)所示。

画圆角时,先用目测在分角线上选取圆心位置,过圆心向两边引垂直线定出圆弧的起点和终点,并在分角线上也画出一圆周点,然后徒手作圆弧把这三点连接起来,如图 2-25 所示。

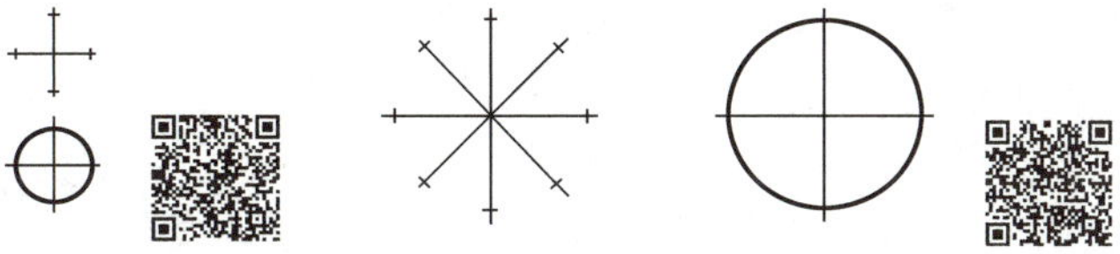

图 2-24 徒手画圆

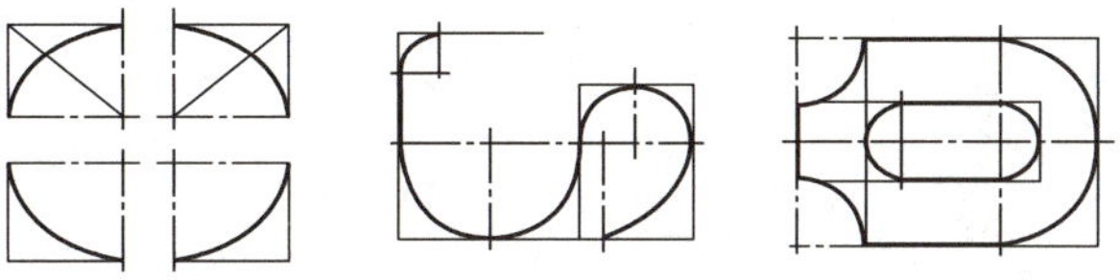

图 2-25 徒手画圆角、连接弧

（4）椭圆的画法

可按画圆的方法先画出椭圆的长、短轴，并用目测定出其端点位置，过这 4 点画一矩形，然后徒手作椭圆与此矩形相切。也可先画椭圆的外切菱形，再根据此菱形画出椭圆，如图 2-26 所示。

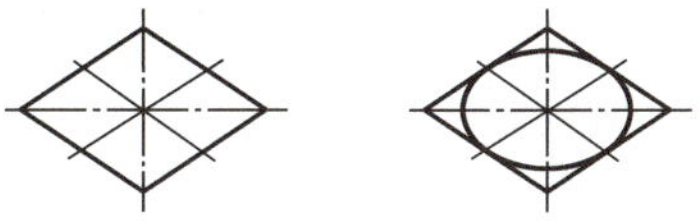

图 2-26 徒手画椭圆

模块2 投影基础

项目3 几何元素的投影

教学目标

1. 了解正投影的主要特性。
2. 熟练掌握三视图的形成及投影规律。
3. 牢固掌握点、线、面的投影特性和规律，掌握它们之间的相对位置及投影特性。

思政目标

1. 让学生感受日晷、皮影戏等传统文化的魅力，从而提升文化自信。
2. 通过日常生活中的案例，增强职业自豪感。
3. 基于二八原则，系好“人生第一粒扣子”。

学习项目工单

项目名称	几何元素的投影
项目描述	通过查阅资料，完成以下项目： (1) 树立系统论思想，建立正知正见。任何一个几何体都可以分解为点、线、面等基本要素，利用正投影法来正确认知它们，为工程形体的识读奠定基础。 (2) 了解二八原则，细微见真知。二八原则说明了一个朴素的道理：任何事物，最重要的往往只占其20%，其余80%尽管是多数，却是次要的。这一原则同样适用于制图
项目分析	熟悉系统方法论，正确应用二八原则
成果展示及评价	分小组完成所要求项目，推荐一位成员解说展示作品，小组互评后由教师综合评价

引例

说起影子，我们都会想起太阳照射日晷，皮影戏以及商演、开会、教学、观影等的投影系统……在生活中影子无处不在，如阳光中的树影、灯光下的人影，这便是投影的起源。但生活中的影子和投影图是有区别的。影子只反映物体投影的外轮廓，而投影图则反映物体外部及内部轮廓，如图3-1所示。

在此我们介绍中心投影、平行投影以及投影在生活中方方面面的应用，在给学生传授专业知识的同时，让学生进一步了解中国传统文化、提升文化自信、增强职业自豪感。

万丈高楼平地起，如果说制图是专业入门的敲门砖，那么点、线、面的投影就是图学教育

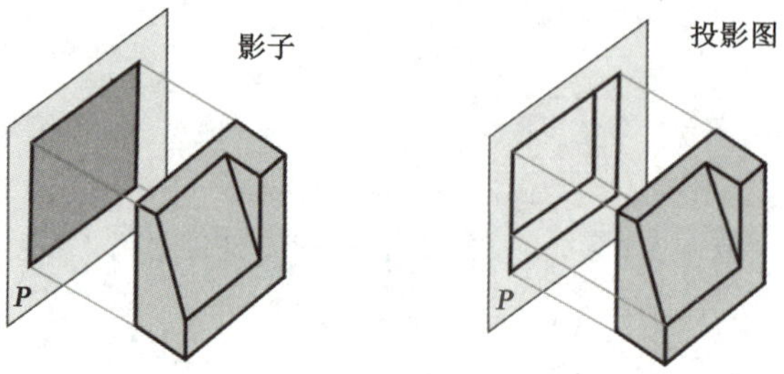

图 3-1　投影现象

的“人生第一粒扣子”。

分析点、直线、平面的位置关系和从属关系，引入个人与国家的从属关系以及多方面、多角度地认识和分析问题的思想；引入事物的认知规律——由简单到复杂，讲授点、直线、平面的投影特性与规律；严格要求学生按照投影规律绘制投影图，培养严谨、认真的学习和工作态度。

任务 1　投影法和视图的基本概念

一、投影法概述

投影法是投射线通过物体向选定的面投射并在该面上得到图形的方法。如图 3-2 所示，从点 S 发出通过平面 ABC 的一系列投影线将其投影在平面 M 上，从而得到在平面 M 上的图形 abc。这种获得图形的方法就称为投影法。其中，S 称为投射中心，直线 SA、SB、SC 称为投射线，平面 M 称为投影面，其上的图形 abc 就称为平面 ABC 的投影图或投影。

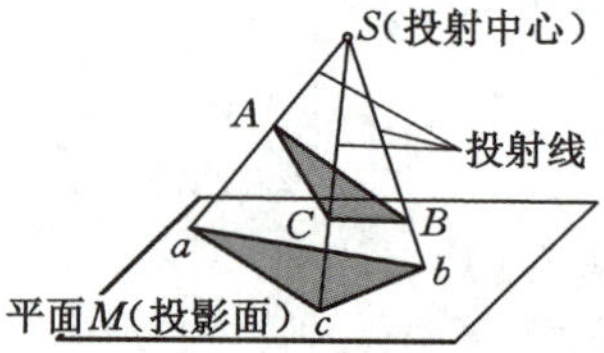

(a) 中心投影法

(b) 建筑物立体图

图 3-2　投影法术语

按照投影中心所在位置的不同，投影法可分为中心投影法和平行投影法两种。

1. 中心投影法

中心投影法指投射线汇交一点的投影法，建筑工程常用中心投影法绘制建筑物的透视图，如图 3-2 所示。投射中心、物体、投影面三者之间的相对距离对投影的大小有影响。中心投影法绘制的图样具有较强的立体感，但不能反映物体的真实形状和大小，且度量性差，作图比较复杂，在机械图样中很少采用。

2. 平行投影法

平行投影法指投射线相互平行的投影法。根据投射线是否与投影面垂直，平行投影法又分为斜投影法[投射线与投影面相倾斜的平行投影法，如图 3-3(a)

所示]和正投影法[投射线与投影面相垂直的平行投影法，如图 3-3(b)所示]。

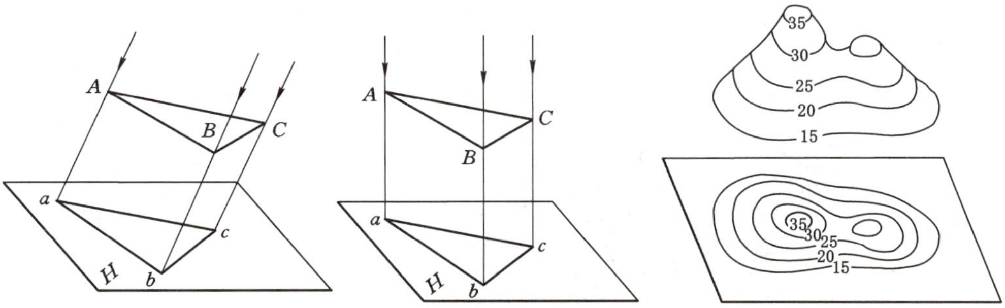

(a) 斜投影法　　(b) 正投影法　　(c) 标高投影

图 3-3　平行投影法

技巧点拨：

如图 3-3(c)所示，标高投影采用的是平行投影中的正投影法，但属于单面投影，常用来表示地形。地面是不规则曲面，用一系列等高差的水平面切割地面，得出的交线称为等高线。画出这些等高线在水平面上的投影，并标以高度数字，得到的图称为地形图。

二、正投影的基本性质

由于正投影法能够准确表达空间物体的形状结构，度量性好，因此在工程上广泛使用，本书以后提及的投影，如无特别说明，均指正投影。正投影具有实形性、积聚性和类似性等特性，见表 3-1。

表 3-1　正投影的特性

投影特性	实形性 平面(直线)平行于投影面， 投影反映实形(实长)	积聚性 平面(直线)垂直于投影面， 投影积聚成直线(一点)	类似性 平面(直线)倾斜于投影面， 投影变小(短)
图示	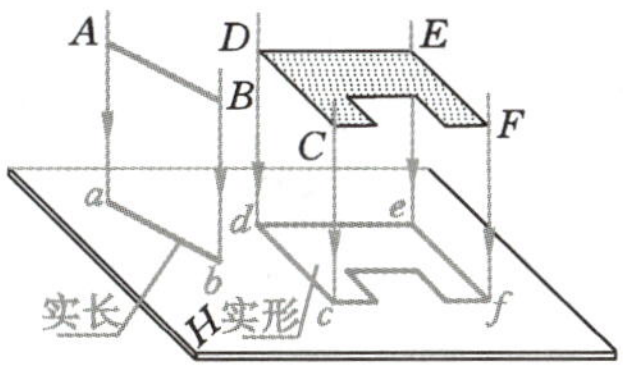	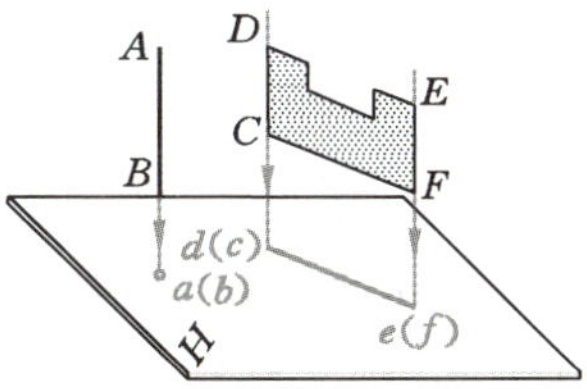	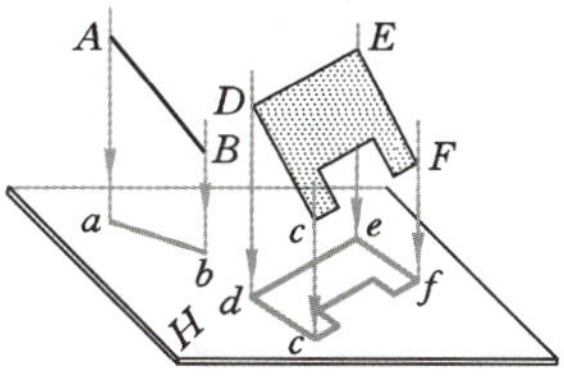

三、视图的基本概念

用正投影法绘制物体的图形时，把人的视线假想成相互平行且垂直于投影面的一组投射线，将物体在投影面上的投影称为视图，如图 3-4 所示。

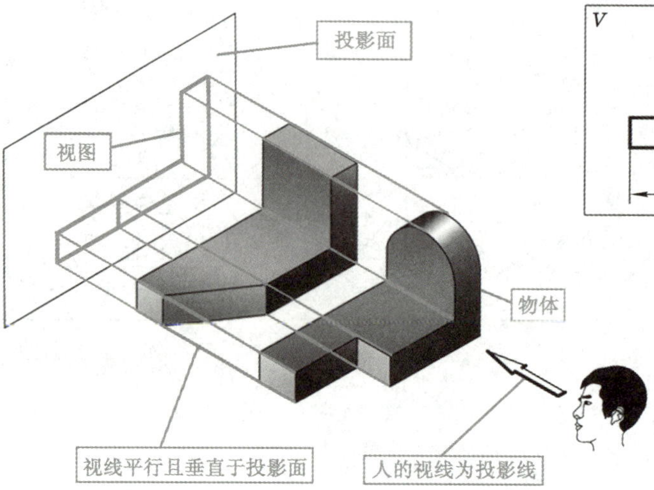

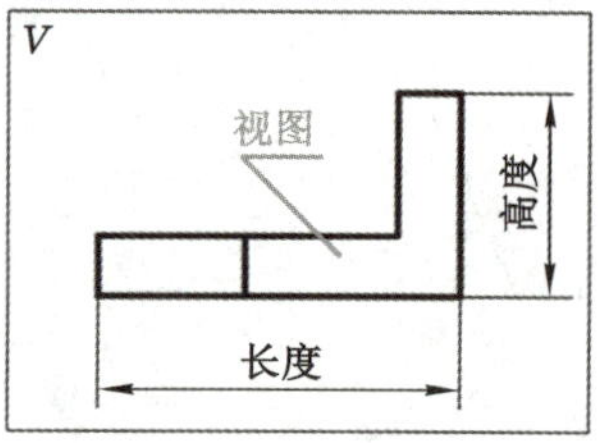

图 3-4 视图的概念

由图 3-4 可知，一个视图不能完整地表达物体的形状。在一般情况下，一个视图（单面投影）不能完全确定物体的形状和大小，因此，工程上多采用三视图（多面投影）。

任务 2 三视图的形成及对应关系

一、三视图的形成

三投影面体系的组成如图 3-5(a)所示。从图中可以看出，三投影面体系由三个相互正交的平面组成，这三个平面分别为正立投影面（简称正面或 V 面）、水平投影面（简称水平面或 H 面）和侧立投影面（简称侧面或 W 面）。V 面、H 面与 W 面相交的直线称为投影轴。其中，V 面与 H 面的交线为 OX 投影轴；W 面与 H 面的交线为 OY 投影轴；V 面与 W 面的交线为 OZ 投影轴；三投影轴的交点 O 称为原点。

将物体置于三投影面体系内，按照正投影法，分别按如图 3-5(a)所示的方向，向 V 面、H 面和 W 面投影后得出的投影分别称为正面投影、水平投影和侧面投影。根据国家标准的相关定义，正面投影又称为主视图，水平投影又称为俯视图，侧面投影又称为左视图，三者合在一起称为三视图。

如图 3-5(a)所示，V 面不动，将 H 面以投影轴 OX 为旋转轴向下旋转 90°，将 W 面以投影轴 OZ 为旋转轴向右转动 90°，从而得到如图 3-5(b)所示的在同一平面上的三视图。在实际绘图时，不必绘出投影面的边框，如图 3-5(c)所示。

技巧点拨：

当投影面展开时，OY 轴被一分为二，分别用 OY_H（H 面上的）、OY_W（W 面上的）表示，两轴上面的刻度依然一致。

二、三视图之间的对应关系及投影规律

三视图之间的对应关系是指三视图之间的位置关系和方位对应关系。

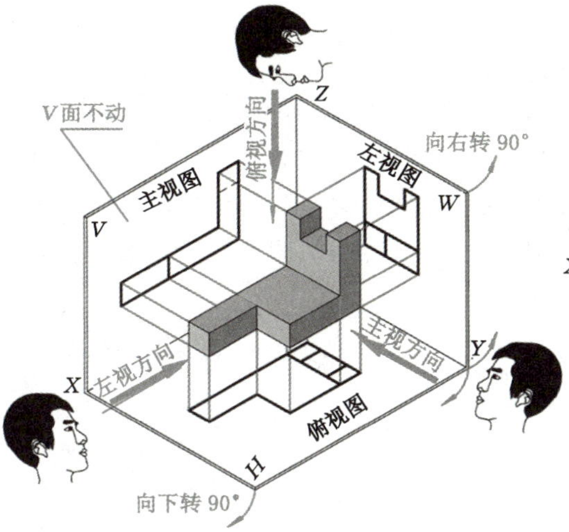

(a)

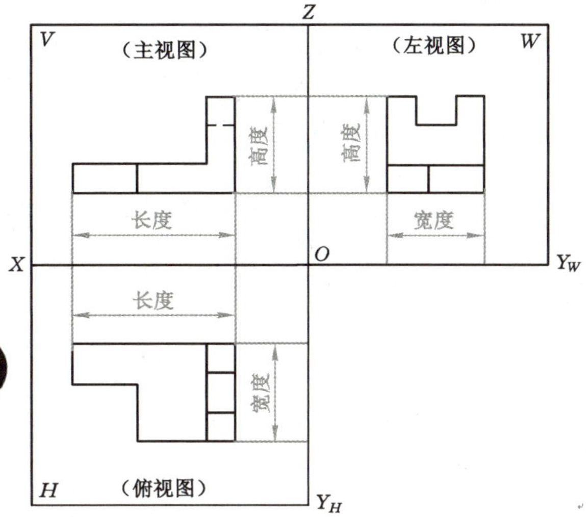

(b)

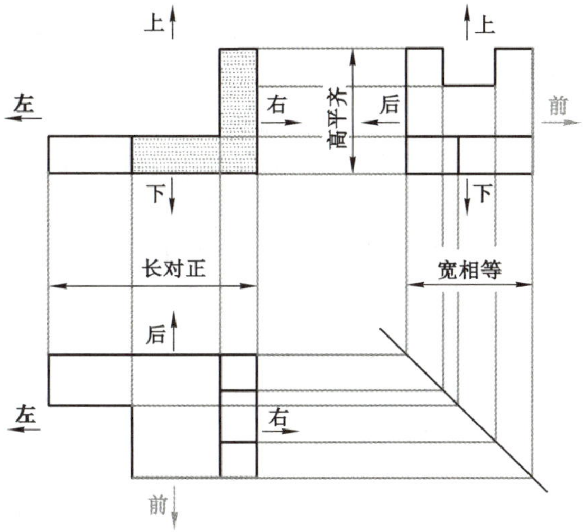

(c)

图 3-5　三视图

1. 位置关系

从三视图的形成过程中我们可以看出，左视图在主视图的右方，俯视图在主视图的下方，如图 3-5(c)所示。

2. 方位对应关系

三视图之间除了有度量上的关系之外，方位上也有联系，如图 3-5(c)所示，主视图反映左右和上下，左视图反映上下和前后，俯视图反映左右和前后。

技巧点拨：

俯、左视图靠近主视图的一侧表示物体的后面，远离主视图的一侧表示物体的前面。

3. 投影规律

结合三视图的形成过程，可以归纳出它们之间的投影规律，主、俯视图长对正，主、左视图高平齐,俯、左视图宽相等,如图 3-5(c)所示。

“长对正、高平齐、宽相等”是画图和读图必须遵循的规律,不仅零件的整体尺寸应满足这个关系,而且零件上的所有结构都应符合这个规律。

三、三视图的画图步骤

画三视图时,物体的每一组成部分最好是三个视图配合着画,不要先把一个视图画完后再画另一个视图。这样不但可以提高绘图速度,还能避免漏线、多线。画物体某一部分的三视图时,应先画反映形状特征的视图,再按投影关系画出其他视图。图 3-6 所示为根据物体的轴测图画出其三视图的步骤。

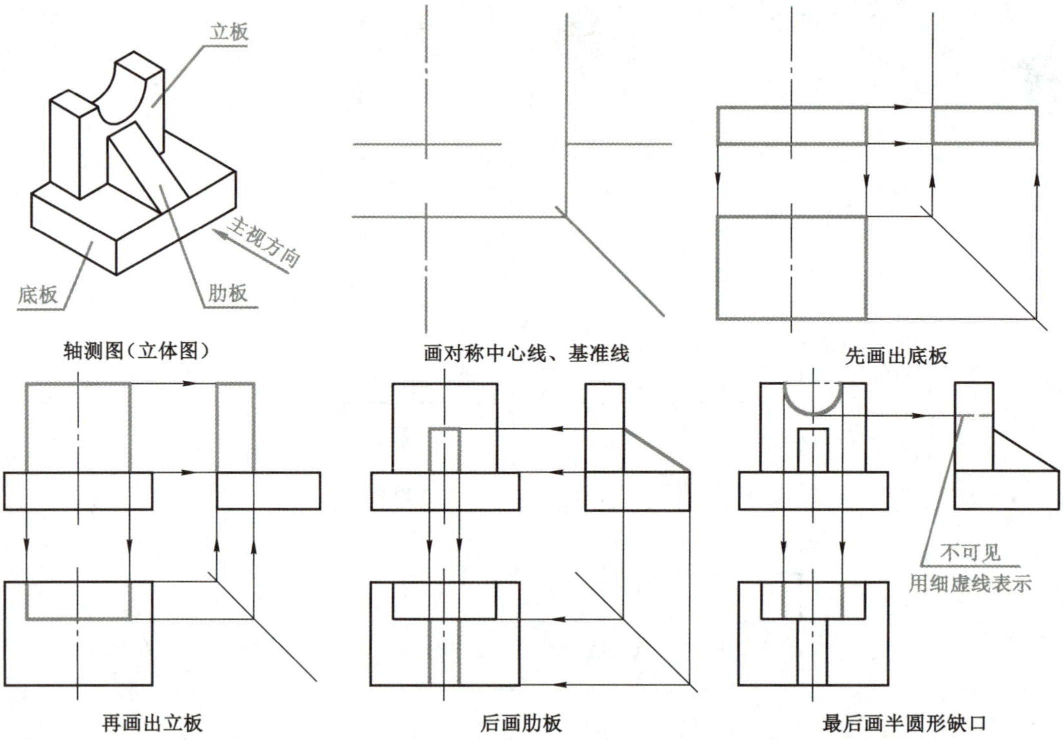

图 3-6 三视图的画图步骤

任务 3 几何元素的投影

一、点的投影

直线、平面都可以看作由一系列点组成,因此,对它们投影规律的研究都建立在点的投影规律基础之上。

规定:空间点用大写字母表示,点的水平投影用相应的小写字母表示,点的正面投影用相应的小写字母加一撇表示,点的侧面投影用相应的小写字母加两撇表示。例如对于空间上的点 A,其在 H 面、V 面与 W 面上的投影分别表示为 a、a'、a''。

1. 点的投影规律

图 3-7(a)所示为点在三投影面体系中的立体图，图 3-7(b)所示为该点的三视图。

从图中可以归纳出点的三面投影规律为：

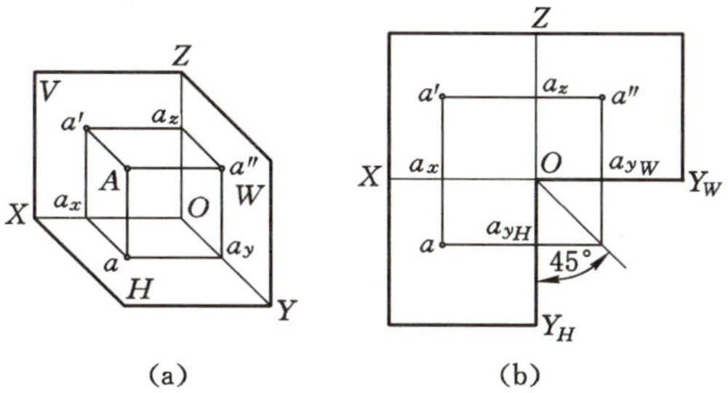

图 3-7　点的三面投影

(1) 点的两面投影连线必定垂直于相应的投影轴，即 $a'a \perp OX$；$a'a'' \perp OZ$；$aa_{yH} \perp Y_H$；$a''a_{yW} \perp Y_W$。

(2) 点的投影到投影轴的距离等于空间点到相应的投影面的距离(影轴距＝点面距)，即 $aa_x = a''a_z$＝点 A 到 V 面的距离；$a'a_{xW} = a''a_{yW}$＝点 A 到 H 面的距离；$a'a_z = aa_{yH}$＝点 A 到 W 面的距离。

【例 3-1】 已知图 3-8(a)所示点 A 的两面投影 a、a'，求 a''。

分析：

① 根据点的投影规律，过 a' 作 $a'a_z \perp Z$ 轴并延长。从原点作 45°分角线，如图 3-8(b)所示。

② 过 a 作 $aa_{yH} \perp Y_H$ 轴并与 45°(等宽)线相交，向上作垂线得到 a''，如图 3-8(c)所示。

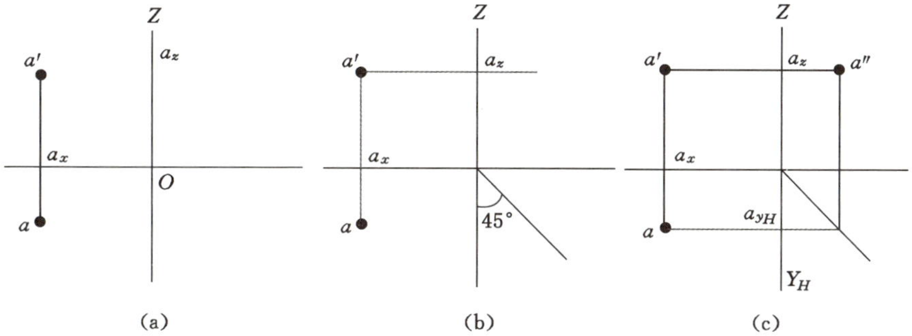

图 3-8　已知点的两面投影求第三面投影

2. 点的投影与直角坐标的关系

根据解析几何可知，空间点的位置由 x、y、z 三个坐标唯一确定。由图 3-9 可知，点 A 的三个坐标值分别是空间点 A 到 W 面、V 面和 H 面的距离，即：

点 A 的 x 坐标＝点 A 到 W 面的距离(Aa'')

点 A 的 y 坐标＝点 A 到 V 面的距离(Aa')

点 A 的 z 坐标＝点 A 到 H 面的距离(Aa)

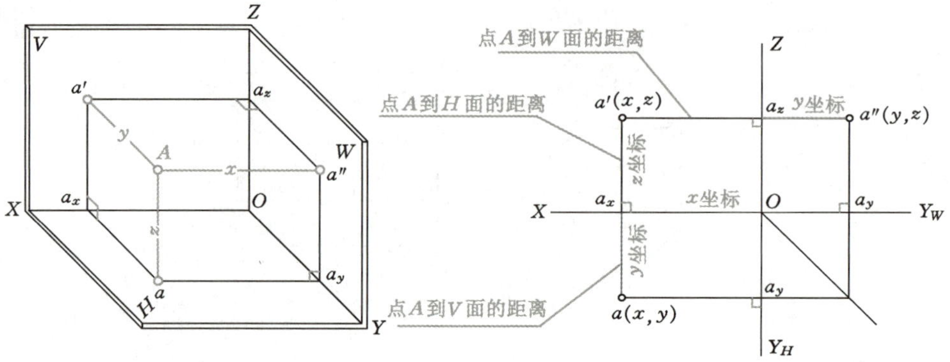

图 3-9　点的投影与直角坐标的关系

于是，点 A 三面投影的坐标分别为：$a(x,y)$、$a'(x,z)$、$a''(y,z)$，即任一投影都包含两个坐标，所以一个点的两面投影就包含了点的三个坐标，即确定了点的空间位置。因此，根据点的三个坐标值和点的投影规律，就能做出点的三面投影图，也可以由点的两面投影补画出点的第三面投影。

【例 3-2】 已知点 A 坐标(15,10,12)，求作点 A 的三面投影。

分析：

① 画出投影轴，在 X 轴上由点 O 向左量取 15 mm，得 a_x，如图 3-10(a)所示。

② 过 a_x 作 X 轴垂线，自 a_x 向下量取 10 mm 得 a、向上量取 12 mm 得 a'，如图 3-10(b)所示。

③ 根据点的投影规律，由 a、a'求出 a''，如图 3-10(c)所示。

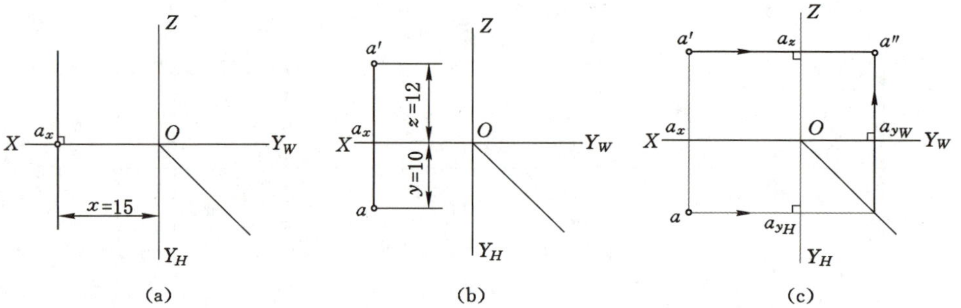

图 3-10　已知点的坐标求点的三面投影

技巧点拨：

特殊位置的点，如投影面或投影轴上点，其某一投影表现为特殊性。点在投影面上，点距该投影面的距离为零，在该投影面上的投影与空间点重合，其另两个投影在相应投影轴上；点在投影轴上，点在共有投影面上的投影与空间点重合，另一个投影与原点重合。

3. 两点的相对位置

两点的相对位置指两点在空间的上下、前后、左右位置关系。空间两点的位置关系，可以利用投影图上各点的同面投影坐标值的大小进行判断。判别方法：x 坐标值大者在左侧，y 坐标值大者在前方，z 坐标值大者在上方。如图 3-11 所示，由空间点 A、B 的三面投影可判断点 A、B 的空间位置关系：点 A 在点 B 的左、后、下方。

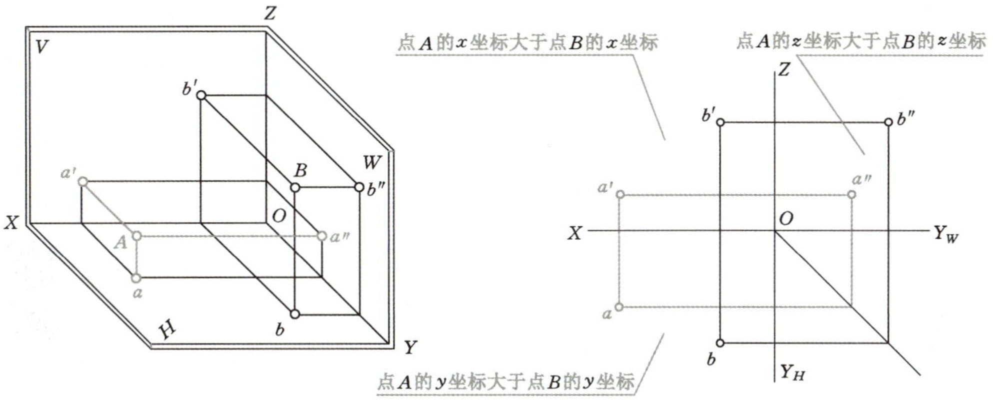

图 3-11　判别两点的相对位置

4. 重影点

空间两点在某一投影面上的投影重合为一点时，称此两点为该投影面的重影点，如图 3-12 所示的 E、F 两点即为 V 面的重影点，e'、f'重合为一点。

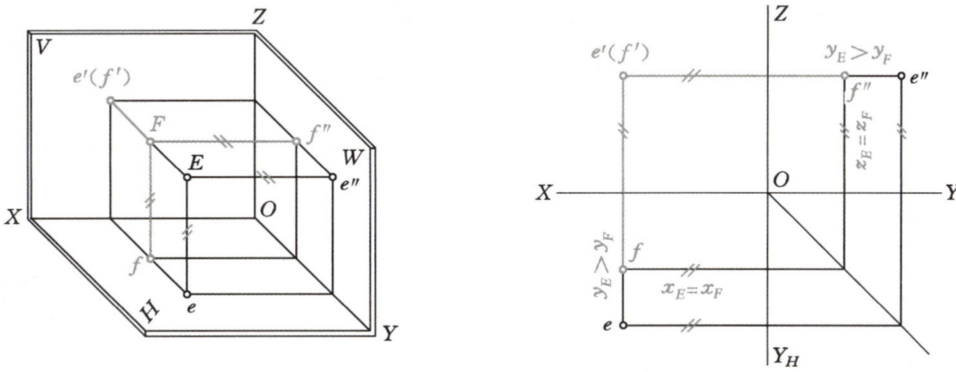

图 3-12　重影点及其可见性的判别

对重影点应当进行可见性判别，判别方法：当两点在 V 面的投影重合时，则 y 坐标大者在前可见；当两点在 H 面的投影重合时，则 z 坐标大者在上可见；若两点在 W 面的投影重合时，则 x 坐标大者在左可见。图 3-12 中，$x_E=x_F$、$z_E=z_F$、$y_E>z_F$，所以 E、F 是对 H 面的重影点，又因 E 点在 F 点之前，所以 e'可见、f'不可见，不可见的投影点需加括号(f')。

【例 3-3】 如图 3-13 所示，已知点 A 的三面投影，作出点 B(16,8,0)的三面投影，并判断两点在空间中的相对位置。

分析：作法如图 3-13 所示，点 A 在点 B 的右、前、上方。

提示：b''一定在 W 面的 Y_W 轴上，而不在 H 面的 Y_H 轴上。

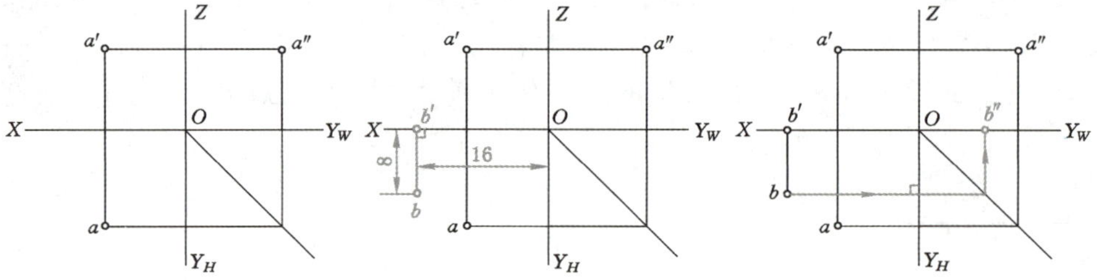

图 3-13　例 3-3 图

二、直线的投影

1. 直线的三面投影

如图 3-14 所示，直线与投影面的夹角称为直线对投影面的倾角，其对 H 面的倾角用 α 表示，对 V 面的倾角用 β 表示，对 W 面的倾角用 γ 表示。一般情况下，直线的投影仍是直线。特殊情况下（即直线垂直于投影面），其投影积聚成一点。两点确定一条直线，求作直线的三面投影时，可分别作出直线两端点的三面投影。然后将同一投影面上的投影（简称同面投影）连接起来，即得到直线的三面投影。

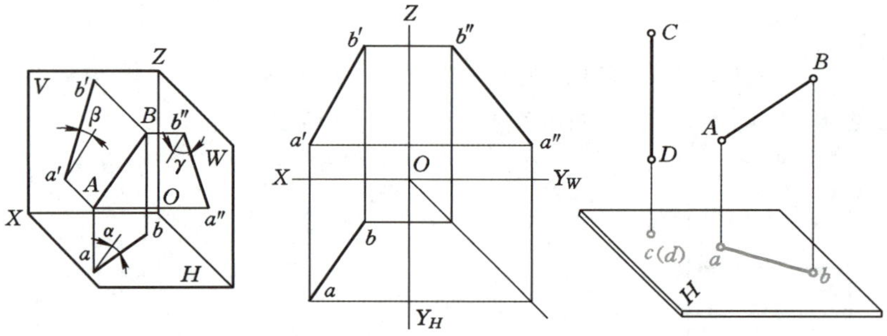

图 3-14　直线的三面投影

2. 各种位置直线的投影特性

依据直线与三个投影面的位置关系，直线分为一般位置直线、投影面平行线、投影面垂直线，其中后两种直线称为特殊位置直线。

(1) 一般位置直线（与三个投影面都倾斜的直线称为一般位置直线）

如图 3-14 所示，其投影特性是（三条斜线）：

① 三面投影都与投影轴倾斜，且不反映空间直线对投影面倾角的实际大小。

② 三面投影的长度均小于实长。

(2) 特殊位置直线

平行于一个投影面而倾斜于另外两个投影面的空间直线，称为投影面平行线。按照直线所平行的投影面的不同，可分为：正平线（//V 面）、水平线（//H 面）和侧平线（//W 面）。

垂直于某一投影面，从而平行于另两个投影面的直线，称为投影面垂直线。同样，根据直线垂直的面的不同，又可分为：正垂线（⊥V 面）、铅垂线（⊥H 面）和侧垂线（⊥W 面）。

特殊位置直线的投影特性见表 3-2。

表 3-2 特殊位置直线的投影特性

直线类型		立体图	三视图	投影特性
投影面平行线	正平线	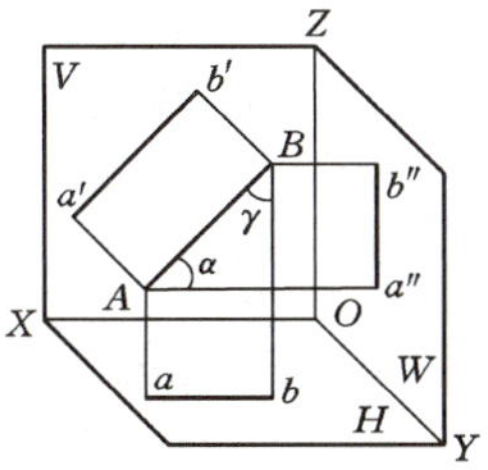	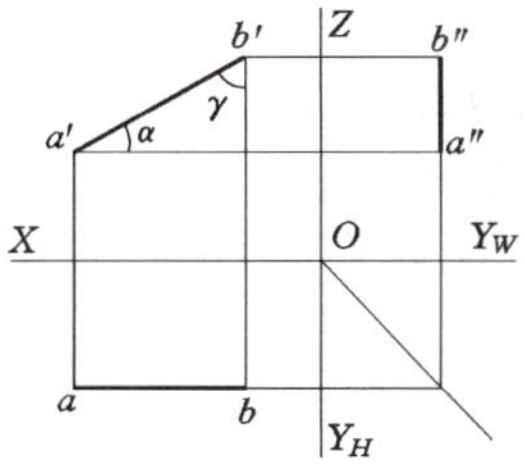	1. 正面投影 $a'b'$ 反映直线 AB 实长，夹角 α、γ 反映直线与 H 面和 W 面的真实倾角。 2. 侧面投影 $a''b''//OZ$，水平投影 $ab//OX$
	水平线	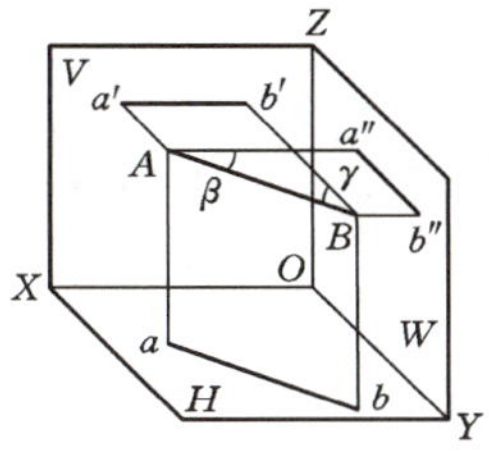	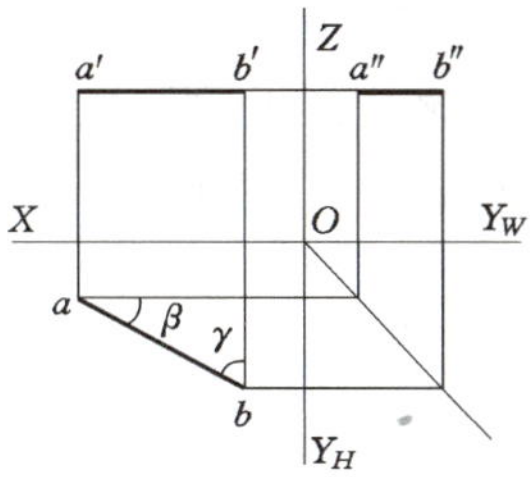	1. 水平投影 ab 反映直线实长，夹角 β、γ 反映直线与 V 面和 W 面的真实倾角。 2. 正面投影 $a'b'//OX$，侧面投影 $a''b''//OY_W$
	侧平线	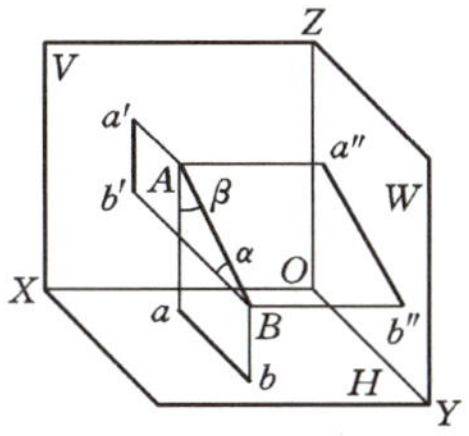	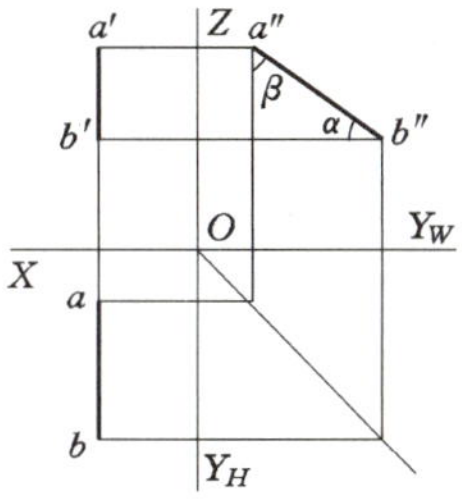	1. 侧面投影 $a''b''$ 反映直线实长，夹角 α、β 反映直线与 H 面和 V 面的真实倾角。 2. 正面投影 $a'b'//OZ$，水平投影 $ab//OY_H$
投影面垂直线	正垂线	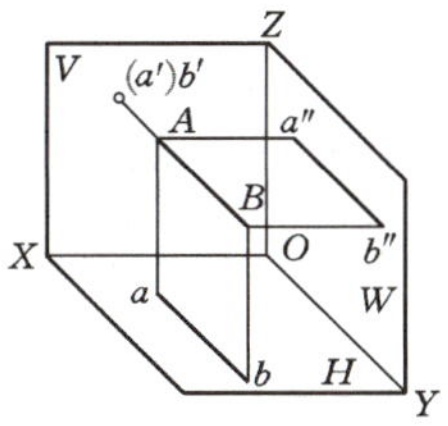	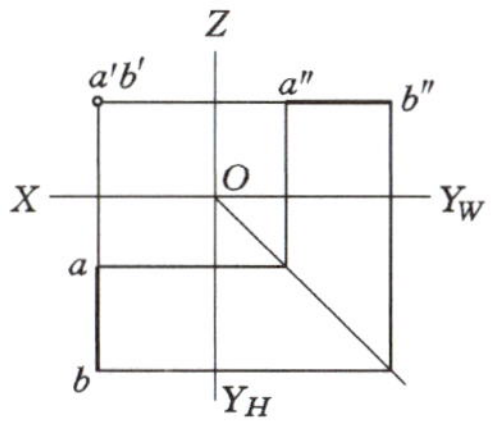	1. 正面投影 $(a')b'$ 积聚为一点。 2. 侧面、水平投影： $a''b''//OY_W$； $ab//OY_H$； $ab=a''b''=AB$
	铅垂线	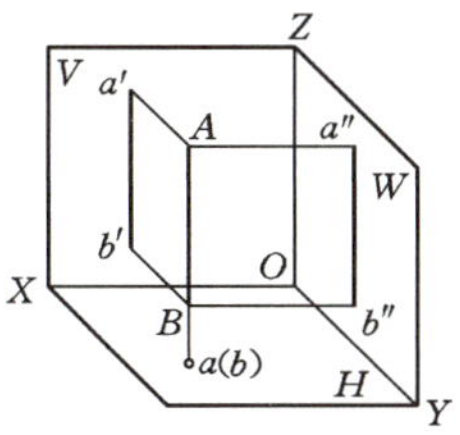	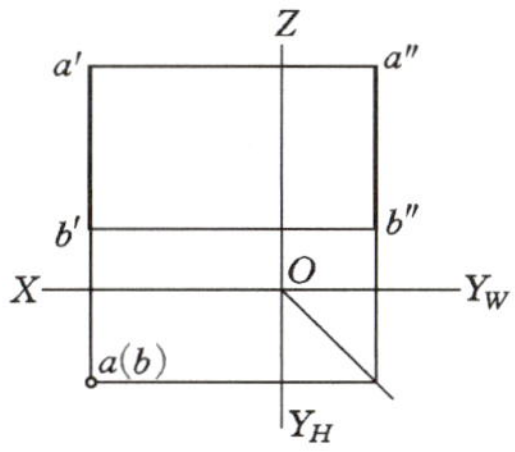	1. 水平投影 $a(b)$ 积聚为一点。 2. 正面、侧面投影： $a'b'//OZ$； $a''b''//OZ$； $a'b'=a''b''=AB$
	侧垂线	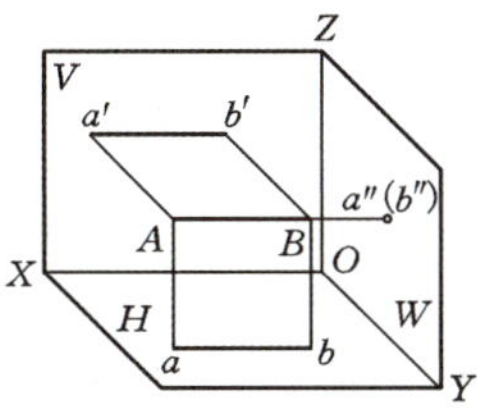	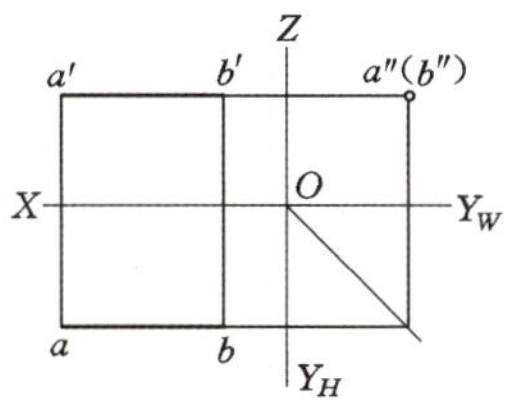	1. 侧面投影 $a''(b'')$ 积聚为一点。 2. 正面、水平投影： $a'b'//OX$； $ab//OX$； $a'b'=ab=AB$

投影面平行线的投影特性可归结为：

① 直线在所平行的投影面上的投影反映实长。

② 其他两面投影平行于相应的投影轴，且均不反映实长。

③ 反映实长的投影与投影轴所夹的角度，等于空间直线对相应投影面的倾角。

投影面垂直线的投影特性可归结为：

① 直线在所垂直的投影面上的投影积聚成一点。

② 其他两面投影反映该直线的实长，且分别垂直于相应的投影轴。

3. 直线上的点

如图 3-15 所示，直线上的点的投影特性为：

① 直线上的点，其投影仍在该直线的同一投影面的投影上。

② 若直线不垂直于投影面，其上的点分割空间直线之比在投影图上保持不变，即具有等比性。

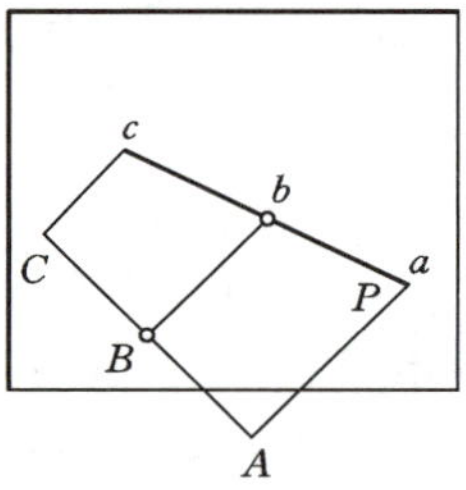

图 3-15　直线上的点

技巧点拨：

直线上的点的投影特性是点在直线上的充分必要条件，所以，在三视图中要判断一点是否在某条直线上，或者已知一点在直线上，需求该点的投影时，都应以它作为依据。

【例 3-4】 如图 3-16 所示，在三视图中，已知直线 AB 及点 K 的俯视图和左视图。判断点 K 是否在此直线上。

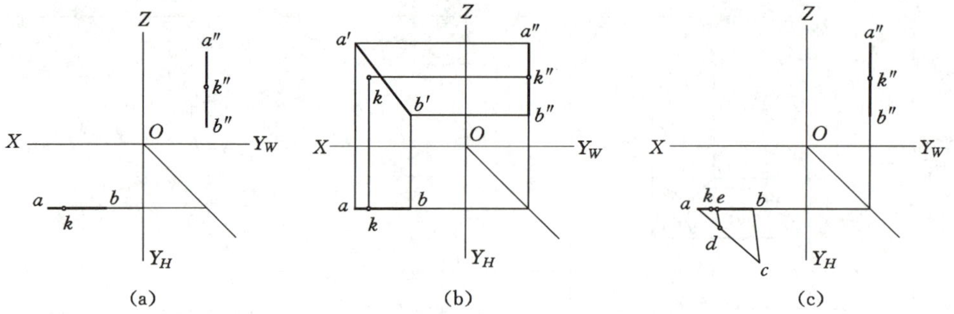

图 3-16　判断点是否在直线上

分析：依照直线上的点的投影特性，可以采用两种方法。

方法一：根据点的三面投影特性，分别绘出直线 AB 和点 K 在主视图中的投影，如图

3-16(b)所示。从图中可以看出，点 K 的正面投影 k' 不在直线 AB 的正面投影 $a'b'$ 上，故可以判断点 K 不在直线 AB 上。

方法二：如图 3-16(c)所示，在俯视图中，过点 a 任作直线 $ac=a''b''$，在 ac 上取点 d。使得 $ad=a''k''$，连接 b、c 两点，过点 d 作平行于 bc 的直线 de，交 ab 于点 e，很明显，e 与 k 不重合，也可判断点 K 不在直线 AB 上。

4. 两直线的相对位置

由几何知识可知，在空间中两直线的位置关系有三种：平行、相交和交叉。其中，平行、相交的两直线称为共面直线，交叉直线称为异面直线。它们的投影特性各不相同，见表 3-3。

表 3-3　空间两直线投影特性

相对位置	投影特性	实例
平行两直线	空间平行两直线，它们在同一投影面上的投影仍然平行；反之，如果空间两直线在所有投影面上的投影都平行，也可确定该两直线在空间上是平行的。 **技巧点拨：** 一般情况下，对于投影面平行的两直线，它们均为水平线，需要三个视图才能够判断它们是否平行；但对于其他位置直线，不需要作出三个视图，只需任意两个视图就可以判断它们是否平行	如图(a)所示，已知空间两直线 AB、CD 的主、左视图，判断该两直线在空间是否平行。 依据空间两直线是否平行的判断方法，应当先作出这两条直线的俯视图，然后判断它们在俯视图中的投影是否平行，如图(b)所示。从图中我们可以看出，这两条直线在俯视图中的投影不平行，由此可以判定该两直线在空间不平行 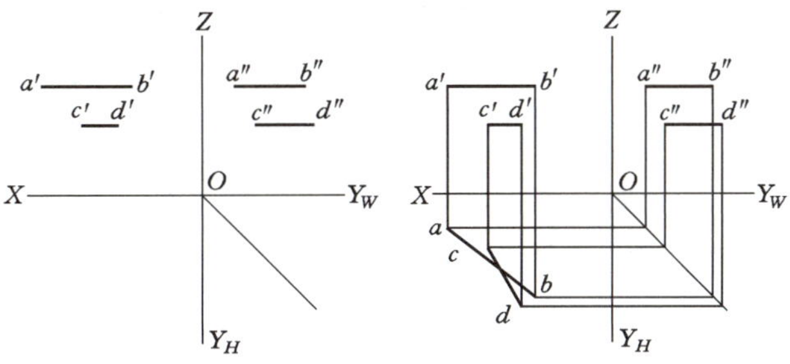 (a)　　(b)
相交两直线	空间两相交直线的同面投影彼此相交，且交点符合点的投影规律	如空间两直线 EF、GH 相交于 C 点，其三视图如图所示 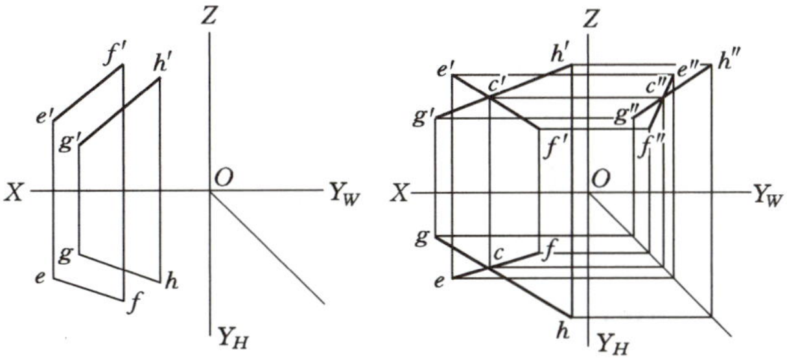 (a)　　(b)

表 3-3(续)

相对位置	投影特性	实例
交叉两直线	空间两直线交叉，是指这两直线既不平行又不相交，其投影特性为：同一投影面上的投影不会同时平行，同一投影面上的投影可能相交，但交点的投影不满足点的三面投影特性	如图所示，已知空间两直线 AB、CD 的主、俯视图，判断这两条直线在空间上的位置关系。 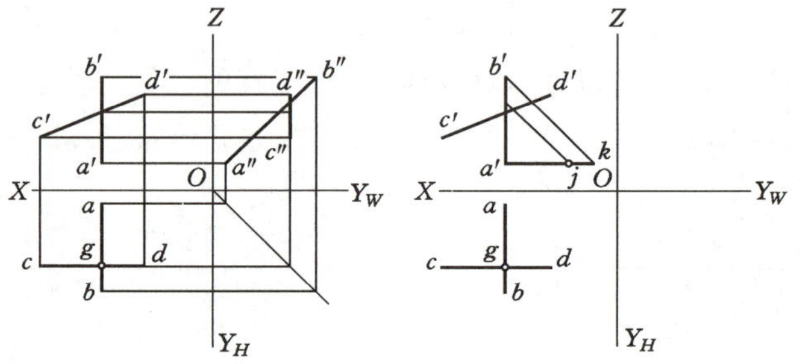 (a) (b) 从主、俯视图中可以看出，这两直线在各个视图中的投影都不平行，所以可以判断 AB 与 CD 在空间上只可能是相交或交叉，可以用两种方法加以判断。 方法一：作出这两条直线在左视图中的投影，如图(a)所示，从图中可以看出，它们的交点不满足点的三面投影特性，故这两直线在空间上交叉。 方法二：依据直线上点分割直线长度比不变的特性，过点 a' 作直线 $a'k'=ab$，$a'j'=ag$，连接 k'、b'，过 j' 作平行于 $k'b'$ 的直线，如图(b)所示，也可以判断出这两直线在空间上交叉

三、平面的投影

1. 平面的表示法

平面可以由点、线、面等几何元素表示，如图 3-17 所示。

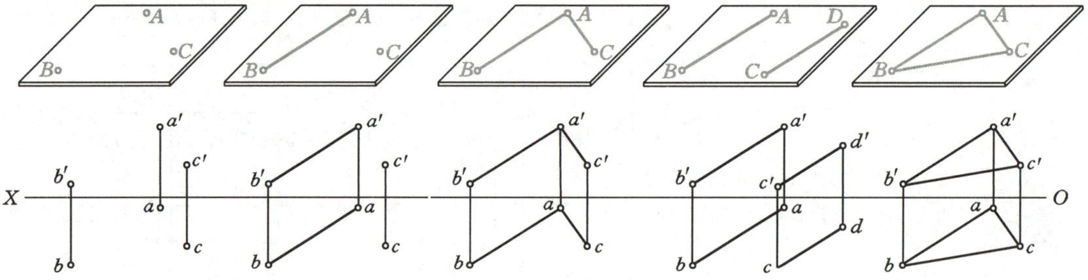

不在同一直线上的三点　一直线和直线外一点　相交两直线　平行两直线　任意平面图形

图 3-17　用几何元素表示平面

平面的投影常用平面多边形图形表示空间平面。

2. 各种位置平面的投影

如图 3-18 所示，与直线相类似，平面按照其与投影面位置的不同，可分为一般位置平面（与三个投影面都倾斜的平面，G 面）和特殊位置平面。特殊位置平面又分为投影面平行面[平行于某一投影面，垂直于另外两投影面的平面，包括正平面（$/\!/V$ 面）的 B 面、水平面（$/\!/H$ 面）的 A 面、侧平面（$/\!/W$ 面）的 C 面]和投影面垂直面[垂直于某一投影面，倾斜于另外两投影面的平面，包括正垂面（$\perp V$ 面）的 E 面、铅垂面（$\perp H$ 面）的 D 面和侧垂面（$\perp W$ 面）的 F 面]。

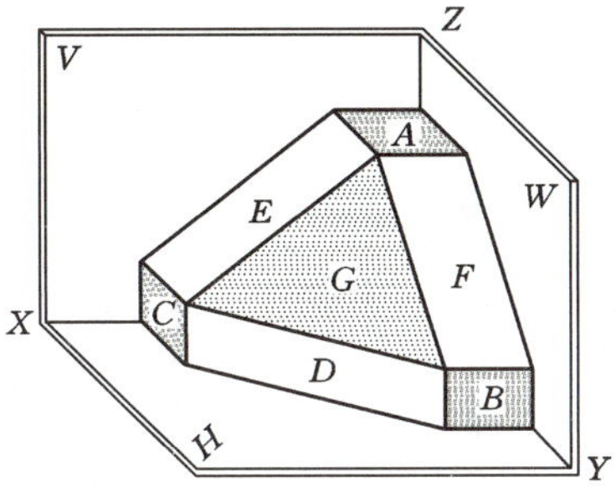

图 3-18　各种位置平面

投射时，平面原有的几何性质有些会因位置的不同而产生变化，各种位置平面的投影特性见表 3-4。

表 3-4　各种位置平面的投影特性

<table>
<tr><th colspan="2">平面类型</th><th>立体图</th><th>三视图</th><th colspan="2">投影特性</th></tr>
<tr><td colspan="2">一般
位置平面</td><td>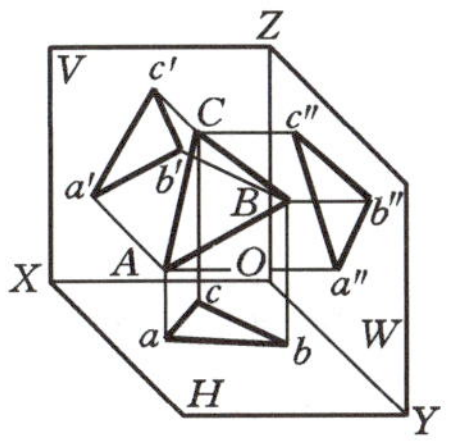</td><td>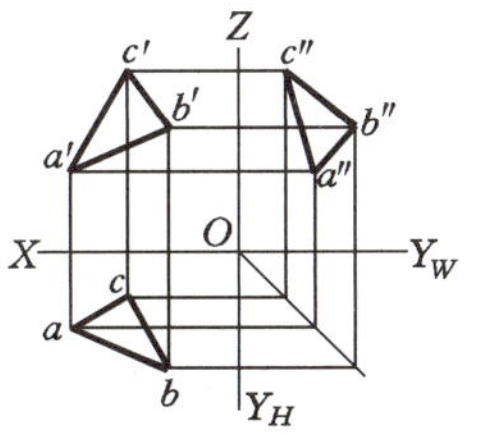</td><td colspan="2">三面投影均为原平面图形的类似形，且面积缩小</td></tr>
<tr><td>投影面平行面</td><td>水平面</td><td>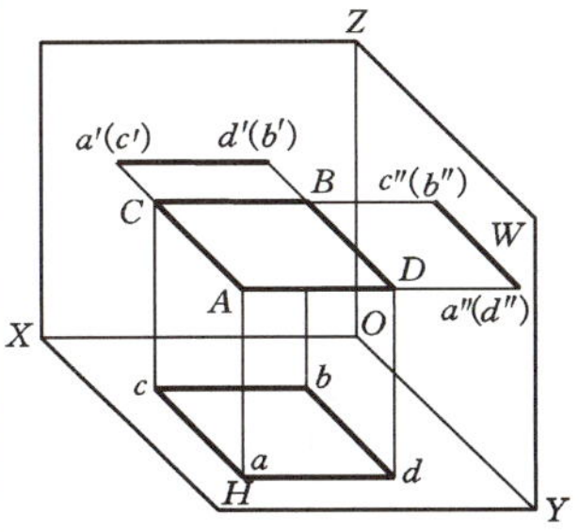</td><td>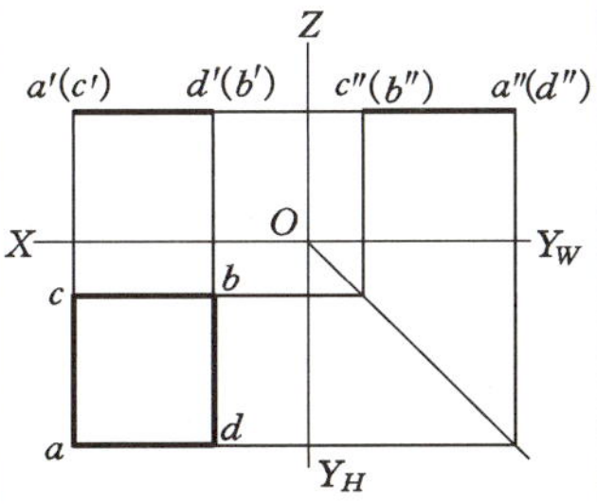</td><td>(1) 水平投影反映实形。
(2) 正面投影积聚成直线且平行于 OX 轴，侧面投影积聚成直线且平行于 OY 轴</td><td>(1) 平面图形在所平行的投影面上的投影反映实形。
(2) 其他两面的投影积聚成直线且平行于相应投影轴</td></tr>
</table>

表 3-4(续)

平面类型		立体图	三视图	投影特性	
投影面平行面	正平面	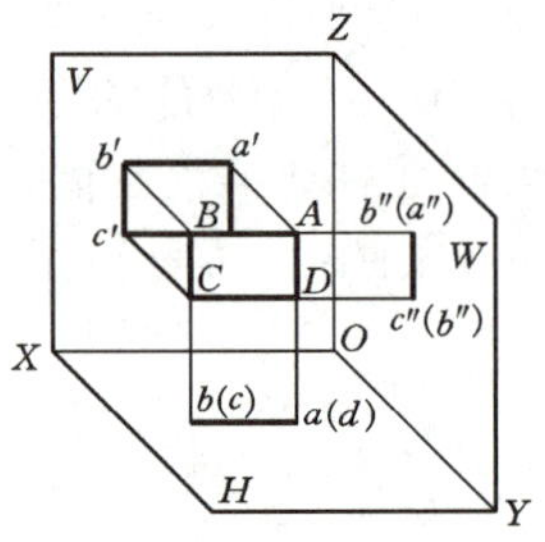	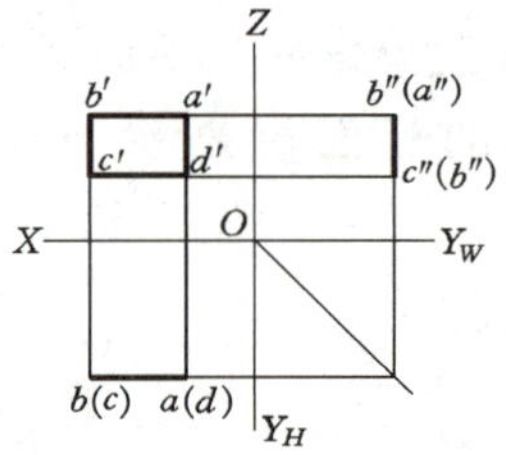	(1) 正面投影反映实形。 (2) 水平投影积聚成直线且平行于 OX 轴，侧面投影积聚成直线且平行于 OZ 轴	(1) 平面图形在所平行的投影面上的投影反映实形。 (2) 其他两面的投影积聚成直线且平行于相应投影轴
	侧平面	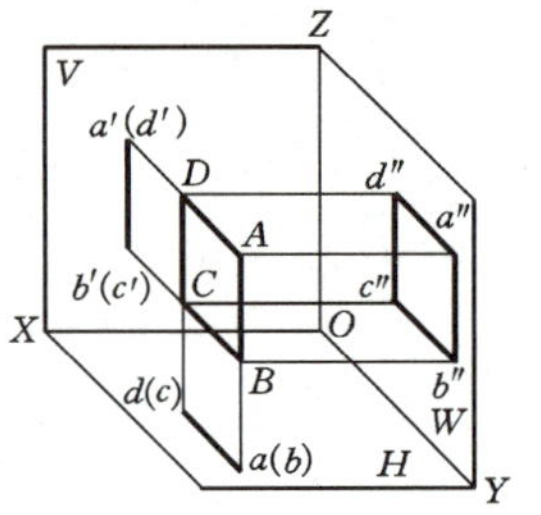	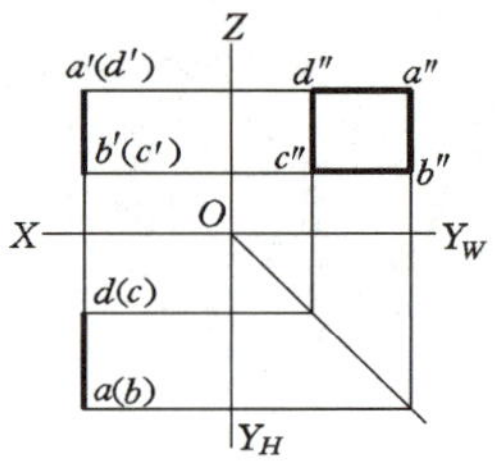	(1) 侧面投影反映实形。 (2) 正面投影积聚成直线且平行于 OZ 轴，水平投影积聚成直线且平行于 OY 轴	
投影面垂直面	铅垂面	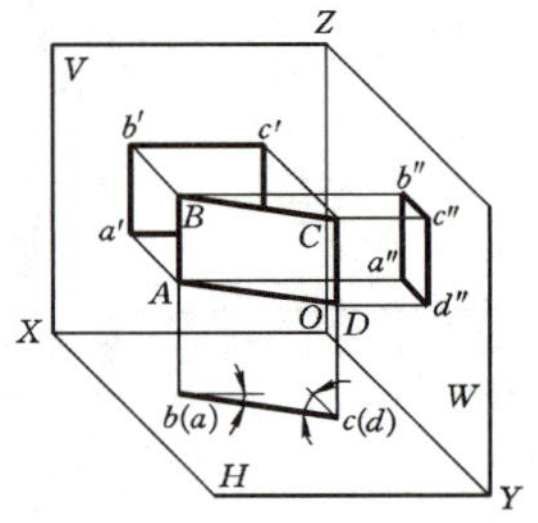	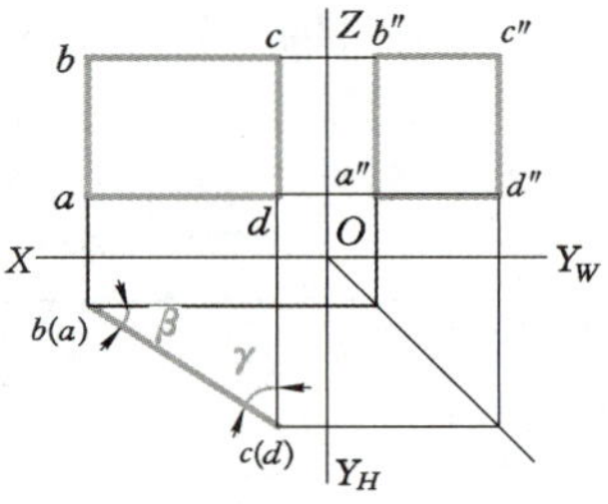	(1) 水平投影积聚成直线，该直线与 OX、OY 轴的夹角等于空间平面对 V、W 面的倾角。 (2) 正面投影和侧面投影为原图形的类似形	(1) 平面图形在所垂直的投影面上的投影积聚成直线，该投影与投影轴的夹角等于空间平面对相应投影面的倾角。 (2) 其他两面的投影为原图形的类似形
	正垂面	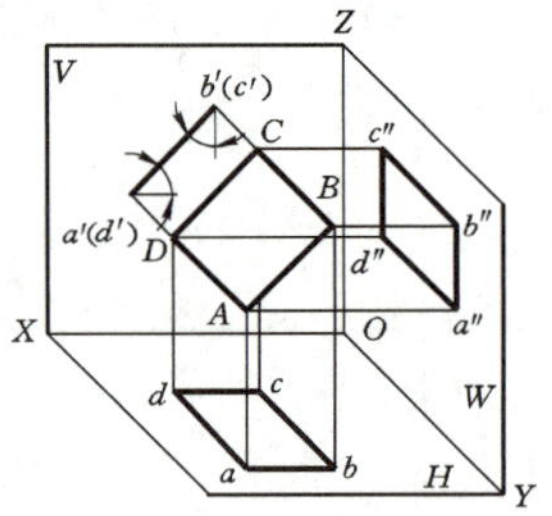	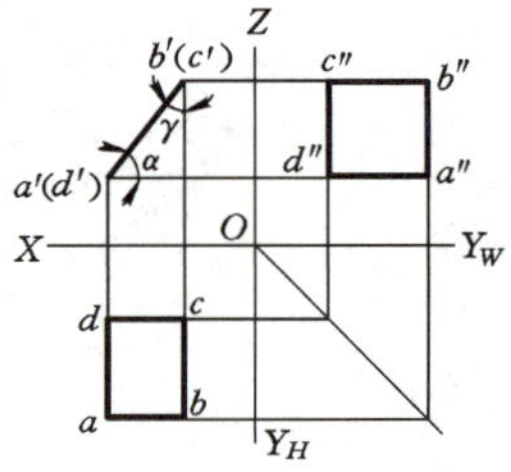	(1) 正面投影积聚成直线，该直线与 OX、OZ 轴的夹角等于空间平面对 H、W 面的倾角。 (2) 水平投影和侧面投影为原图形的类似形	
	侧垂面	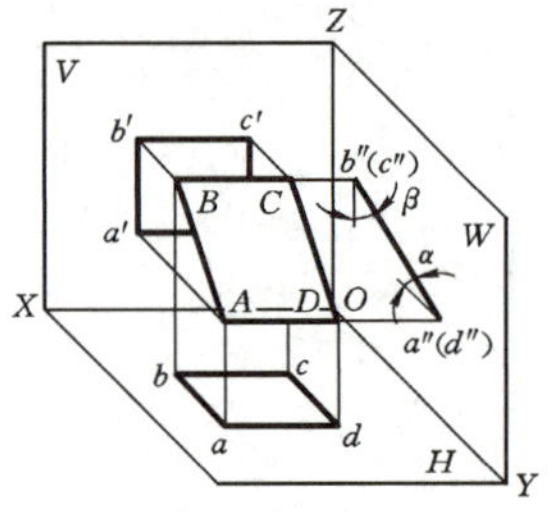	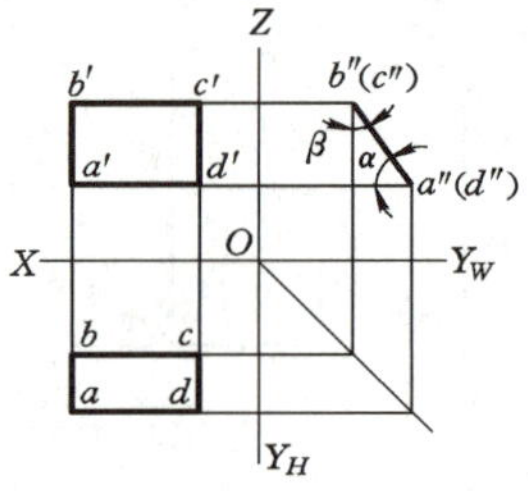	(1) 侧面投影积聚成直线，该直线与 OY、OZ 轴的夹角等于空间平面对 H、V 面的倾角。 (2) 水平投影和正面投影为原图形的类似形	

【例 3-5】 判断图 3-19 中正三棱锥的三个面（ABC、SAC、SAB）与投影面的相对位置。

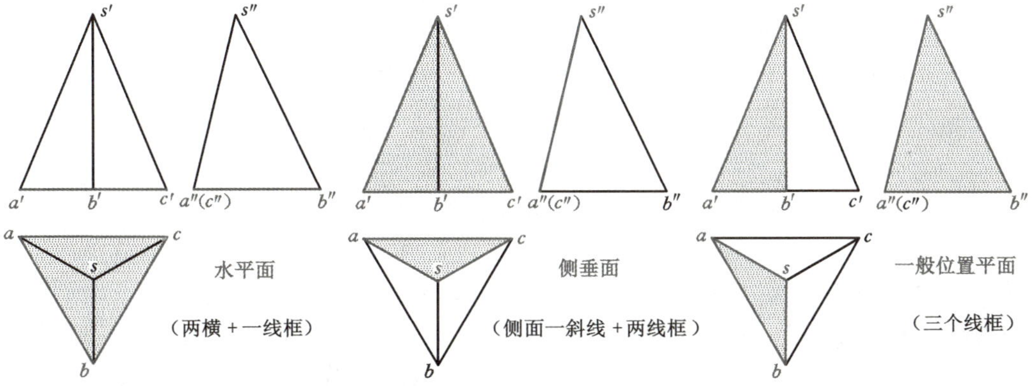

图 3-19 判断正三棱锥中平面类型

分析:根据平面投影特性，面 ABC 为水平面、面 SAC 为侧垂面、面 SAB 为一般位置平面。

3. 平面内的点和直线

直线与点在平面内，它们必然满足下列几何条件：

(1) 直线在某一平面内，则该直线必过平面内的两点；或者过平面内一点，又平行于平面内的另一直线，如图 3-20(a)、(b)所示。

(2) 点在平面内，则点必在属于该平面的某一直线上，如图 3-20(c)所示。

无论是已知直线、点在平面上求它们的投影，还是已知直线、点的投影判断它们是否在某一平面内，都应当以这两个几何条件为依据。

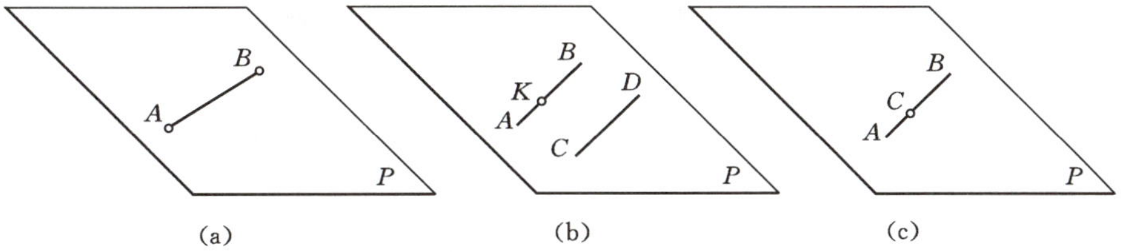

图 3-20 直线在平面内

【例 3-6】 如图 3-21 所示，求在平面 abc 内的某一直线的投影。

分析:由直线在平面内的几何条件可知，本题可有两种解法。

方法一：在 ab、ac 上各任取一点，这两点的连线就在平面 abc 内。由此，在 ab、ac 上分别取两点 j、k，分别作出它们的水平投影（j、k）和正面投影（j'、k'），则连线 jk、$j'k'$ 即为平面内直线 jk 的水平投影和正面投影，如图 3-21(a)所示。

方法二：过点 c 作直线 ab 的平行线，则所得直线也在平面 abc 内。由此，分别过 c'、c 作直线 $c'd' \parallel a'b'$、$cd \parallel ab$，则 $c'd'$、cd 即为所求，如图 3-21(b)所示。

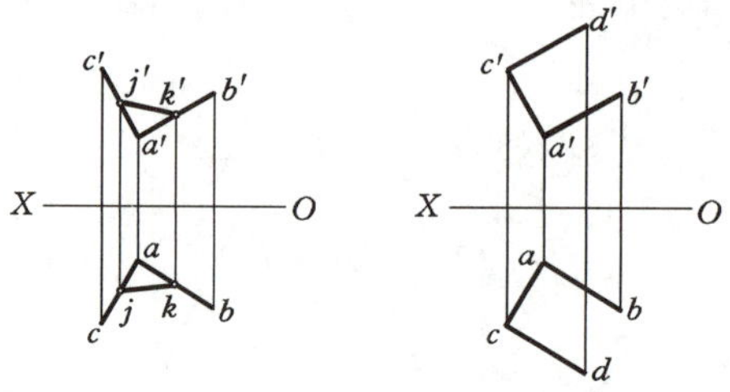

(a) (b)

图 3-21 作平面内的直线

【例 3-7】 如图 3-22 所示，已知△*ABC* 内点 *E* 的正面投影 *e′*，求作它的另一面投影。

分析：点 *E* 是平面△*ABC* 内的一点，则需要作出一条辅助线。利用△*ABC* 内的三个已知点 *A*、*B*、*C* 中的任何一个(图中选取了 *A* 点)，连接点 *E* 作出一条与已知直线相交的辅助线(图中为 *A* Ⅰ线)。

① 连接 *a′e′* 并交 *b′c′* 于点 1′，如图 3-22(b)所示。

② 根据点的投影规律作出Ⅰ点的水平投影 1，连接 *a*、1，如图 3-22(b)所示。

③ 根据点与直线的从属性和点的投影规律，过 *e′* 作 *OX* 轴的垂线交 *a*1 于 *e*，如图 3-22(c)所示。

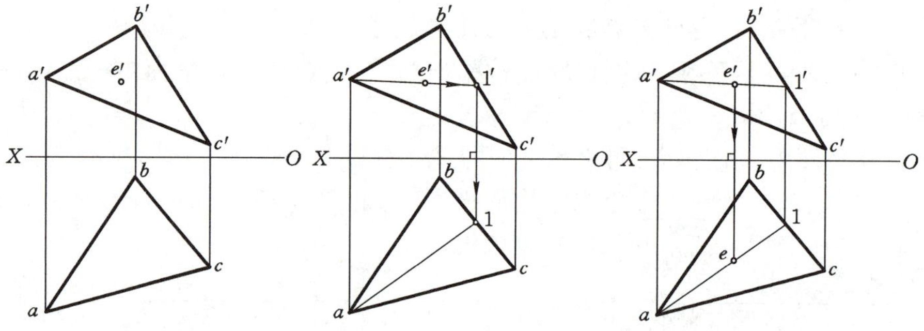

(a) (b) (c)

图 3-22 作平面内的点

项目4　工程形体的投影

教学目标

1. 熟悉基本形体的投影及表面取点，掌握截交线和相贯线的画法。
2. 掌握形体分析法在组合体三视图绘制、阅读和尺寸标注中的应用。

思政目标

1. 通过工程实际中的应用，激发学生的职业自豪感。
2. 青春飞扬彰价值，勇做基石显担当。
3. 正确定位促和谐，创新设计强发展。

学习项目工单

项目名称	几何元素的投影
项目描述	列举生活中常见的几种物品，如下图所示，从几何构成角度分析其组成。 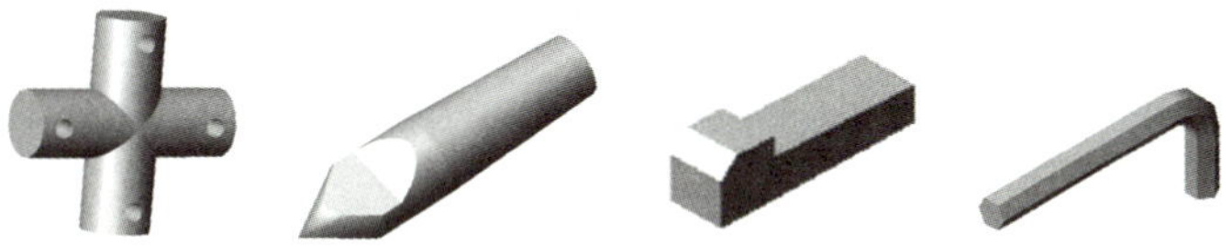 十字接头　　顶针　　钩头键　　内六角螺丝刀
项目分析	熟悉系统方法论，掌握"形体分析法"的思想，并将其应用到日常生活中，将生活中的困难分解为一个个小困难并逐一击破
成果展示及评价	分小组完成所要求项目，推荐一位成员解说展示作品，小组互评后由教师综合评价

引例

如图4-1所示，实际工程中的形体多种多样、丰富多彩，其形状、结构往往比较复杂，因此需要将其合理分解为形状简单、形成也简单的几何体，以了解平面与立体表面相交、两立体相交时的投影，并借助形体分析法和线面分析法来表达组合体。

青春何以才能绚丽？人生如何才有意义？无数年轻人肩负重任，在平凡岗位上为祖国的建设贡献力量。

分析基本几何体投影的简洁性和明晰性以及摆放位置的合理性(摆放位置对投影的影

图 4-1　生活中的工程形体

响），引导学生树立正确的人生观，坦诚做人，坦率处事，摆正自己在社会中的位置，做好国家建设的基石。

分析截切及相贯形体的特点及投影特性，根据零件形状的需求进行合理截切和相贯，引导学生认识自身价值的实现形式，在以后的学习和工作中树立大局观，合理地“舍小家保大家”，促进社会的和谐与稳定；根据产品的功能需求，合理地进行加工（叠加、切割），设计出具有创造性的结构、零件和产品，满足国家工业发展的需要，促进国家的产业升级和发展。

任务 1　基本体的投影

在制图中把工程上经常使用的单一的几何形体如棱柱、棱锥、圆柱、圆锥、球和圆环等称为基本几何体，简称基本体。如图 4-2 所示，基本体中有平面立体（由平面围成的实体，如棱柱和棱锥）和曲面立体（由回转面或由回转面和平面所围成的曲面立体，如圆柱、圆锥和球体）。

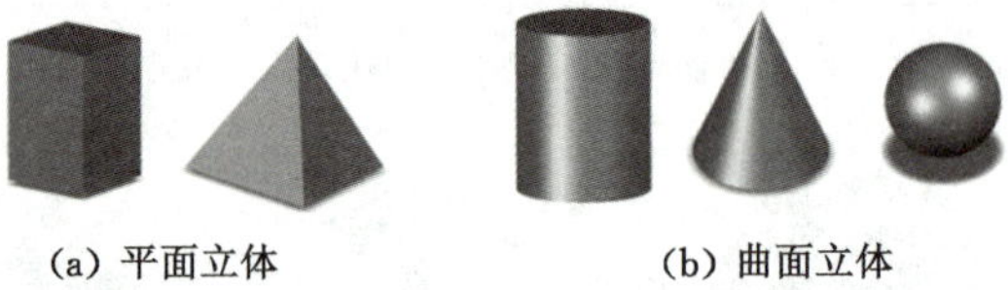

图 4-2　基本几何体

由于立体由面围成，因此立体的投影实质上是构成该体的所有表面投影的总和。研究立体的投影，首先要分析立体的组成及形体特征，投影时一般按自然位置安放，注意尽可能让其表面呈投影面的特殊面。

一、平面立体

1. 棱柱

直棱柱（侧棱与顶、底面垂直）由两个底面和几个侧棱面组成。侧棱面与侧棱面的交线称为侧棱线，简称棱线。棱柱的棱线相互平行。底面是正多边形的直棱柱称为正棱柱。

(1) 棱柱的三视图

图 4-3 所示的平面立体为正六棱柱，上、下面为正六边形；棱面均为矩形，六条棱线相互平行且垂直于底面。

为了便于作图，将正六棱柱的底面平行于 H 面放置，并使其前、后两个侧面平行于 V 面。这样，它的上、下底面均为水平面，6 个侧棱面中，前、后两个为正平面，其余 4 个为铅垂面。

作投影图时，如图 4-3(c)所示，由于上、下底面的水平投影反映实形且两面投影重合，所以先画上、下底面的水平投影，正面、侧面投影都积聚成线段；再画 6 条棱线，水平投影积聚在六边形的 6 个顶点上，正面、侧面投影均反映实长；最后分析各棱线的可见性。

在作图时，要保证水平投影和侧面投影之间必须符合宽度相等和前后对应的关系。如图 4-3(b)所示，正六棱柱前、后棱面之间的宽度都应为 y_1，点 M 与后棱面之间的宽度为 y_2，作图时一般都可直接量取相等距离，也可以如图 4-3(b)所示添加 45°辅助线作图。

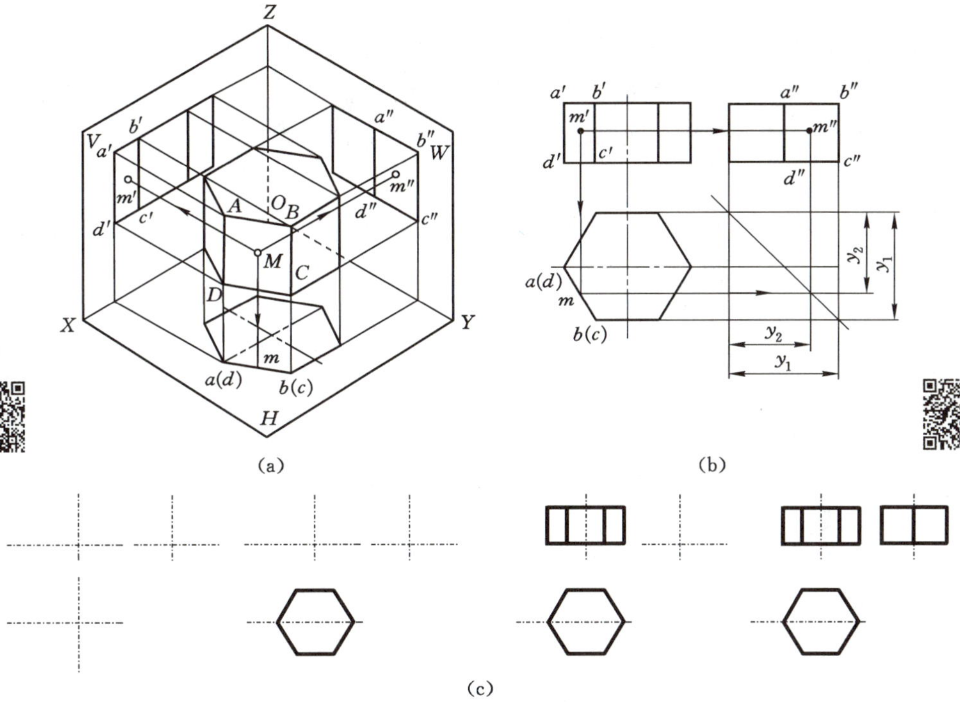

图 4-3 正六棱柱的三视图及表面上点的投影

(2) 棱柱表面取点

在平面立体表面上取点，其原理和方法与平面上取点相同。如图 4-3 所示，正六棱柱的各个表面都处于特殊位置，因此在棱柱表面上取点可利用积聚性原理作图。

对于立体表面上点的投影的可见性，规定：表面可见点可见；表面被遮挡，其上点的投影亦不可见；当表面投影具有积聚性时，其上点的投影为可见。

根据平面立体表面上点的一个已知投影，求作点的其余两个投影。如图 4-3(b)所示，正六棱柱的各个表面都处于特殊位置，因此在表面上取点可利用积聚性原理作图。已知正六棱柱表面上点 M 的正面投影 m'，要作出其他投影 m、m''。由于点 M 的正面投影是可见的，因此，点 m 必在 $a(d)b(c)$ 上。由点的投影规律，根据 m 和 m' 即可求出 m''，因点 M 所在的表面 $ABCD$ 的侧面投影可见，故 m'' 可见。

2. 棱锥

棱锥由一个底面和几个侧棱面组成。侧棱线交于有限远的一点——锥顶。棱锥底面的形状决定了棱线的数目，底面为三角形，则有三条棱线，为三棱锥；底面为五边形，则有五条棱线，为五棱锥。当棱锥底面为正多边形，各侧面为全等的等腰三角形时，称为正棱锥。

(1) 棱锥的三视图

图 4-4(a)所示为一个正三棱锥的三面投影直观图。该三棱锥的底面为等边三角形，三个侧面为全等的等腰三角形，图中将其放置成底面平行于 H 面，并有一个侧面垂直于 W 面。

图 4-4(b)所示为该三棱锥的投影图。由于锥底面 ABC 为水平面，所以它的 H 面投影 $\triangle abc$ 反映了底面的实形，V 面和 W 面上分别积聚成平行于 X 轴和 Y 轴的直线段 abc 和 $a(c)b$。锥体的后侧面 $\triangle SAC$ 为侧垂面，它的 W 面投影积聚为一段斜线 $sa(c)$，它的 V 面和 H 面投影为相似形，前者为不可见，后者为可见。左、右两个侧面为一般位置平面，它们在三个投影面上的投影均是类似形。

画棱锥投影时，一般先画底面的各个投影，然后定锥顶 S 的各个投影，同时将它与底面各顶点的同名投影连接起来，即可完成，如图 4-4(c)所示。

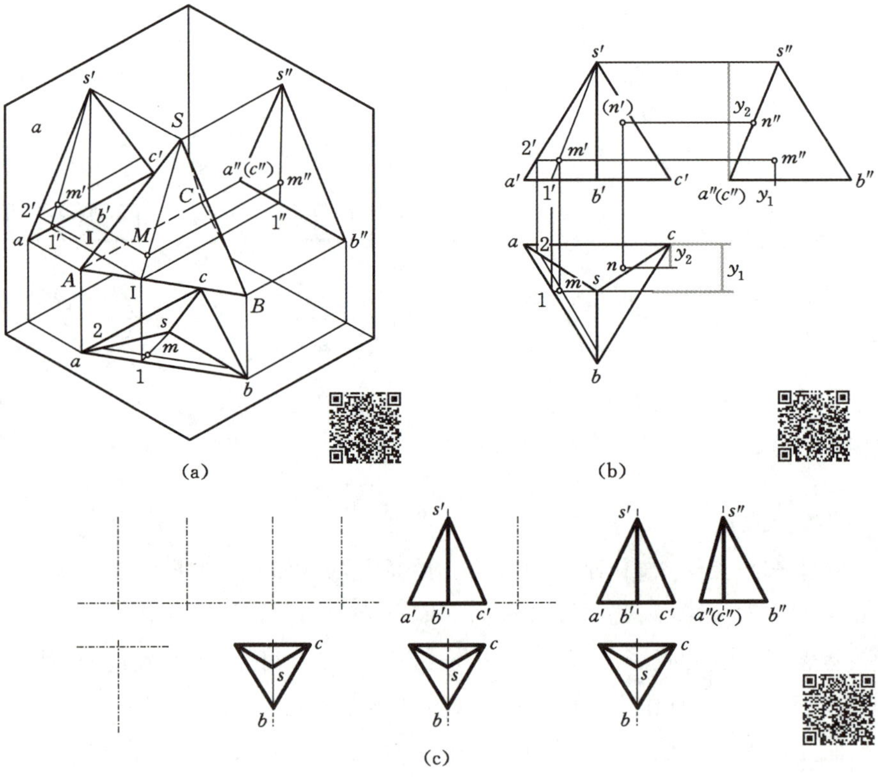

图 4-4　正三棱锥及其表面上点的投影

(2) 棱锥表面上点的投影

在棱锥表面上取点，首先要确定点所在的平面，再分析该平面的投影特性。凡属于特殊位置表面上的点，可利用投影的积聚性直接求得其投影；一般位置表面上的点，可通过在该面上作辅助线的方法求得其投影。

如图 4-4(b)所示,已知棱面△SAB 上点 M 的 V 面投影 m'和棱面△SAC 上点 N 的 H 面投影 n,求作 M、N 两点的其余投影。

由于点 N 所在棱面△SAC 为侧垂面,可借助该平面在 W 面上的积聚投影求得 n'',再由 n 和 n''求得(n')。由于点 N 所属棱面△SAC 的 V 面投影看不见,所以(n')不可见。点 M 所在平面△SAB 为一般位置平面,如图 4-4(a)所示,过锥顶 S 和点 M 引一直线 SⅠ,作出 SⅠ的有关投影,根据点在直线上的从属性质求得点的相应投影。具体作图时,过 m 引 $s'1'$,由 $s'1'$求作 H 面投影 $s1$,再由 m'引投影连线交于 $s1$ 上,交点为 m,最后由 m 和 m'求得 m''。

另一种作法是过点 M 引 MⅡ线平行于 AB,也可求得点 M 的 m 和 m'',具体作法如图 4-4 所示。由于点 M 所属棱面△SAB 在 H 面和 W 面上的投影是可见的,所以点 m 和 m''也是可见的。

二、曲面立体

回转体是由回转面或由回转面和平面所围成的曲面立体。形成曲面的动线称为母线,固定直线称为回转轴,如图 4-5 所示。曲面上任一位置的母线都称为素线。素线上任一点的运动轨迹均为圆,称为纬圆,纬圆垂直于轴线。回转体的投影就是把组成立体的回转面或平面表示出来,然后判别其可见性。

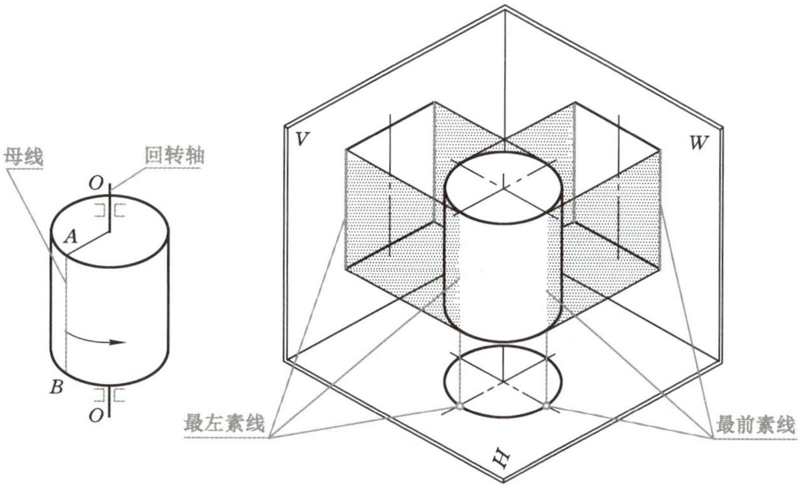

图 4-5 回转面的形成

1. 圆柱

(1) 圆柱的三视图

圆柱由顶面、底面和圆柱面组成。圆柱面可看作由一条直母线绕平行于它的轴线回转而成。直母线在圆柱面上的任一位置称为圆柱面的素线。

如图 4-6 所示,将圆柱的轴线垂直于 H 面放置,则得到圆柱的三视图。

由图 4-6 可知,当圆柱轴线垂直于水平面时,圆柱上、下底面的水平投影反映实形,正面和侧面投影积聚成直线。圆柱面的水平投影积聚为一圆周,与两底面的水平投影重合。在正面投影中，前、后两半圆柱面的投影重合为一矩形，矩形的两条竖线分别是圆柱面最左、最右素线的投影，也是圆柱面前半部(可见部分)、后半部(不可见部分)分界的转向轮廓线。在侧面投影中，左、右两半圆柱面的投影重合为一矩形，矩形的两条竖线分别是圆柱面最前、最后素线的投影，也是圆柱面左半部(可见部分)、右半部(不可见部分)分界的转向轮廓线。

显然曲面的投影关键是找曲面上转向轮廓线(素线)的投影。

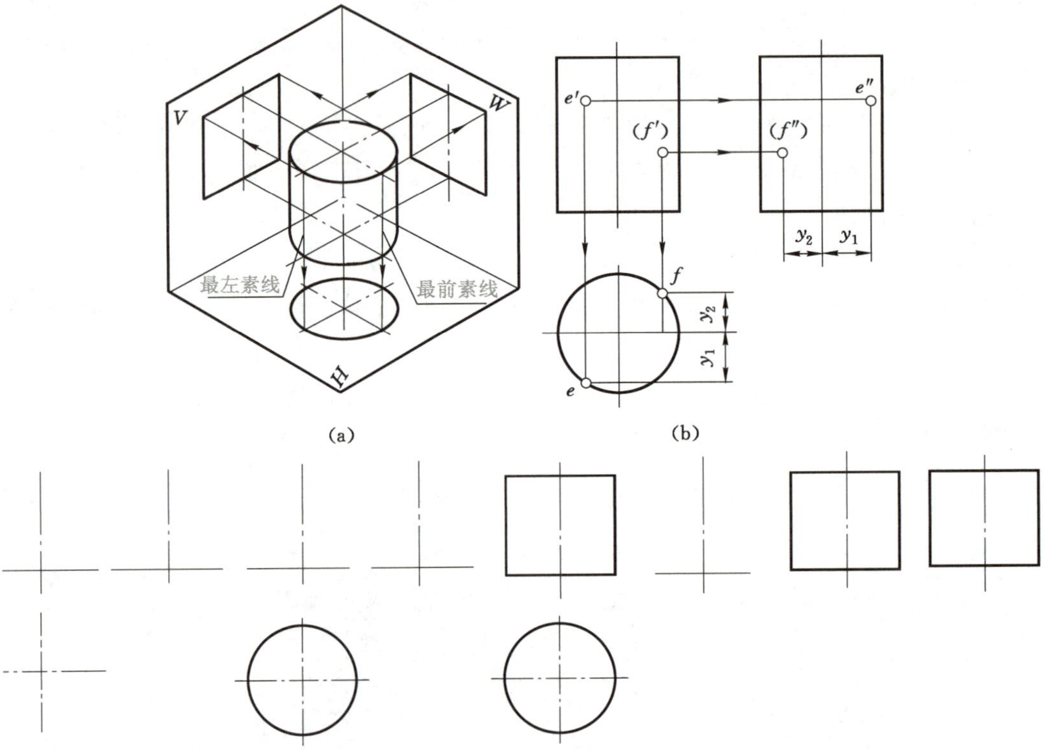

(c)

图 4-6　圆柱的三视图及表面取点

由以上分析可知，当圆柱的轴线垂直于水平面时，其俯视图为反映底面实形的圆，主、左两视图为矩形。作图时，可先画俯视图，再画主、左两视图，具体的作图步骤如图 4-6(c)所示。画圆柱的三视图时，首先画出中心线和轴线；其次画出圆的投影；然后按照投影关系画出圆柱的第三投影。

(2) 圆柱表面取点

如图 4-6(b)所示，已知圆柱表面上点 E 和点 F 的正面投影 e' 和 (f')，求 E、F 的其他两投影。

分析：由于 e' 可见，因此断定点 E 必定在前半圆柱面上。根据圆柱面水平投影具有积聚性的特征，在水平投影前半圆上即可求得 e，再由 e'、e 求得 e''。因 E 在左半圆柱面上，故 e'' 可见。由 F 点的正面投影可知，F 点在圆柱面的右、后半部分，其水平投影应在俯视图的后半圆周上，侧面投影为不可见。作图过程与 E 点相同。

2. 圆锥

(1) 圆锥的三视图

圆锥由圆锥面和底面(垂直于轴线)组成。圆锥面是一直母线绕着与它相交的轴线回转而成的。

如图 4-7 所示,将圆锥的轴线垂直于 H 面放置,则得到圆锥的三视图。

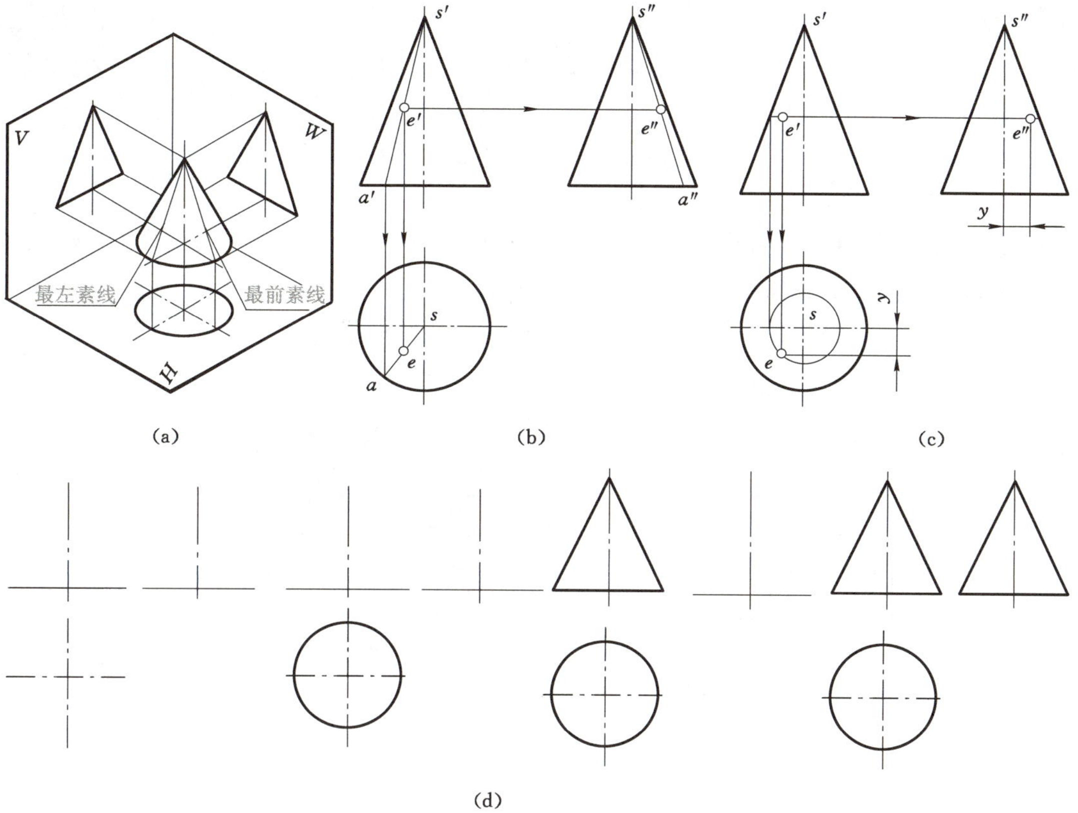

图 4-7　圆锥的三视图及表面取点

由图 4-7 可知,该圆锥的轴线为铅垂线,底面圆为水平面,其水平投影反映实形,正面投影和侧面投影均为等腰三角形。与圆柱相类似,正面投影是前、后两半圆锥面的重合投影,三角形的两腰分别是圆锥的最左、最右素线的投影,也是前、后两半圆锥面投影的分界线,一般称为圆锥正面投影的转向轮廓线。侧面投影是左、右两半圆锥面的重合投影,三角形的两腰分别是圆锥的最前、最后素线的投影,也是左、右两半圆锥面投影的分界线,一般称为圆锥侧面投影的转向轮廓线。

由以上分析可知,当圆锥的轴线垂直于水平面时,其俯视图为反映底面实形的圆,主、左两视图为等腰三角形。作图时,可先画俯视图,再画主、左两视图,具体的作图步骤如图 4-7(d)所示。

(2) 圆锥表面取点

如图 4-7(b)所示,已知圆锥表面上点 E 的正面投影 e',求点 E 的其他两面投影。

分析:由于 e' 可见,因此断定点 E 必定在前半圆锥面上,具体作图可采用下列两种方法。

方法一:辅助素线法。过锥顶投影 s' 和点 e' 作一辅助直线 $s'a'$,由 $s'a'$ 求出水平投影 sa 和侧面投影 $s''a''$,再根据点在直线上的投影性质,由 e' 求出 e 和 e'',如图 4-7(b)所示。

方法二:辅助圆法(纬圆法)。过点 E 作一垂直于回转轴线的水平辅助圆,该圆的正面投影为过 e' 且平行于底面圆投影的直线,该直线反映辅助圆的直径,由此可作出辅助圆的水平投影(圆),e 必在此圆周上,由 e' 求出 e,再由 e'、e 求出 e'',如图 4-7(c)所示。

3. 球

(1) 球体的三视图

圆球的表面是球面。球面是由一条圆母线以其直径为轴线回转一周而成的。球面可分为前、后两半球面或左、右两半球面或上、下两半球面。

如图 4-8 所示,将圆球的轴线垂直于 H 面放置,则得到球体的三视图。

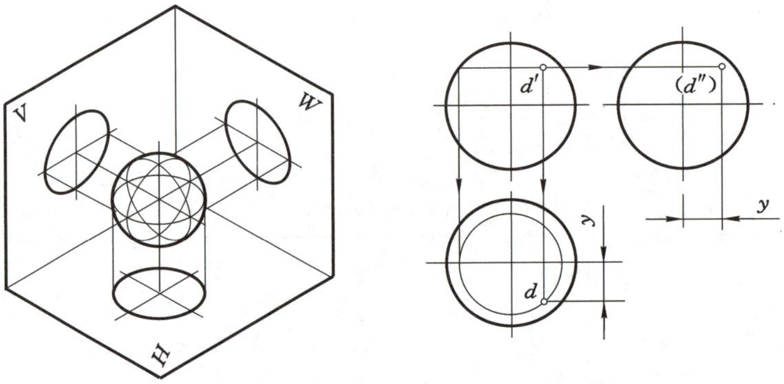

(a) (b)

图 4-8 球体的三视图及表面取点

由图 4-8 可知,该球的三面投影均为圆,且圆的直径均与球的直径相等。水平投影圆为可见的上半球和不可见的下半球的分界圆,即水平投影的轮廓圆。正面投影圆为可见的前半球和不可见的后半球的分界圆;圆球侧面圆为可见的左半球和不可见的右半球的分界圆,即侧面投影的轮廓圆。

由以上分析可知,圆球的三面投影是直径相等的圆,三个投影圆是球面三个方向的转向轮廓线,其直径等于圆球直径。作图时,首先画中心线,再画出三个与圆球直径相等的圆。

(2) 球体表面取点

球面的投影没有积聚性,且球面上也不存在直线,所以必须采用辅助圆法——纬圆法求作其表面上点的投影。

如图 4-8(b)所示,已知球面上点 D 的正面投影 d',求点 D 的其他两面投影。

分析:过点 D 作一平行于 H 面的辅助圆,它的正面投影为一直线,水平投影为直径等于该直线的圆。点 D 必定在该圆周上，由 d' 即可求出 d，再由 d、d' 求出 d''，如图 4-8(b)所示。由正面投影 d' 可知，点 D 在球面的前、右、上半部分，所以 d 可见、d'' 不可见。

三、基本体的尺寸标注

在视图上标注基本几何体的尺寸时，应将三个方向的尺寸标注齐全，既不能少也不能重复，见表 4-1。注意：对回转体，直径尺寸一般标注在非圆视图上。

表 4-1　常见的基本几何体的尺寸及其注法

平面立体		回转立体	
立体图	三视图	立体图	三视图
三棱柱  左视图可省略	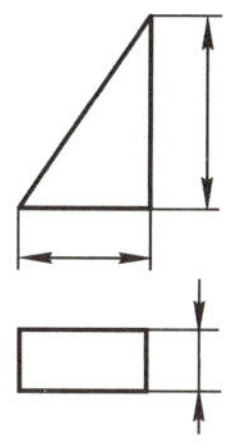	圆柱  俯视图、左视图可省略	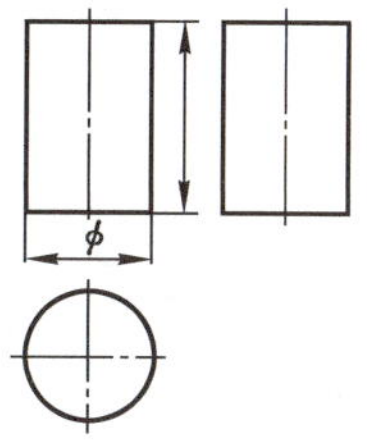
六棱柱  左视图可省略	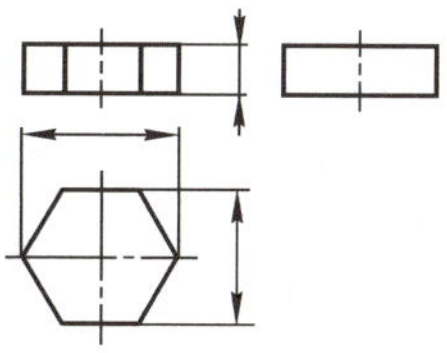 俯视图中两个尺寸只标注其中之一	圆锥  俯视图、左视图可省略	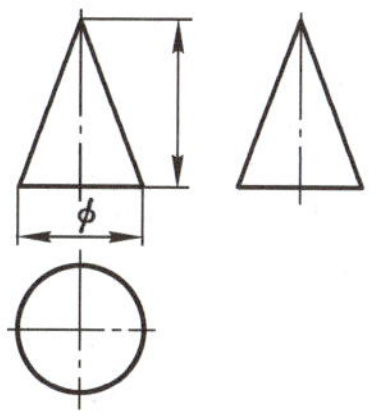
四棱锥 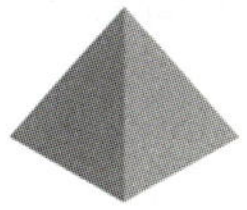 左视图可省略	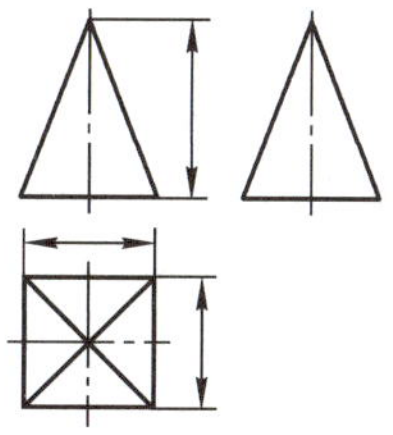	圆锥台  俯视图、左视图可省略	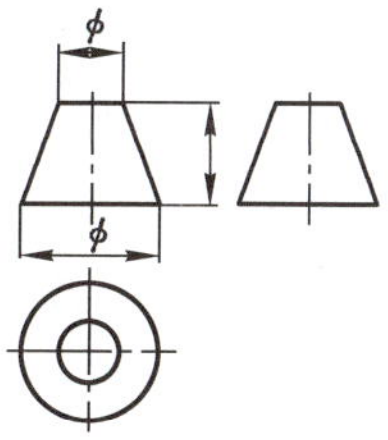
四棱台  左视图可省略	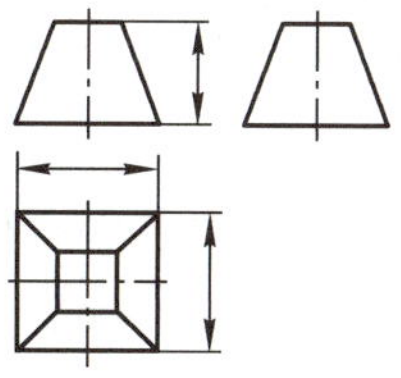	球体  俯视图、左视图可省略	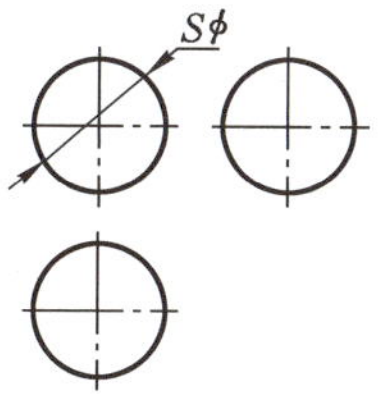

任务 2　截交线与相贯线

一、截交线

在工程中，经常会遇到这样的一类零件，它们可以看作基本立体被平面截切而成，如图

4-9 所示。立体被平面截切后的那两部分形体称为截断体。截平面与立体表面的交线称为截交线。截交线所围成的封闭平面称为截断面。

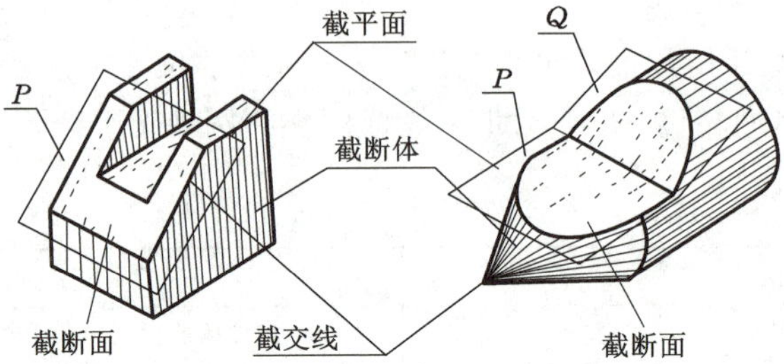

图 4-9　切割体

一般截交线都具有以下性质：

(1) 共有性：截交线既在截平面上又在立体表面上，因此截交线是截平面与立体表面的共有线。截交线上的点是截平面与立体表面的共有点。

(2) 封闭性：由于立体表面是封闭的，因此截交线必定是封闭的线条，截断面是封闭的平面图形。

(3) 截交线的形状决定于立体表面的形状和截平面与立体的相对位置。

由以上性质可以看出，求画截交线的实质就是求出截平面与基本体表面的一系列共有点，然后依次连接各点即可。

1. 平面立体的截交线

由于平面立体的表面都是由平面所组成的，所以它的截交线是由直线围成的封闭的平面多边形。多边形的各个顶点是截平面与平面立体的棱线或底边的交点，多边形的每一条边是平面立体表面与截平面的交线。因此，求平面立体切割后的投影，首先要求出平面立体的截交线投影，就是求出截平面与平面立体上被截各棱线或底边的交点的投影，然后依次相接。

【例 4-1】 求作带切口四棱锥的截交线，如图 4-10 所示。

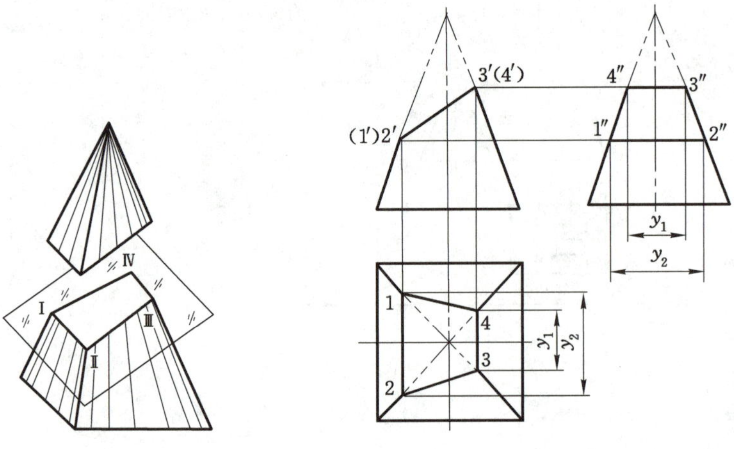

(a)　　　　(b)

图 4-10　斜切四棱锥

分析：四棱锥被截平面斜切，截交线为四边形，其四个顶点分别是四条侧棱线与截平面的交点。又知截平面是一个正垂面，所以截交线的正面投影积聚在正垂面上，其水平投影和侧面投影为四边形的类似形，如图 4-10(b)所示。

① 因截平面的正面投影积聚成直线，可直接定出截交线各点的正面投影 2′、(1′)、3′、(4′)。

② 再根据直线上点的投影规律，求出各顶点的水平投影 1、2、3、4 和侧面投影 1″、2″、3″、4″。

③ 依次连接各顶点的同面投影，即得截交线的投影。

2. 回转体的截交线

平面与回转体相交的截交线是二者的共有线，一般是封闭的平面曲线，也可能是由截平面上的曲线和直线所围成的平面图形或多边形。其形状取决于回转体的几何特征以及回转体与截平面的相对位置。

当截交线是圆或直线时，可借助绘图仪器直接作出截交线的投影。当截交线为非圆曲线时，则需采用描点作图。即先作出能确定截交线的形状和范围的特殊点，再作出若干个一般点，判断可见性，然后将这些共有点连成光滑曲线。所谓特殊点，包括曲面投影的转向轮廓线上的点，截交线在对称轴上的点，以及截交线上最高、最低点，最左、最右点，最前、最后点等。

(1) 圆柱的截交线

平面与圆柱面相交时，根据截平面与圆柱体轴线位置的不同，截交线有三种形状，即矩形、圆和椭圆，见表 4-2。

表 4-2 圆柱的截交线

截平面位置	平行于轴线	垂直于轴线	倾斜于轴线
截交线形状	矩形	圆	椭圆
轴测图	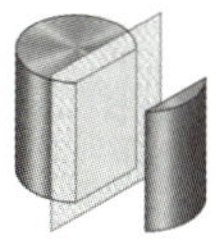	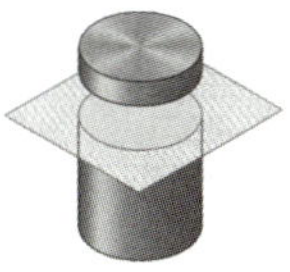	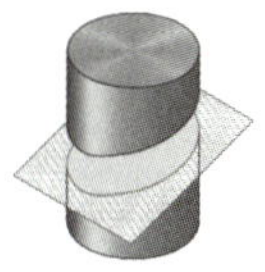
投影图	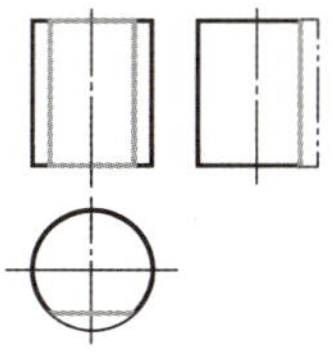	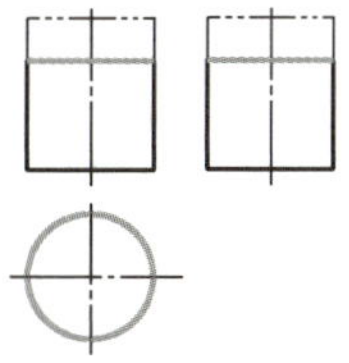	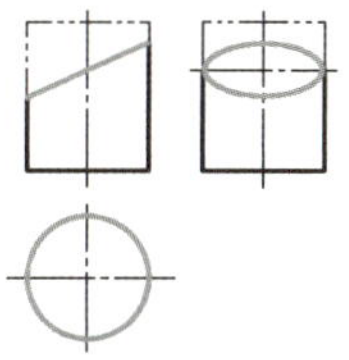

根据截交线是截平面和圆柱面上的共有线这一性质，作截交线的投影图时，可以利用圆柱面上取点、取线的方法作图，下面举例说明。

【例 4-2】 绘制如图 4-11 所示的切口圆柱体的投影图。

分析：切口圆柱体可看成被三个截平面截切而成，由两个平行于圆柱轴线的侧平面截切形成的截交线为矩形，它们的侧面投影反映实形，且两个矩形投影重合，它们的正面投影和水平投影都积聚成一直线段；由一个与圆柱轴线垂直的水平面截切形成的截交线为圆的一部分，其水平投影反映实形，正面、侧面投影积聚成直线段。

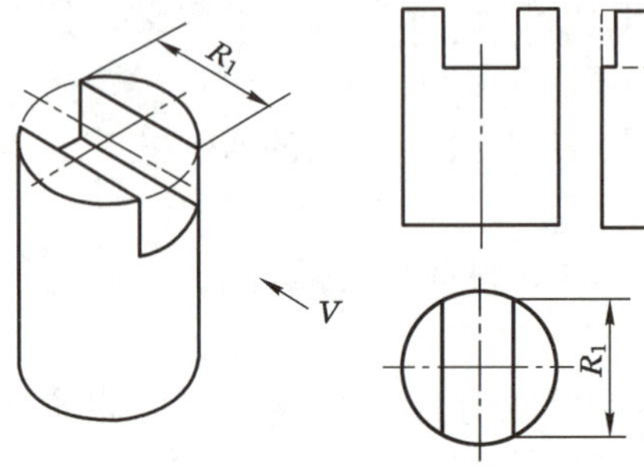

图 4-11　切口圆柱体

技巧点拨：

① 因圆柱的最前、最后两条素线均在开槽部位被切去一部分，故左视图中的轮廓线在开槽部位向内“收缩”。其收缩程度与槽宽有关，槽越宽收缩越大。

② 注意区分槽底侧面投影的可见性，即槽底的侧面投影积聚成直线，中间一段不可见，应画成细虚线。

【例 4-3】　求一斜切圆柱的截交线的投影，如图 4-12 所示。

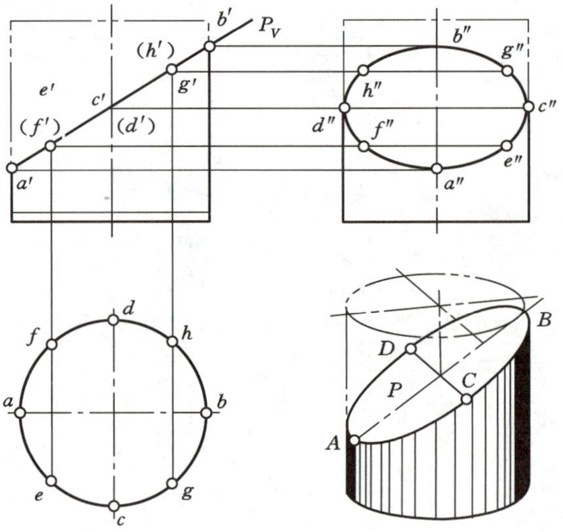

图 4-12　斜切圆柱的投影

分析：圆柱被正垂面 P 截断，由于截平面 P 与圆柱轴线倾斜，故所得的截交线是一椭圆，它既位于截平面 P 上，又位于圆柱面上。因截平面 P 在 V 面上的投影有积聚性，故截交线的 V 面投影应与 P_V 重合。圆柱面的 H 面投影有积聚性，截交线的 H 面投影与圆柱面的 H 面投影重合。所以，只需要求出截交线的 W 面投影即可。

作图步骤如下：

① 作截交线的特殊点。特殊点通常指截交线上一些能确定截交线形状和范围的特殊位置点，如最高、最低、最左、最右、最前和最后点，以及轮廓线上的点。对应椭圆首先应求出长短轴的四个端点。长轴的端点 A、B 是椭圆的最低点和最高点，位于圆柱的最左、最右两条素线上；短轴两端点 C、D 是椭圆最前点和最后点，位于圆柱的最前、最后两条素线上。这四点在 H 面上的投影分别是 a、b、c、d，在 V 面上的投影分别是 a'、b'、c'、d'。根据对应关系，可求出在 W 面上的投影 a''、b''、c''、d''。求出了这些特殊点，就确定了椭圆的大致范围。

② 求一般点。为了准确地作出截交线，在特殊点之间还需求出适当数量的一般点。

如图 4-12 所示，在截交线的水平投影上，取对称于中心线的四点 e、f、g、h，按投影关系可找到其正面投影 e'、f'、g'、h'，再求出侧面投影 e''、f''、g''、h''。

③ 依次光滑连接各点，即可得截交线的侧面投影。

(2) 圆锥的截交线

平面与圆锥体表面的交线有五种情况，见表 4-3。

表 4-3 圆锥的截交线

截平面位置	垂直于轴线	过锥顶	倾斜于轴线（不与轮廓素线平行）	平行于轮廓素线	平行于轴线（过锥顶除外）
截交线形状	圆	三角形	椭圆	抛物线	双曲线
轴测图		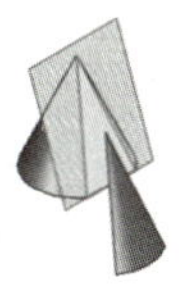	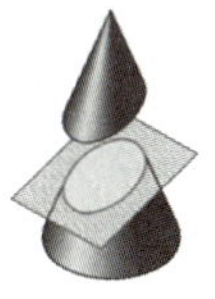	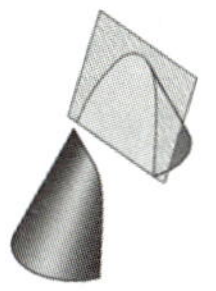	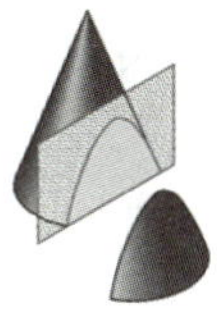
投影图	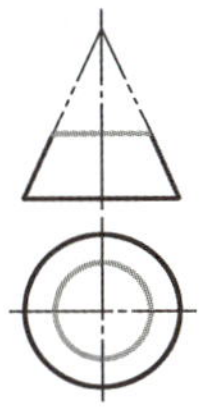	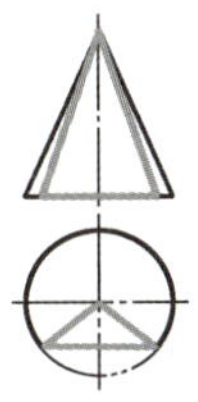	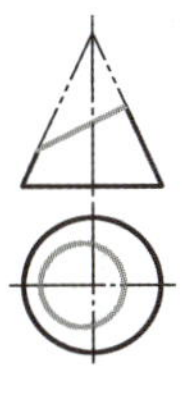	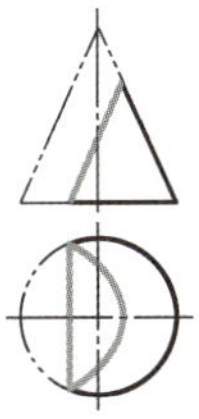	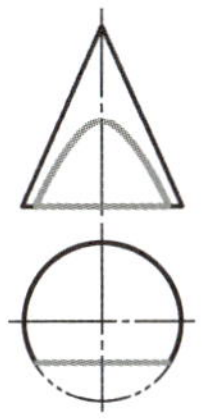

当圆锥的截交线为圆和三角形时，其投影可直接画出。若截交线为椭圆、抛物线和双曲线时，必须用圆锥面上取点的方法求得其投影。

【例 4-4】 求作如图 4-13(a)所示的被正平面截切的圆锥截交线。

分析：截平面为不过锥顶但平行于圆锥轴线的正平面，其截交线是双曲线和直线围成的平面图形。截交线的水平投影和侧面投影都积聚为直线，只需求正面投影，正面投影反映双曲线实形。

作图步骤如下：

① 求特殊点。点Ⅲ为最高点，位于最前素线上，点Ⅰ、Ⅴ为最低点，位于底圆上。可由其水平投影 3、1、5 及 $3''$、$1''$、$5''$求得其正面投影 $3'$、$1'$、$5'$。

② 求一般点。在截交线已知的侧面投影上适当取两点的投影 $2''$、$4''$，然后采用辅助圆

在圆锥表面上取点，求得其水平投影 2、4 和正面投影 2′、4′。

③ 依次光滑连接各点 1′、2′、3′、4′、5′，即得双曲线的正面投影，如图 4-13(b)所示。

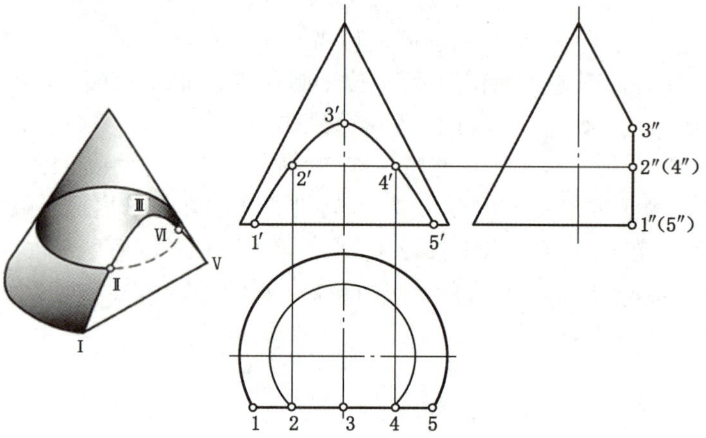

(a) (b)

图 4-13 正平面截切圆锥

(3) 圆球的截交线

平面与球面的交线总是圆。如图 4-14 所示，是球面与投影面平行面(水平面 Q 和侧平面 P)相交时，交线投影的基本作图方法。

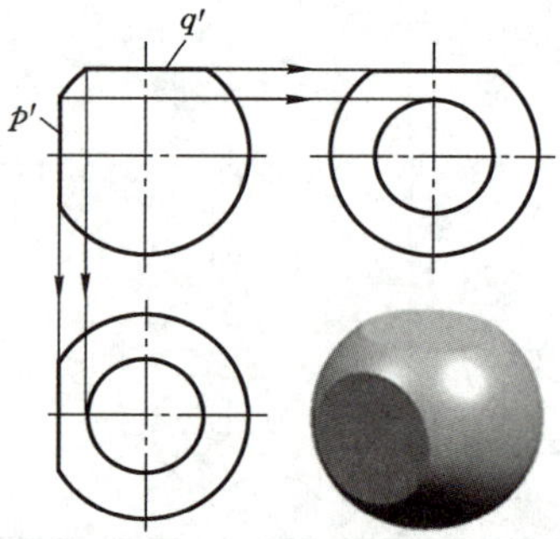

图 4-14 平面与球面交线的基本作图

当截平面垂直于一个投影面而倾斜于其他两投影面时，则截交线在该投影面上的投影积聚为一直线段，在其他两投影面上的投影为圆的类似形(即椭圆)。因截交线圆的平面与投影面倾斜时，其投影必定为椭圆。

【例 4-5】 完成如图 4-15 所示的半圆头螺钉头部的投影。

分析：该立体是在半个球的上部开出一个方槽后形成的。左、右对称的两个侧平面 P 和水平面 Q 与球面的交线是圆弧，P 和 Q 彼此相交于直线段。

作图步骤如下：

先画出立体的三个投影后，再根据方槽的正面投影作出其水平投影和侧面投影。

① 完成侧平面 P 的投影，如图 4-15(b)所示。根据分析，平面 P 的边界由平行于侧面

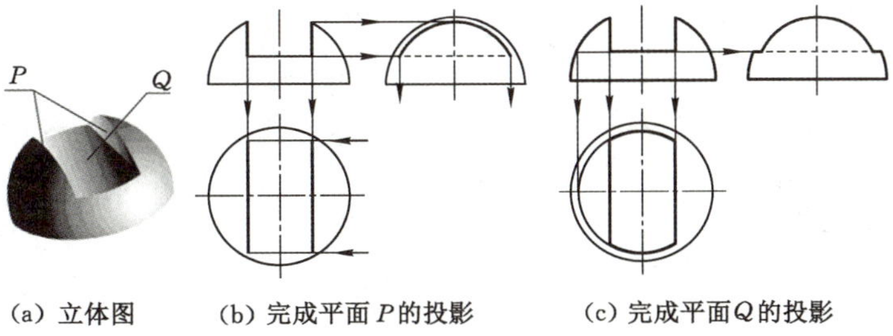

图 4-15 螺钉头部

的圆弧和直线组成。先由正面投影作出其侧面投影，其水平投影的两个端点应由其余两个投影来确定。

② 完成水平面 Q 的投影，如图 4-15(c)所示。由分析可知，平面 Q 的边界是由相同的两段水平圆弧和两段直线组成的对称图形。作水平投影时，要注意圆弧半径的求法。

3. 切割体的尺寸标注

切割体除了要标注基本体的尺寸外，还要标注切口(截切)位置的尺寸。因为截平面与立体的相对位置确定后，截交线已完全确定，所以不能标注截交线的尺寸。图 4-16 所示为常见切割体的尺寸标注法示例。

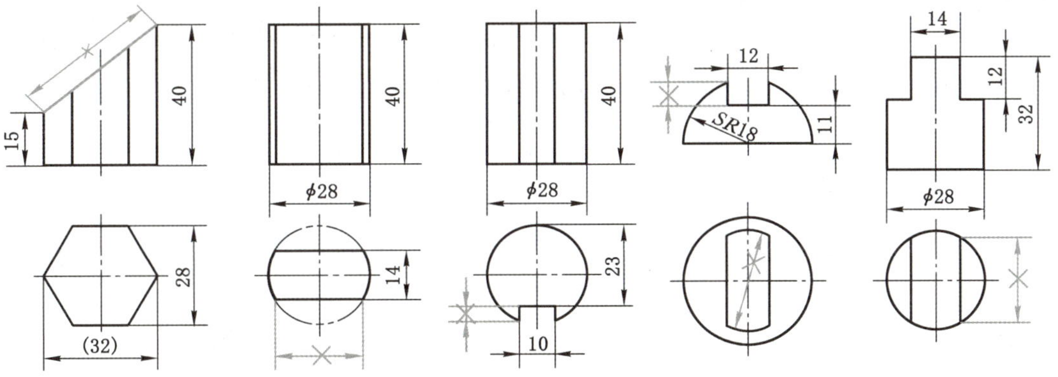

图 4-16 切割体的尺寸标注

二、相贯线

两立体相交称为相贯，其表面产生的交线称为相贯线。工程中相贯以回转体居多，如图 4-17 中的三通管和轴承盖。另因平面立体相贯线可视为截交线，故在此重点介绍回转体的相贯线。

由于相贯线是两立体表面的交线，因此它具有以下基本性质：

(1) 共有性。相贯线是两曲面立体表面的共有线，相贯线上的所有点都是两曲面立体表面的共有点。

(2) 分界性。相贯线是两相交曲面立体的分界线。

(3) 封闭性。由于立体的表面是封闭的，因此相贯线一般是封闭的空间曲线，特殊情况下为平面曲线或直线。

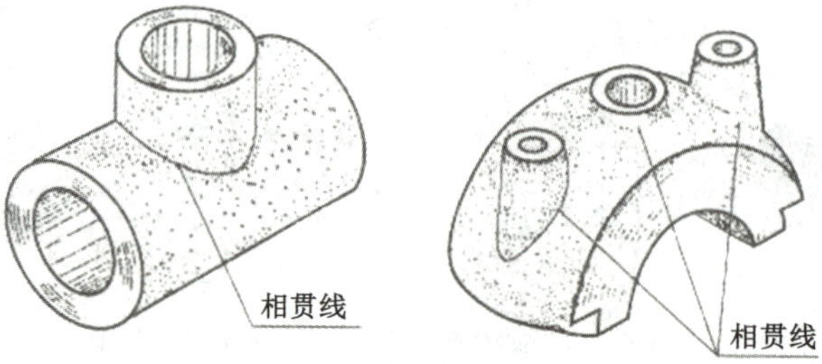

图 4-17　相贯线

根据相贯线的性质求两回转体相贯线的问题，可以归结为求两回转体表面上的共有点的问题。求作相贯线的一般步骤为：

(1) 根据给出的投影，分析两相交回转体的形状、大小及轴线的相对位置，判定相贯线各投影的特点。

(2) 利用投影的积聚性采用表面取点法求相贯线上的点。首先确定相贯线上的特殊点，例如，相贯线上与投影面距离最近、最远的点以及位于曲面转向线上的点。因为这些点可以确定相贯线投影的大致形状并判别它们的可见性。除特殊点外，还要作出适当数量的一般点，以便使连线光滑、准确，同时要用虚、实线分别表示不可见和可见的部分。

(3) 依次连接各点的同面投影，不可见部分画虚线。判别可见性的原则是：只有同时位于两立体可见表面的相贯线的投影才是可见的，否则是不可见的。

(4) 检查描深。

1. 圆柱与圆柱正交

(1) 利用投影的积聚性(表面取点法)求相贯线

当两曲面立体相交，其中至少有一个为圆柱体，其轴线垂直于某投影面时，则圆柱面在该投影面上的投影为一个圆。其他投影可以表面取点的方法作出。

【例 4-6】 如图 4-18(a)所示，求作轴线正交的两圆柱的相贯线的投影。

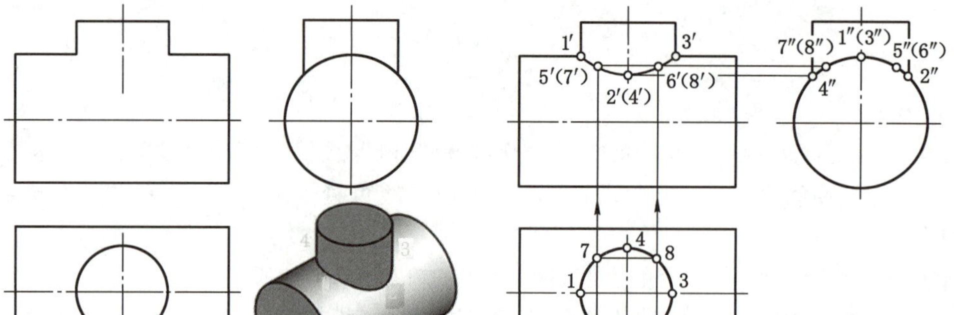

(a)　　　　(b)

图 4-18　两圆柱正交

分析：由于两圆柱正交，因此相贯线为前后、左右均对称的空间曲线。其水平投影重影于直立圆柱的水平投影上，侧面投影重影于水平圆柱的侧面投影上，所以只需作相贯线的正面投影。

作图步骤如下：

① 求特殊点。从水平投影和侧面投影可以看出，两圆柱 V 面投影轮廓线的交点为相贯线的最左点Ⅰ(1、1′、1″)和最右点Ⅲ(3、3′、3″)，同时它们又是最高点。从侧面投影中可以直接得到最低点Ⅱ(2、2′、2″)和Ⅳ(4、4′、4″)，同时它们又是最前点和最后点。

② 求一般点。由于相贯线的水平投影具有积聚性，且已知相贯线前后、左右都对称，可以在水平投影上取点 5、6、7、8，由于水平圆柱的侧面投影具有积聚性，可作出其侧面投影 5″、6″、7″、8″，最后由水平、侧面投影求得其正面投影 5′、6′、7′、8′。

③ 判别可见性。相贯线正面投影的可见与不可见部分重合，故画成粗实线。

④ 依次光滑连接各点的正面投影，即为所求，如图 4-18(b)所示。

(2) 两圆柱正交时相贯线投影的简化画法

国家标准规定，允许采用简化画法作出相贯线的投影，即用圆弧代替非圆曲线。当两圆柱异径正交，且不需要准确地求出相贯线时，可采用简化画法作出相贯线的投影，如例 4-6 中的相贯线可按图 4-19 画出。

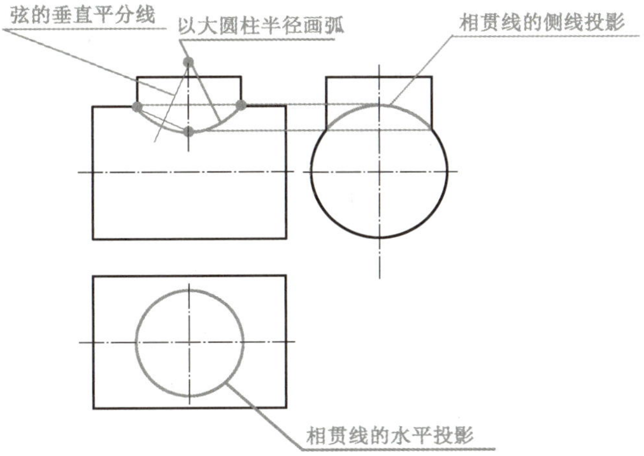

图 4-19 正交异径两圆柱相贯线的简化画法

2. 内相贯线投影的画法

机件中经常会遇到穿圆孔的基本体，圆柱孔实为内圆柱面。因此，相交的两柱面可以是两个外表面，或是一个外表面与另一个内表面，也可以是两个内表面，在内表面产生的交线称为内相贯线。内相贯线和外相贯线的画法相同，内相贯线的投影由于不可见而画成细虚线，如图 4-20 所示。

3. 相贯线的特殊情况

两回转体相交，其相贯线一般为空间曲线，但在特殊情况下也可能是平面曲线或是直线。表 4-4 所列为几种常见的特殊相贯线。

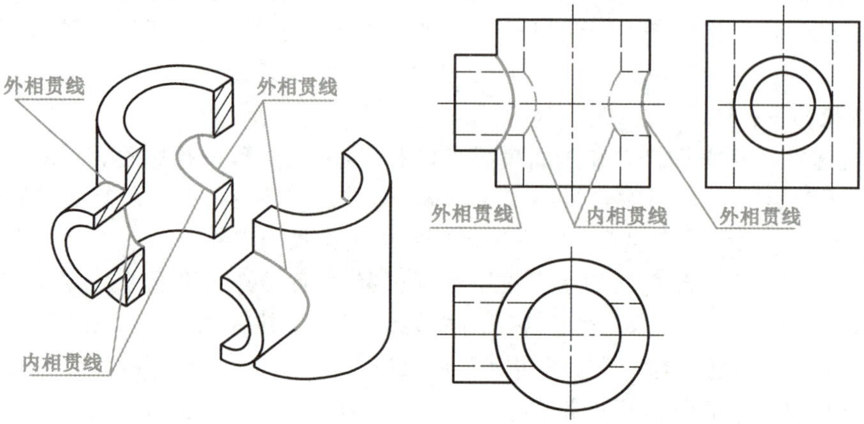

图 4-20　内相贯线投影的画法

表 4-4　相贯线的特殊情况

相贯线的形状	示例	
两个同轴回转体相交时，相贯线一定是垂直于轴线的圆	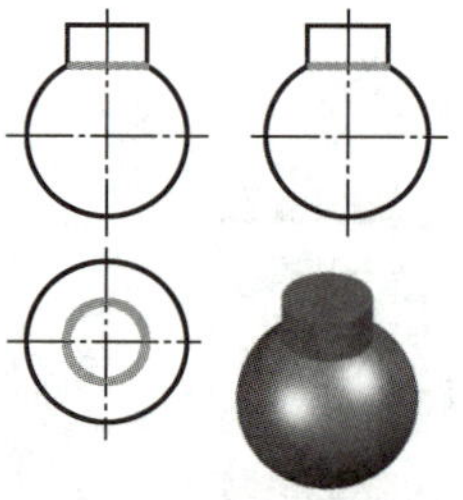 圆柱与圆球同轴相交	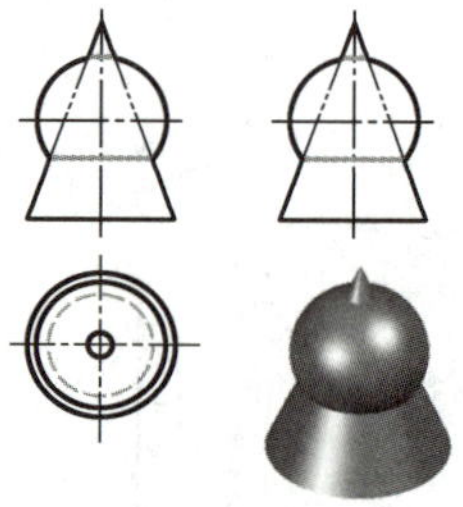 圆锥与圆球同轴相交
当轴线相交的两圆柱（或圆柱与圆锥）公切于同一球面时，相贯线一定是平面曲线，即两个相交的椭圆	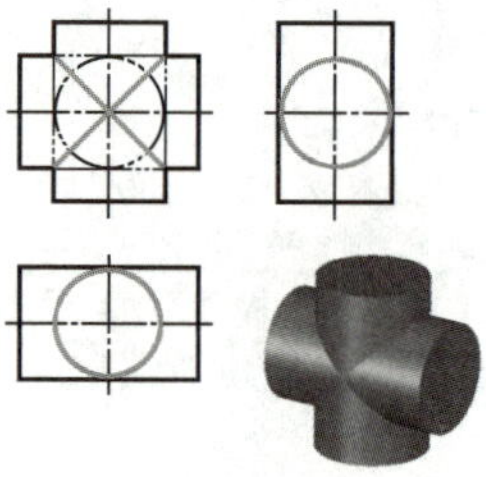 圆柱与圆柱等径正交（公切-圆球）	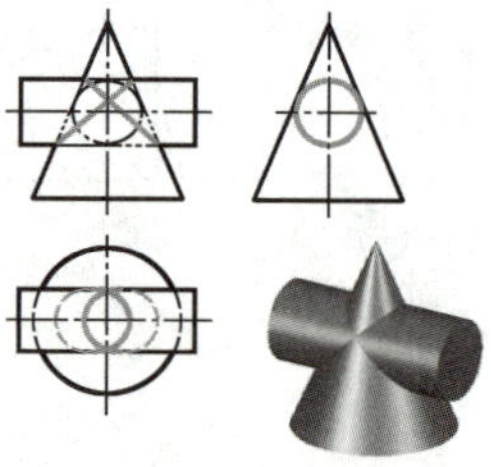 圆柱与圆锥正交（公切-圆球）
相贯线是直线	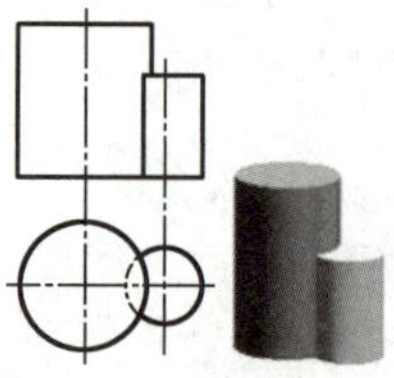 相贯两圆柱的轴线平行	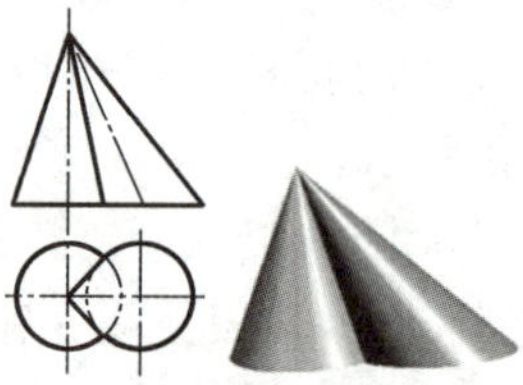 相贯两圆锥共锥顶

4. 相贯体的尺寸标注

标注相贯体的尺寸，除了要标注两相交基本体的定形尺寸外，还应标注反映两个基本体相对位置的定位尺寸，并将定位尺寸集中标注在反映两基本体相对位置明显的特征视图上，如图 4-21 所示。

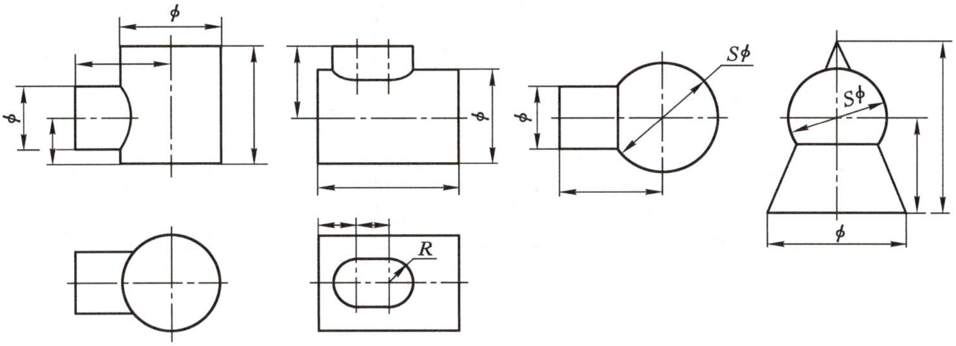

图 4-21 相贯体的尺寸标注法

技巧点拨：

当两相贯的基本体形状、大小和相对位置确定后，相贯线的形状、大小及位置也随之确定，所以相贯线上不应再标注尺寸。

任务3 组合体的组合形式

一、组合体的构成

任何复杂的工程机件，如图 4-22 所示的支座，从形体的角度来分析，都可以看成是由若干基本形体（柱、锥、球等）按一定的方式（叠加、切割或穿孔等）组合而成的。

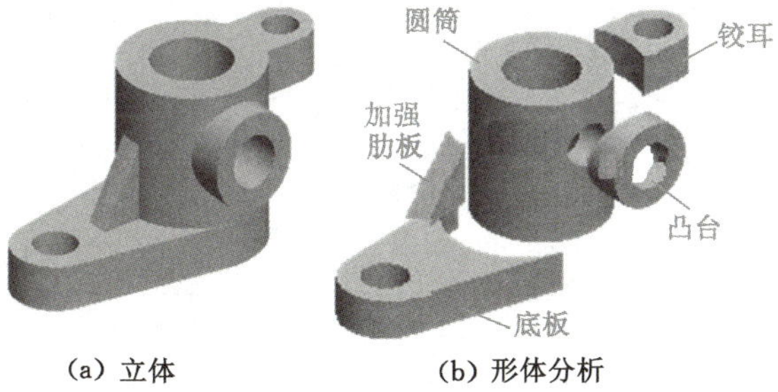

(a) 立体　(b) 形体分析

图 4-22 组合体的组合方式

为了便于画图，通过分析，将组合体分解成若干个基本形体，并搞清它们之间相对位置和组合形式的方法，称为形体分析法。

二、组合体相邻表面的连接关系及画法

在组合体基本的组合形体中，相邻表面间的连接关系一般可分为三种：共面、相切和相交，见表 4-5。

表 4-5　组合体相邻表面的连接关系及画法

<table>
<tr><th>连接关系</th><th colspan="2">画法示例</th></tr>
<tr><td rowspan="2">共面</td><td>当两形体的邻接表面共面时，在共面处没有交线</td><td>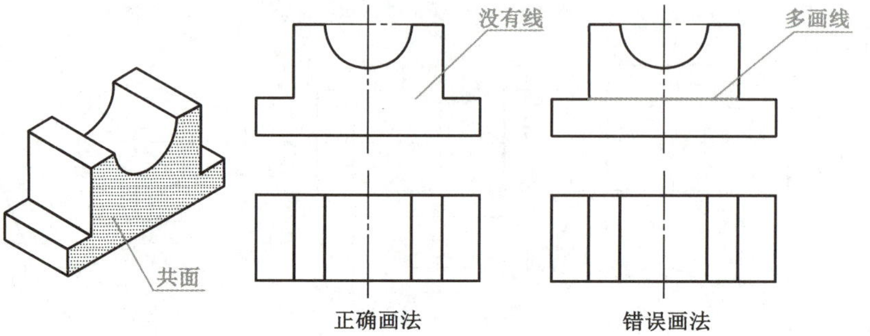</td></tr>
<tr><td>当两形体的邻接表面不共面时，在连接处应画出交线</td><td>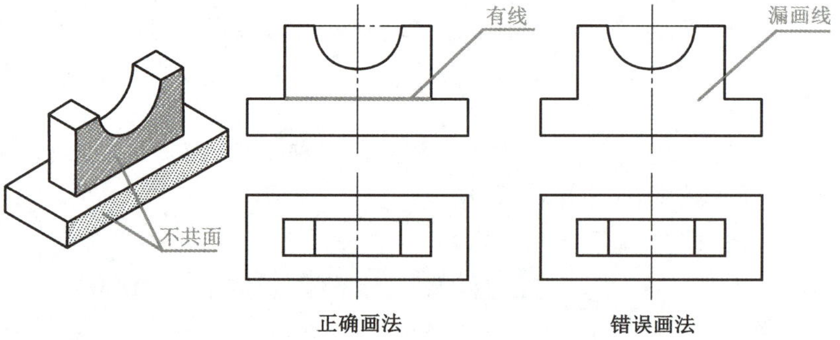</td></tr>
<tr><td>相切</td><td>相切处不画线，耳板上表面的投影只画至切点处</td><td>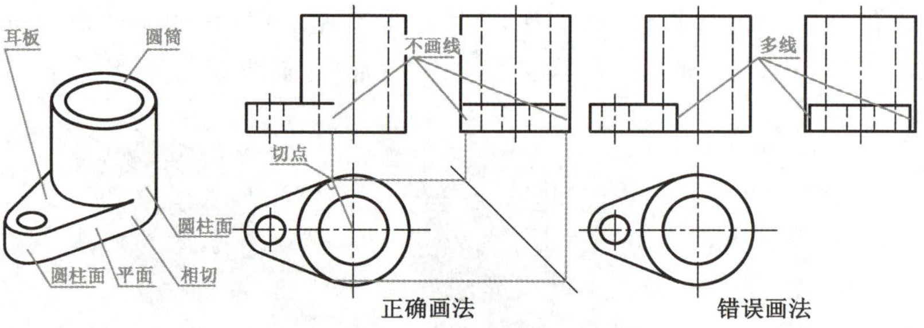</td></tr>
<tr><td>相交</td><td>相交处应画出交线</td><td>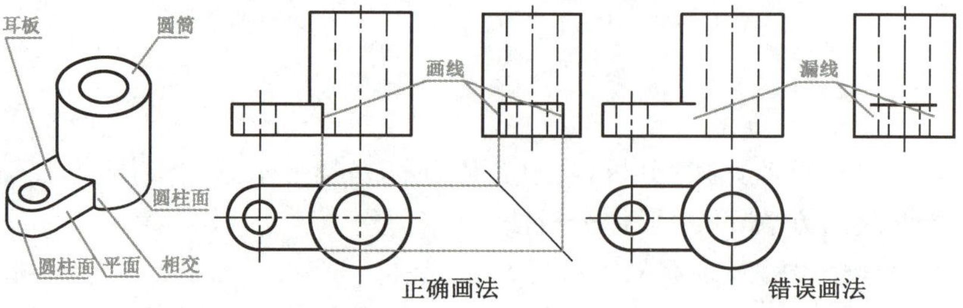</td></tr>
</table>

任务4 组合体三视图的画法

一、形体分析法

形体分析法是组合体画图、读图及尺寸标注的一种基本方法，可将画图及读图过程中遇到的复杂问题简单化。形体分析法是假想把组合体分解为若干个基本体，通过分析各基本体的形状、基本体间的组合方式和表面间相对位置关系进行画图和读图的一种方法。在分析时需要明确该组合体的组合方式，各基本形体间的相对位置和相邻表面的连接关系。

如图 4-22 所示的支座，对其进行形体分析可知：

(1) 支座由底板、加强肋板、圆筒、铰耳和凸台五部分叠加形成。

(2) 加强肋板平放在底板上，它与底板组合方式是共面不平齐。

(3) 底板的左、右两侧与竖直圆筒的外表面相切。

(4) 加强肋板与圆筒相贯，其相贯线由直线和曲线组成。

(5) 凸台与水平圆筒的中间都有圆柱形通孔，它们的组合形式为相贯。

(6) 铰耳与圆筒的组合形式为相贯。

(7) 底板上有一个圆柱形通孔。

二、视图选择

1. 主视图的选择

在绘制三视图时，先要选择视图。主视图是表达组合体的一组视图中最主要的视图，应合理选择组合体在画图时的安放位置及投射方向。

主视图的选择一般应符合如下原则：

(1) 反映组合体的结构特征。一般应把反映组合体各部分形状和相对位置较多的一面作为主视图的投射方向。

(2) 符合组合体的自然安放位置，主要面应平行于基本投影面。

(3) 尽量减少其他视图的细虚线。

如图 4-23 所示的支座，从不同方向投射画出其相应的投影视图。通过对这些投影视图比较分析可知，图 4-23(a)所示的方向能够较多地反映出支座的形状和位置特征，可见部分较多；图 4-23(b)所示的方向虽然能够反映形状特征，但图中虚线较多，即较多的形体特征被遮挡，使得支座的形体特征不能较为直观地反映出来；图 4-23(c)、(d)所示的方向则均使支座的形状特征不能明显地表达出来。由此可知，选择图 4-23(a)所示的方向作为支座主视图的投影方向较好。

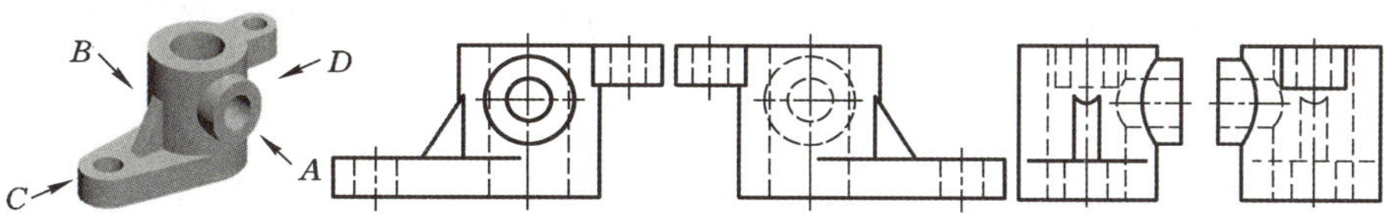

(a) A向　(b) B向　(c) C向　(d) D向

图 4-23　主视图的选择

支座的主视图确定后，其俯、左视图也就可以确定了。

2. 视图数量的确定

在组合体形状表达完整、清晰的前提下，其视图数量越少越好。

三、画图的方法与步骤

组合体视图要求能够完整、清晰地表达出各组成部分的形状特征及相对位置关系，易于读懂。下面以支座为例，在对其进行形体分析及视图选择的基础上，介绍组合体视图画法的基本方法和步骤，其过程如图 4-24 所示。

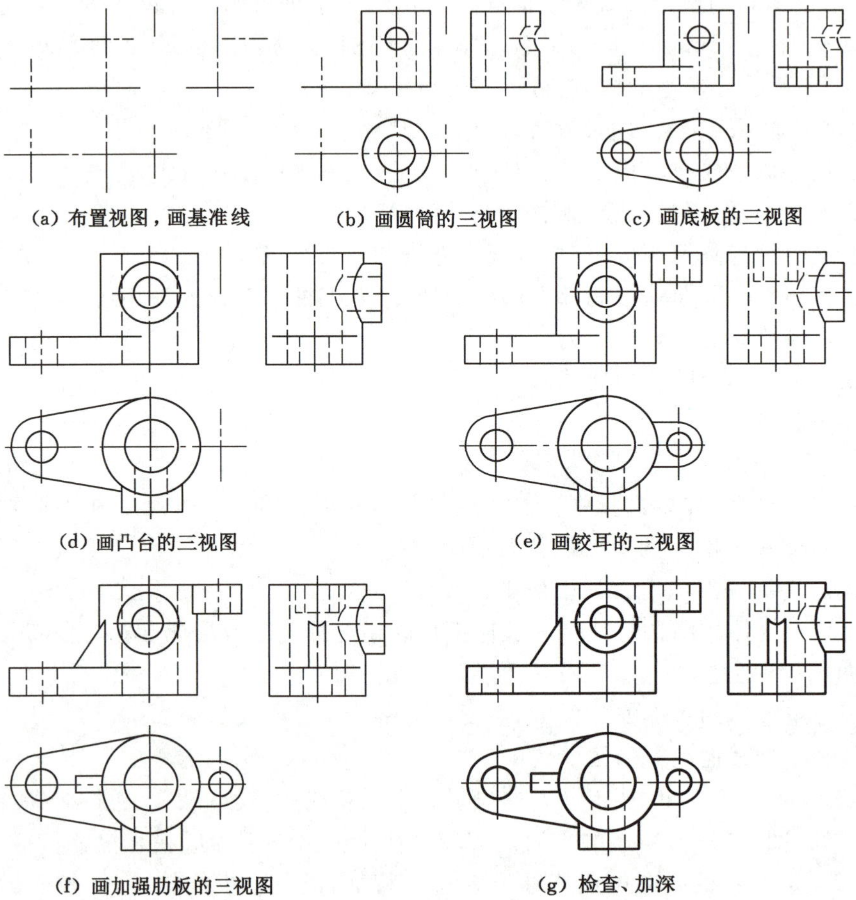

图 4-24　支座三视图的画图步骤

1. 选择比例，确定图幅

经过分析将支座的视图确定后，则需要根据机件的大小选择适当的制图比例，并根据需要选用大小合适的标准图幅。在图幅的选取中，注意所选图幅的幅面大小要留有余地，以便为图中的尺寸标注、画标题栏和书写技术要求等内容留出相应的位置。

2. 布置视图，画基准线

根据实际需要确定三视图绘制的相对位置，并确定视图的基准线。基准线是指画图时测量尺寸的基准。通常选用对称线、回转体的轴线、圆的中心线及主要形体的端面线作为基准线，如图 4-24(a)所示。

3. 依次绘制各形体三视图

绘制组合体中各形体通常采用的一般顺序为：先画较大的、主要的组成部分，再画其他部分；先画可见部分，后画不可见部分；先画主要轮廓，再画细节。如图 4-24(b)～(f)所示。

技巧点拨：

画底稿时，按以下方式可迅速而正确地画出组合体的三视图：

① 画叠加型组合体时，运用形体分析法，分析组合体的组成部分及相互间的连接关系，并按组合体的各个组成部分依次画各部分的三视图。在画每一基本几何体的三个视图时，应先从反映实形或有特征的视图开始，再按投影关系画出其他视图。在图 4-24 中，画底板时，应先画俯视图，再画主、左视图；而画凸台时，则应先画主视图，再画左、俯视图。

② 画切割型组合体时，也应运用形体分析法，分析组合体的组成部分及相互间的连接关系，再根据分析结果，先画出原形，再画每一切割的部分。同样，先画出反映形状特征的视图，再按投影关系画出另两个视图。这样，可一定程度上提高绘图速度，还可以避免在视图中漏画或多画图线。

③ 画图过程中，同一部件在各视图中的投影应按“长对正、高平齐、宽相等”的投影规律。画图时应将几个视图对应着画，以保持正确的投影关系。

4. 检查底稿，加深图线

底稿绘制完成后，需要对其进行认真检查，依次核对各组成部分在三视图中投影的对应关系是否正确，分析相邻两形体间接合处的画法有无错误，是否有多画或遗漏的图线。最后，将各视图中可见的轮廓线加深，完成该组合体视图的全部绘制，如图 4-24(g)所示。

任务5 组合体的尺寸注法

一、尺寸标注的基本要求

为了表明组合体的真实大小，还需要在其视图中标注尺寸。标注尺寸时应运用形体分析法，做到尺寸标注正确、完整、清晰、合理。组合体尺寸的标注应符合表 4-6 的要求。

表 4-6 组合体的尺寸标注要求

标注要求		示例
正确性	应确保尺寸数值正确无误，所注的尺寸(包括尺寸数字、符号、箭头、尺寸线和尺寸界线等)要符合国标中的有关规定	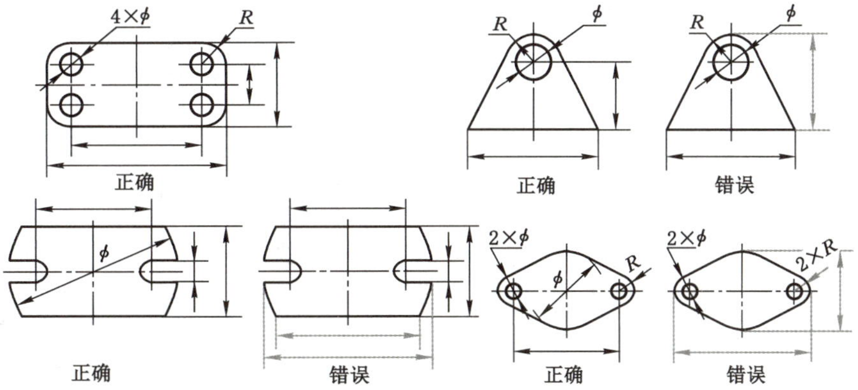

表 4-6(续)

标注要求		示例
完整性	首先按形体分析法注出确定各基本形体大小的定形尺寸，然后标注确定它们之间相对位置的定位尺寸，最后根据组合体的结构特点注出总体尺寸（总长、总宽、总高）	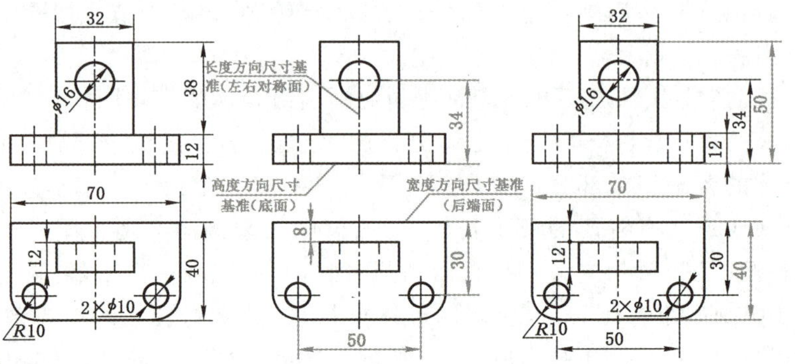 定形尺寸　定位尺寸　总体尺寸
清晰性	尺寸的安排要整齐、清晰、明显，以方便看图	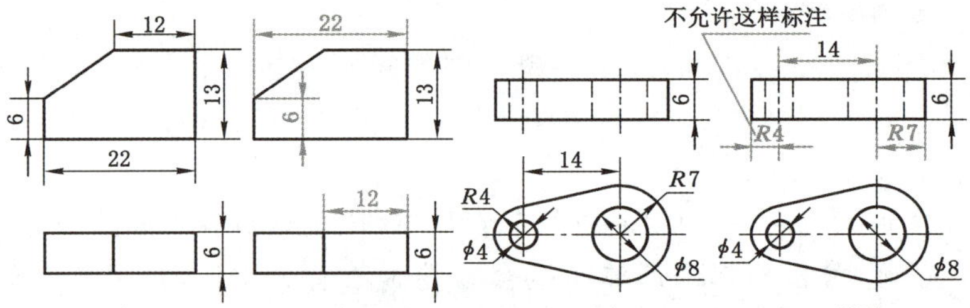 好　不好　正确　错误 定形尺寸尽可能标注在表示形体特征明显的视图上，定位尺寸尽可能标注在位置特征清楚的视图上 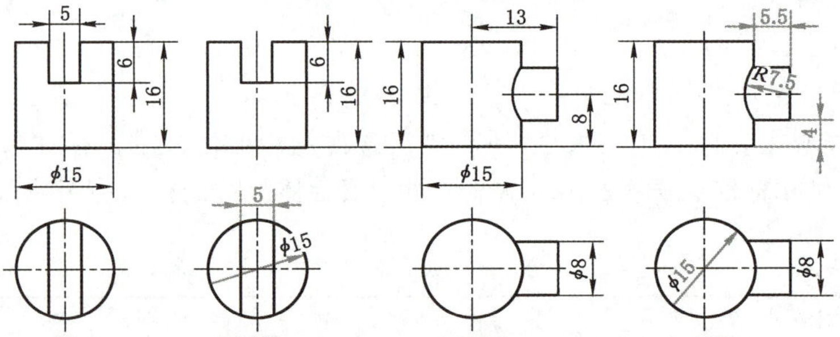 好　不好　正确　错误 同一形体的尺寸应尽量集中标注。圆柱开槽后表面产生截交线，两圆柱相交表面产生相贯线，其尺寸集中标注在主视图上比较好。回转体直径尺寸尽量注在投影为非圆的视图上，圆弧的半径应注在投影为圆的视图上。尺寸尽量不注在细虚线上 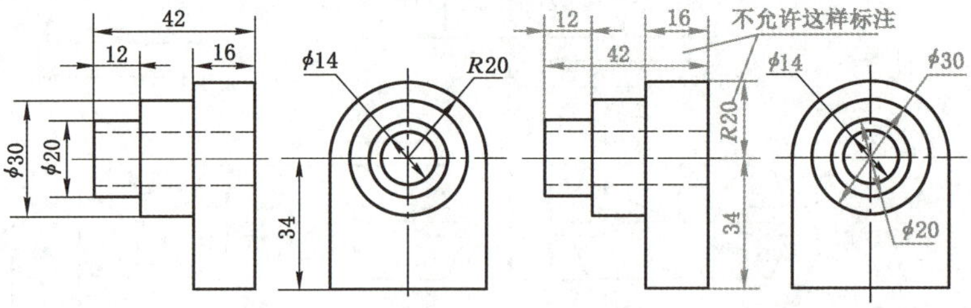 正确注法　错误注法 平行排列的尺寸应使较小尺寸注在里面（靠近视图），大尺寸注在外面

表 4-6(续)

标注要求		示例
合理性	注写的尺寸既要符合设计要求,又要能适应加工、检验、装配等生产工艺要求	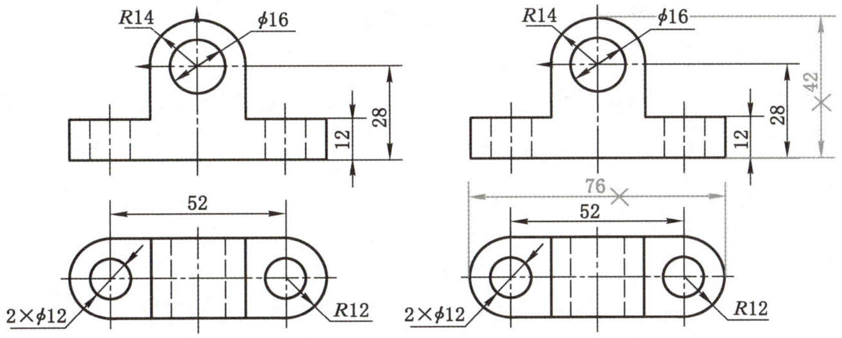 正确注法　　错误注法 (1) 相同的圆孔要标注孔的数量(如 2×ϕ12),但相同的圆角不需要标注数量。两者都不要重复标注。 (2) 在标注总体尺寸时,一般不用圆弧切线作尺寸界线。此外,当组合体的一端为回转体时,总体尺寸不直接标注出,一般是由回转体中心的定位尺寸加上回转体的半径来确定某一方向的总体尺寸

二、组合体的尺寸标注

1. 形体分析,选择尺寸基准

首先按形体分析法将组合体分解为若干基本形体,选择好尺寸基准。

2. 逐个注出各基本形体的定形尺寸

每个基本形体的尺寸一般只有几个(如 2～5 个),因而比较容易考虑,至于这些尺寸标注在哪一个视图上,则要根据具体情况而定且应将定形尺寸注在最能反映该形体结构特征的视图上。

3. 标注出各基本形体之间相对位置的定位尺寸

标注定位尺寸应先选择尺寸基准,然后分析找出定位尺寸。一般来说,两形体之间在左右、上下、前后方向均应考虑是否有定位尺寸。但在形体之间为简单结合或具有公共对称面的情况下,在这些方向不再需要定位尺寸。

4. 标注总体尺寸,检查、调整

为了表示组合体外形的总长、总宽、总高,一般应标注出相应的总体尺寸。但考虑总体尺寸后,为了避免重复,还应认真检查并做适当调整。

【例 4-7】 完成如图 4-25(a)所示的支承座的尺寸标注。

作图步骤如下:

① 形体分析。通过形体分析可知,该支承座由三部分组成:底板 1、座体 2、支撑板 3。

② 选择尺寸基准,注出各基本形体的定位尺寸。标注尺寸时,应先选定长、宽、高三个方向的尺寸基准。如图 4-25(b)所示,该零件左右对称,将该对称面定为长度方向尺寸基准;底板、支撑板两部分靠齐的后端面为较大的平面,定为宽度方向的尺寸基准,座体沿宽度方向与支撑板平面连接;底平面为高度方向的主要尺寸基准。由于底板、座体、支撑板都以

中心对称面作为基准，所以不需要标注它们的定位尺寸；高度方向需要标注出座体上圆柱孔的轴心定位尺寸 43。

(3) 标注各基本形体的定形尺寸。图 4-25(c)所示为该组合体中各形体的定形尺寸。

(4) 调整总体尺寸，标注总体尺寸，如图 4-25(d)所示。

(5) 检查尺寸有无多余或遗漏，完成全部标注。

当组合体的定形尺寸和定位尺寸标注完整后，如再加注总体尺寸会出现多余尺寸。为避免产生封闭尺寸，在加注一个总体尺寸的同时就应减少一个同方向的定形尺寸，如图 4-25(e)所示。

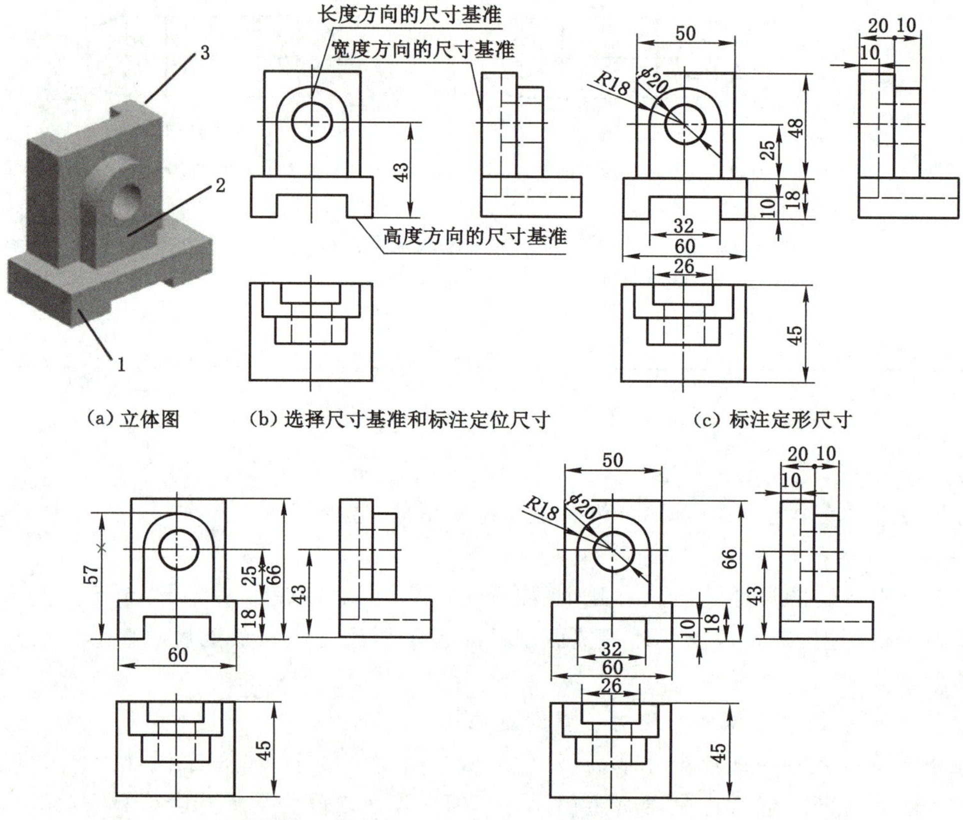

(a) 立体图　(b) 选择尺寸基准和标注定位尺寸　(c) 标注定形尺寸

(d) 调整总体尺寸　(e) 标注全部尺寸

图 4-25　组合体的尺寸标注

任务 6　读组合体视图的方法

画图，是将物体用正投影法表示在二维平面上；看图，则是依据视图通过投影分析想象出物体的形状，是通过二维图形建立三维物体概念的过程。画图与看图是相辅相成的，看图是画图的逆过程。

一、看图的基本要领

在读组合体视图的过程中通常可采用初步了解→逐个分析→综合想象的步骤，依次对视图进行分析读取。下面具体说明读组合体的三视图时，需要掌握的几个要点。

1. 将几个视图联系起来看

一个视图通常是不能确定物体的形状的，有时即使通过两个视图也不能准确反映出物体的形状。如图 4-26(a)所示的两形体，它们的主视图是完全相同的，但其俯、左视图却不同，两个物体形状差别较大；图 4-26(b)所示的两形体，其主、左视图均相同，但其俯视图却不同，二者结构形状也存在较大差别。

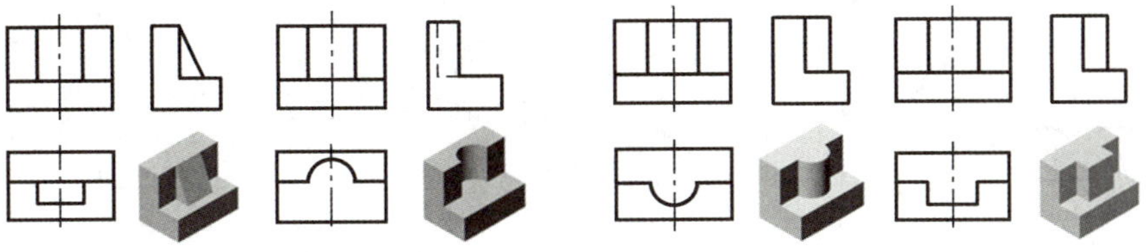

(a)　　(b)

图 4-26　几个视图联系起来看

2. 理解视图中图线和线框的含义

视图是由线条组成的，线条相互连接又组成线框。弄清视图中线条及线框在空间表达的含义，也是读图中必须要掌握的基本要领。

如图 4-27 所示，图中粗实线(或细虚线)可表示：具有积聚性的面(平面或柱面)的投影；面与面(两平面或两曲面，或一平面和一曲面)交线的投影；曲面的转向素线的投影。细点画线可表示：回转体的轴线、对称中心线、圆的中心线。

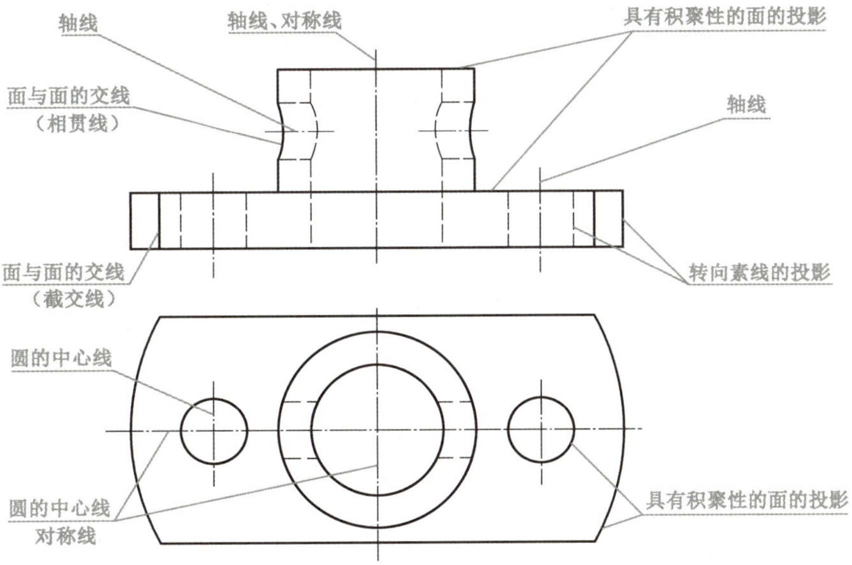

图 4-27　图线的含义

(1) 一个封闭的线框，表示物体的一个面。这个面可能是平面、曲面、组合面或孔洞，如图 4-28(a)所示。

(2) 相邻的两个封闭线框，表示物体上位置不同的两个面。由于不同线框代表不同的面，它们表示的面有前后、左右、上下的相对位置关系，如图 4-28(b)所示。

(3) 一个大封闭线框内所包含的各个小线框，表示在大平面体(或曲面体)上凸出或凹进的各个小平面体(或曲面体)，如图 4-28(c)所示。

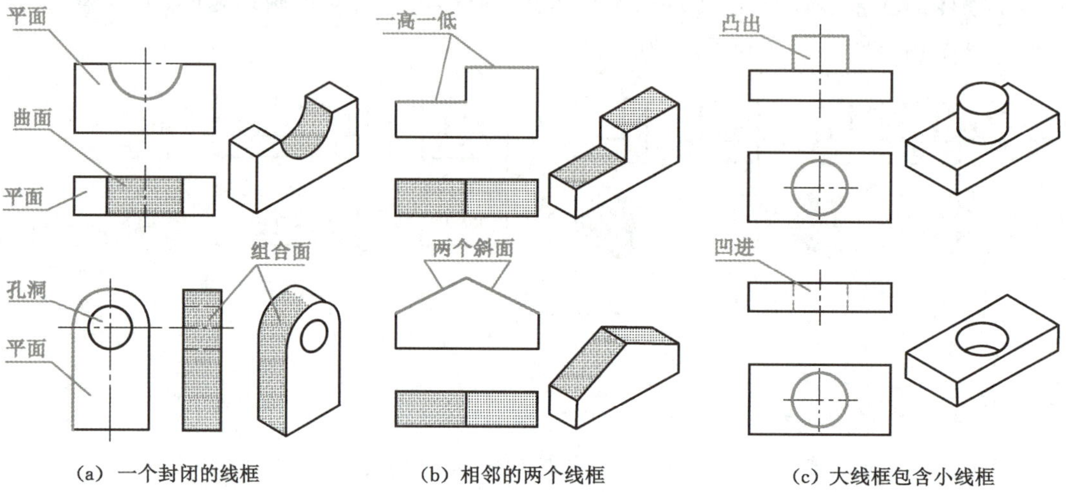

图 4-28 线框的含义

3. 从反映形体特征的视图入手

形体特征是识别形体的关键信息，指物体的形状特征和组成物体的各基本形体之间的位置特征，如图 4-29 所示，应从反映形体特征的视图入手，联系其他视图来看图。

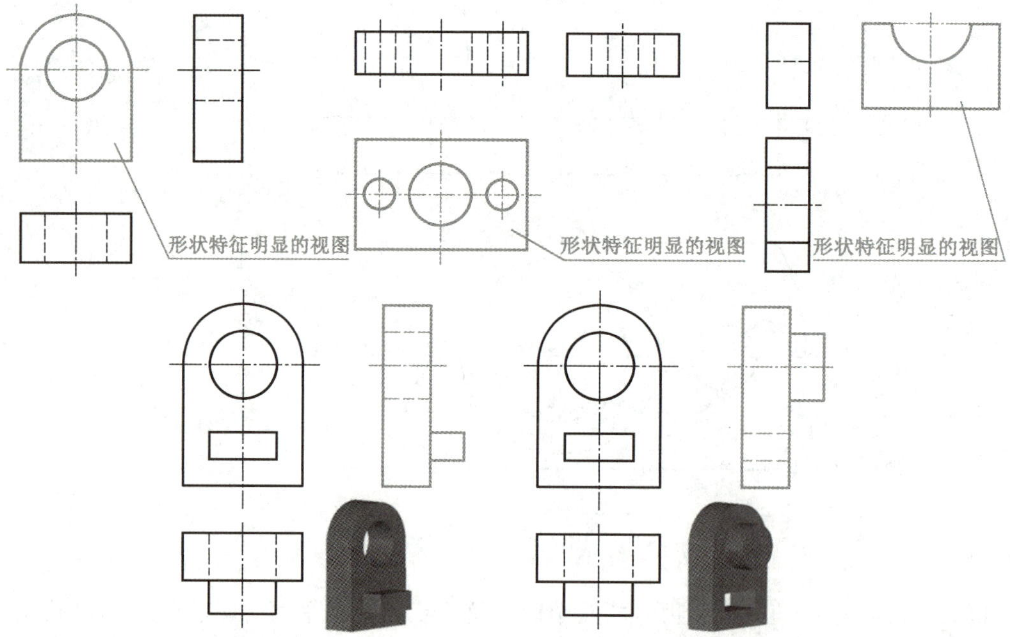

图 4-29 反映形体特征的视图

二、读图的方法和步骤

读图时，一般是以形体分析法为主、线面分析法为辅。

如图 4-30 所示，读底座三视图的步骤如下：

1. 分线框，对投影

由形体分析可知，主视图较明显地反映出Ⅰ、Ⅱ、Ⅲ 形体的特征，据此，轴承座可大体分为三部分，如图 4-30(a)所示。

2. 识形体，定位置

根据每一部分的视图想象出各形体，并确定它们的相对位置和虚实，Ⅰ形状为一长方体挖去一个圆柱，Ⅱ形状为带圆角和圆孔且形状对称的两块平板，Ⅲ形状为带斜面四棱柱下方开一通槽，如图 4-30(b)、(c)所示。

3. 综合起来想整体

根据各形体及其相对位置想象出完整的组合体，如图 4-30(d)所示。

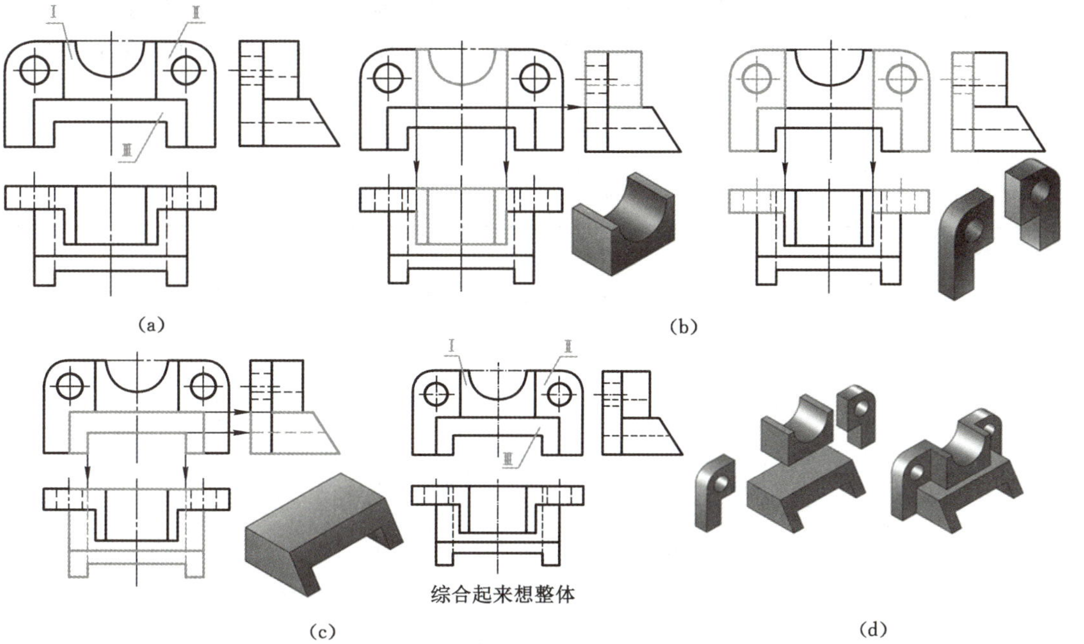

图 4-30 读底座三视图的步骤

项目5 轴 测 图

教学目标

了解轴测图的基本概念、分类和性质，熟悉正等轴测图和斜二等轴测图的画法。

思政目标

轴测图又称立体图，用一个视图即可直观呈现物体结构，从而使图纸瞬间高大上。联系生活中立体图的应用，如3D导航、航拍鸟瞰等，由此融入思政内容：看待问题要全方位，碰到困难不妨宏观思考一下，往往会柳暗花明又一村。

学习项目工单

项目名称	轴测图
项目描述	根据给出的投影图徒手画出正二轴测图，尺寸在投影图上直接量取。注意正二轴测图中剖面线画法 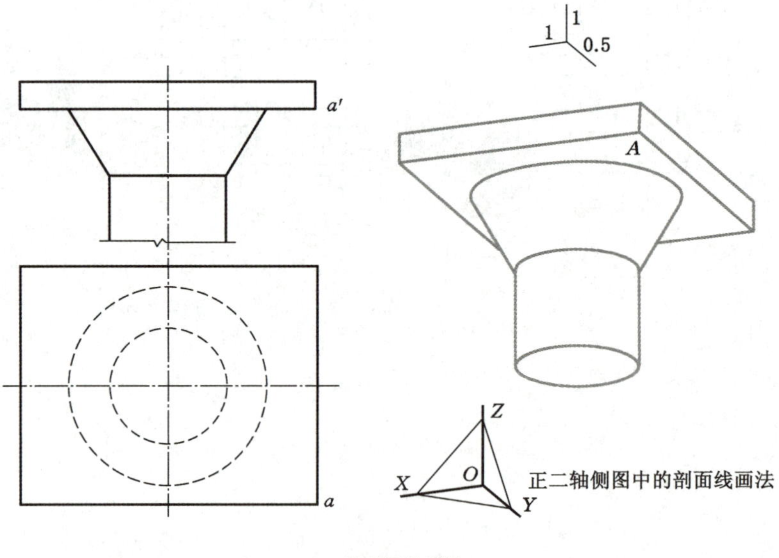 正二轴测图的画法
项目分析	熟悉正二轴测图画法要点
成果展示及评价	各组成员每人按要求完成一份，小组互评后由教师综合评定成绩

引例

学习投影和三视图时，我们往往采用“三视图＋直观图(轴测图)”的方式，如图 5-1(a)所示，有了它的帮助，可以更好地看懂三视图，搞清楚空间与视图之间的对应关系。轴测图表达立体在生活中较为常见，如 3D 导航、航拍鸟瞰等，在家具产品中通常也会附带家具拆装图(轴测图)以便于顾客自己动手。图 5-1(b)所示为房屋建筑的轴测图。学习到轴测图技能，会让你的图纸高级感满满。

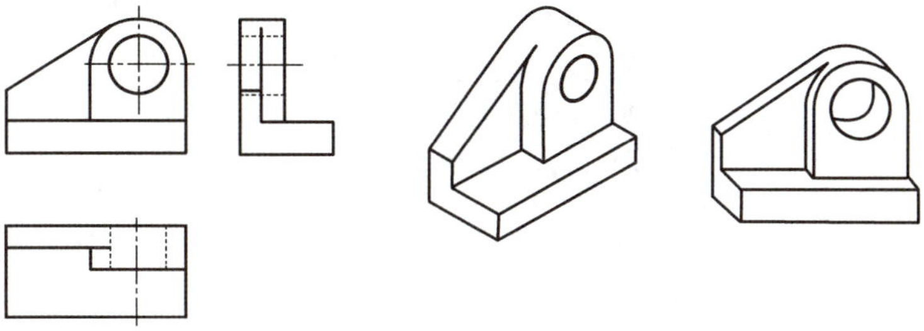

(a) 机件三视图与轴测图

(b) 房屋建筑的轴测图

图 5-1　多面投影图与轴测图

任务 1　轴测图的基本知识

如图 5-1(a)所示的机件，用多面正投影图可以比较全面地表示物体的形状，具有良好的度量性，作图简便，但它缺乏立体感，必须有一定的读图能力才能看懂。轴测图的优点是富于立体感，但是它的缺点是不能直接反映物体的真实形状和大小，度量性差，所以多数情况下只能作为一种辅助图样。

一、轴测图的形成和投影特性

如图 5-2 所示，将物体连同其参考直角坐标系，沿不平行于任一坐标平面的方向，用平行投影法将其投射在单一投影面 P 上所得到的图形，称为轴测投影，简称轴测图。

在轴测投影中，投影面 P 称为轴测投影面，投射方向 S 称为轴测投射方向。

由于轴测图是用平行投影法得到的，因此具有下列投影特性：

(1) 平行性：物体上互相平行的线段，在轴测图上仍然互相平行。

(2) 定比性：物体上两平行线段或同一直线上的两线段长之比，在轴测图上保持不变。

(3) 度量性:物体上与坐标轴平行的线段,在轴测图中均可沿轴测轴的方向测量。

(4) 变形性:物体上与坐标轴不平行的线段具有不同的伸缩系数,不能在轴测图上直接量取,需要先定出直线两端点的位置,再画出该直线的投影。

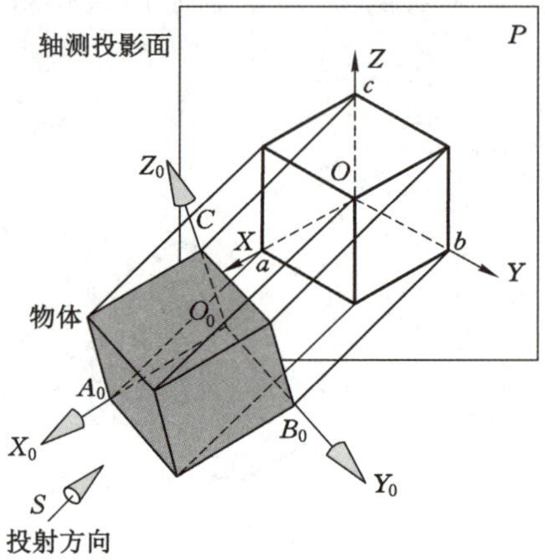

图 5-2　轴测图的形成

二、轴测轴、轴间角及轴向伸缩系数

1. 轴测轴

如图 5-2 所示,空间直角坐标轴 X_0、Y_0、Z_0 在轴测投影面 P 上的投影 X、Y、Z 称为轴测轴。

2. 轴间角

如图 5-2 所示,两轴测轴之间的夹角($\angle XOY$、$\angle XOZ$、$\angle YOZ$)称为轴间角。

3. 轴向伸缩系数

如图 5-2 所示,轴测轴上的单位长度与相应投影轴上单位长度的比值,称为轴向伸缩系数。X_0、Y_0、Z_0 轴的轴向伸缩系数分别用 p、q、r 表示。

X_0 轴的轴向伸缩系数:　　$p=OA/O_0A_0$

Y_0 轴的轴向伸缩系数:　　$q=OB/O_0B_0$

Z_0 轴的轴向伸缩系数:　　$r=OC/O_0C_0$

技巧点拨:

轴间角和轴向伸缩系数是绘制轴测图时必须具备的要素,不同的轴测图,其轴间角和轴向伸缩系数不同。

三、轴测图的分类

按轴测投影的方向,根据轴测投影面的相对位置的不同,轴测图分为正轴测图和斜轴测图两大类。

1. 正轴测图

投射方向与轴测投影面垂直,即用正投影法得到的轴测图。

2. 斜轴测图

投射方向与轴测投影面倾斜,即用斜投影法得到的轴测图。

在上述两类轴测图中,根据轴向伸缩系数不同,又分为等测轴测图(三个轴向伸缩系数均相等的）、二测轴测图（只有两个轴伸缩系数相等的）、三测轴测图（三个轴向伸缩系数均不相等的）。

为了方便作图，同时获得较强的立体感，工程上多采用正等轴测图和斜二等轴测图，故在此仅介绍这两类轴测图的画法。

任务2　正等轴测图

一、正等轴测图的形成

如图5-3所示，正等轴测图的三个轴间角相等，均为120°，规定Z轴画成竖直方向，根据理论计算，其轴向伸缩系数$p=q=r=0.82$，为了作图简便，采用$p=q=r=1$，这样沿轴向的尺寸就可以直接量取物体实长，但画出的正等轴测图比原投影放大1/0.82≈1.22倍。

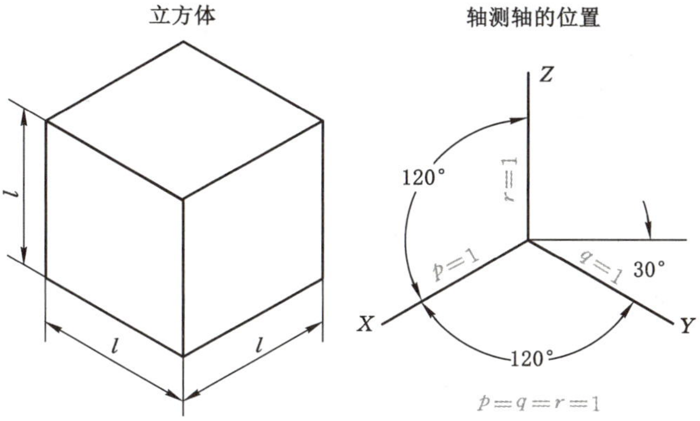

图5-3　正等轴测图的形成

二、正等轴测图的画法

根据物体的形状特点，画轴测图有坐标法、切割法和叠加法三种方法。通常在实际作图中会综合起来应用。

（一）平面立体的正等轴测图的画法

1. 坐标法

沿坐标轴测量，画出各顶点的轴测投影，连接各顶点形成物体的轴测图。

【例5-1】 已知正六棱柱（螺母外观形状）的两个视图，如图5-4(a)所示，求作其正等轴测图。

作图步骤如下：

① 由于正六棱柱前后、左右对称，故选择顶面的中点作为坐标原点，棱柱的轴线作为Z轴，顶面的两条中心线作为X、Y轴，如图5-4(b)所示。

② 沿坐标轴度量尺寸，即量取1、2、m、n点到原点O的左右、前后、上下的坐标差，并截取在轴测坐标系中，可求得各顶点的轴测投影，如图5-4(c)所示。

③ 连接对应点，如图5-4(d)所示。

④ 把可见的m、3、n点往下平移h，如图5-4(e)所示。

⑤ 作出底面正六边形的可见部分，最后核准、加深，即完成作图，如图5-4(f)所示。

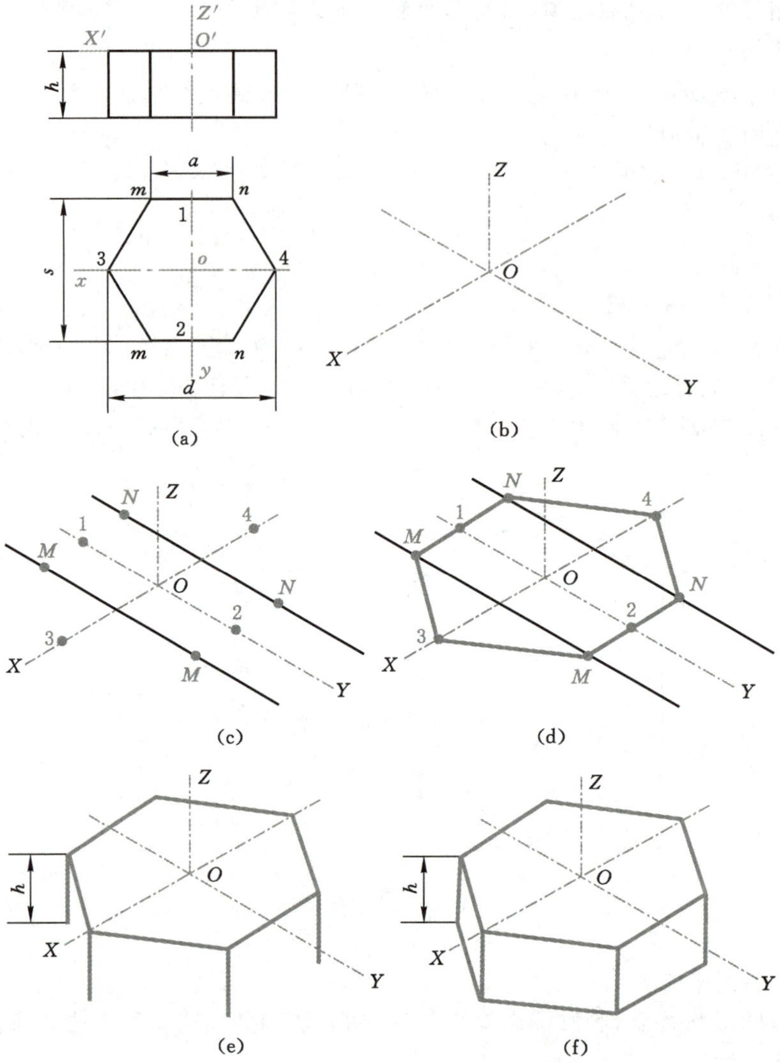

图 5-4　用坐标法作正六棱柱的正等轴测图

技巧点拨:

轴测图中一般只画出可见部分,必要时才画出其不可见部分。

2. 切割法

对于不完整的物体,可先按完整物体画出,再用切割法画出其不完整的部分。

【例 5-2】 如图 5-5(a)所示,已知楔形块的两个视图,求作其正等轴测图。

分析:楔形块的原始形状是一个长方体。长方体的左上方、左前方和左后方分别被切掉一个角而形成楔形块。

作图步骤如下:

① 画出长方体的正等轴测图,如图 5-5(b)所示。

② 画出左上方斜面的正等轴测图,如图 5-5(c)所示。

③ 画出左前方和左后方两个斜面,如图 5-5(d)所示。

④ 擦去作图线并描深，即完成作图，如图 5-5(e)所示。

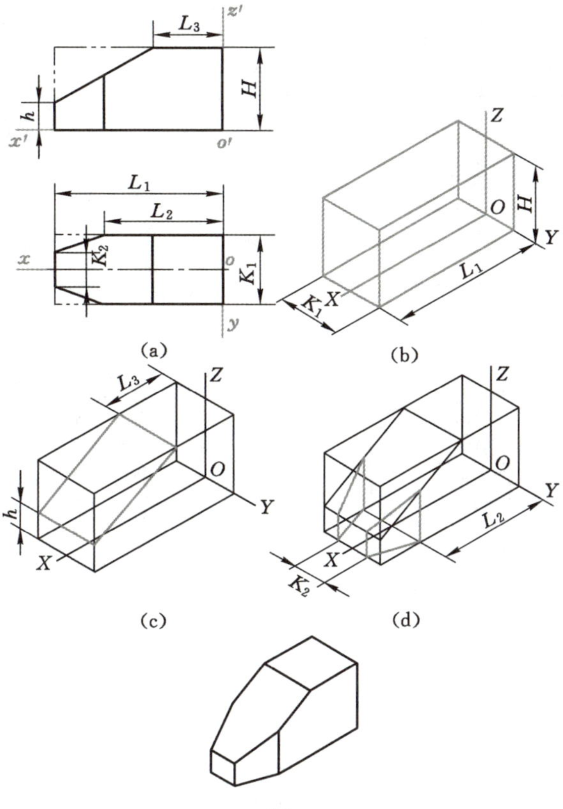

图 5-5　用切割法作楔形块的正等轴测图

3. 叠加法

将组合体分解成若干基本形体，再按其相对位置逐个地画出各基本形体的轴测图。

【例 5-3】 图 5-6(a)所示为组合体的两视图，求作其正等轴测图。

分析：组合体是由底板、立板及一块三角形肋板叠加而成的。组合体左右对称，底板和立板的后表面共面，三部分均以底板上面为接合面。坐标原点选在底板后、下棱与对称面的交点处。

作图步骤如下：

① 在视图上标出空间坐标系的位置与方向，画出轴测轴和底板，如图 5-6(b)所示。

② 画出竖立的形体——立板，注意擦去作图线，如图 5-6(c)所示。

③ 画出三角形肋板，注意擦去作图线，即完成作图，如图 5-6(d)所示。

(二) 回转体的正等轴测图画法

作回转体的正等轴测图，关键在于画出立体表面上圆的轴测投影。

1. 平行于坐标面圆的正等轴测投影

圆的正等轴测投影为椭圆，该椭圆常采用菱形法的近似椭圆画法，即用四段圆弧近似代替椭圆弧，不论圆平行哪个投影面，其轴测投影的画法均相同，图 5-7 表示直径为 d 的水平圆正等轴测投影的画法，具体的作图步骤如下：

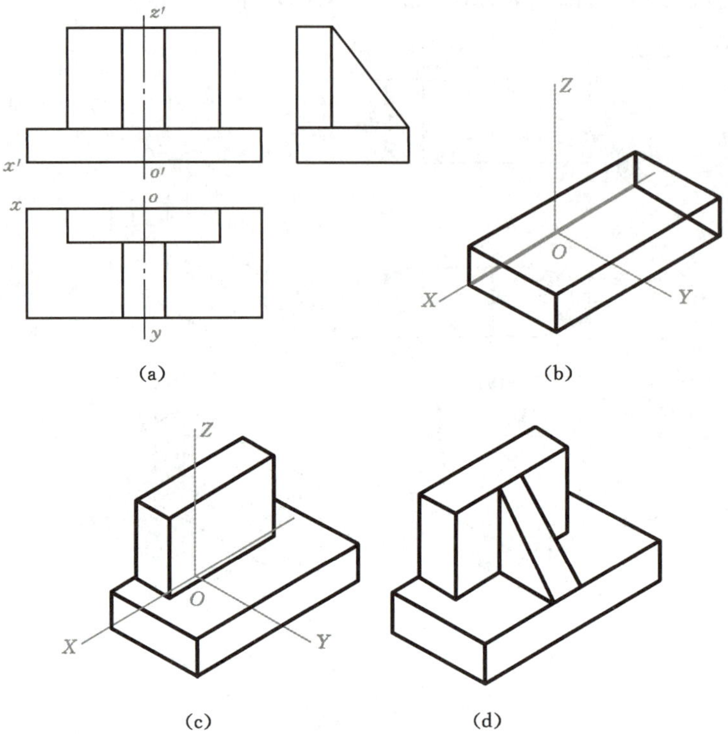

图 5-6 用叠加法作组合体的正等轴测图

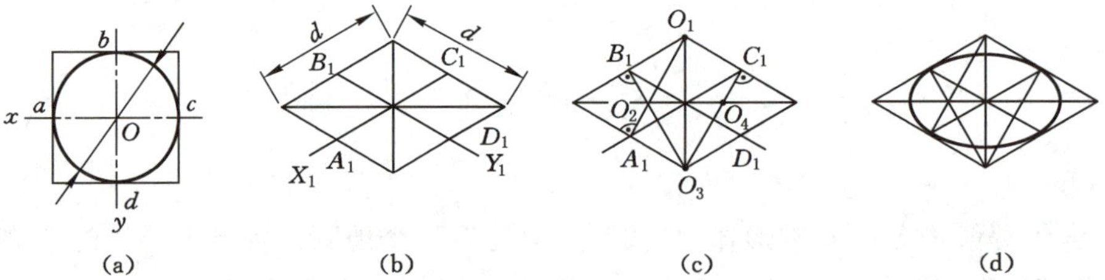

图 5-7 菱形法的近似椭圆画法

(1) 先确定原点与坐标轴，并作圆的外切正方形，切点为 a、b、c、d，如图 5-7(a)所示。

(2) 作轴测轴和切点 A、B、C、D，通过切点作外切正方形的轴测投影，即得菱形，并作菱形的对角线。

(3) 过 A、B、C、D 作各边垂线，得圆心 O_1、O_2、O_3、O_4，如图 5-7(c)所示。

(4) 以 O_1、O_3 为圆心，以 O_1A_1 为半径，作圆弧 A_1D_1、C_1B_1；以 O_2、O_4 为圆心，以 O_2A_1 为半径，作圆弧 A_1B_1、C_1D_1，连成近似椭圆，如图 5-7(d)所示。

图 5-8 画出了平行于三个坐标面上圆的正等轴测图，它们都可用菱形法画出。只是椭圆的长、短轴的方向不同，并且三个椭圆的长轴构成等边三角形。

2. 回转体的正等轴测图的画法

画回转体的正等轴测图，只要先画出底面和顶面圆的正等轴测图——椭圆，然后作出两椭圆的公切线即可。

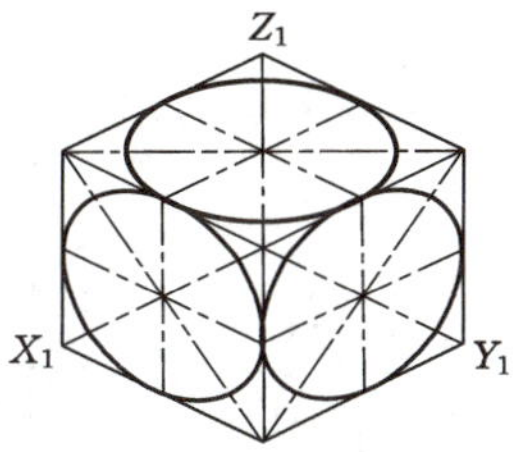

图 5-8 平行于三个坐标面上圆的正等轴测图画法

【例 5-4】 如图 5-9(a)所示,已知切割圆柱的主、俯视图,作出其正等轴测图。

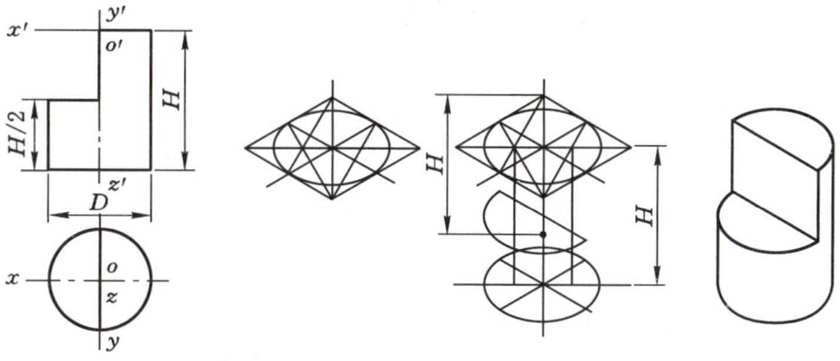

(a) (b) (c) (d)

图 5-9 切割圆柱的正等轴测图画法

作图步骤如下:

① 选坐标系,原点选定为顶圆的圆心,XOY 坐标面与上顶圆重合,如图 5-9(a)所示。

② 用菱形法画出顶圆的轴测投影——椭圆,将该椭圆沿 Z_1 轴向下平移 H,即得底圆的轴测投影;将半个椭圆沿 Z_1 轴向下平移 $H/2$,即得切口的轴测投影,如图 5-9(b)、(c)所示。

③ 作椭圆的公切线、截交线,擦去不可见部分,加深后即完成作图,如图 5-9(d)所示。

3. 圆角的正等轴测图的画法

立体上 1/4 圆角在正等轴测图上是 1/4 椭圆弧,可用近似画法作出,如图 5-10 所示。作图时根据已知圆角半径 R,找出切点 A_1、B_1、C_1、D_1,过切点分别作圆角邻边的垂线,两垂线的交点即为圆心,以此圆心到切点的距离为半径画圆弧即得圆角的正等轴测图。底面圆角可将顶面圆弧下移 H 获得,如图 5-10(b)、(c)所示。

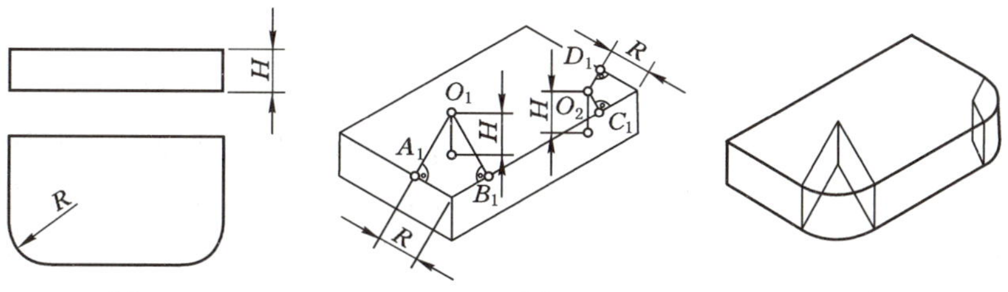

(a) (b) (c)

图 5-10 1/4 圆角的正等轴测图画法

（三）组合体正等轴测图画法

【例 5-5】 画出如图 5-11 所示的直角支板的正等轴测图。

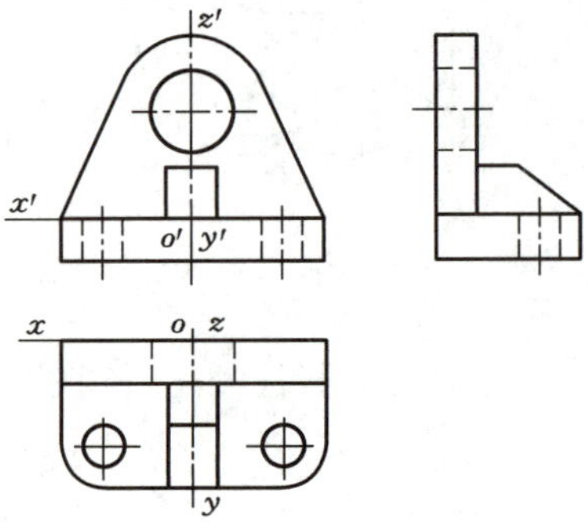

图 5-11　直角支板的视图

作图步骤如下：

① 在投影图上定出坐标系。

② 画底板和侧板的正等轴测图，如图 5-12(a)所示。

③ 画底板圆角、侧板上圆孔及上半圆柱面的正等轴测图，如图 5-12(b)所示。

④ 画底板圆孔和中间肋板的正等轴测图，如图 5-12(c)所示。

⑤ 整理并加深，即完成作图，如图 5-12(d)所示。

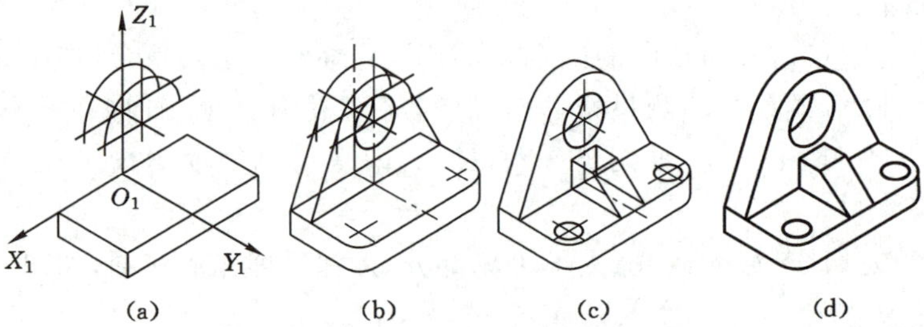

图 5-12　直角支板的正等轴测图画法

任务 3　斜二等轴测图

一、斜二等轴测图的形成

斜二等轴测图是轴测投影面平行于一个坐标平面，且平行于坐标平面的那两个轴的轴向伸缩系数相等的斜轴测投影。如图 5-13(a)所示，一般选择正面平行于轴测投影面。因此，$p_1=r_1=1$，$\angle X_1O_1Z_1=90°$，只有 Y_1 轴伸缩系数和轴间角随着投射方向的不同而变化。为了使图形更接近视觉效果和作图简便，《技术制图 投影法》(GB/T 14692—2008)中规定，斜二等轴测图中，取 $q_1=0.5$，轴间角$\angle X_1O_1Z_1=90°$、$\angle X_1O_1Y_1=\angle Y_1O_1Z_1=135°$，如图 5-13(b)所示。

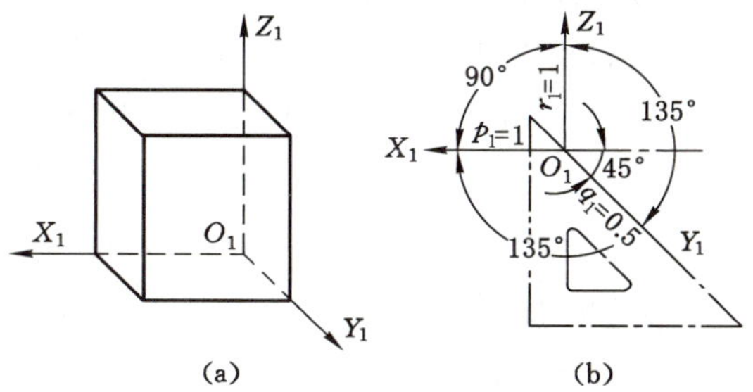

图 5-13　斜二等轴测图的形成

技巧点拨：

在斜二等轴测图中，凡平行于 XOZ 坐标面的几何图形，其轴测投影均反映实形。因此，当物体在一个方向的图形比较复杂、圆与圆弧较多时，可采用斜二等轴测图进行表达，并使该方向平行于轴测投影面，这样可使作图简单。需要指出的是，其他两个坐标面的轴测投影要产生变形，圆变为椭圆。

二、斜二等轴测图的画法

斜二等轴测图能反映物体 XOZ 面及其平行面的实形，故特别适合于用来绘制只有一个方向有圆或曲线的物体。

【例 5-6】 图 5-14(a)所示为正四棱台的两视图，求作其斜二等轴测图。

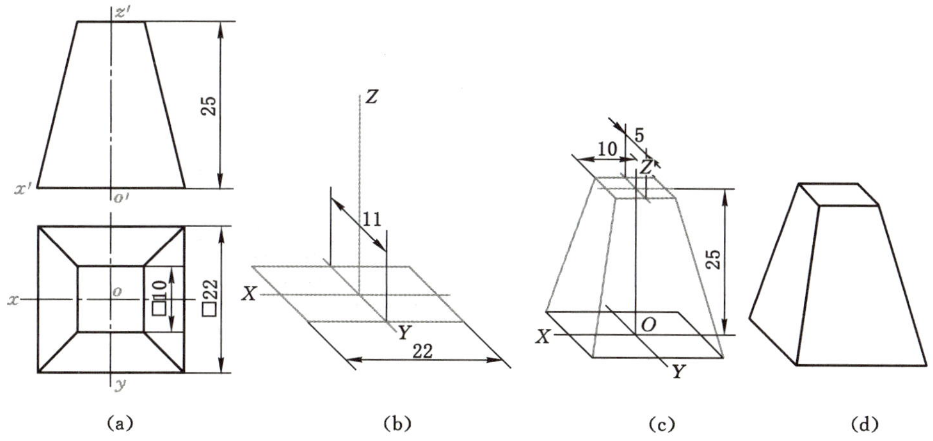

图 5-14　正四棱台的斜二等轴测图

分析：正四棱台的上、下底面都是正方形且相互平行，棱台轴线垂直上、下底面的中心。棱台的前后、左右均对称。因此，将棱台的前后对称面作为 XOZ 坐标面，作图比较方便。

作图步骤如下：

① 画出轴测轴和其他定位点，画出四棱台下底面，如图 5-14(b)所示。

② 画出四棱台上底面，连接棱台上、下底面对应点，如图 5-14(c)所示。

③ 擦去作图线并描深，即完成作图，如图 5-14(d)所示。

【例 5-7】 图 5-15(a)所示为支座的两视图，求作其斜二等轴测图。

分析：支座的前、后端面平行且与 V 面平行，采用斜二等轴测图作图比较方便。选择前端面作为 XOZ 坐标面，坐标原点过圆心，Y 轴向后。

作图步骤如下：

① 在视图上标出空间坐标系的位置与方向，画出支座的前端面，如图 5-15(b)所示。

② 后移，画出支座的后端面并连线，如图 5-15(c)所示。

③ 注意擦去作图线，即完成作图，如图 5-15(d)所示。

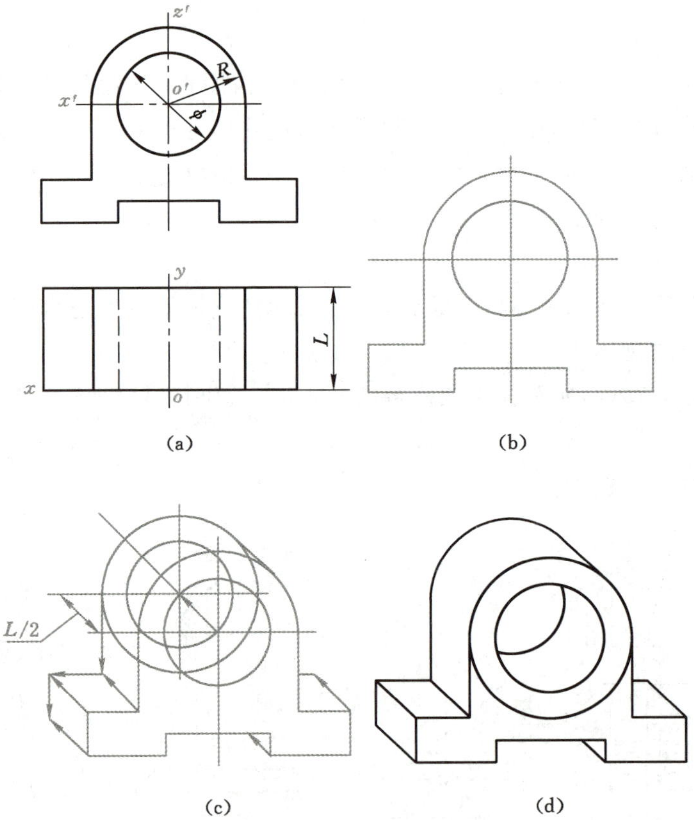

图 5-15　支座的斜二等轴测图

技巧点拨：

下面通过两个案例进行比较分析，得出两种轴测图的适用场合。

如图 5-16 所示，上面一组图形中由于平行于 XOZ 平面的圆较多，在正等轴测图中全部表现为椭圆，作图麻烦；而在斜二等轴测图中圆保持实形，作图方便。在下面一组图形中，板上部的方块呈 45°方向，正等测时两个侧面积聚，立体感不好；斜二测时则有较强的立体感。因此，在类似情况时应选用斜二测。

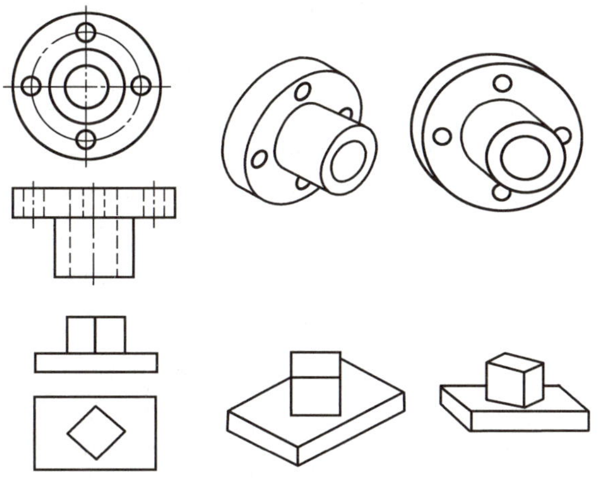

(a) 正投影　(b) 正等轴测图　(c) 斜二等轴测图

图 5-16　斜二测与正等测比较

模块3 工程图样

项目6 图样的基本表示法

教学目标

牢固掌握视图、剖视图和断面图的画法；熟练运用局部放大图及其他规定与简化画法；能够综合运用各种表达方法来准确地表示工程形体的结构形状；了解第三角投影画法的相关知识。

思政目标

1. 培养学生透过现象看本质的能力，尊重客观规律，理论联系实际。
2. “天下事有难易乎。”激励学生学习上不要畏难，躬行实践。

学习项目工单

项目名称	图样的基本表示法
项目描述	图为压紧杆的轴测图，试选用合适的方式准确、完整、清晰地表达出其结构  压紧杆的轴测图
项目分析	熟悉工程形体的各种表达方法，并能灵活运用
成果展示及评价	各组成员每人完成所要求图纸一份，小组互评后由教师综合评定成绩

引例

通过古诗《题西林壁》感悟中国优秀传统文化，体会诗中所蕴含的哲学精髓——“要想认识事物的本质，必须全面客观地把握、冷静地分析，才能不被局部现象所迷惑”。进而引出机件的表达方法，直观展示其形状和结构的多样性，然后分析如果采用三视图带来的问题——存在虚线多、变形（倾斜的耳板）等，不能将其结构表达清楚。显然无法实现我们的初心（目标）——简单、清晰图样表达机件，培养学生运用工程思维思考问题；用 3D 形式让学生更直观地感受视图（换个角度看问题，能带给我们积极乐观的态度）、剖视图（透过现象看本质）等，并在学习中培养学生透过现象看本质的职业素养，锻炼学生发现问题、解决问题的能力；认识表达事物方法的多样性，提出换位思考，帮助学生学会理解和包容，正确合理地表达个人意见，维护社会秩序；严格遵守国家标准中规定的形体表达方法绘图，提高学生遵纪守法的意识。

任务1　视　　图

根据有关标准和规定，采用正投影的方法画出的机件图形，称为视图。视图主要是用来表达机件的外部结构和形状，一般情况下只需将机件中的可见部分画出就可以了，只有当某些不可见部分必须要表达出来时，才用虚线在相应的视图中将其表达出来。通常采用的视图包括基本视图、向视图、局部视图和斜视图。

一、基本视图

如图 6-1(a)所示，用正六面体的 6 个面作为投影面，这 6 个投影面称为基本投影面。将机件向基本投影面投射所得到的视图称为该机件的基本视图。基本视图包括主视图、俯视图、左视图、右视图、仰视图和后视图。

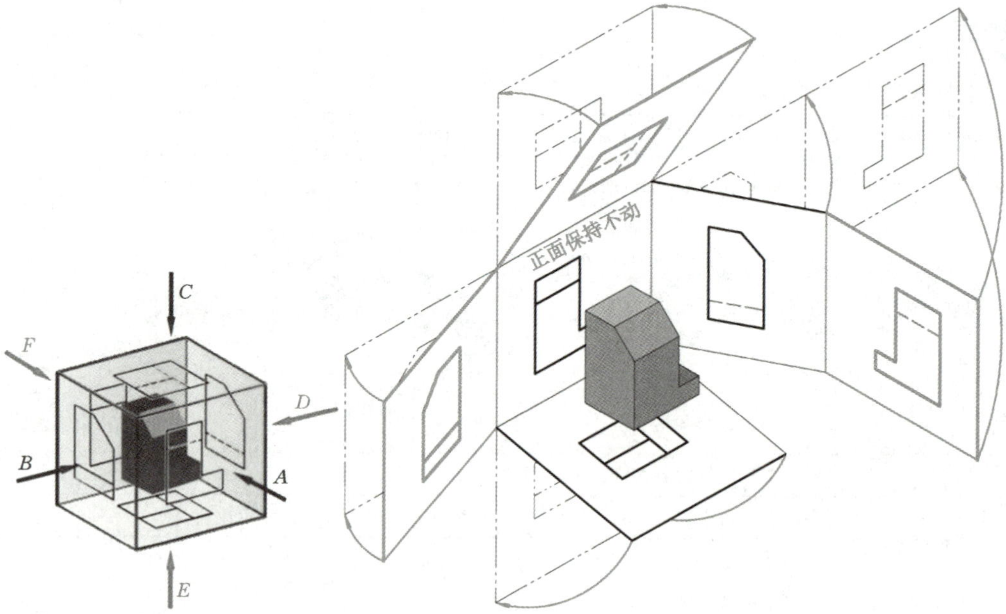

(a)　　　　(b)

图 6-1　基本视图的形成

将 6 个基本投影面按图 6-1(b)中箭头所示的方向展开到与正面相同的平面上，展开后各视图的位置如图 6-2 所示。当按图 6-2 所示在同一张图纸上配置各视图时，可以省去视图名称的标注。

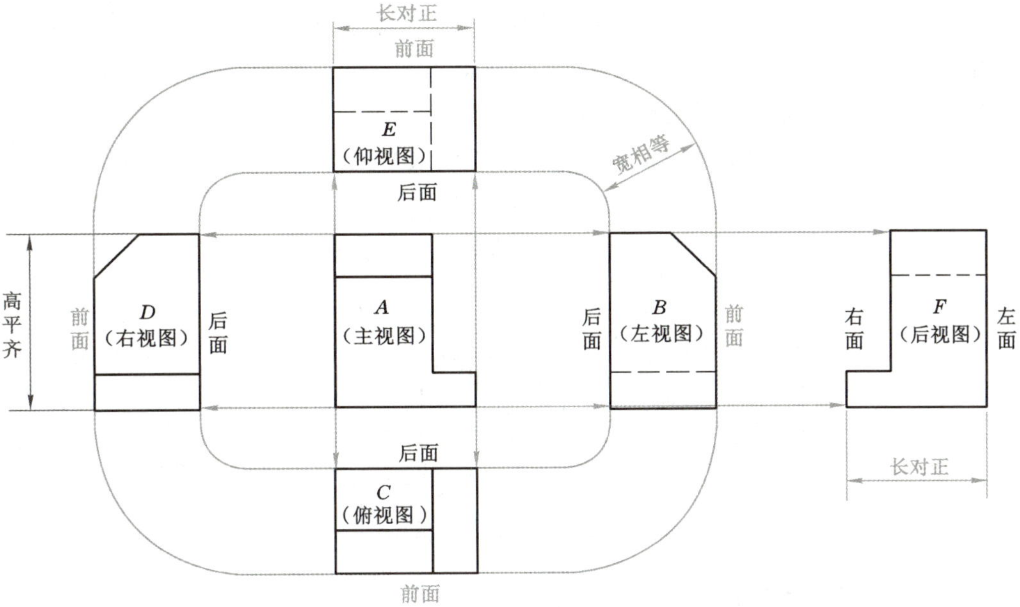

图 6-2　基本视图的配置及投影规律

6 个基本视图之间仍遵循“长对正、高平齐、宽相等”的投影规律，即：主、俯、仰、后视图长对正，主、左、右、后视图高平齐，俯、左、仰、右视图宽相等。此外，由图 6-2 可知机件的主视图与后视图、左视图与右视图、俯视图与仰视图的外轮廓是相互对称的。在实际绘图时，一般优先选用主、俯和左视图进行机件的表达，对于外形较为复杂的机件，为了能够清晰、完整地表达物体，应根据实际情况选用必要的基本视图。

二、向视图

当某视图不能按图 6-2 所示的投影关系配置时，可根据具体需要将其配置在适当的位置，我们将这种视图称为向视图。向视图必须加以标注。标注时在向视图的上方正中位置用大写拉丁字母标明视图名称，在相应视图附近用箭头指明投影方向，并标注相同的字母，如图 6-3 所示。

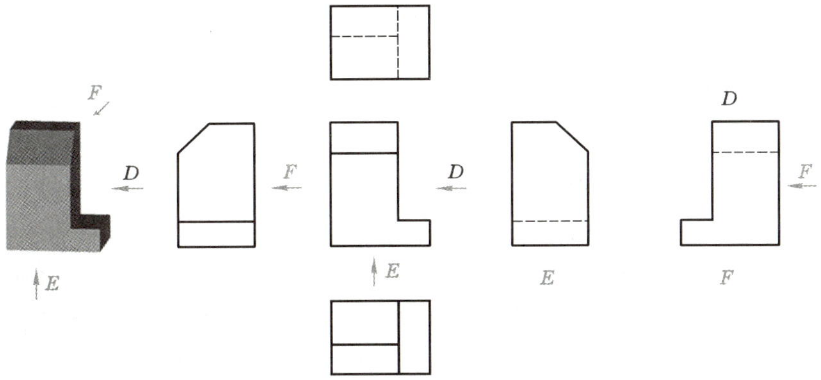

图 6-3　基本视图的配置及投影规律

向视图标注时应注意以下几点：

（1）表示向视图名称的字母，无论是注在箭头旁还是注在视图的上方，均应与正常读图方向相一致。

（2）投影方向的箭头应尽可能配置在主视图上。

（3）后视图投影方向的箭头最好配置在左视图或右视图上。

三、局部视图

将机件的某一部分向基本投影面投射所得的视图，称为局部视图。如图 6-4 中的 *B* 向和 *A* 向。

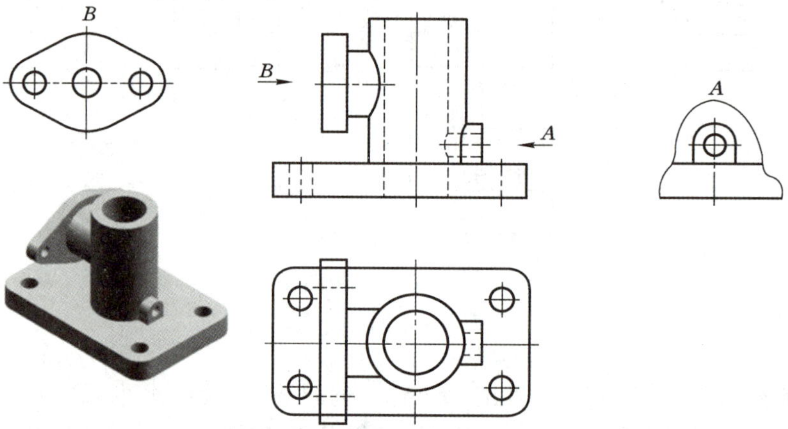

图 6-4　基本视图的配置及投影规律

局部视图的画法和标注规定：

（1）一般情况下，应在局部视图上方用大写拉丁字母标注视图名称，在相应的视图附近用箭头指明投影方向，并标注相同的字母；但当视图按投影关系配置，且中间没有被其他图形隔开时，可省略标注。

（2）局部视图的断裂边界通常用波浪线表示，如图 6-4 中的 *A* 向局部视图。如果局部视图所表示的局部结构是完整的，且外轮廓线又封闭时，波浪线可省略不画，如图 6-4 中的 *B* 向局部视图。

（3）用波浪线作断裂线时，波浪线不能超过断裂机件的轮廓线，并且需画在机件的实体上，不能画在机件的中空位置。

四、斜视图

为了清晰地表达机件中的倾斜结构，可以通过加一个平行于倾斜结构的正垂面作为新投影面，然后将倾斜结构向新投影面进行正投影。图 6-5(a)所示为压紧杆的三视图，由于压紧杆的耳板是倾斜的，所以用三视图无法将其结构清楚地表达出来。为了清晰地表达压紧杆的倾斜结构，可以将一个平行于倾斜结构的正垂面作为新投影面，然后再将倾斜结构向新投影面进行投影，来清晰地表达出倾斜耳板的结构，如图 6-5(b)所示。

这种将机件向不平行于任何基本投影面的平面投射所得的视图称为斜视图。斜视图的画法和标注规定：

(1) 必须在视图的上方标出视图的名称，在相应的视图附近用箭头指明投影方向，并标注上同样的字母，如图 6-5(b)中的 A。

(2) 斜视图一般按投影关系配置，必要时也可配置在其他适当的位置，如图 6-5(c)所示。此外，为了不致引起误解，允许将图形旋转，但必须在旋转后的斜视图上方指明旋转方向，并水平标注字母，也可以将旋转角度值标注在字母之后，如图 6-5(c)所示。

(3) 当已画出需要表达的某一倾斜结构完整的斜视图后，通常用波浪线将其断开，在其他视图中已表达清楚的部分不需要再画出，如图 6-5 所示。

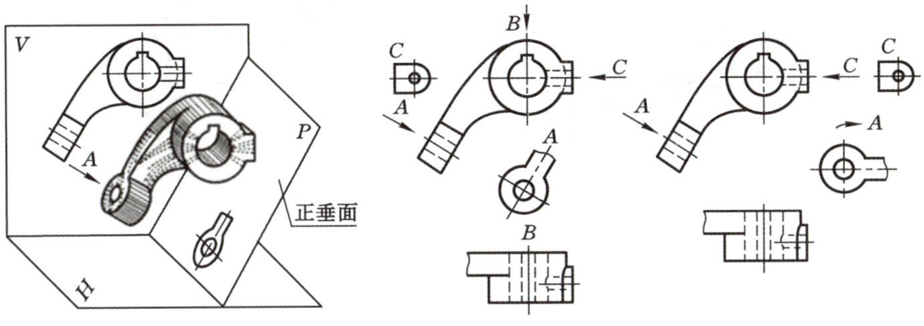

(a) (b) (c)

图 6-5 基本视图的配置及投影规律

任务2 剖 视 图

当机件的内部结构比较复杂时，用视图来表达机件内部不可见的结构只能采用虚线。如果视图中虚线过多，就会使图形不够清晰，这给视图的尺寸标注及读图均带来极大的不便。为了清晰地表达机件中需要表达的内部结构形状，常采用剖视的方法。

一、剖视的概念

假想用剖切平面把物体剖开，将处在观察者与剖切平面之间的部分移去，然后把其余部分向投影面投影，这种表达方法称为剖视，所得的图形称为剖视图。

1. 剖视图的形成

如图 6-6(a)所示，假想用一平面把该机件剖开，移去观察者和剖切平面之间的部分，将图中箭头所指方向的部分向投影面投射就得到了该机件的剖视图，如图 6-6(b)所示。通过将机件剖开的方式，使原本在机件内部的孔、槽等不可见部分变得可见了，进行投影时，使视图中原本的虚线在其剖视图中变成了实线，从而解决了视图中机件内部用虚线表达的问题。

2. 剖面符号

剖切平面与机件接触的部分，称为剖面。剖面是剖切面和物体相交所得的交线围成的图形。为了区别剖到和未剖到的部分，通常应在剖面区域画出剖面线或剖面符号。各种材料的剖面符号见表 6-1。

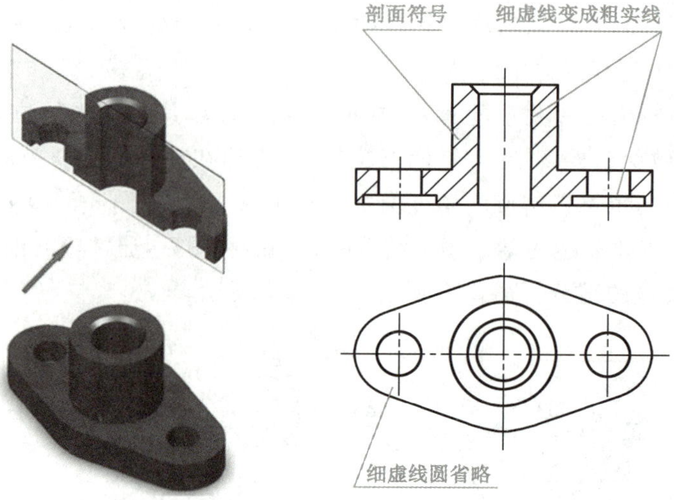

(a)　　(b)

图 6-6　剖视图的形成

表 6-1　各种材料的剖面符号

材料类别	剖面符号	材料类别	剖面符号	材料类别	剖面符号
金属材料(已有规定剖面符号者除外)	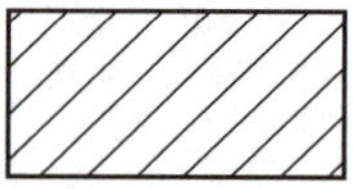	非金属材料(已有规定剖面符号者除外)	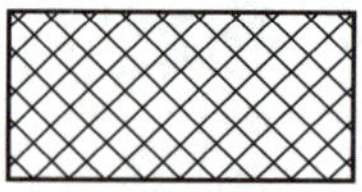	线圈绕组元件	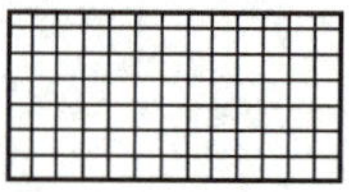
型砂、填砂、粉末冶金、砂轮、陶瓷刀片、合金刀片等	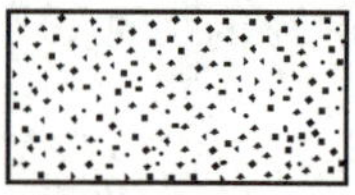	液体	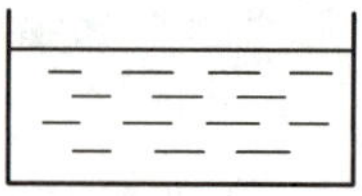	木材纵剖面	
转子、电枢、变压器和电抗器等的叠钢片	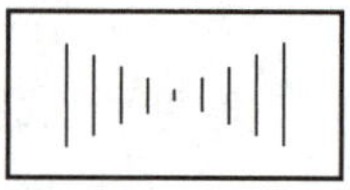	玻璃及供观察用的其他透明材料	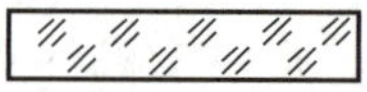	木材横剖面	

注:① 剖面符号仅表示材料的类别,材料的名称和代号必须另行注明;② 叠钢片的剖面线方向应与束装中叠钢片的方向一致;③ 液面用细实线绘制;④ 金属材料的剖面线为与水平方向成 45°(向左、右倾斜均可)且间隔相等的细实线。

技巧点拨:

对于视图中表示同一机件的所有剖面线,其方向、间隔均应该相同。当视图中机件的主要轮廓线与水平线成 45°或接近 45°时,该机件的剖面线应画成与水平方向成 30°或 60°的平行线,但倾斜方向和间隔仍应与同一机件其他剖面线一致,如图 6-7 所示。

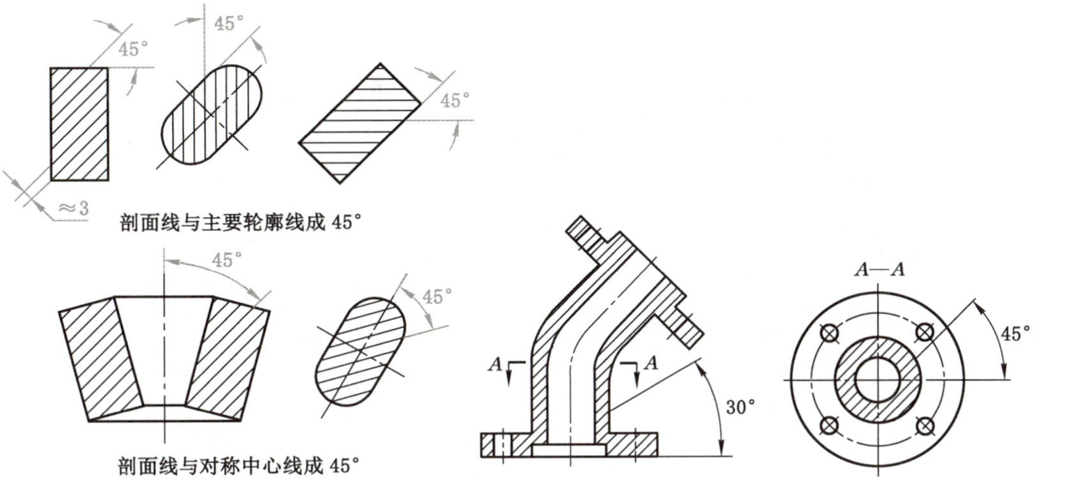

图 6-7 特殊情况剖面线的画法

3. 剖切位置与剖视图的标注

通过剖视图标注可以表明剖切平面的位置、投影方向和视图名称，其主要要素如下：

(1) 剖切符号：用断开线（粗短线）表示剖切平面的位置，用箭头表示投影方向。粗短画线宽为(1～1.5)d，长 5～8 mm，表示剖切面起、止和转折位置。为了不影响图形的清晰，剖切符号中的粗短线应避免与图形轮廓线相交或重合。在剖切符号粗短线起、止的外侧画出与其相垂直的箭头，如图 6-7 所示。

(2) 剖视名称：通常用字母表示。在表示剖切平面起、止和转折位置的粗短画外侧写上相同的大写拉丁字母“×”，并在相应剖视图的上方正中位置用同样字母标注出剖视图的名称“×—×”，字母一律按水平位置书写，字头朝上，如图 6-7 所示。

(3) 单一剖切平面通过机件对称面或基本对称面，并且剖视图按投影关系配置，中间又没有其他图形隔开时，可以省略标注，如图 6-6 所示。

(4) 剖视图配置在基本视图位置，而中间又没有其他图形间隔时，可以省略箭头，如图 6-6 所示。

技巧点拨：

画剖视图时应注意以下几点：

① 剖切平面应通过机件的对称平面或孔、槽的轴线（在图上应沿对称线、轴线、对称中心线），以便清楚地表达机件的内部结构。应避免剖切出不完整要素或不反映实形的剖面区域。

② 剖切平面后方的可见轮廓线应全部画出，不能遗漏；不可见轮廓线一般不画，只有对尚未表达清楚的结构形状，才以虚线加以表达，如图 6-8 所示。

二、剖视的种类

根据机件被剖切范围的大小，将剖视图分为全剖视图、半剖视图和局部剖视图。

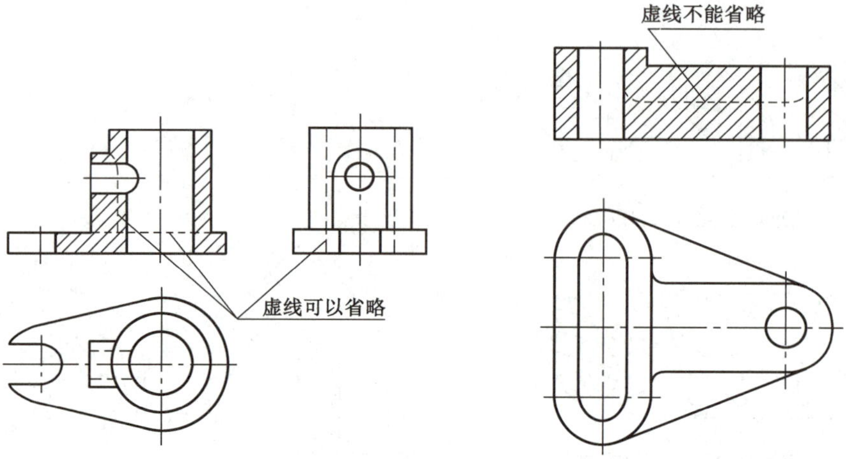

图 6-8　剖视图中虚线的处理

1. 全剖视图

全剖视图是指用剖切平面(平行或相交)将机件完全地剖开后所得到的剖视图,如图 6-9 所示。全剖视图通常用于外部形状简单,内部有孔、槽的形体中。通过全剖视图可以将不能完整表达的机件结构和尚未表达清楚的外形结构较为完整、清晰地表达出来。

(1) 单一剖切面的全剖视图

单一剖切面可分为单一平行剖切平面[平行于基本投影面,最常用,如图 6-9(a)所示]和单一斜剖切平面(不平行于基本投影面)。

单一平面的斜剖切主要用于表达物体上倾斜部分的内部结构形状,如图 6-10 所示。在机件的倾斜部分内部结构处,用一个与主视图投影平面垂直(同时垂直轴线)的剖切平面 *A*—*A* 剖开机件,按照箭头所示的投影方向向另外一个辅助投影平面上投影(辅助投影平面与剖切平面平行),然后绕着辅助投影平面与主视图投影平面的交线为轴,将辅助投影平面展开,得到机件上倾斜部分的视图 *A*—*A*,简称斜剖。

画斜剖时应注意以下几点:

① 斜剖视最好配置在与基本视图的相应部分保持直接投影关系的地方,标出剖切位置和字母,并用箭头表示投影方向,还要在该斜视图上方用相同的字母标明图的名称。

② 为使视图布局合理,可将斜剖视图保持原来的倾斜程度,平移到图纸上适当的地方;为了画图方便,且不引起误解,可把图形旋转到水平位置,表示该剖视图名称的大写字母应靠近旋转符号的箭头端。

(2) 阶梯剖的全剖视图

当物体上有若干不在同一平面上而又需要表达的内部结构时,可采用几个平行的剖切平面剖开物体。几个平行的剖切平面可能是两个或两个以上,各剖切平面的转折处成直角,剖切平面必须是投影面的平行面或垂直面。

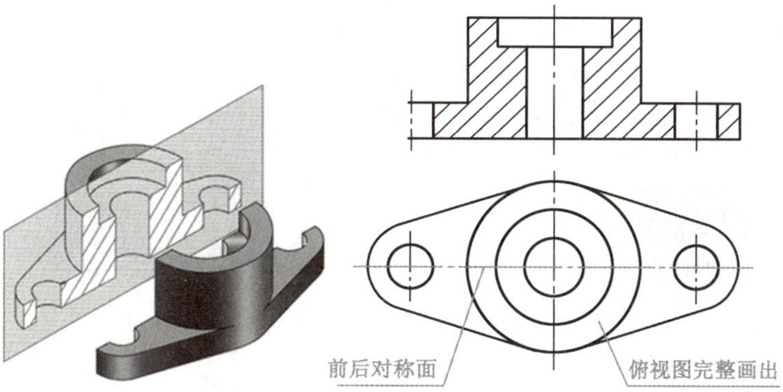

(a) 单一剖切面的全剖

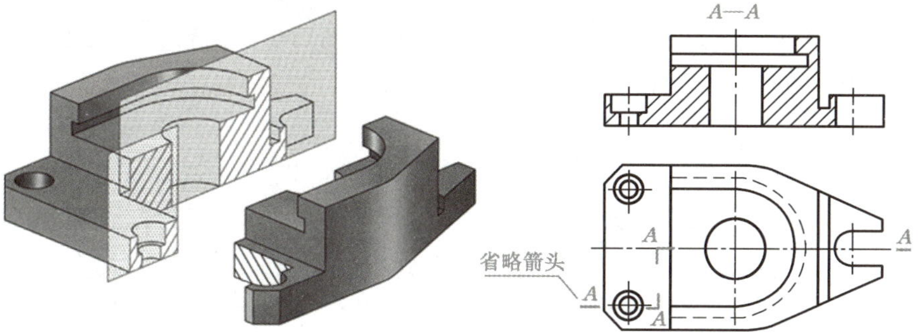

(b) 几个平行的剖切面的全剖

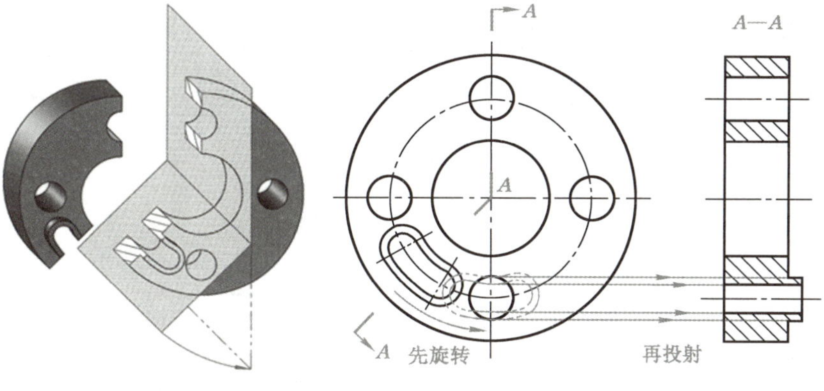

(c) 几个相交的剖切面的全剖

图 6-9 全剖视图的种类

采用阶梯剖面画图时，应注意以下几点：

① 在剖视图的上方，用大写拉丁字母标注图名“×—×”，在剖切平面的起、止和转折处画出剖切符号，并注上相同的字母。若剖视图按投影关系配置，中间又没有其他图形隔开时，允许省略箭头，如图 6-9(b)所示。

② 在剖视图中一般不应出现不完整的结构要素，如图 6-11(a)所示。

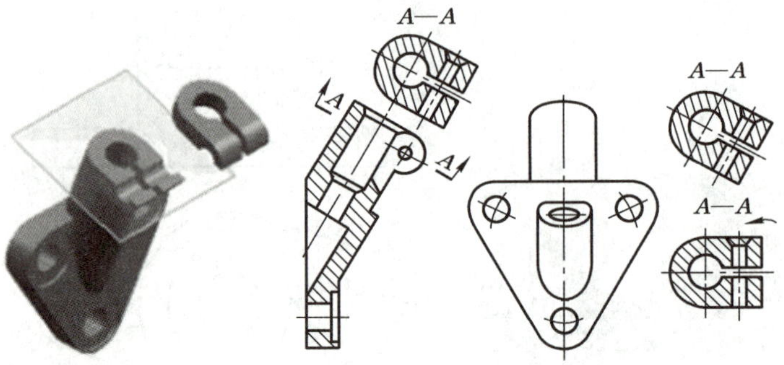

图 6-10　单一平面的斜剖切

③ 在剖视图中不应画出剖切平面转折处的界线，且剖切平面的转折处也不应与图中的轮廓线重合，如图 6-11(b)所示。

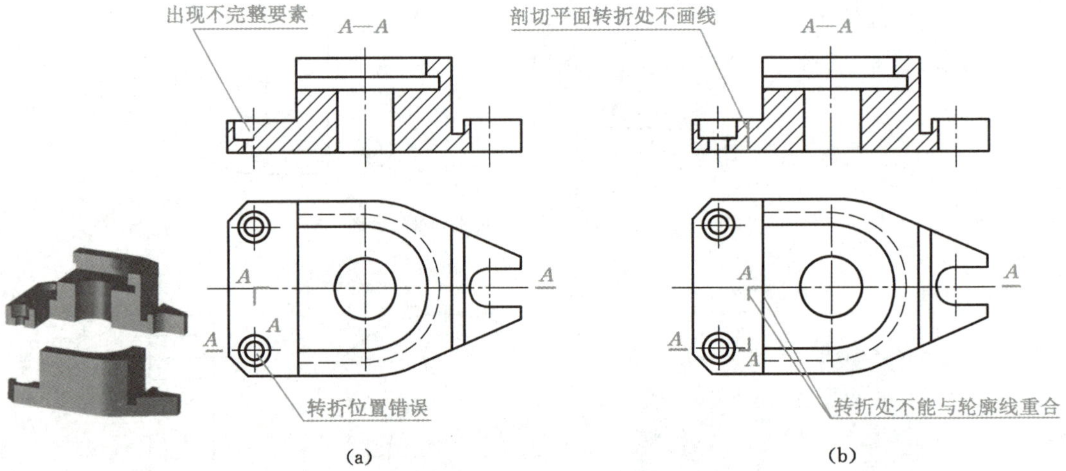

图 6-11　阶梯剖的注意事项

(3) 旋转剖的全剖视图

当物体上的孔、槽等结构不在同一平面上但却沿物体的某一回转轴线分布时，可采用几个相交于回转轴线的剖切面剖开物体，将剖切面剖开的结构及有关部分旋转到与选定的投影面平行后再进行投射。几个相交剖切面(包括平面或柱面)的交线，必须垂直于某一基本投影面。

如图 6-9(c)所示，用相交的侧平面和正垂面(其交线垂直正面)将物体剖切，并将倾斜部分绕轴线旋转到与侧面平行后再向侧面投射，即得到用两个相交平面剖切的全剖视图。

采用旋转剖面画图时，应注意以下几点：

① 剖切面后边的其他结构，一般仍按原来位置进行投射，如图 6-12 中小油孔的投影。

② 剖切平面的交线应与物体的回转轴线重合。

③ 对用几个相交的剖切面获得的剖视图要进行完整标注，不能省略。

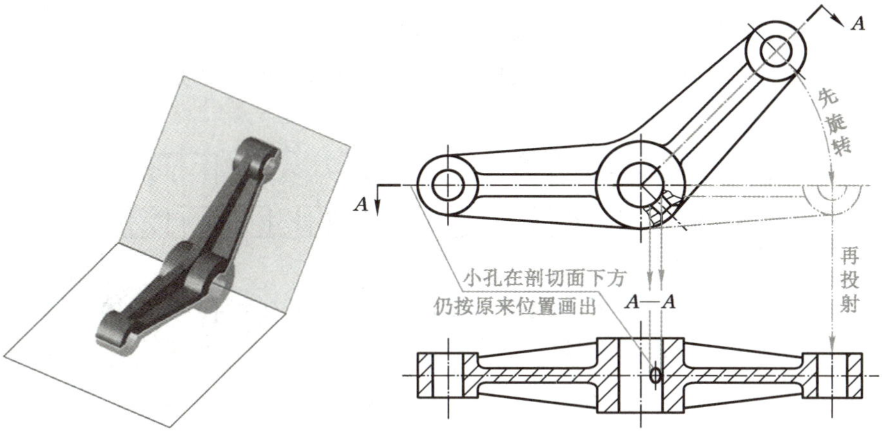

图 6-12　旋转剖的注意事项

2. 半剖视图

当物体具有对称平面时，向垂直于对称平面的投影面投射所得的图形，可以对称中心线为界，一半画成剖视图，另一半画成视图，这种组合的图形称为半剖视图。半剖视图主要用于内、外形状都需要表示且具有对称结构的物体。

画半剖视图需要注意以下几点：

① 视图中半个视图和半个剖视图的分界线用点画线来表示，如图 6-13 所示。

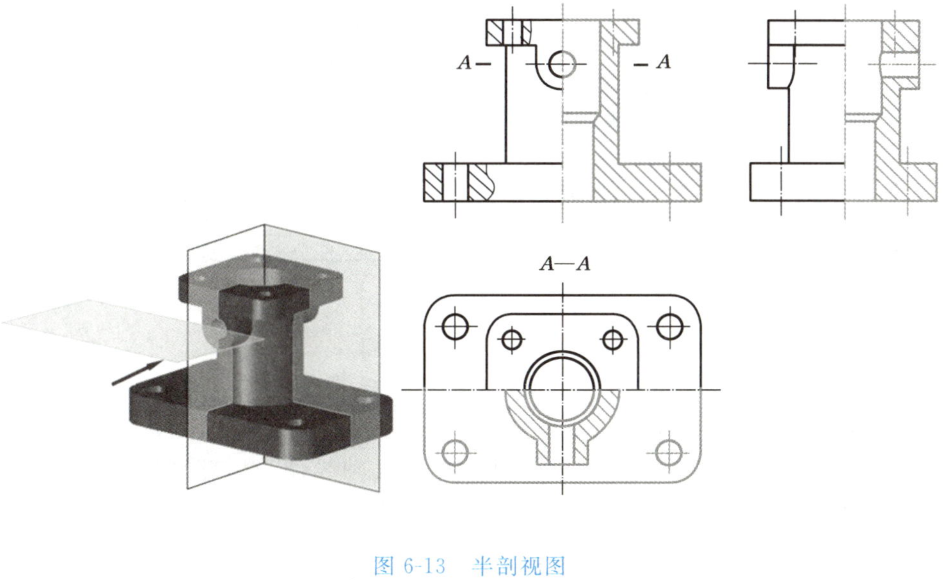

图 6-13　半剖视图

② 半剖视图多半画在主、俯视图的右半边，俯、左视图的前半边，主、左视图的上半边，且标注与全剖视图相同，如图 6-13 所示。

③ 若半个剖视图中已表达清楚的内部结构，在另半个视图中可将表示其的虚线省略，但需要将机件中孔或槽的中心线画出，如图 6-13 所示。

④ 若机件对称面的外形上有轮廓线时不宜作半剖，如图 6-14 所示。

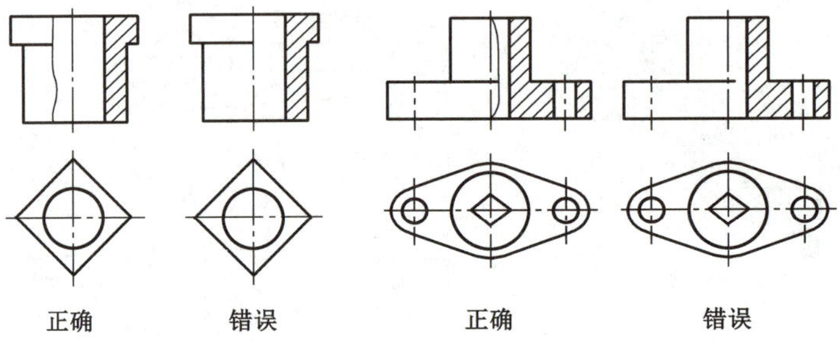

图 6-14　不能作半剖视图的形体

3. 局部剖视图

用剖切面局部地剖开物体所得的剖视图，称为局部剖视图。当物体只有局部内形需要表示而又不宜采用全剖视时，可采用局部剖视表达，如图 6-15 所示。视图部分和剖视部分以波浪线分界，局部剖视一般不需标注。

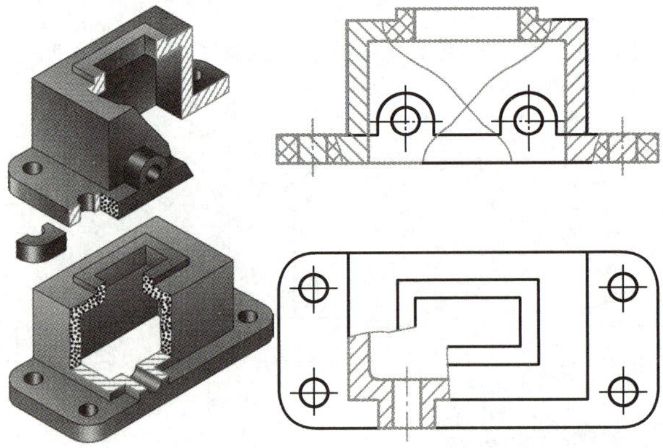

图 6-15　局部剖视图

画局部剖视图的注意事项：

① 当被剖结构为回转体时，允许将该结构的回转轴线作为局部剖视与视图的分界线，如图 6-16(a)所示。

② 当对称物体的内、外轮廓线与回转轴线重合而不宜采用半剖视时，可采用局部剖视，如图 6-16(b)所示。

③ 波浪线不能与其他图线重合，如图 6-16(c)所示。

④ 波浪线要画在物体的实体部分，不应超出视图的轮廓线，如图 6-16(d)所示。

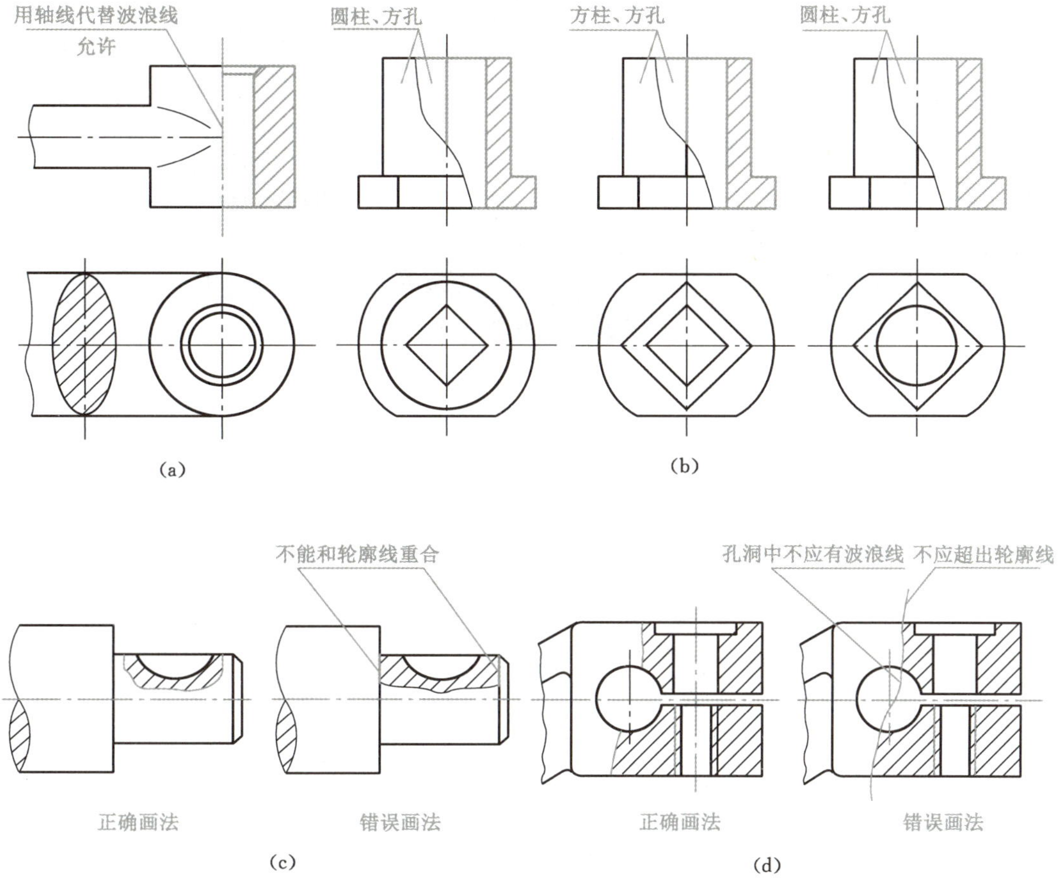

图 6-16 局部剖视图中的注意点

三、剖视图中的简化画法

(1) 画各种剖视图时，对于物体上的肋板、轮辐及薄壁等，若按纵向剖切，这些结构都不画剖面符号，而用粗实线将它们与邻接部分分开。剖切平面垂直于肋板和支承板(即横向剖切)，所以仍要画出剖面符号，如图 6-17(a)所示。

(2) 回转体上均匀分布的肋板、孔等结构不处于剖切平面上时，可假想将这些结构旋转到剖切平面上画出；对均匀分布的孔，可只画出一个，用对称中心线表示其他孔的位置即可，如图 6-17(b)所示。

(3) 当剖切平面通过辐条的基本轴线(即纵向)时，剖视图中辐条部分不画剖面符号，且不论辐条数量是奇数还是偶数，在剖视图中要画成对称的，如图 6-17(c)所示。

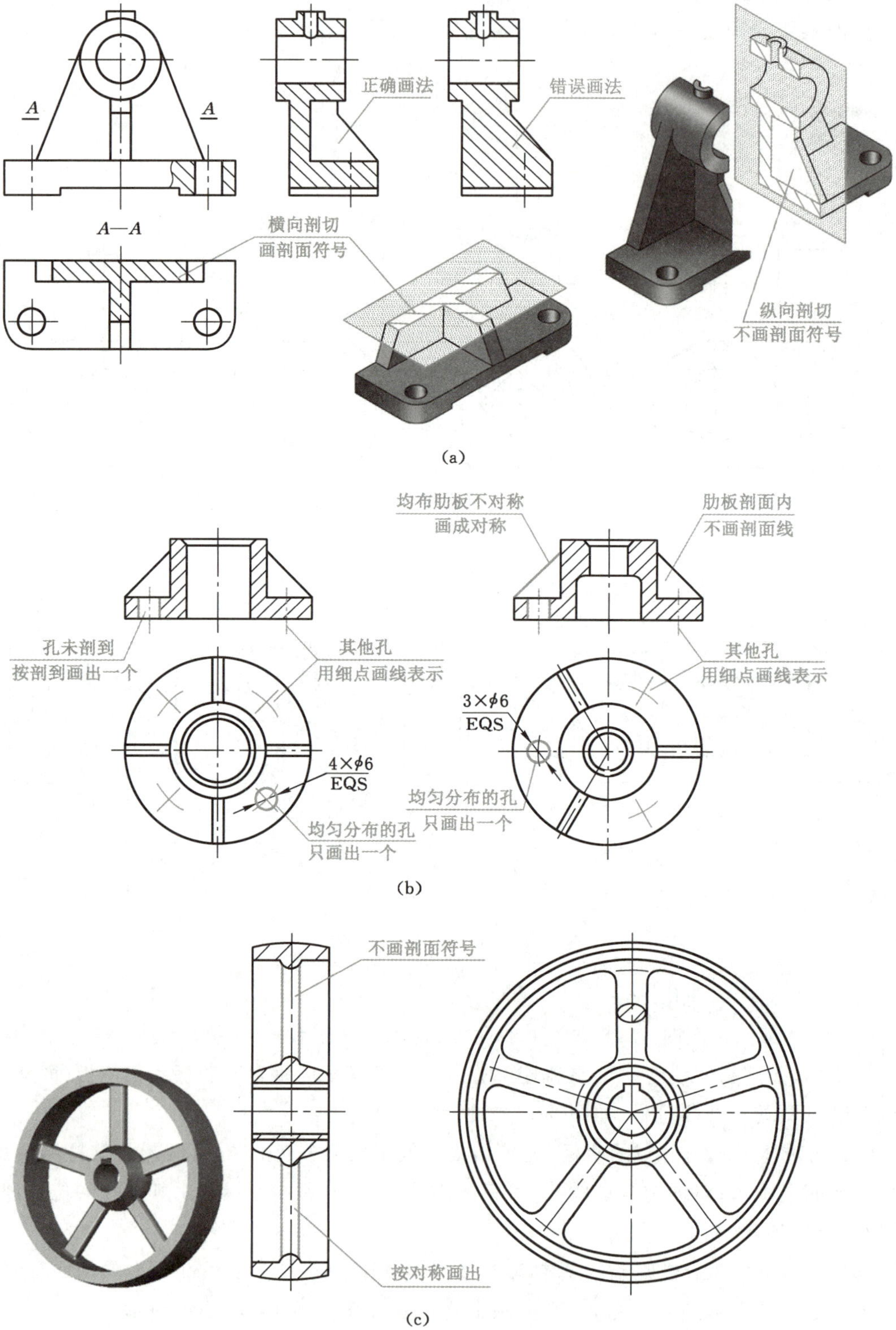

图 6-17　剖视图中的简化画法

任务3　断　面　图

断面图主要用来表达机件某部分剖面的结构形状,如肋、轮辐、键槽等,以及各种型材的断面。假想用剖切面将机件的某处切断,仅画出该剖切面与机件接触部分的图形,称为断面图,简称断面。图 6-18(a)所示为轴上键槽处的断面图。

根据断面图配置位置的不同,断面图分为移出断面图和重合断面图两种。

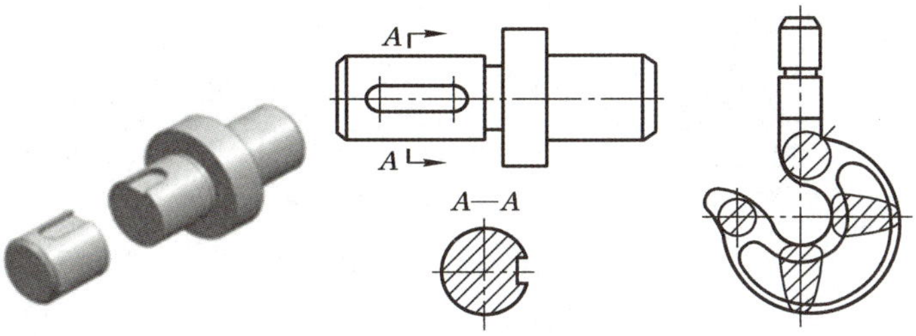

(a) 移出断面图　　(b) 重合断面图

图 6-18　断面图类型

一、移出断面图

画在视图之外的断面图,称为移出断面图,简称移出断面,如图 6-18(a)所示,移出断面的轮廓线用粗实线绘制。

1. 画移出断面图的注意事项

(1) 移出断面应尽量配置在剖切符号或剖切线的延长线上,也可配置在其他适当位置,如图 6-19(a)所示。

(2) 当剖切平面通过回转面形成的孔(或凹坑)的轴线时,这些结构按剖视图绘制,如图 6-19(a)所示。

(3) 当剖切平面通过非圆孔会导致出现完全分离的两个断面时,这些结构按剖视图绘制,如图 6-19(b)所示。

(4) 对称的移出断面可画在视图的中断处,如图 6-19(c)所示。

(5) 当移出断面是由两个或多个相交的剖切平面形成时,断面的中间应断开,如图 6-19(d)所示。

2. 移出断面图的标注

移出断面图的标注见表 6-2。

二、重合断面图

画在视图之内的断面图,称为重合断面图,简称重合断面。重合断面图的轮廓线用细实线绘制,如图 6-20 所示,重合断面图可省略标注。

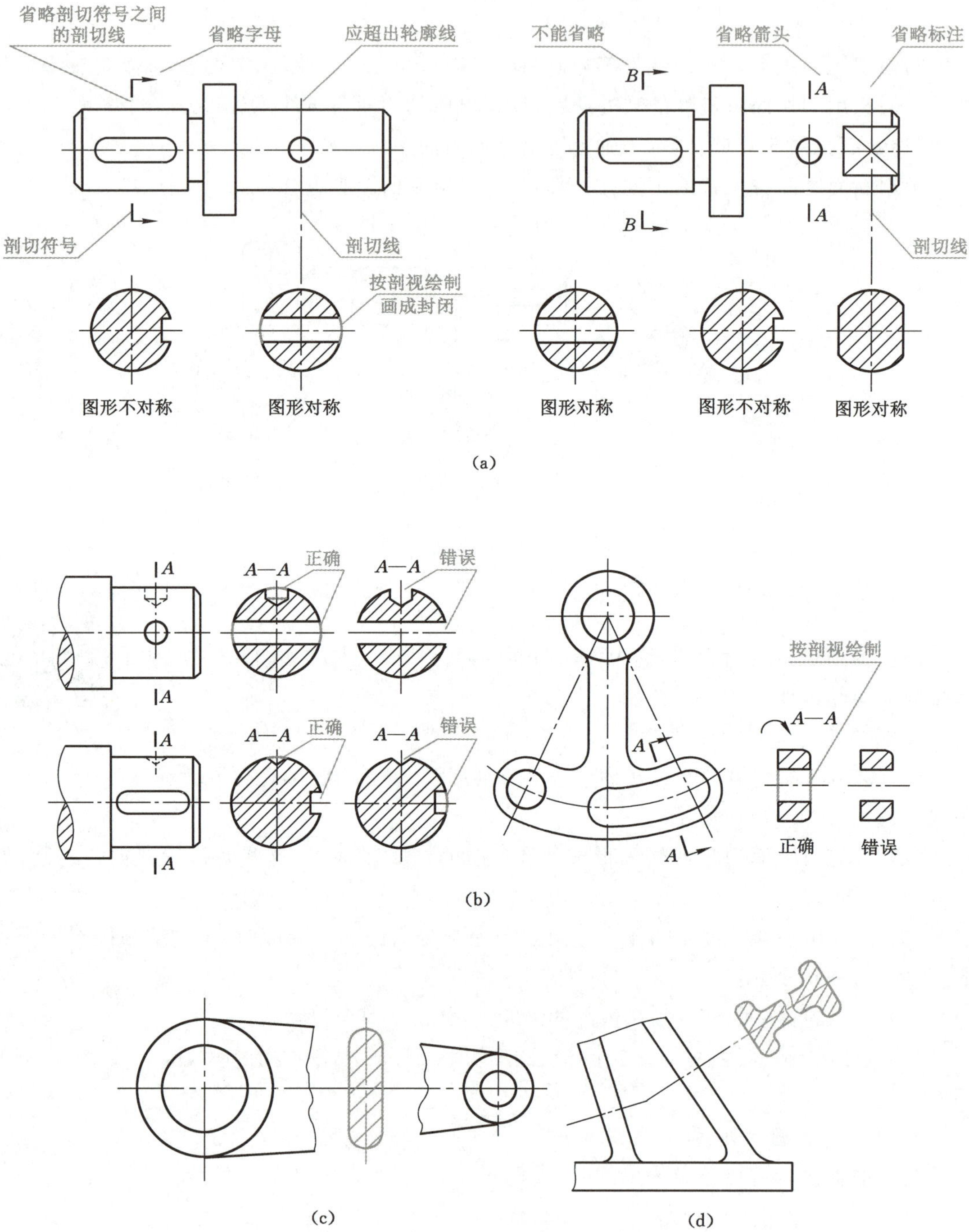

图 6-19 移出断面图的画法

表 6-2 移出断面图的标注

断面类型	剖切平面的位置		
	配置在剖切线或剖切符号延长线上	不在剖切符号的延长线上	按投影关系配置
对称的移出断面	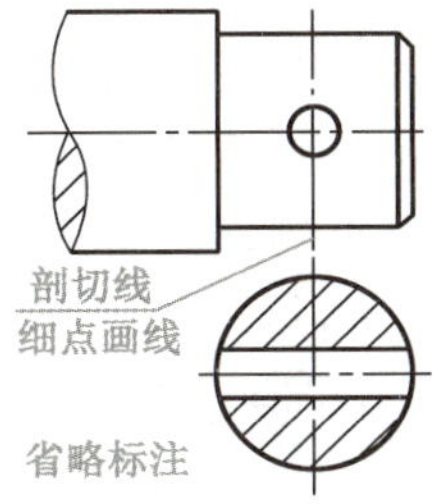	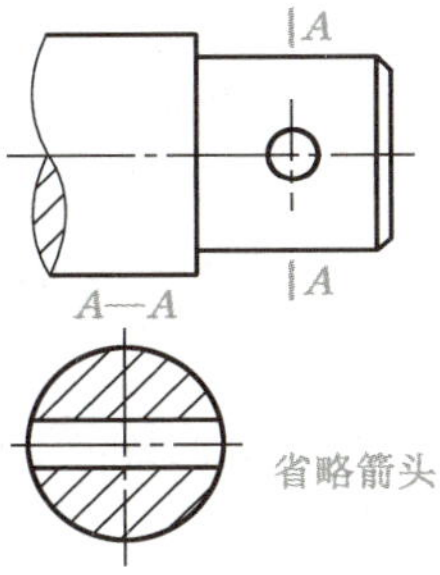	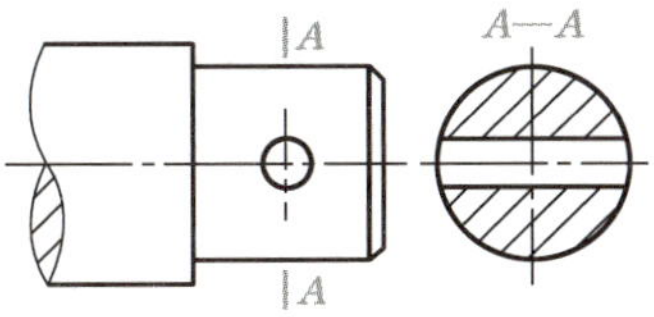
不对称的移出断面	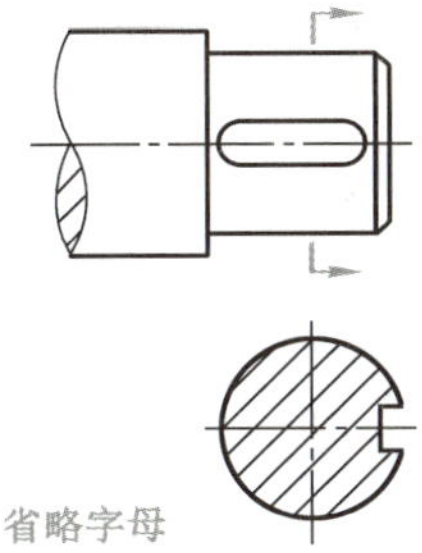	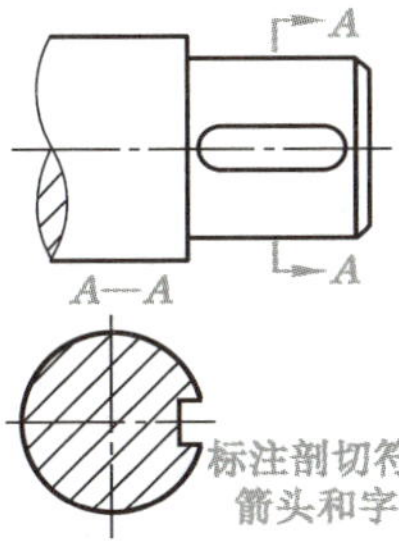	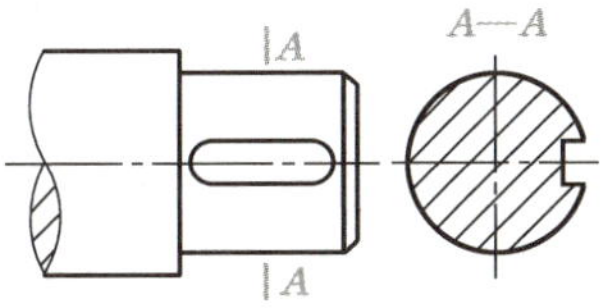

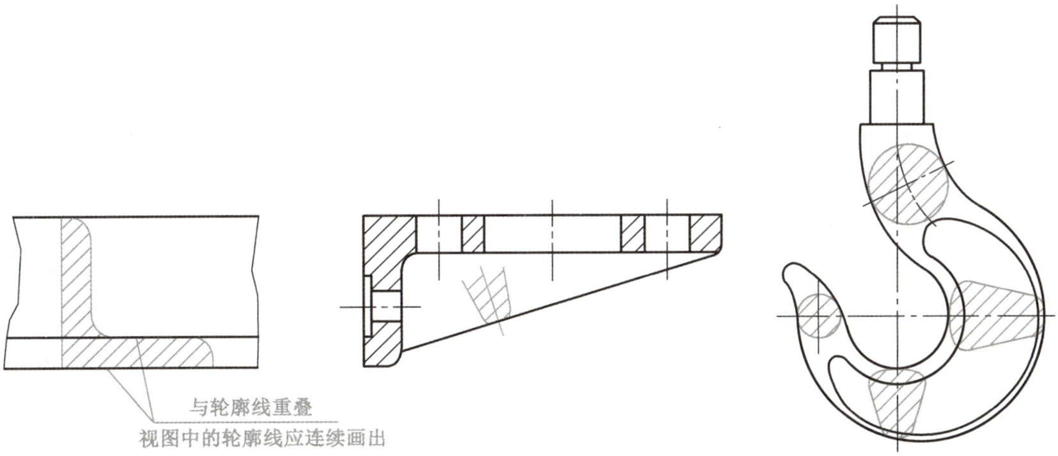

不对称的重合断面　　对称的重合断面　　对称的重合断面

图 6-20 重合断面图

任务 4　局部放大图和简化画法

一、局部放大图

将图样中所表示的物体部分结构，用大于原图形的比例所绘出的图形，称为局部放大图。局部放大图通常用于机件上细小工艺结构的表达，如退刀槽、越程槽等。

在画图时，局部放大图应用细实线将被放大的部分圈出，并在对应的放大图的上方标注出放大比例。当同一机件上有多处放大部位时，则应用罗马数字给放大部位依次编号，并在对应的放大图的上方用分式的形式注写相应的编号和比例（编号在上、放大比例在下），如图 6-21 所示。

局部放大图可以画成视图、剖视图或断面图，与被放大部分的原表达方式无关。

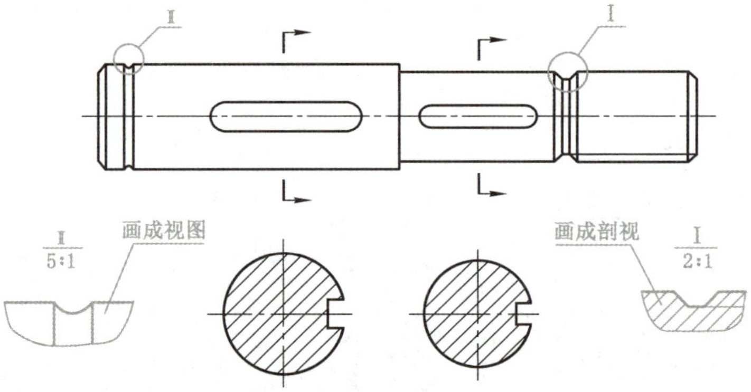

图 6-21　局部放大图

二、简化画法

简化画法是包括规定画法、省略画法、示意画法等在内的图示方法。

1. 规定画法

对标准中规定的某些特定表达对象，所采用的特殊图示方法。

(1) 在不致引起误解时，对称物体的视图可只画一半或四分之一，并在对称中心线的两端画出对称符号（两条与其垂直的平行细实线），如图 6-22(a)所示。

(2) 为了避免增加视图或剖视，对回转体上的平面，可用细实线绘出对角线来表示，如图 6-22(b)所示。

(3) 较长的零件（轴、杆、型材、连杆等）沿长度方向的形状一致或按一定规律变化时，可断开后（缩短）绘制，其断裂边界可用波浪线绘制，也可用双折线或细双点画线绘制。但在标注尺寸时，要标注零件的实长，如图 6-22(c)所示。

2. 省略画法

通过省略重复投影、重复要素、重复图形等达到使图样简化的图示方法。

(1) 零件中规律分布的重复结构，允许只绘制出其中一个或几个完整的结构，但需反映其分布情况，并在零件图中注明重复结构的数量和类型。对称的重复结构，用细点画线表示各对称结构要素的位置；不对称的重复结构，则用相连的细实线代替，如图 6-23(a)所示。

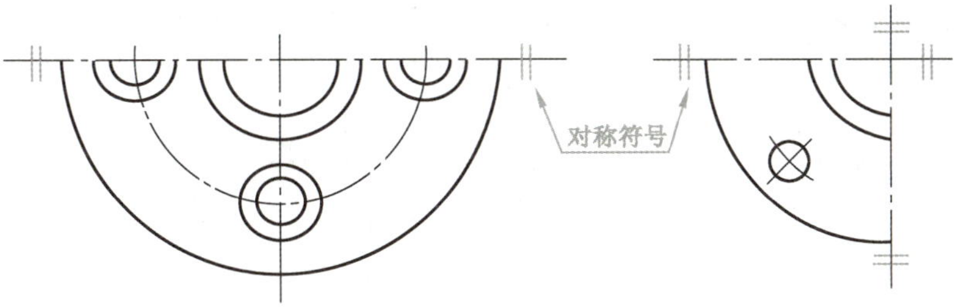

(a)

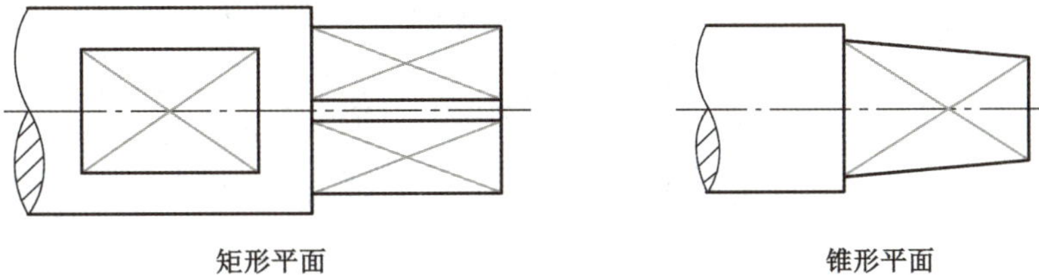

(b)

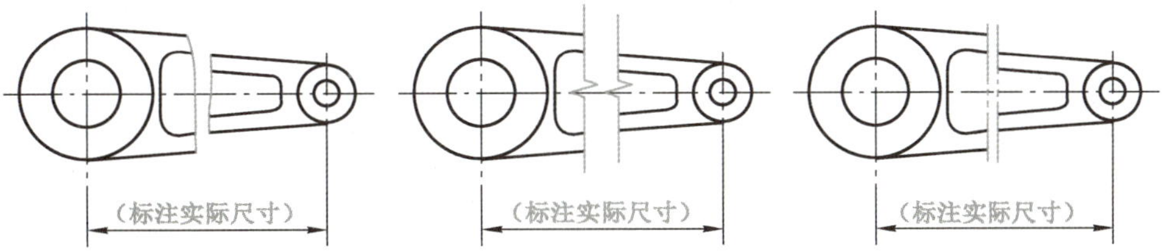

(c)

图 6-22　规定画法

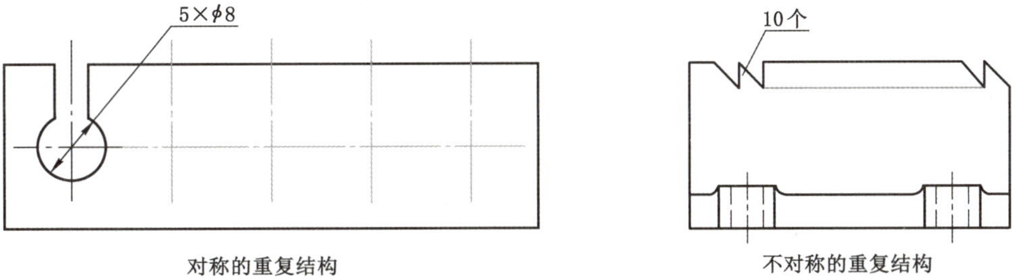

(a)

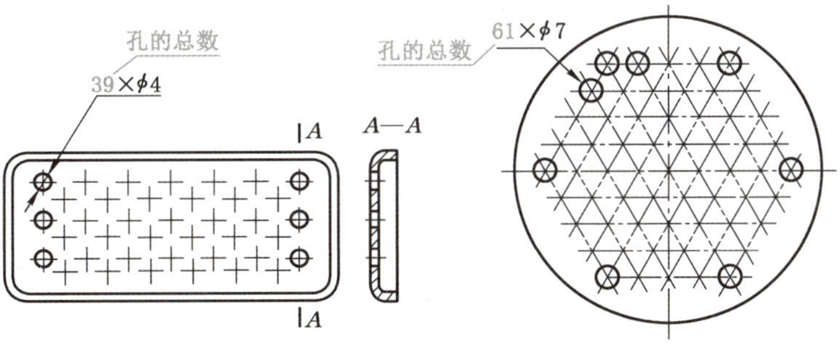

(b)

图 6-23　省略画法

(2) 若干直径相同且规律分布的孔(如圆孔、螺孔、沉孔等),可以仅画一个或少量几个,其余只需用细点画线表示其中心位置,但在零件图中要注明孔的总数,如图 6-23(b)所示。

3. 示意画法

示意画法是用规定符号和(或)较形象的图线绘制图样的表意性图示方法。零件上的滚花、槽沟等网状结构,应用粗实线完全或部分地表示出来,并在图中按规定标注,如图 6-24 所示。

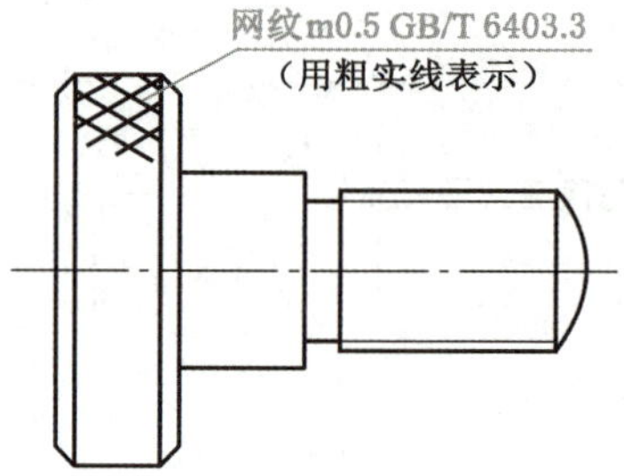

图 6-24　示意画法

项目7 图样中的特殊表示法

教学目标

牢固掌握螺纹紧固件及其连接，键、销及其连接的画法；掌握齿轮、齿轮啮合的画法；了解滚动轴承的规定画法及弹簧的画法。

思政目标

1.“大道至简”。激励学生学习上不要畏难，躬行实践，困难的事也会变容易。

2. 引导学生践行雷锋精神，做新时代“螺丝钉”。

学习项目工单

项目名称	图样中的特殊表示法
项目描述	已知两齿轮的中心距 $a=90$ mm，大齿轮的齿数 $z_1=30$，模数 $m=4$ mm，试计算两齿轮的主要参数，在图纸上完成两齿轮的啮合图，并标注尺寸(图纸幅面和比例自定)
项目分析	熟悉齿轮啮合画法(五线谱)
成果展示及评价	各组成员每人完成所要求图纸一份，小组互评后由教师综合评定成绩

引例

如图7-1所示，无论生活中还是工程中，标准件(结构、尺寸等已标准化)和常用件(部分结构参数标准化)无处不在。在工程图中，标准件和常用件都不需要画出其真实结构的投影，只需按国标规定的画法绘图，并按国标规定的代号或标记方法标注。它们的结构尺寸按其规定标记从有关的国标中查取。

以哲学思想“大道至简”为切入点，引导学生用工程思维方法从专业角度去发现问题、分析问题、解决问题——从课程目标(初心)的角度，使学生树立正确的求知观，引导学生努力学习，不怕困难，勇于实践！

介绍标准件和常用件的种类、规格和技术要求，综合考虑产品的质量和维修成本，选择合适的零件，树立标准化意识；详细讲解标准件和常用件的国家标准规定画法，强调遵守国家法规和行业标准的重要性，培养学生的工程素养。

每当说起螺丝钉，我们都能想到雷锋，情不自禁地想起“学习雷锋好榜样……”。

螺丝钉精神，是在20世纪60年代雷锋同志的先进事迹中提炼出来的，中心思想是自觉

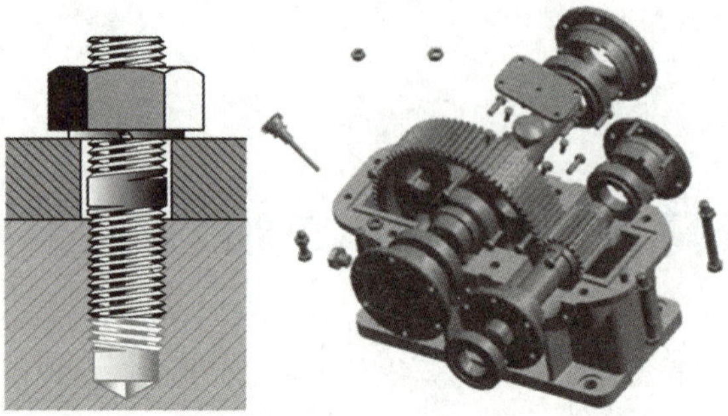

图 7-1 螺丝钉

地把个人融入党和人民的事业之中，个人服从整体、服从组织，对岗位不挑剔，干一行爱一行，刻苦钻研，忠于职守，全心全意为人民服务的精神。

“螺丝钉”虽然微小，但是用好就是企业、行业，甚至是大国崛起的重要一环。从而引导学生弘扬雷锋精神，做新时代“螺丝钉”，在中华民族伟大复兴的征途中，为实现中国梦做出应有的贡献。

任务1 螺　纹

一、螺纹的基本知识

1. 螺纹的形成

如图 7-2(a)所示，动点 A 沿圆柱的母线做等速直线运动，与此同时，母线又绕圆柱轴线做等速旋转运动，动点 A 在圆柱面上的运动轨迹称为圆柱螺旋线。母线旋转一周，动点 A 沿轴线方向移动的距离称为导程。

如图 7-2(b)所示，当一个与圆柱轴线共面的平面图形(如三角形、梯形、矩形等)沿圆柱表面做螺旋线运动，即形成具有相同断面的连续凸起和沟槽，称为螺纹。凸起部分的顶端称为螺纹的牙顶；沟槽部分的底部称为螺纹的牙底。在圆柱外表面上形成的螺纹称为外螺纹，如图 7-3(a)所示；在圆柱内表面上形成的螺纹称为内螺纹，如图 7-3(b)所示。

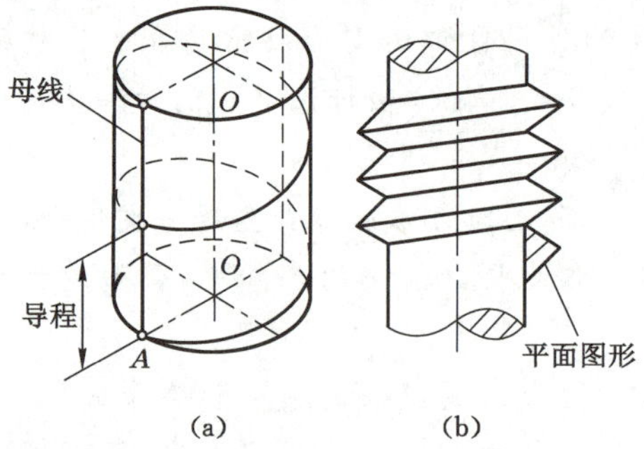

图 7-2 螺纹的形成

(a) 外螺纹　(b) 内螺纹

图 7-3 外螺纹和内螺纹

螺纹有各种制造方法，都是根据螺旋线的形成原理而得到的。图 7-4(a)所示为在车床上车削外螺纹的加工方式，图 7-4(b)所示为车削内螺纹的加工方式。对于直径较小的内螺纹，可先用钻头钻孔，再用丝锥攻丝加工，如图 7-4(c)所示。

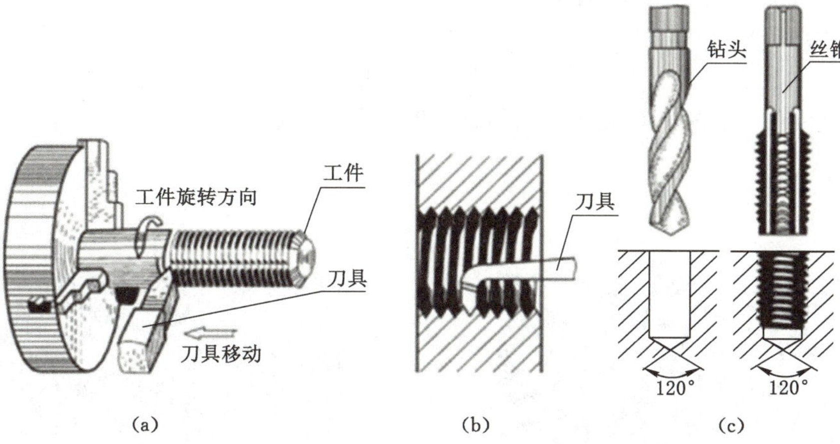

图 7-4 螺纹的加工

2. 螺纹的要素

(1) 牙型

牙型是螺纹轴向剖面内的轮廓形状。常见的螺纹牙型有三角形、梯形、锯齿形和矩形等。

相邻牙侧间的材料实体，称为牙体。连接两个相邻牙侧的牙体顶部表面，称为牙顶。连接两个相邻牙侧的牙槽底部表面，称为牙底。

(2) 螺纹直径

与外螺纹牙顶或内螺纹牙底相切的假想圆柱的直径称为公称直径，也叫螺纹大径。外螺纹大径用 d 表示，内螺纹大径用 D 表示。同时，表示螺纹直径的参数还有小径和中径。小径是与外螺纹牙底或内螺纹牙顶相切的假想圆柱直径。外螺纹小径用 d_1 表示，内螺纹小径用 D_1 表示。中径是母线通过牙型上沟槽和凸起宽度相等位置的假想圆柱(称为中径圆柱)直径。外螺纹中径用 d_2 表示，内螺纹中径用 D_2 表示，如图 7-5 所示。

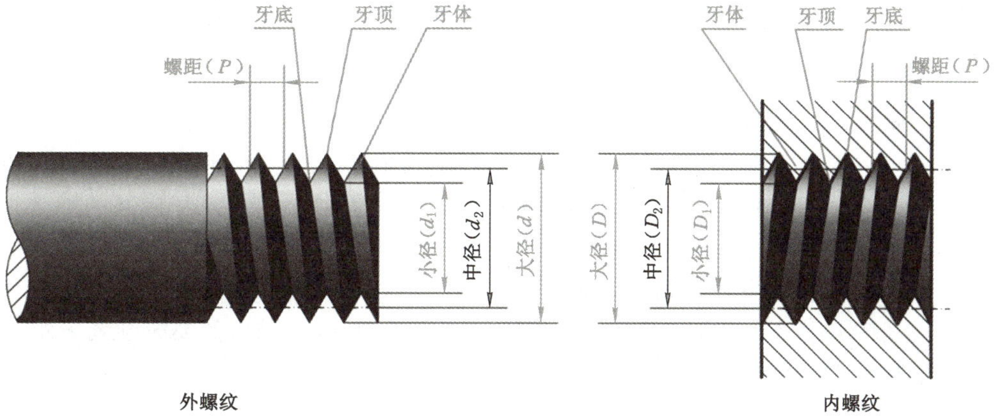

图 7-5 螺纹的公称直径(大径)、小径和中径

(3) 线数(n)

螺纹有单线与多线之分,如图 7-6 所示。只有一个起始点的螺纹,称为单线螺纹;具有两个或两个以上起始点的螺纹,称为多线螺纹。

(4) 螺距(P)和导程(S)

相邻两牙体上的对应牙侧与中径线相交两点间的轴向距离称为螺距 P。同一条螺旋线上的相邻两牙,在中径线上对应两点间的轴向距离称为导程 S,如图 7-6 所示。

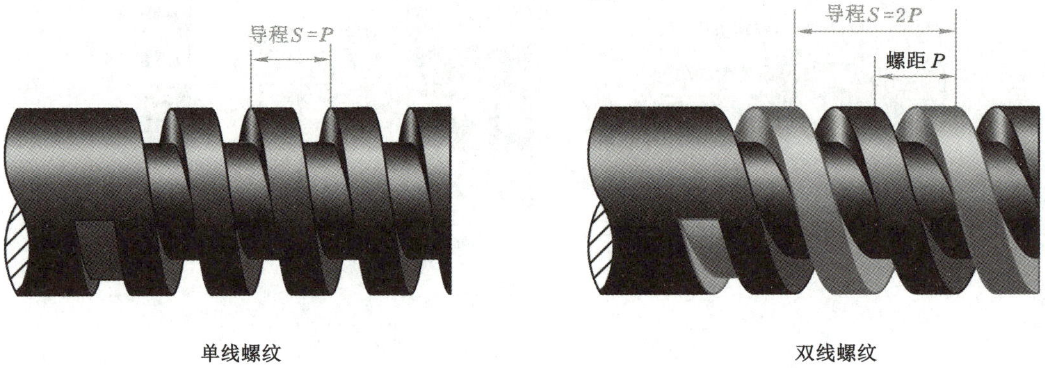

图 7-6 螺纹的线数、螺距及导程

由图 7-6 可知,对于单线螺纹,螺距等于导程,即 $P=S$;对于多线螺纹,螺距等于导程除以线数,即 $P=S/n$。

(5) 旋向

旋向是指螺纹旋进的方向。顺时针旋转时旋入的螺纹,称为右旋螺纹(俗称正扣);逆时针旋转时旋入的螺纹,称为左旋螺纹(俗称反扣)。判别旋向时,将螺纹轴线垂直放置,若螺纹自左向右上升则为右旋螺纹;反之,为左旋螺纹。

技巧点拨:

内、外螺纹旋合的条件是螺纹的五个要素必须完全相同。上述五项要素中,螺纹牙型、直径和螺距符合国家标准的称为标准螺纹。而牙型符合标准,直径或螺距不符合标准的,称为特殊螺纹,标注时应在牙型符号前加"特"字;对于牙型不符合标准的,如方牙螺纹,称为非标准螺纹。

二、螺纹的规定画法

1. 外螺纹的画法

(1) 外螺纹的大径用粗实线表示。

(2) 外螺纹的小径用细实线表示,通常画成大径的 0.85 倍。在非圆视图中螺杆的倒角或倒圆部分也应画出;小径在垂直于螺纹轴线的投影面的视图中,表示牙底圆的细实线只画约 3/4 圆(空出的 1/4 圆的位置不做规定),此时,螺杆倒角的投影不画,如图 7-7(a)所示。

(3) 有效螺纹终止界线用粗实线表示。

(4) 当外螺纹被剖切时,剖切部分的螺纹终止线只画到小径处,剖面线画到表示牙顶圆的粗实线,如图 7-7(b)所示。

2. 内螺纹的画法

(1) 在平行于螺纹轴线的投影面的视图中,内螺纹通常画成剖视图,如图 7-8(a)所示。

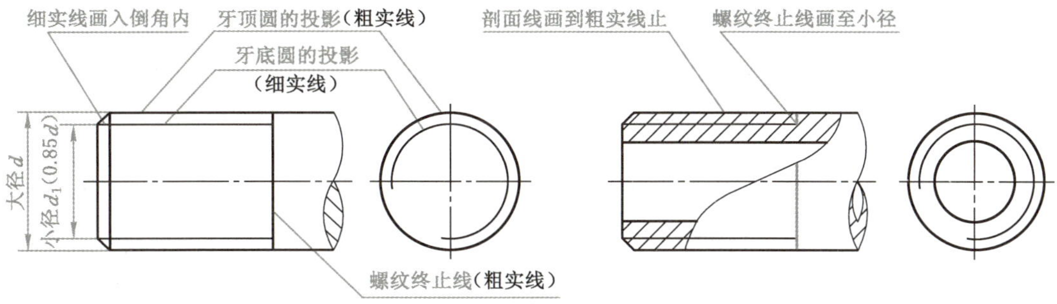

(a) (b)

图 7-7 外螺纹的规定画法

(2) 牙顶圆的投影(即小径)用粗实线表示,牙底圆的投影(即大径)用细实线表示,螺纹终止线用粗实线表示。

(3) 剖面线画到表示牙顶圆的粗实线。

(4) 在垂直于螺纹轴线的投影面的视图中,表示牙底圆的细实线只画约 3/4 圆。螺纹上倒角的投影省略不画,如图 7-8(a)所示。

(5) 当螺纹为不可见时,螺纹的所有图线均用虚线绘制,如图 7-8(b)所示。

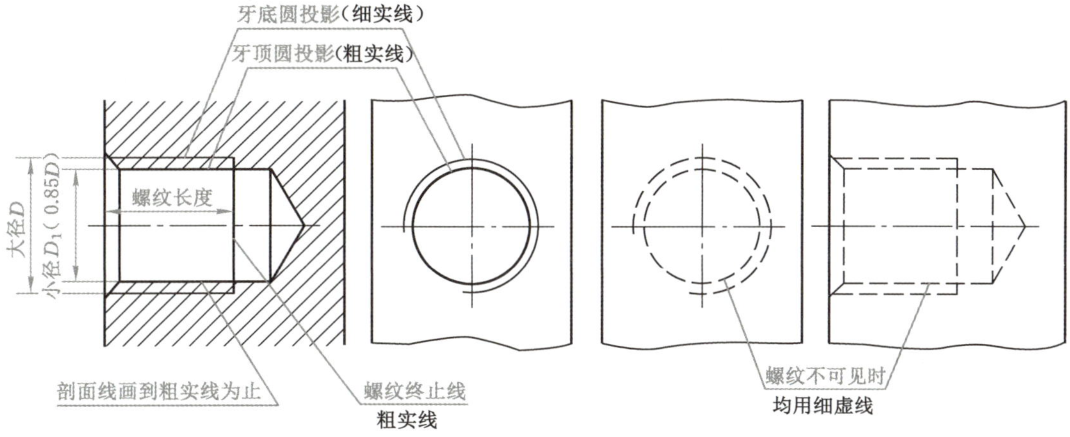

(a) (b)

图 7-8 内螺纹的规定画法

3. 内、外螺纹连接的画法

只有螺纹要素相同的内、外螺纹才能连接。如图 7-9 所示,内、外螺纹连接常用剖视图表示,并使剖切平面通过螺杆的轴线。这时螺杆按未剖切绘制,用剖视图表示螺纹的连接时,其旋合部分按外螺纹的画法绘制,其余部分仍按各自的画法表示。

技巧点拨:

① 画图时,表示螺纹大、小径的粗、细实线应分别对齐,而与螺杆头部倒角的大小无关。

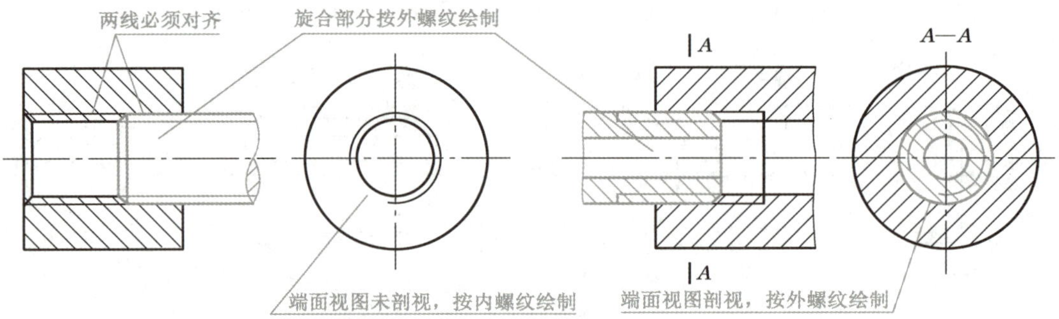

图 7-9　内、外螺纹连接的画法

② 钻孔底部与阶梯孔的画法：将钻孔深度与螺纹部分深度分别画出，钻孔深度应比螺纹孔深度大 0.5*D*(螺纹大径)，如图 7-10 所示。

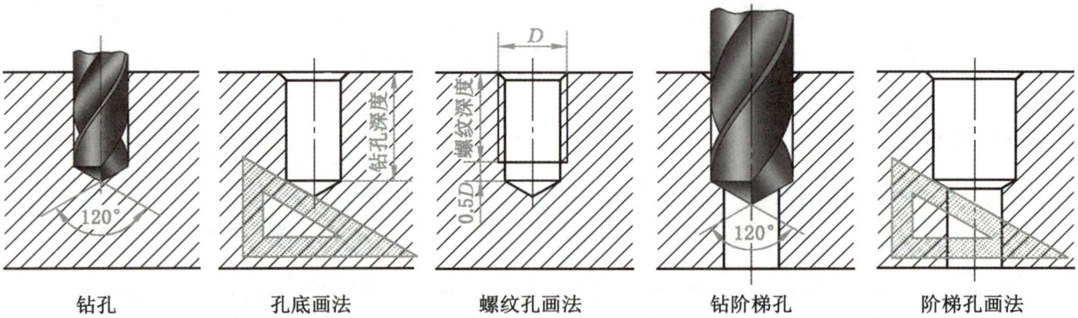

图 7-10　钻孔底部与阶梯孔的画法

三、螺纹的种类和规定标注

1. 螺纹的种类

螺纹可以从不同的角度对其进行分类。例如，可按牙型、牙型角、螺距、外形、单位制、标准化及配合类型等分类，但较多的场合是按用途进行分类，螺纹按用途可分为以下四类：

(1) 紧固连接用螺纹，简称紧固螺纹。例如，普通螺纹、小螺纹、过渡配合螺纹和过盈配合螺纹。

(2) 传动用螺纹，简称传动螺纹。例如，梯形螺纹、锯齿形螺纹和矩形螺纹。

(3) 管用螺纹，简称管螺纹。例如，55°密封管螺纹、55°非密封管螺纹、米制锥螺纹等。

(4) 专门用途螺纹，简称专用螺纹。例如，自攻螺钉用螺纹、木螺钉用螺纹等。

2. 螺纹的标记

各种螺纹的规定画法是相同的，为了区别不同要素的螺纹，国标规定标准螺纹应在图样中注出相应标准所规定的螺纹标记。

普通螺纹的标记由三部分组成，如下所示：

螺纹代号 - 公差带代号 - 旋合长度代号

例如：

M16×1.5 - 5g6g - S

- S：旋合长度代号
- 5g6g：公差带代号（5g为中径公差带，6g为顶径公差带）
- M16×1.5：螺纹代号

（1）螺纹代号

螺纹代号的内容及格式如下：

螺纹特征代号 公称直径 × 螺距（单线时）/ 导程/线数（多线时）

普通螺纹的螺纹特征代号用M表示，分为粗牙和细牙两种。因粗牙螺纹每一公称尺寸所对应的螺距只有一个，所以粗牙螺纹不标注螺距，但细牙螺纹应标注螺距。常用的右旋螺纹不注旋向，左旋螺纹需加注“LH”。例如：

M16表示公称直径为16 mm，单线、右旋的粗牙普通螺纹，其螺距可从机械手册中查到。

M16×1.5LH表示公称直径为16 mm，螺距为1.5 mm，单线、左旋的细牙普通螺纹。

（2）公差带代号

螺纹的公差带代号是决定螺纹精度的要素之一，其中包括中径公差带和顶径（指外螺纹的大径或内螺纹的小径）公差带。外螺纹用小写字母表示，内螺纹用大写字母表示。中径公差在前，顶径公差在后。若两者相同时只注一组，两者不同时应分别注出；公差带代号与尺寸代号之间用“-”分开。例如：

M10×1-5g6g表示中径公差为5g、顶径公差为6g的细牙外螺纹。

M10×1-5H6H表示中径公差为5H、顶径公差为6H的细牙内螺纹。

M10-6H表示中径公差和顶径公差均为6H的粗牙内螺纹。

（3）旋合长度代号

螺纹旋合长度是指内、外螺纹相互旋合部分沿螺纹轴线方向的长度。旋合长度分为三组：短旋合长度（S）、中等旋合长度（N）、长旋合长度（L），分别表示精密、中等、粗糙三种精度。对于短旋合长度和长旋合长度的螺纹，在公差带后面分别标注“S”和“L”代号，中等旋合长度的螺纹旋合长度代号不需要标注。

对于左旋螺纹，应在旋合长度代号之后标注“LH”，右旋螺纹不必标注。例如：

M10×1-5g6g-S-LH表示短旋合长度、左旋的细牙螺纹。

3. 螺纹的标注方法

公称直径以毫米为单位的螺纹（如普通螺纹、梯形螺纹等），其标记应直接注在大径的尺寸线或其引出线上，如图7-11所示。

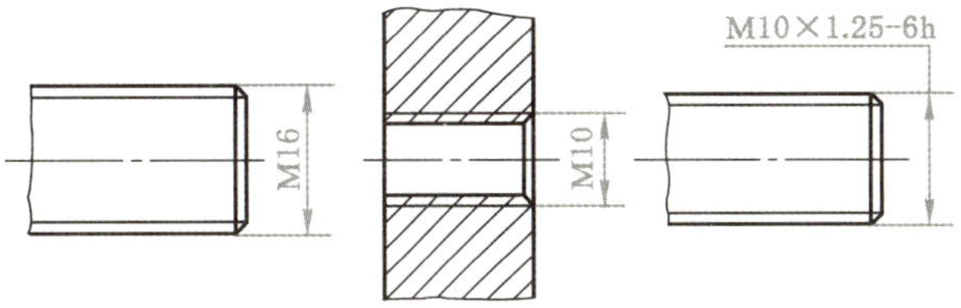

图7-11 普通螺纹的标注

二、螺纹紧固件连接的画法

用螺纹紧固件将两个(或两个以上)被连接件连接在一起,称为螺纹紧固件的连接。螺纹紧固件连接的基本形式有螺栓连接、双头螺柱连接、螺钉连接。

以螺栓连接为例,如图 7-13 所示,各类连接画法都应遵守下列规定:两个零件的接触面只画一条线,若是不接触面,为表示其间隙应画两条线;在剖视图中,两个零件的剖面线方向应相反,或方向一致、间隔不等;同一零件在各视图中的剖面线方向和间隔应保持一致;在剖视图中,当剖切平面通过紧固件轴线时,则紧固件均按未剖切绘制。

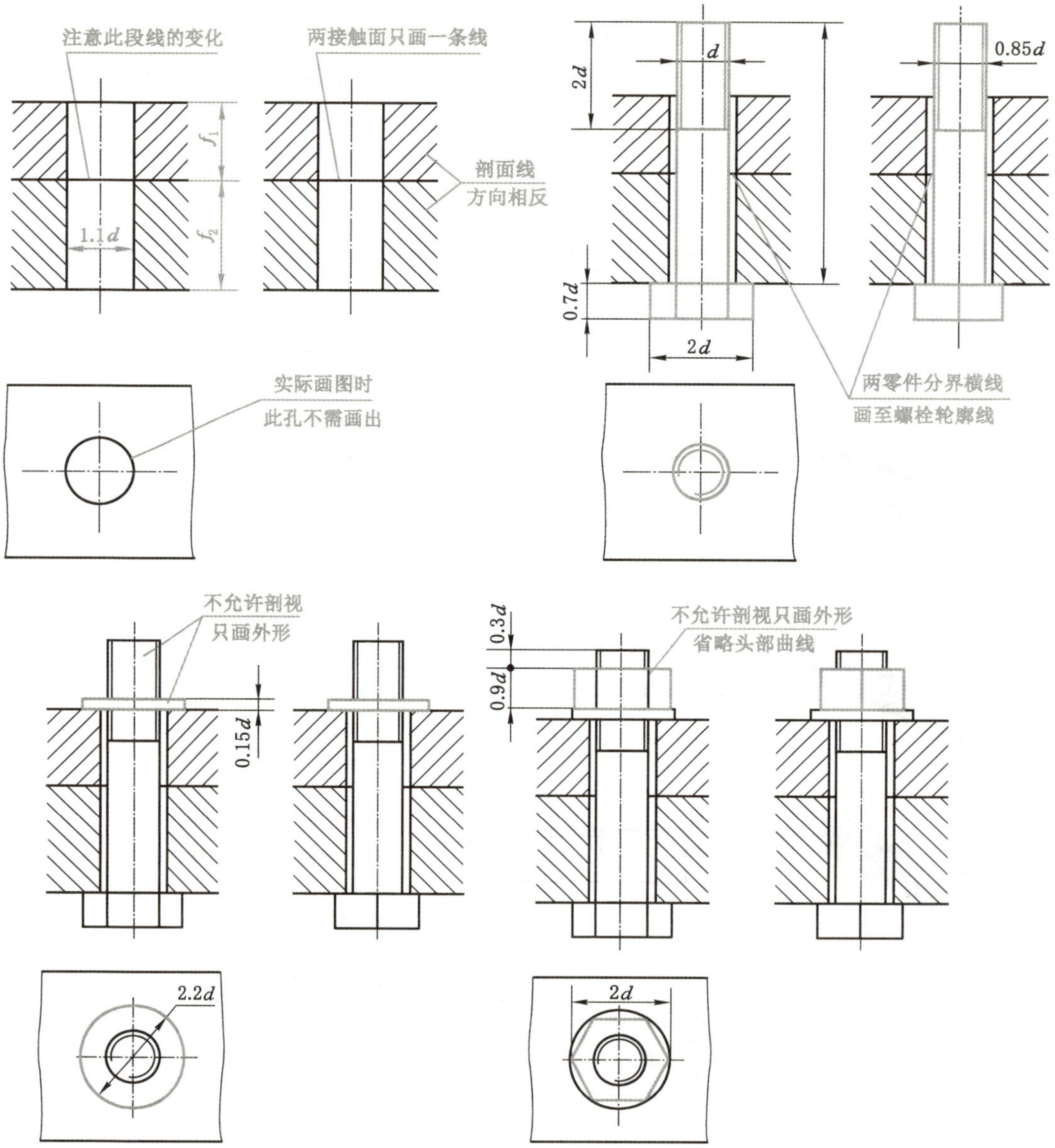

图 7-13　螺纹紧固件连接的画法

1. 螺栓连接

螺栓连接是将螺栓的杆身穿过两个被连接零件上的通孔，套上垫圈，再用螺母拧紧，使两个零件连接在一起的一种连接方式，如图 7-14 所示。

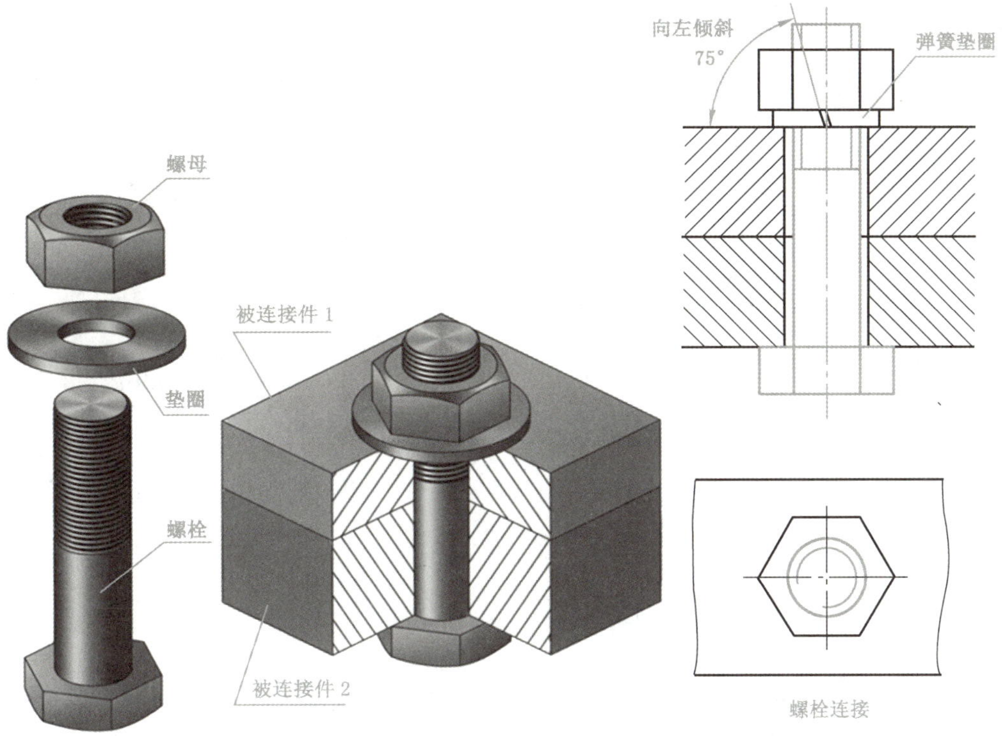

图 7-14 螺栓及其连接画法

技巧点拨：

① 螺纹紧固件应采用简化画法，六角头螺栓和六角螺母的头部曲线可省略不画。螺纹紧固件上的工艺结构，如倒角、退刀槽、缩颈、凸肩等均省略不画。

② 螺纹紧固件采用弹簧垫圈时，弹簧垫圈的开口方向应向左倾斜(与水平线成 75°)，用一条特粗线(约 $2d$)表示。

2. 螺钉连接

螺钉连接用在受力不大和不经常拆卸的地方。这种连接是在较厚的零件上加工出螺纹孔，而另一被连接件上加工有通孔，将螺钉穿过通孔拧入螺纹孔，从而达到连接的目的。螺钉头部的一字槽可画成一条特粗实线(约 $2d$)，在俯视图中画成与水平线成 45°、自左下向右上倾斜的斜线，如图 7-15 所示。

3. 螺柱连接

双头螺柱多用在被连接件之一较厚，不便使用螺栓连接的地方。这种连接是在较厚的零件上加工出不通的螺纹孔，将双头螺柱一端拧入螺纹孔，而另一端穿过被连接零件的通孔，放上垫圈后再拧紧螺母的一种连接方式，如图 7-16 所示。

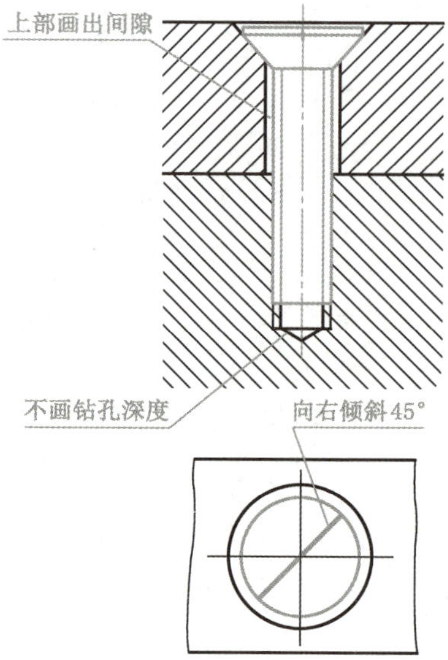

图 7-15　螺钉及其连接画法

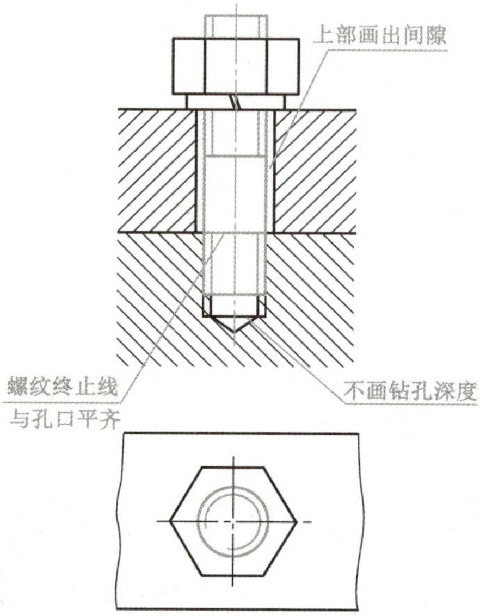

图 7-16　螺柱及其连接画法

任务 3　齿　　轮

齿轮是机械传动中应用广泛且非常重要的零件，通过齿轮轮齿啮合的传动，可使机器上一根轴带动另一根轴转动，从而达到传递动力、改变运动速度和方向的目的。

常见的齿轮种类有圆柱齿轮、圆锥齿轮和蜗轮蜗杆等，如图 7-17 所示。其中，圆柱齿轮的轮齿又可分为直齿、斜齿和人字齿等。在此主要介绍渐开线标准直齿圆柱齿轮的画法。

(a) 圆柱齿轮　(b) 圆锥齿轮　(c) 蜗轮蜗杆

图 7-17　齿轮传动的类型

一、直齿轮的各部分名称及代号

直齿圆柱齿轮各部分名称及代号如图 7-18 所示。

(1) 齿顶圆：通过各轮齿顶部的圆，其直径用 d_a 表示。

(2) 齿根圆：通过各轮齿根部的圆，其直径用 d_f 表示。

(3) 分度圆：在齿顶圆和齿根圆之间，对于标准齿轮，在此圆上的齿厚 s 与槽宽 e 相等，

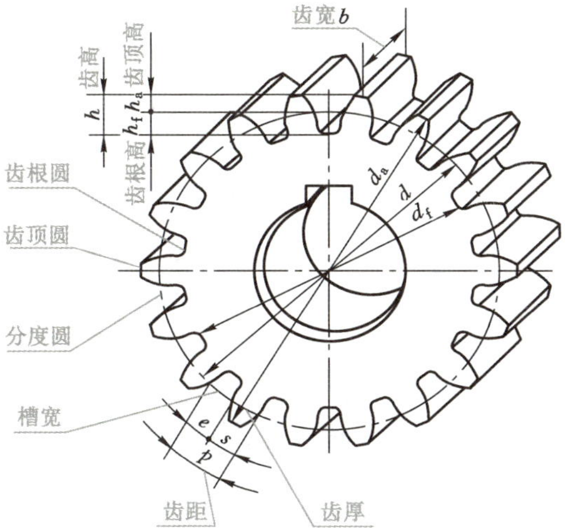

图 7-18　齿轮的结构

其直径用 d 表示。

(4) 齿高：齿顶圆和齿根圆之间的径向距离，用 h 表示。齿顶圆和分度圆之间的径向距离称齿顶高，用 h_a 表示。分度圆和齿根圆之间的径向距离称齿根高，用 h_f 表示。齿高 $h=h_a+h_f$。

(5) 齿距、齿厚、齿槽宽：在分度圆上相邻两齿对应点之间的弧长称为齿距，用 p 表示。在分度圆上一个轮齿齿廓间的弧长称为齿厚，用 s 表示；相邻两个轮齿齿槽间的弧长称为齿槽宽，用 e 表示。对于标准齿轮，$s=e$，$p=s+e$。

(6) 齿宽 b：齿轮的有齿部位沿分度圆柱面的母线方向度量的宽度。

(7) 齿数 z：一个齿轮的轮齿总数。

(8) 啮合角和压力角 α：两相啮合轮齿的端面齿廓在接触点处的公法线，与两节圆的内公切线所夹的锐角，称为啮合角。对于渐开线齿轮，是指两相啮合轮齿在节点上的端面压力角。国家标准规定，标准压力角为 20°，用 α 表示。

(9) 中心距 a：齿轮副的两轴线之间的最短距离。

二、直齿轮的基本参数与齿轮各部分的尺寸关系

1. 模数

齿轮上有多少齿，在分度圆周上就有多少齿距，即分度圆周总长为：

$$d=(p/\pi)z$$

令 $m=p/\pi$，则分度圆直径变成 $d=mz$。

m 称为模数，单位是 mm。模数 m 是设计和制造齿轮的重要参数。模数大，则齿距 p 也增大，随之齿厚 s 也增大，因而齿轮的承载能力大。不同模数的齿轮，要用不同模数的刀具来加工制造。为了便于齿轮的设计和加工，国标中对模数做了统一规定，见表 7-3。

表 7-3　标准模数系列(GB/T 1356—2001)

齿轮类型	模数系列	标准模数 m
圆柱齿轮	第一系列 (优先选用)	1、1.25、1.5、2、2.5、3、4、5、6、8、10、12、16、20、25、32、40、50
	第二系列	1.125、1.375、1.75、2.25、2.75、3.5、4.5、5.5、(6.5)、7、9、11、14、18、22、28、36、45

相互啮合的一对齿轮，其齿距 p 必须相等。由于 $m=p/\pi$，因此它们的模数必须相等。

2. 模数与齿轮各部分的尺寸关系

齿轮的各部分尺寸可以参考标准模数来进行计算，见表 7-4。

表 7-4　标准圆柱直齿轮的各部分尺寸关系

名称及代号	计算公式	名称及代号	计算公式
模数 m	$m=d/z$ (查表取标准值)	分度圆直径 d	$d=mz$
齿顶高 h_a	$h_a=m$	齿顶圆直径 d_a	$d_a=d+2h=mz+2m=m(z+2)$
齿根高 h_f	$h_f=1.25m$	齿根圆直径 d_f	$d_f=d-2h_f=mz-2.5m=m(z-2.5)$
齿高 h	$h=h_a+h_f=2.25m$	中心距 a	$a=\frac{1}{2}(d_1+d_2)=\frac{1}{2}m(z_1+z_2)$

三、直齿轮的规定画法

1. 单个直齿轮的规定画法

对于单个齿轮，一般用两个视图表达，或用一个视图加一个局部视图表示，如图 7-19 所示。视图中，轮齿部分的齿顶圆和齿顶线用粗实线绘制；分度圆和分度线用细点画线绘制；齿根圆和齿根线用细实线绘制，也可省略不画。在剖视图中，当剖切平面通过直齿轮的轴线时，轮齿一律按不剖处理(不画剖面线)。齿顶线用粗实线绘制，分度线用细点画线绘制，齿根线用粗实线绘制。

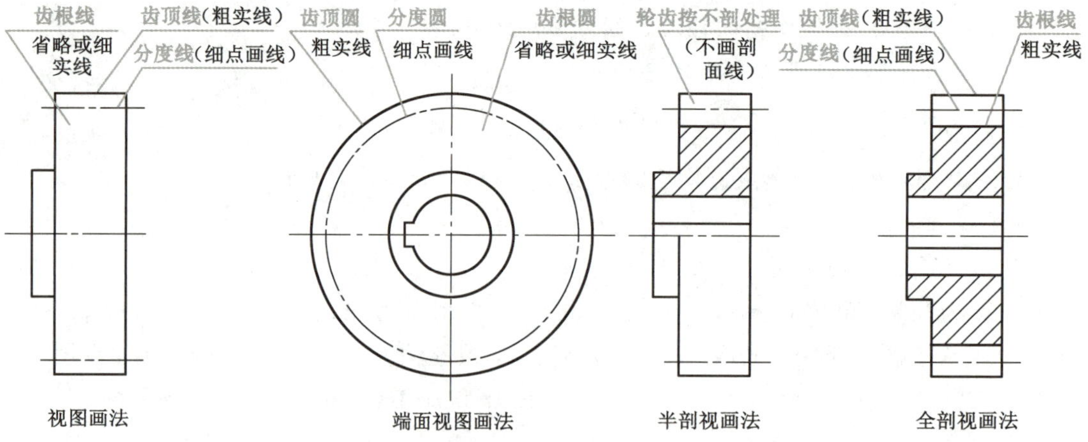

图 7-19　直齿圆柱齿轮的画法

技巧点拨：

若为斜齿或人字齿，可用三条与齿线方向一致的细实线表示齿线的形状，如图 7-20 所示。

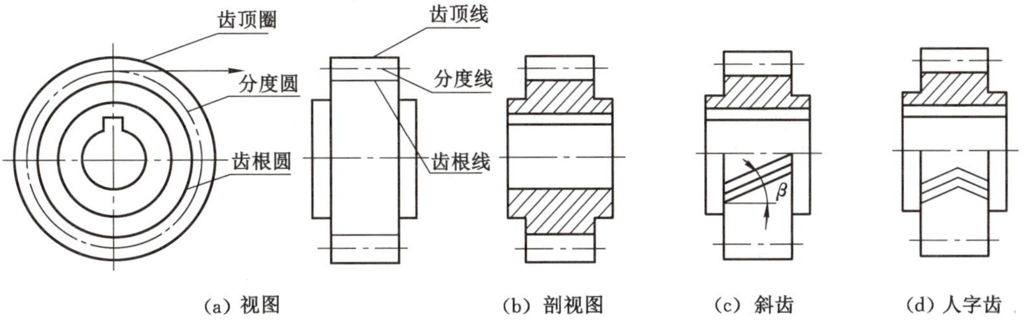

图 7-20 圆柱齿轮齿形的画法

2. 直齿轮啮合时的规定画法

齿轮的啮合图常用两个视图表达：一个是垂直于齿轮轴线的视图，另一个则取平行于齿轮轴线的视图或剖视图，如图 7-21 所示。

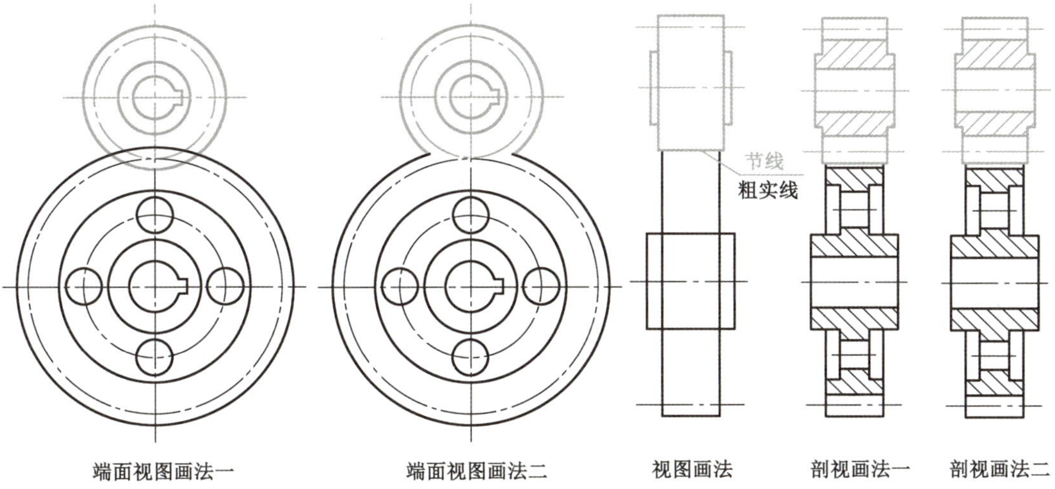

图 7-21 圆柱齿轮齿形的画法

在垂直于齿轮轴线的视图(表示齿轮端面的视图)中，两齿轮分度圆(啮合时称节圆)应相切，啮合区内的齿顶圆均用粗实线绘制，也可将啮合区内的齿顶圆省略不画。

在平行于齿轮轴线的视图中，啮合区内的齿顶线不必画出，节线用粗实线绘制，其他处的节线用细点画线绘制。

在剖视图中，两轮齿啮合部分的节线重合，用细点画线绘制。一个齿轮的轮齿用粗实线绘制，另一个齿轮的轮齿被遮挡的部分用细虚线绘制，也可省略不画，其余部分仍按单个直齿轮的规定画法绘制。

任务 4　键连接和销连接

一、键连接

键主要用于连接轴与装在轴上的转动零件（如凸轮、带轮和齿轮等），起传递转矩的作用。由于键连接的结构简单、工作可靠、装拆方便，所以被广泛应用。

常用的键有普通平键、半圆键和钩头楔键等。其中，普通平键应用最广，根据其头部的结构不同可分为圆头普通平键（A 型）、方头普通平键（B 型）、单圆头普通平键（C 型）三种形式，如图 7-22 所示。

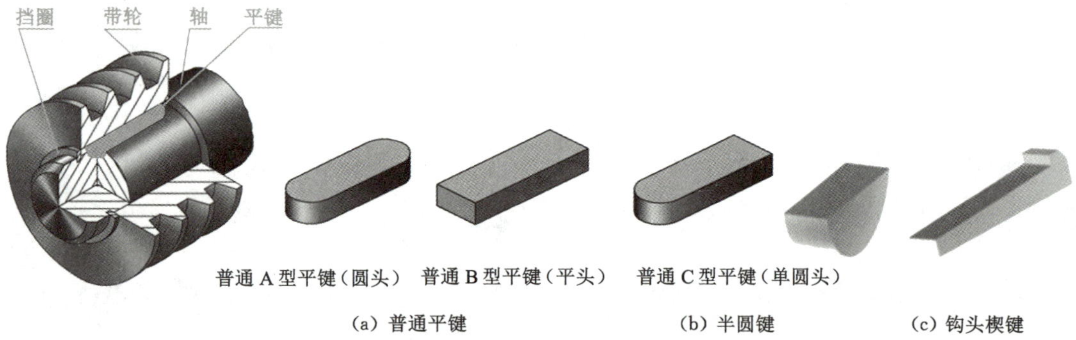

图 7-22　键连接的应用及类型

1. 常用键的标记

键的标记由标准编号、名称、类型、键宽×键高×键长组成。如 A 型（圆头）普通平键，键宽 $b=18$ mm，键高 $h=11$ mm，键长 $=100$ mm，键的标记为：

GB/T 1096　键 18×11×100

又如 C 型（单圆头）普通平键，键宽 $b=12$ mm，键高 $h=8$ mm，键长 $=50$ mm，键的标记为：

GB/T 1096　键 C12×8×100

技巧点拨：

普通 A 型平键“A”省略不注，而 B 型和 C 型要标“B”和“C”。

2. 常用键连接的画法

在键连接的画法中，普通平键和半圆键均属于松键连接，键与键槽的两侧面为配合面，画成一条线；键的顶面与轴上零件间留有一定的间隙，应画成两条线。钩头楔键的顶面是工作面，与键槽顶面为接触面，应画成一条线；两侧面是非配合面，应画成两条线，见表 7-5。

表 7-5　常用键连接的画法

名称	连接的画法	说明
普通平键	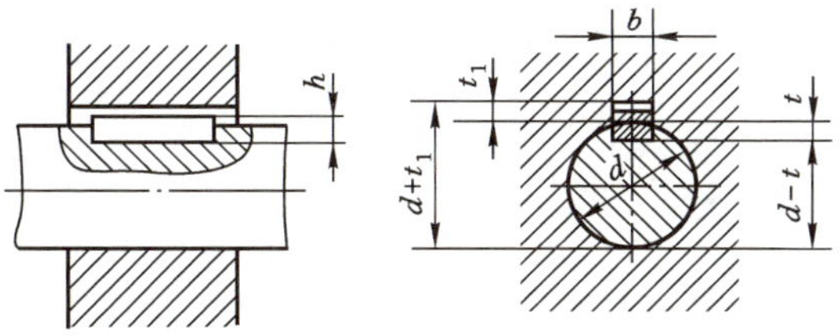 主视图采用局部剖视图，左视图采用全剖视图	键侧面为工作面，应该接触。顶面有一定间隙，键的倒角或圆角省略不画。图中：b—键宽；h—键高；t—轴上键槽深度；$(d-t)$—轴上键槽深度的表示；t_1—轮毂上键槽深度；$(d+t_1)$—轮毂上键槽深度的表示。以上代号的数值，可根据轴的公称直径 d 从相应标准手册中查出
半圆键	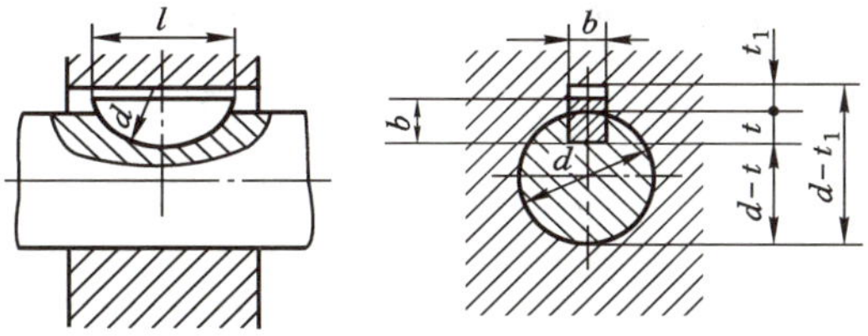 主视图采用局部剖视图，左视图采用全剖视图	键侧面为工作面，侧面、底面应接触。顶面有一定间隙
钩头键	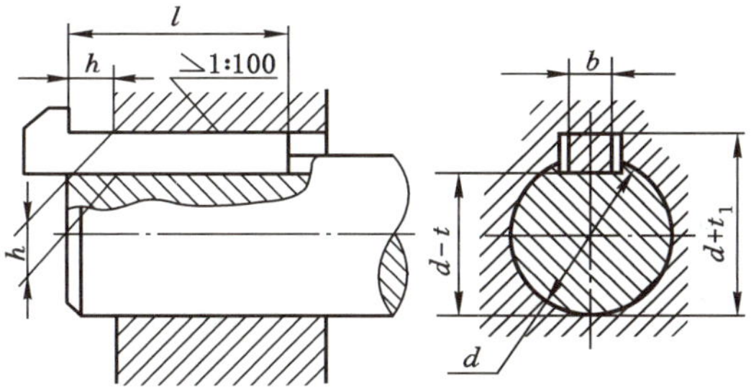 主视图采用局部剖视图，左视图采用全剖视图	键侧面为工作面，顶面和底面应接触。两侧面应有一定间隙

二、销连接

销是标准件，主要用于零件间的连接或定位。常见的是圆柱销和圆锥销，如图 7-23 所示。

在销连接的画法中，当剖切平面沿销的轴线剖切时，销按不剖处理；垂直销的轴线剖切时，要画出剖面线。销的倒角（或球面）可省略不画，如图 7-23 所示。

销的简化标记由名称、标准编号、类型、公称直径、公差代号×长度组成。如公称直径 $d=6$ mm，公差为 m6，公称长度 $l=30$ mm，材料为钢，不经淬火、不经表面处理的圆柱销，其标记为：

销　GB/T 119.1　6m6×30

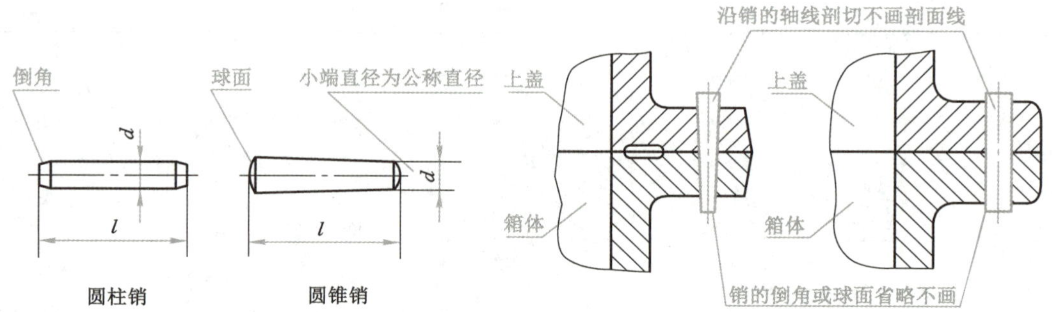

图 7-23 销及其连接的画法

技巧点拨：

① 标记的省略：销的名称可省略；因为 A 型圆锥销应用较多，所以 A 型圆锥销不注“A”。

② 圆锥销的公称直径是指小端直径。

任务 5 滚动轴承

滚动轴承是支承轴并承受轴上载荷的标准组件。由于其结构紧凑、摩擦力小，所以得到广泛使用。滚动轴承的类型主要有深沟球轴承、圆锥滚子轴承、推力球轴承，一般由内圈、滚动体、保持架、外圈四部分组成，如图 7-24 所示。

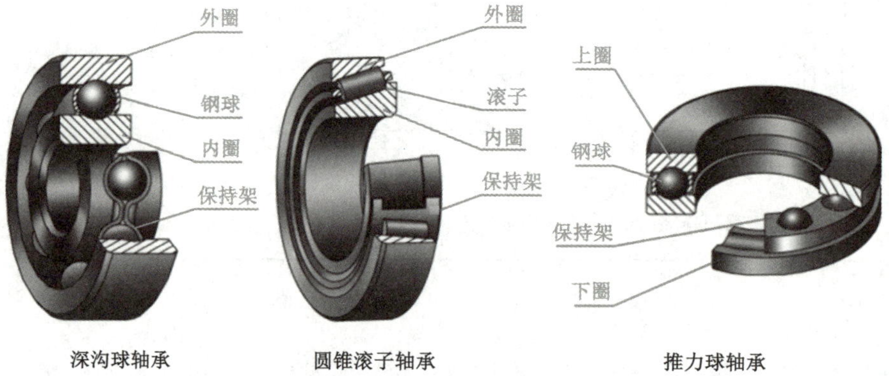

图 7-24 滚动轴承的类型及组成

一、滚动轴承的代号

滚动轴承的基本类型、结构、尺寸和公差均用代号表示，由前置代号、基本代号和后置代号三部分组成。常用的是基本代号，包括轴承类型代号、尺寸系列代号和内径代号，是滚动轴承代号的基础。

1. 轴承类型代号

滚动轴承类型代号用数字或字母来表示，见表 7-6。

表 7-6 滚动轴承类型代号

代号	轴承类型	代号	轴承类型	代号	轴承类型
0	双列角接触球轴承	4	双列深沟球轴承	8	推力圆柱滚子轴承
1	调心球轴承	5	推力球轴承	N	圆柱滚子轴承
2	调心滚子轴承	6	深沟球轴承	U	外球面球轴承
3	圆锥滚子轴承	7	角接触球轴承	QJ	四点接触球轴承

2. 尺寸系列代号

尺寸系列代号包括滚动轴承的宽(高)度系列代号和直径系列代号两部分,用两位阿拉伯数字来表示。它的主要作用是区别内径相同而宽度和外径不同的滚动轴承,见表 7-7。

表 7-7 常用的滚动轴承类型、尺寸系列代号及其组合代号

轴承类型	类型代号	尺寸系列代号	组合代号	轴承类型	类型代号	尺寸系列代号	组合代号	轴承类型	类型代号	尺寸系列代号	组合代号
圆锥滚子轴承	3	20	320					深沟球轴承	6	17	617
	3	30	330						6	37	637
	3	31	331	推力球轴承	5	11	511		6	18	618
	3	02	302		5	12	512		6	19	619
	3	22	322		5	13	513		6	(1)0	60
	3	32	332		5	14	514		6	(0)2	62
	3	03	303						6	(0)3	63
	3	13	313						6	(0)4	64

3. 内径代号

内径代号表示滚动轴承的公称直径,一般用两位阿拉伯数字表示,见表 7-8。

表 7-8 滚动轴承内径代号

轴承公称内径/mm		内径代号	示例	
1~9(整数)		用公称内径毫米数直接表示,对深沟及角接触球轴承直径系列 7、8、9,内径与尺寸系列代号之间用“/”分开	深沟球轴承 625	d=5 mm
			深沟球轴承 618/5	d=5 mm
10~17	10	00	深沟球轴承 6200	d=10 mm
	12	01	深沟球轴承 6201	d=12 mm
	15	02	深沟球轴承 6202	d=15 mm
	17	03	深沟球轴承 6203	d=17 mm
20~480(22、28、32 除外)		公称内径除以 5 的商数,商数为个位数需在商数左边加“0”,如 08	圆锥滚子轴承 30308	d=40 mm
			深沟球轴承 6215	d=75 mm

轴承基本代号示例：

轴承 6208：　6——类型代号，表示深沟球轴承；
2——尺寸系列代号，表示 02 系列(0 省略)；
08——内径代号，表示公称内径 40 mm。

轴承 N1006：　N——类型代号，表示外圈无挡边的圆柱滚子轴承；
10——尺寸系列代号，表示 10 系列；
06——内径代号，表示公称内径 30 mm。

4. 滚动轴承的标记

滚动轴承的标记由名称、基本代号、标准编号组成。如圆锥滚子轴承，内径 $d=70$ mm，宽度系列代号为 1，直径系列代号为 3，其标记为：

滚动轴承　31314　GB/T 297—2015

二、滚动轴承的画法

滚动轴承是标准件，不需要单独画出。国家标准规定，滚动轴承在装配图中有两种表示方法：简化画法和规定画法。简化画法中又有通用画法和特征画法两种。

1. 基本规定

(1) 无论采用哪一种画法，其中的各种符号、矩形线框和轮廓线均用粗实线绘制。

(2) 表示滚动轴承的矩形线框或外形轮廓的大小，应与滚动轴承的外形尺寸一致，并与所属图样采用同一比例。

2. 简化画法

采用简化画法时，在同一图样中一般只采用其中的一种。在剖视图中，采用简化画法时，一律不画剖面符号。简化画法应画在轴的两侧。

(1) 通用画法

在剖视图中，当不需要确切地表示深沟球轴承的外形轮廓、结构特征时使用，可将轴承按通用画法画出，即可用矩形线框及位于线框中央正立的十字形符号表示，如图 7-25 所示。

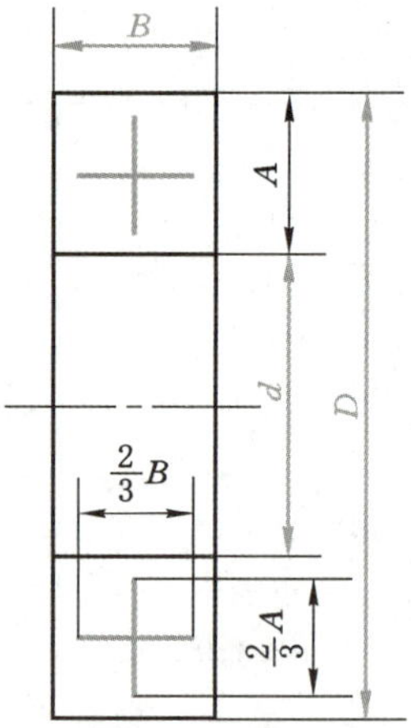

图 7-25　滚动轴承通用画法

（2）特征画法

在剖视图中，如需要较形象地表示滚动轴承的结构特征时，可采用在矩形线框内画出其结构要素符号的方法表示。表7-9列出了深沟球轴承、圆锥滚子轴承和推力球轴承的特征画法及尺寸比例。

表7-9　常用滚动轴承名称、类型、画法

轴承类型	类型代号	查表主要数据	特征画法	规定画法	装配示意图
深沟球轴承	6	D、d、B	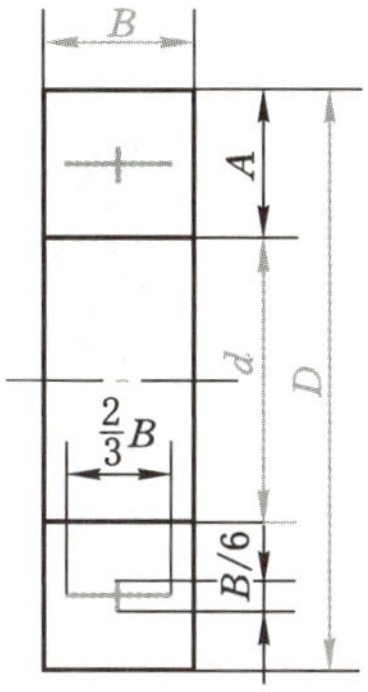	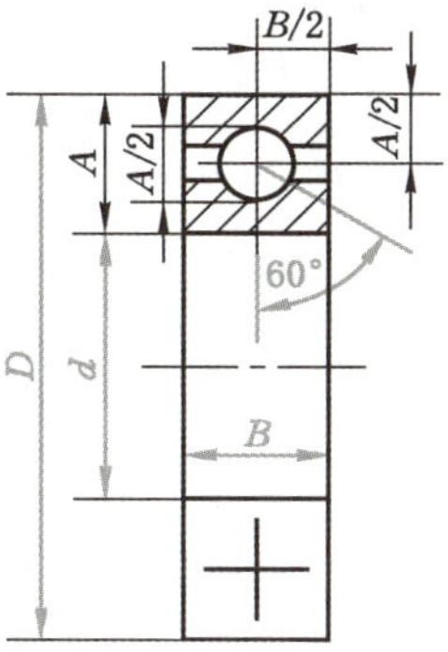	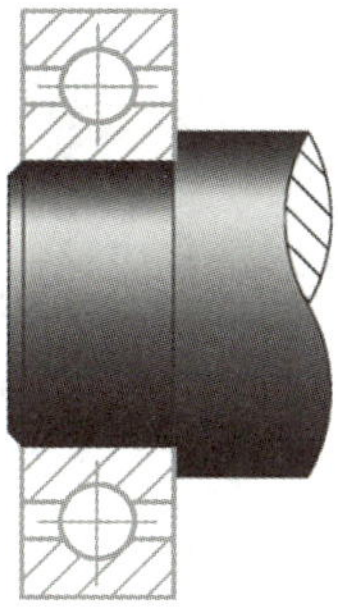
圆锥滚子轴承	3	D、d、B、T、C	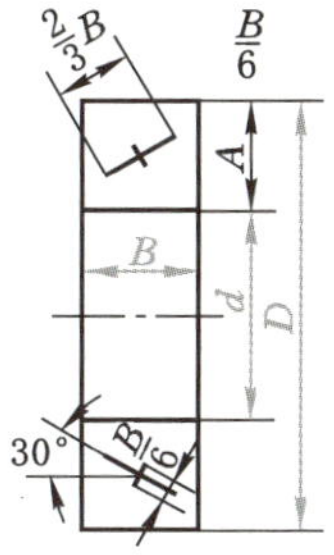	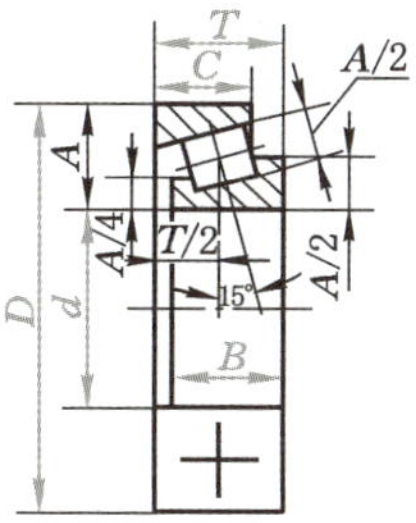	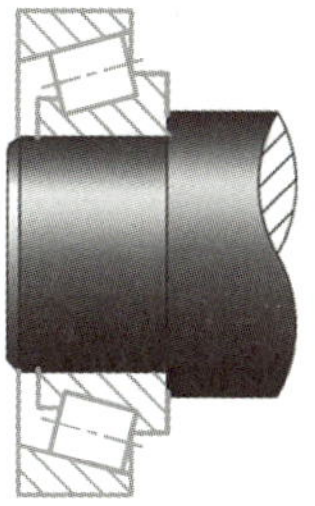
推力球轴承	5	D、d、T	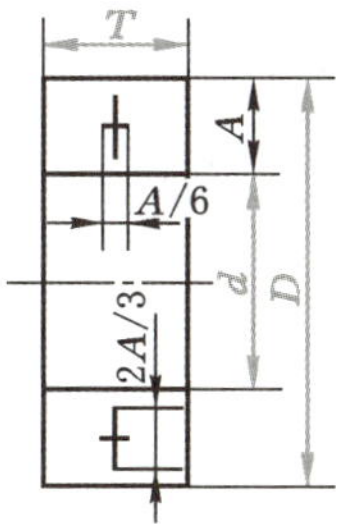	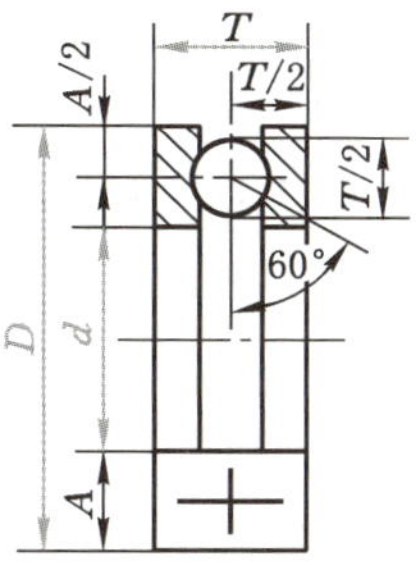	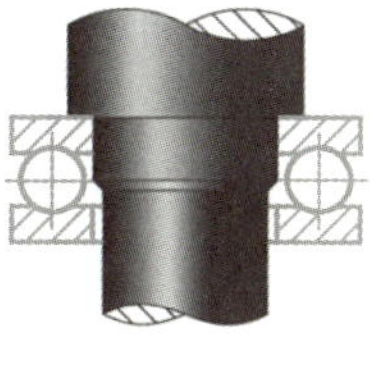

3. 规定画法

在剖视图中，如需要表达滚动轴承的主要结构时，可采用规定画法。此时轴承的滚动体不画剖面线，各套圈可画成方向和间隔相同的剖面线。规定画法一般只绘制在轴的一侧，另一侧用通用画法绘制。在装配图中，滚动轴承的保持架及倒角等可省略不画。深沟球轴承、圆锥滚子轴承和推力球轴承的规定画法及尺寸比例见表7-9。

技巧点拨：

表 7-9 中的尺寸除 A 可计算出来外，其余尺寸可从书后附录中查出。

任务 6　圆柱螺旋压缩弹簧

弹簧通常用于控制机械的运动、减振、储存能量以及控制和测量力的大小等。弹簧的种类很多，属于常用件。常见的有螺旋弹簧、涡卷弹簧、碟形弹簧和板弹簧等，如图 7-26 所示。圆柱螺旋弹簧（呈圆柱形的螺旋弹簧）根据工作时受力不同，可分为压缩弹簧、拉伸弹簧和扭转弹簧。在此重点介绍圆柱螺旋弹簧。

图 7-26　弹簧的类型

一、圆柱螺旋压缩弹簧各部分名称及尺寸关系

圆柱螺旋压缩弹簧的各部分名称及代号如图 7-27 所示。

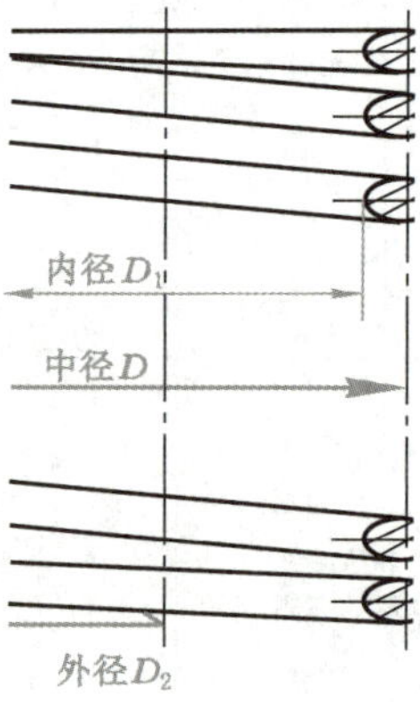

图 7-27　压缩弹簧的各部分名称及代号

(1) 线径 d：弹簧钢丝直径。

(2) 中径 D：弹簧的平均直径，也是规格直径，其计算公式为：

$$D=(D_1+D_2)/2=D_1+d=D_2-d$$

(3) 内径 D_1：弹簧的最小直径。

(4) 外径 D_2：弹簧的最大直径。

(5) 节距 t：除支承圈外，相邻两有效圈上对应点之间的轴向距离，一般 $t=(D_2/3)\sim(D_2/2)$。

(6) 自由高度(长度)H_0:弹簧无负荷作用时的高度(长度),即 $H_0=nt+2d$。

二、圆柱螺旋压缩弹簧的画法

1. 圆柱螺旋压缩弹簧的规定画法

圆柱螺旋压缩弹簧可以画成视图、剖视图和示意图三种形式,如图 7-28 所示。

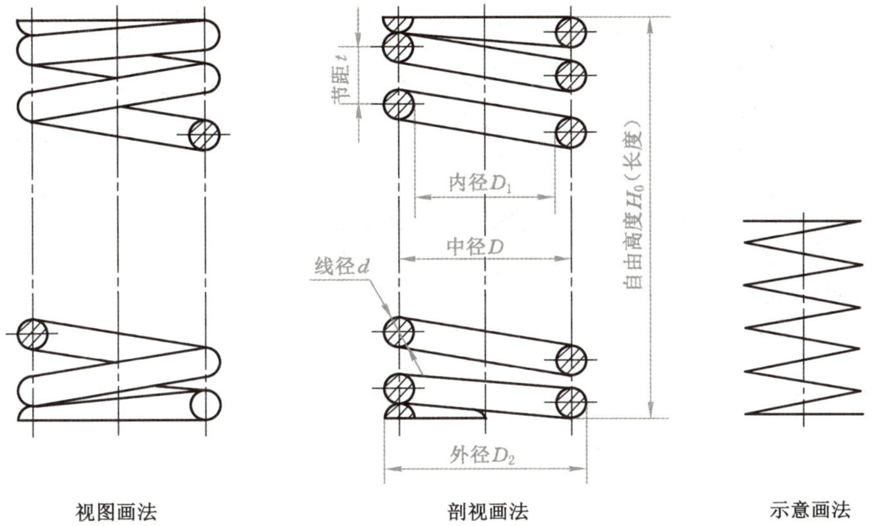

图 7-28 压缩弹簧的画法

(1) 圆柱螺旋弹簧在平行于轴线的投影面上的投影,其各圈的外形轮廓应画成直线。

(2) 有效圈数在 4 圈以上的螺旋弹簧,允许每端只画两圈(不包括支承圈),中间各圈可省略不画,只画通过簧丝断面中心的两条细点画线。当中间部分省略后,也可适当地缩短图形的高(长)度。

2. 装配图中弹簧的画法

如图 7-29 所示,弹簧在装配图中的画法有如下规定:

(1) 在装配图中,弹簧中间各圈采取省略画法后,弹簧后面被挡住的零件轮廓不必画出。

(2) 当材料直径在图上小于或等于 2 mm 时,可采用示意画法。如果是断面,可以涂黑表示。

(3) 右旋弹簧或旋向不做规定的螺旋弹簧,在图上画成右旋。左旋弹簧允许画成右旋,但左旋弹簧不论画成左旋还是右旋,一律要加注“LH”。

三、普通圆柱螺旋压缩弹簧的标记

普通圆柱螺旋压缩弹簧的标记由 Y 端部形式、材料直径、弹簧中径、自由高度、精度代号、旋向代号、标准号组成。如材料直径为 1.8 mm,弹簧中径为 8 mm,自由高度为 40 mm,精度等级为 2 级,左旋的两端圈并紧磨平的冷卷压缩弹簧(标准号为 GB/T 2089),其标记为:

YA 1.8×8×40 左 GB/T 2089

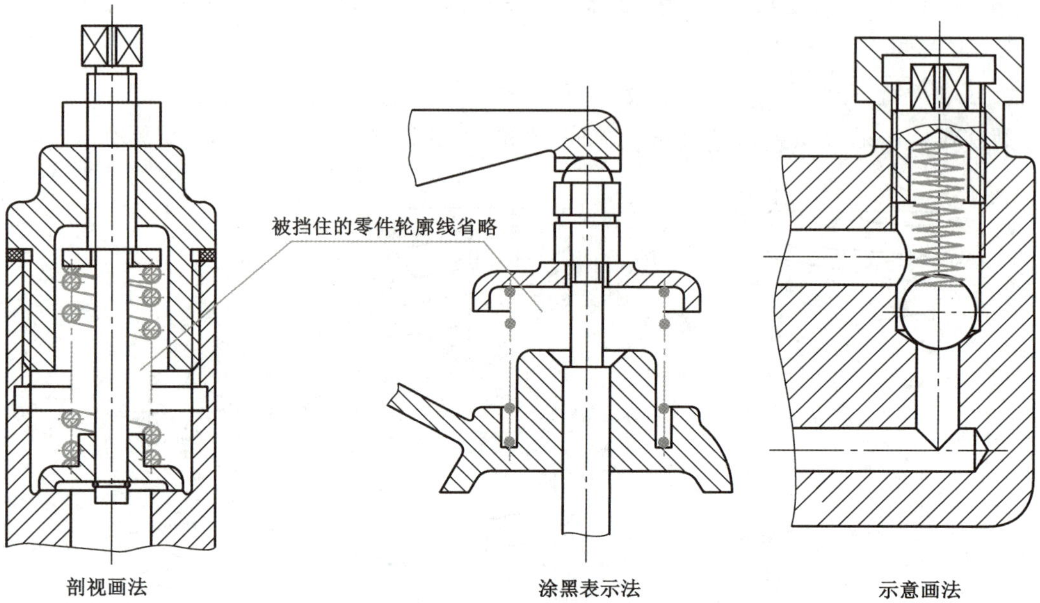

图 7-29 装配图中压缩弹簧的规定画法

该标记中,类型代号:YA 为两端圈并紧磨平的冷卷压缩弹簧;规格:线径×弹簧中径×自由高度;精度代号:2 级精度制造不表示,3 级应注明"3"级;旋向代号:左旋应注明为"左",右旋不表示;标准号:GB/T 2089—2009(标注时省略年号)。

项目8 绘制与识读零件图

教学目标

了解零件图的作用，明确其表达内容和方法；了解零件的工艺结构；理解零件的技术要求；能熟练绘制和识读典型零件的图样。

思政目标

了解分类归纳法(直观与抽象思维)在零件图中的应用，树立“质量至上、追求卓越”的工程意识，增强学生的遵纪守法意识和工匠精神。

学习项目工单

项目名称	绘制与识读零件图
项目描述	如图所示，构成机器的零件多种多样，试分析各零件的结构特点，并进行归类(如箱体类)，以便完整、清晰地表达 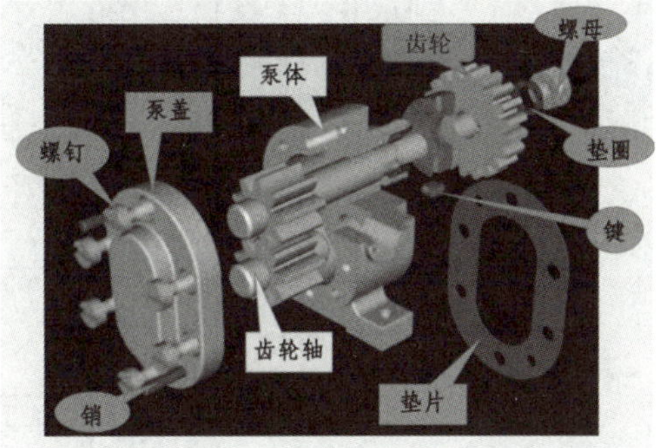 齿轮油泵
项目分析	尝试分类归纳解决问题，熟悉工程中四类典型零件图的画法
成果展示及评价	分小组完成所要求项目，推荐一位成员解说展示作品，小组互评后由教师综合评价

引例

零件是机器组成的基本要素，其质量的好坏直接关乎机器使用的可靠性和寿命。以生活中不合格零件带来残酷的后果，让学生直观感受零件质量的重要性，警示同学们务必树立安全意识，严格遵守规范。通过大国工匠耿家盛“家国两相依、薪火永相传”的事迹，让学生树立“质量至上、追求卓越”的工程意识，将来走上工作岗位后，要践行工匠精神，肩负起工程人的责任与担当，确保工程质量。

讲解零件图的结构特点、表达方法、技术要求等国家标准，强调只有把好图样质量关，才能生产出高质量的产品，因为零件产品生命周期的每一个环节无一不和图样相关，从而培养学生遵纪守法的意识和工匠精神。

任务1 零件图的作用和内容

一、零件图的作用

机器或部件都是由许多零件装配而成的，制造机器或部件必须首先制造零件。零件图是表达单个零件的图样，它是制造和检验零件的主要依据。零件图是生产中指导制造和检验该零件的主要图样，它不仅仅是把零件的内、外结构形状和大小表达清楚，还需要对零件的材料、加工、检验、测量提出必要的技术要求。零件图必须包含制造和检验零件的全部技术资料。

二、零件图的内容

图8-1所示为端盖的零件图，一张完整的零件图一般应当具有以下四项内容：

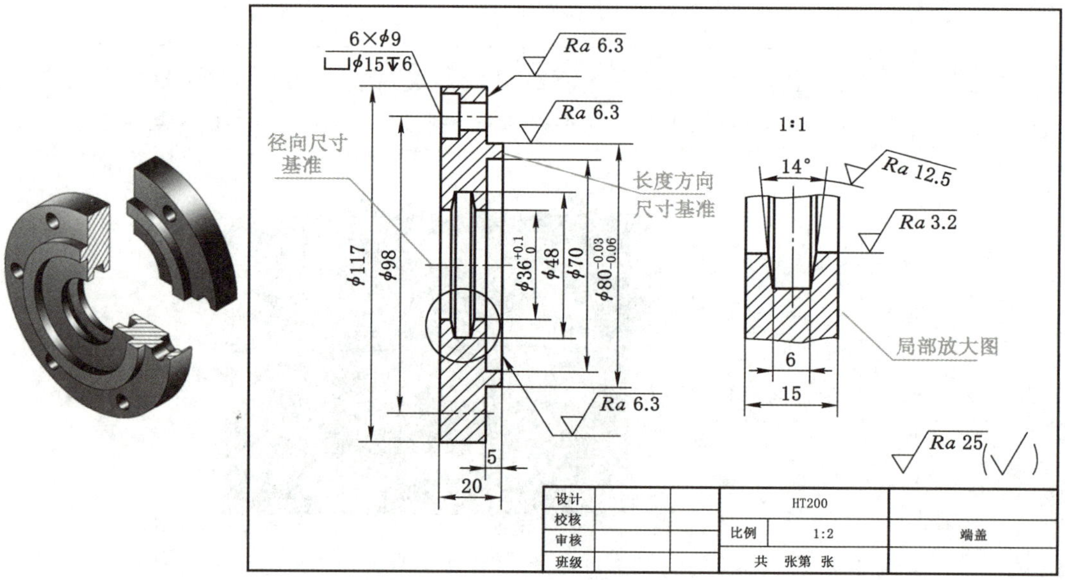

图8-1 端盖零件图

1. 一组图形

用一组视图正确、完整而清晰地表达零件各部分的内、外结构形状。端盖的零件图由全剖的主视图和局部放大图组成。

2. 完整的尺寸(定位尺寸、定形尺寸、总体尺寸等)

用以正确、完整、清晰、合理地表达零件各部分的大小和各部分之间的相对位置关系。

3. 技术要求

用规定的符号、代号、标记和简明的文字注解完整、准确地表达出零件所要达到的技术要求，从而满足生产和检验零件的需要。如图 8-1 所示，端盖零件图中技术要求包括表面粗糙度、尺寸公差、形位公差等。

4. 标题栏

表明零件的名称、单位、绘图比例、材料、数量、图号、制图及校核人员的签名和日期等。

任务 2　典型零件的表达方法

一、轴(套)类零件

1. 结构特点

轴套类零件各组成部分多是同轴线的回转体，如图 8-2 所示，主要在车床或磨床上加工。阶梯轴的主体结构由几段直径不同的圆柱、圆锥体所组成，构成阶梯状，轴向尺寸远大于其径向尺寸。局部结构有键槽、螺纹、挡圈槽、倒角、越程槽、中心孔等结构。

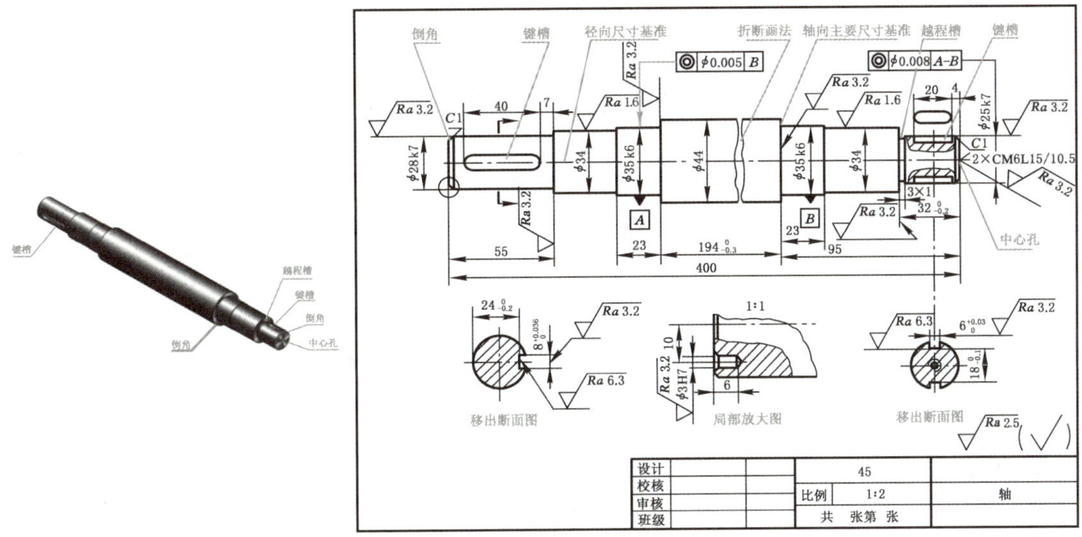

图 8-2　阶梯轴的表达方法

2. 常用的表达方法

一般采用主视图附加断面图、局部剖视图、局部放大图等图样画法来表示槽、孔等结构，如图 8-2 所示。

主视图按加工位置选择，一般将轴线水平放置，垂直轴线方向为主视图的投射方向。轴上的局部结构，一般采用断面图、局部剖视图、局部放大图、局部视图来表达。用移出断面反映键槽的深度，用局部放大图表达定位孔的结构。

套类零件主要结构仍由回转体组成，与轴类零件不同之处在于套类零件是空心的，主视图多采用轴线水平放置的全剖视表示。

二、轮盘类零件

1. 结构特点

轮盘类零件大部分是铸件，如各种齿轮、带轮、手轮、减速器的一些端盖、齿轮泵的泵盖等都属于这类零件。如图 8-1 所示，基本形状是扁平的盘状，主体部分多为回转体，径向尺寸远大于其轴向尺寸。

2. 常用的表达方法

根据轮盘类零件的结构特点，主要加工表面以车削为主，因此在表达这类零件时，其主视图经常是将轴线水平放置，一般选择非圆方向为主视图，并作全剖视，根据形状特点再配合画出局部视图或左视图，如图 8-1 所示。

三、叉架类零件

1. 结构特点

如图 8-3 所示，叉架类零件一般由三部分构成，即：支持部分、工作部分和连接部分。连接部分多是肋板结构，且形状弯曲、扭斜的较多。支持部分和工作部分的细部结构也较多，如圆孔、螺纹孔、油槽、油孔等。这类零件多数形状不规则，结构比较复杂，毛坯多为铸件，需经多道工序加工制成。

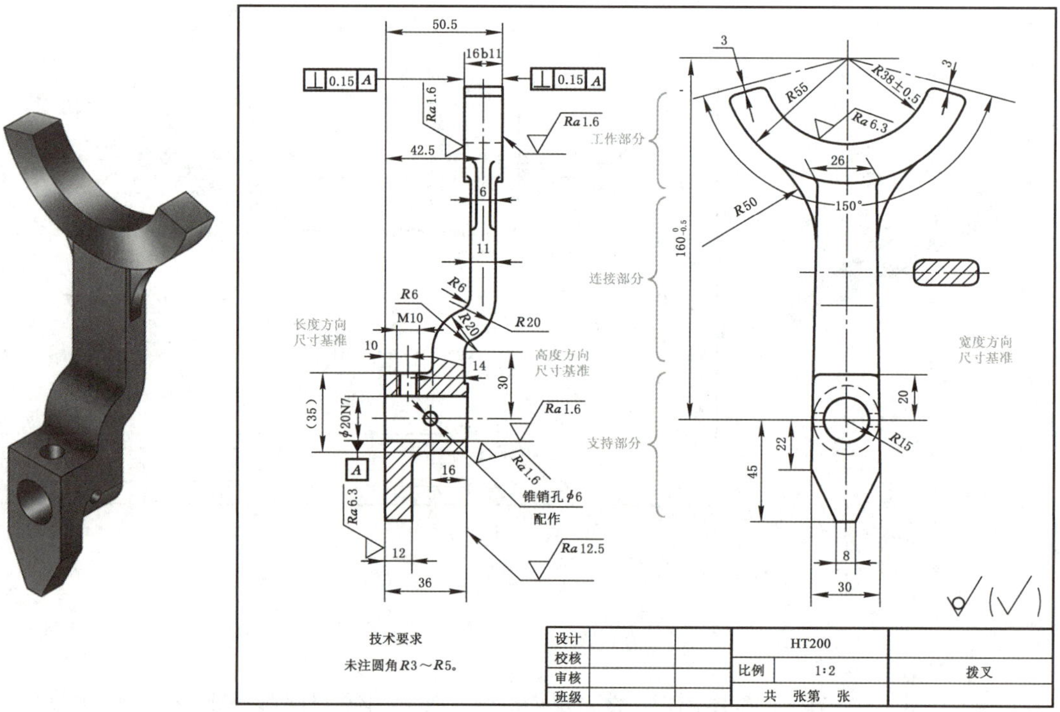

图 8-3 叉架类零件的表达方法

2. 常用的表达方法

选主视图时，主要考虑零件的形状特征和工作位置。常需要两个或两个以上的基本视图。一般把零件主要轮廓放成垂直或水平位置，如图 8-3 所示。

为了表达零件上的弯曲或扭斜结构，还要选用斜视图、单一斜剖切面剖切的全剖视图、断面图和局部视图等表达方法。

四、箱体类零件

1. 结构特点

如图 8-4 所示，箱体类零件主要用来支承和包容其他零件，其内、外结构都比较复杂，一般为铸件，如泵体、阀体、减速器的箱盖及箱体等。

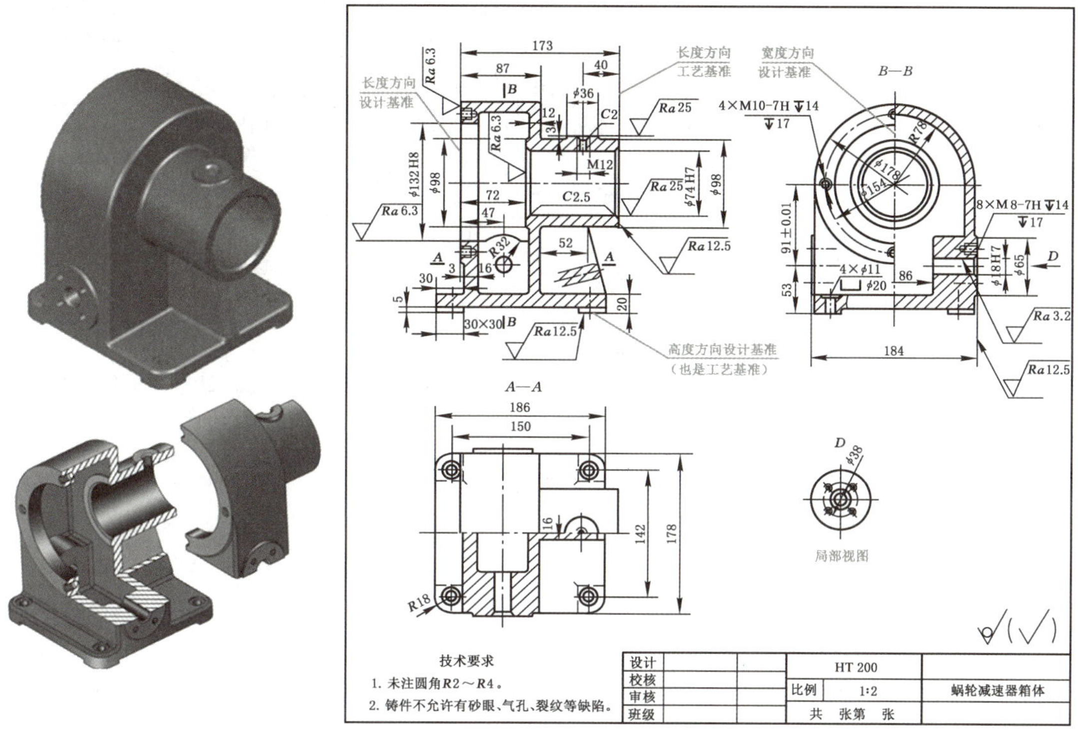

图 8-4 减速器箱体零件的表达方法

2. 常用的表达方法

箱体类零件形状复杂，加工工序较多，加工位置不尽相同，但箱体在机器中的工作位置是固定的。箱体的主视图常按工作位置及形状特征来选择，为了清晰地表达内部结构，常采用剖视的方法，如图 8-4 所示。

任务3 零件图的尺寸标注

一、尺寸基准及其选择

尺寸基准是标注尺寸的起点。对于零件图的尺寸标注，应先确立好基准，然后按照相应的一些准则合理标出。

1. 设计基准和工艺基准

根据用途不同，尺寸基准可分为设计基准（确定零件在机器或部件中准确位置）和工艺基准（便于加工制造、测量和检验等工艺要求而选定）两类。基准一般都是零件上的一些面、线、点，如图 8-4 所示。

2. 主要基准与辅助基准

如图 8-4 所示，主要基准是决定零件主要尺寸的基准，应与设计基准和工艺基准重合，包括长、宽、高三个方向。除主要基准外另选的基准为辅助基准，可为设计基准或工艺基准。

二、零件图中标注尺寸的注意事项

1. 重要尺寸应直接注出

重要尺寸（即功能尺寸）是指零件上对机器（或部件）的使用性能和装配精度有影响的尺寸，如反映零件所属机器（或部件）规格性能的尺寸、有装配要求的配合尺寸、保证零件正确安装的定位尺寸等。这些重要尺寸要从基准出发直接注出，以保证设计要求。在图 8-5 中，装配图标明了零件凸块与凹槽之间的配合要求，在零件图中直接注出功能尺寸。

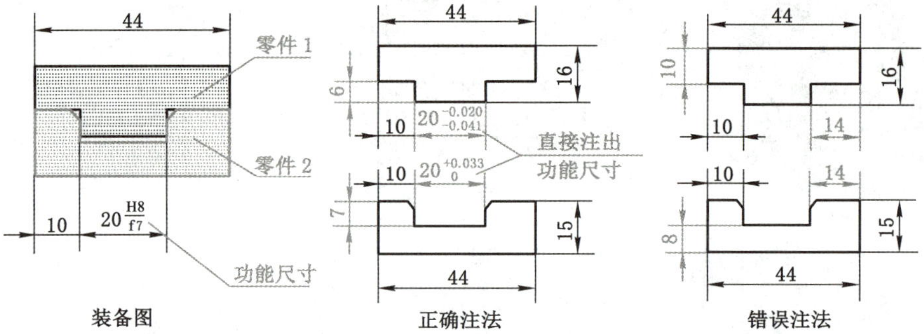

图 8-5　功能尺寸应直接注出

2. 避免注成封闭的尺寸链

长度方向尺寸首尾相接，构成一个封闭的尺寸链，这种情况应避免。因为封闭尺寸链中每一尺寸的尺寸精度都将受链中其他各尺寸误差的影响，在加工时就很难确保总长尺寸的尺寸精度。

挑选一个最不重要的尺寸空出不注，以使所有的尺寸误差都积累在此处。在图 8-6 中，阶梯轴凸肩宽度尺寸 9 属于非主要尺寸，故断开不注。

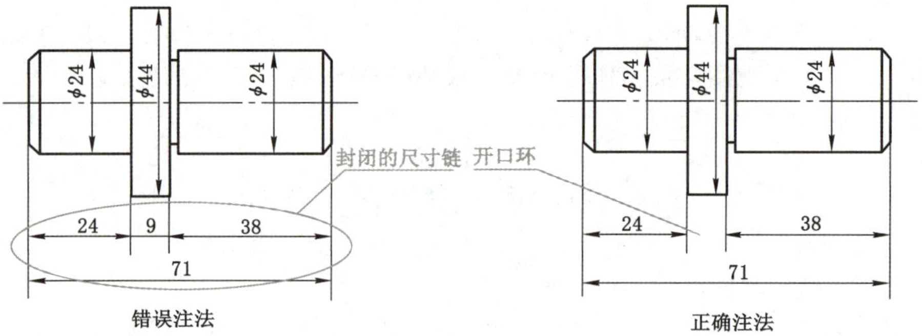

图 8-6　避免注成封闭的尺寸链

3. 考虑测量方便

在没有结构上或其他重要的要求时，标注尺寸应尽量考虑测量方便，尽量做到使用普通量具就能测量，以减少专用量具的设计和制造，如图 8-7 所示。

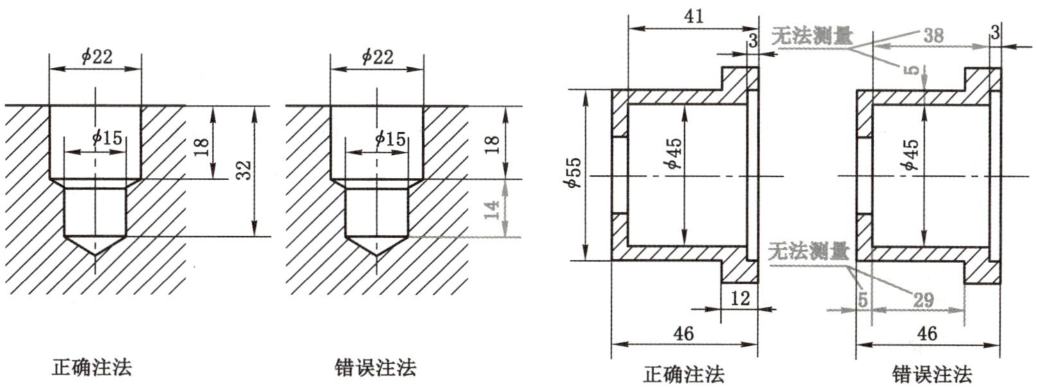

图 8-7　尺寸标注应便于测量

三、常见结构要素的尺寸注法

零件上常见结构要素的尺寸标准方法见表 8-1。

表 8-1　零件上常见结构要素的尺寸标注方法

类型	普通注法	旁注法		说明
光孔	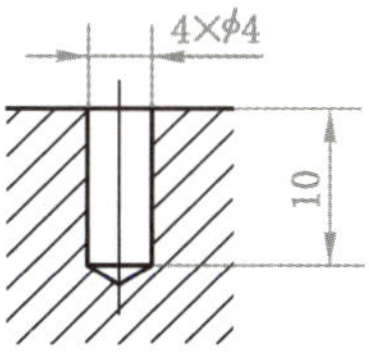	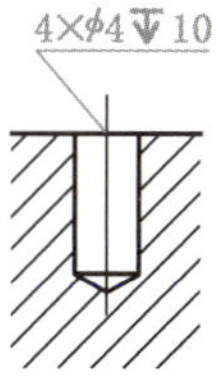	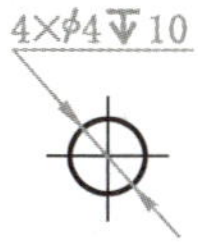	"↧"为深度符号 4 个相同的孔，直径 φ4 mm，孔深 10 mm
锪孔	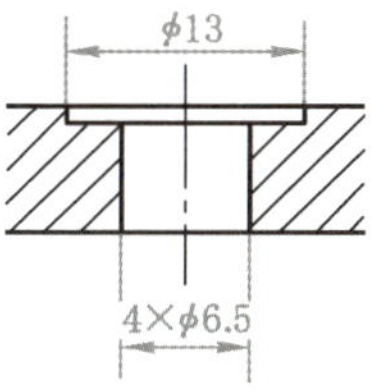	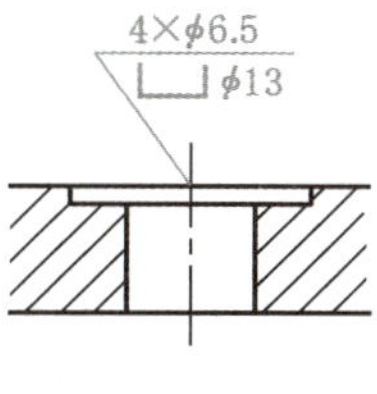	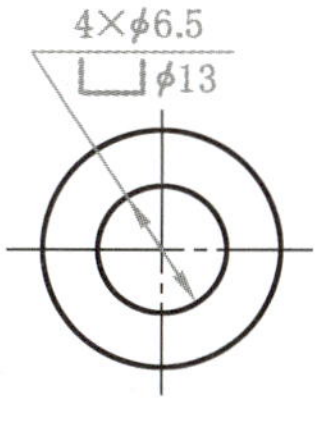	"⌴"为锪平孔符号 锪孔通常只需锪出圆平面即可，故锪平深度一般不注； 4 个相同的孔，直径 φ6.5 mm，锪平直径 φ13 mm
沉孔	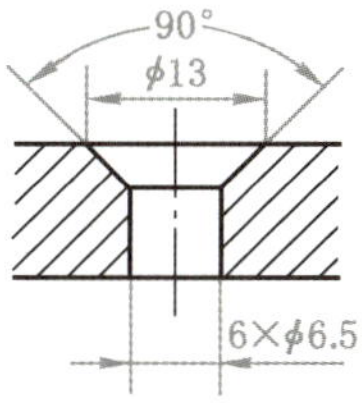	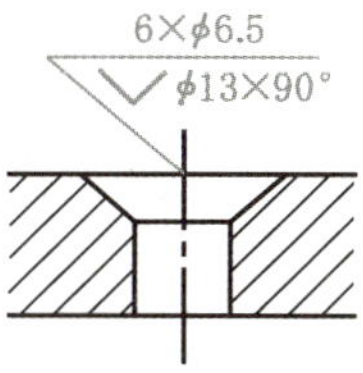	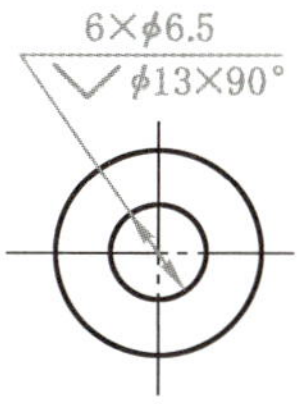	"⌵"为埋头孔符号 该孔为安装开槽沉头螺钉所用； 6 个相同的孔，直径 φ6.5 mm，沉孔锥顶角 90°，大口直径 φ13 mm
螺纹孔	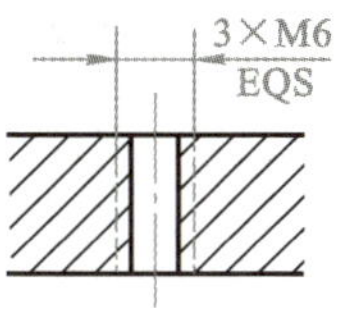	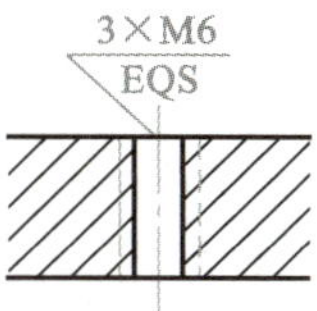		"EQS"为均布孔缩写词 3 个相同的螺纹通孔均匀分布，公称直径为 M6，螺纹公差为 6H（省略未注）

任务4　零件的技术要求

技术要求是零件图的一个重要组成部分，主要包括表面结构要求（表面粗糙度）、尺寸公差、形状与位置公差等。

一、表面粗糙度

1. 表面粗糙度定义

零件加工表面上具有较小间距与峰谷所组成的微观几何形状特性称为表面粗糙度（可简单理解为表面的光滑程度），如图8-8所示。

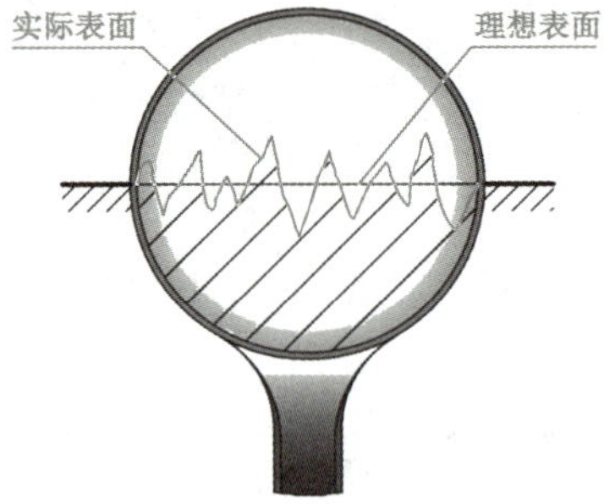

图8-8　放大的零件表面情况

表面粗糙度是评定零件表面质量的一项重要技术指标，对于零件的配合、耐磨性、抗腐蚀性以及密封性等都有显著影响，是零件图中必不可少的一项技术要求。一般情况下，凡是零件上有配合要求或有相对运动的表面，表面粗糙度参数值要小。表面粗糙度参数值越小，表面质量越高，加工成本也越高。

评定粗糙度轮廓中的两个高度参数为 Ra 和 Rz，如图8-9所示。

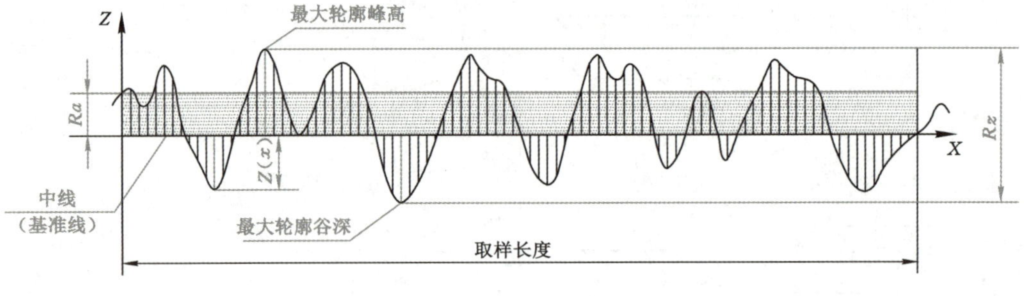

图8-9　表面粗糙度评定参数

(1) 评定轮廓的算术平均偏差（Ra）：指在一个取样长度内，纵坐标值 $Z(x)$ 绝对值的算术平均值。

(2) 轮廓的最大高度（Rz）：指在同一取样长度内，最大轮廓峰高和最大轮廓谷深之和的高度。

2. 表面粗糙度的符号

表面粗糙度符号的含义见表8-2。

表 8-2　表面粗糙度符号的含义

符号名称	符号	含义
基本符号	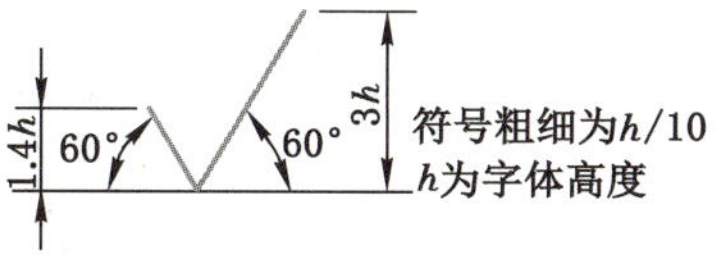	未指定工艺方法的表面； 仅适用于简化代号标注，没有补充说明时不能单独使用
扩展符号		用去除材料的方法获得的表面； 仅当其含义是“被加工表面”时可单独使用
		不去除材料的表面； 也可用于保持上道工序的状况或原供应状况
完整符号	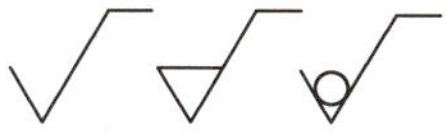	当要求标注表面结构特征的补充信息时，用于标注有关参数和说明
全周符号	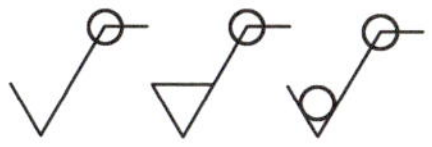	在前三个符号的长边上均可加一横线，表示所有表面具有相同的表面粗糙度要求

3. 表面粗糙度的代号及其标注

表面粗糙度的代号由规定的符号加上有关参数值构成，一般按下列方式识读：

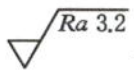

读作“表面粗糙度 Ra 的上限值为 3.2 μm(微米)”

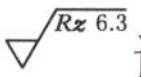

读作“表面粗糙度的最大高度 Rz 为 6.3 μm(微米)”

在图样中，零件表面粗糙度是用代(符)号标注，其注法及示例见表 8-3。

表 8-3　零件表面粗糙度的注法及示例

注法	示例
(1) 表面结构要求对每一表面一般只注一次，并尽可能注在相应尺寸的同一视图上。所标注的表面结构要求是对完工零件表面的要求。 (2) 表面结构的注写和读取方向与尺寸的注写和读取方向一致。 (3) 表面结构要求可标注在轮廓线上，其符号应从材料外指向并接触表面。 (4) 圆柱表面的结构要求只标注一次。可以直接标注在圆柱表面的轮廓线上或其延长线上，或用带箭头的指引线引出标注	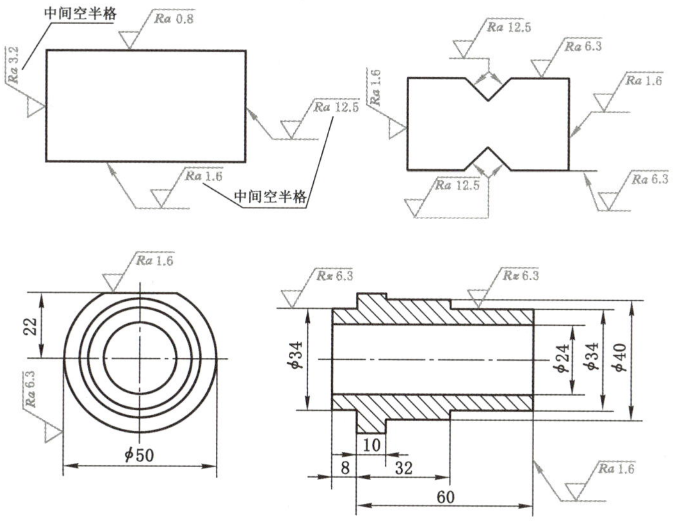

4. 表面结构要求的简化注法

零件表面结构要求的简化注法及示例见表8-4。

表8-4　零件表面结构要求的简化注法及示例

表面结构要求	简化注法示例	
工件的全部表面有相同的表面结构要求	表面粗糙度可统一标注在标题栏附近，在圆括号内给出无任何其他标注的基本符号	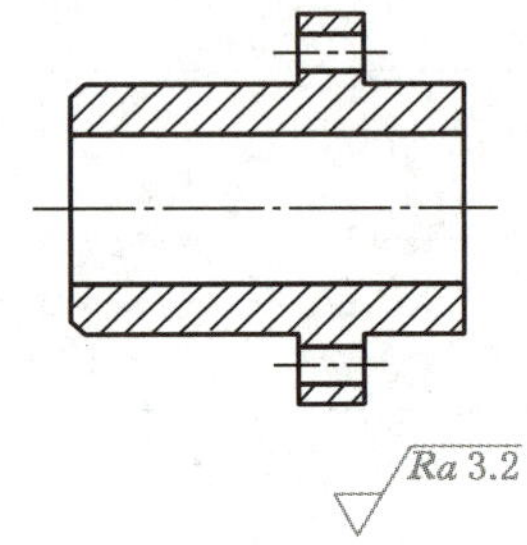
工件的多数表面有相同的表面结构要求	其表面结构要求可统一标注在图样的标题栏附近，不同的表面结构要求应直接标注在图形中	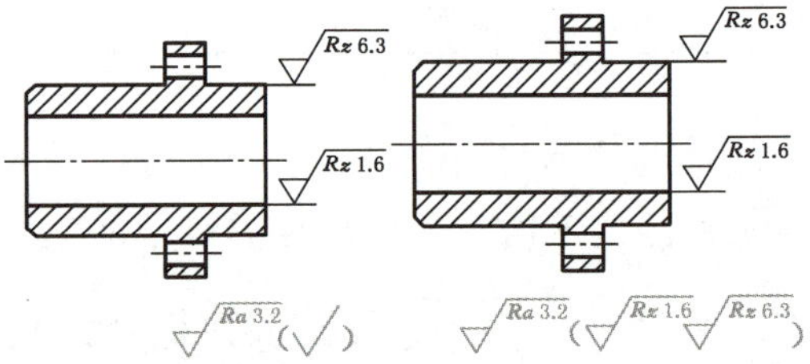

二、零件的结构工艺性

零件的结构设计有两个要求，首先是要满足零件在机器或部件中的使用性能，这也是设计零件结构的主要依据。与此同时，零件图完成后，最终目的是要生产出合格的零件，因此，其结构的设计还应考虑到加工的要求，即要考虑零件的结构工艺性。在此介绍零件的机械加工工艺结构和铸件的工艺结构，见表8-5。

表8-5　零件上常见的工艺结构

类别		用途	画法示例
机械加工工艺结构	倒角与倒圆	为便于安装和安全，轴或孔的端部一般都加工成倒角；为避免应力集中产生裂纹，在轴肩处往往加工成圆角过渡（倒圆）	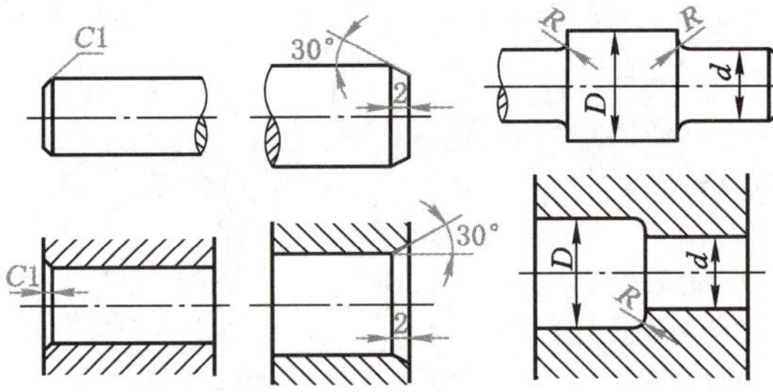45°倒角注法　非45°倒角注法　倒圆注法

表 8-5(续)

类别		用途	画法示例
机械加工工艺结构	退刀槽和越程槽	在车削孔或螺纹时，为便于退出刀具，常在待加工面的末端预先制出退刀槽；在磨削轴的表面时，为使砂轮可以稍越过加工面，常在待加工面的末端预先制出砂轮越程槽	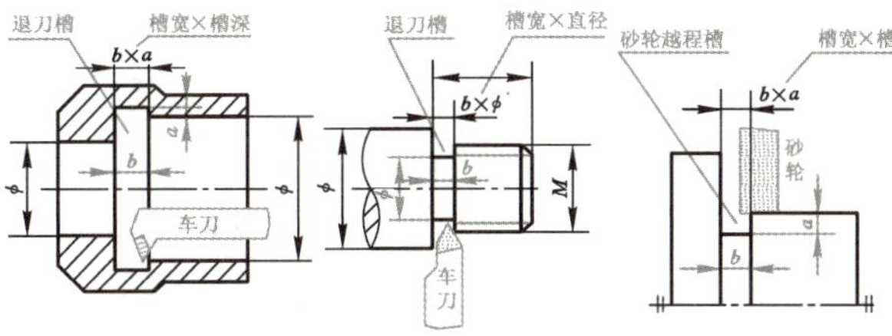
铸造工艺结构	拔模斜度	起模斜度在图中可不画出、不标注，在技术要求中用文字说明	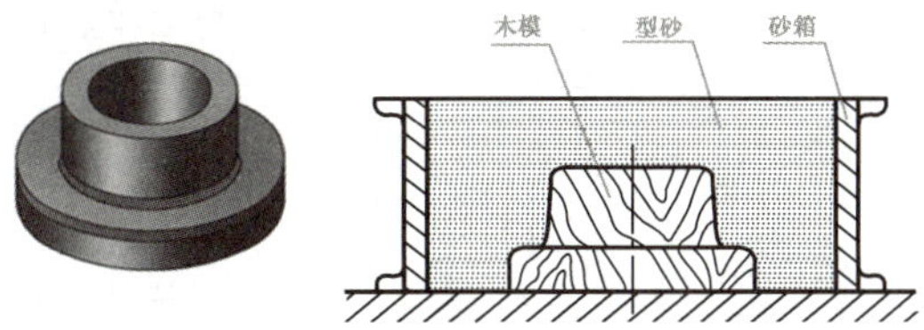
	铸造圆角	圆角尺寸通常较小，一般为 $R2\sim R5$，在零件图上可省略不画，而在技术要求中统一说明	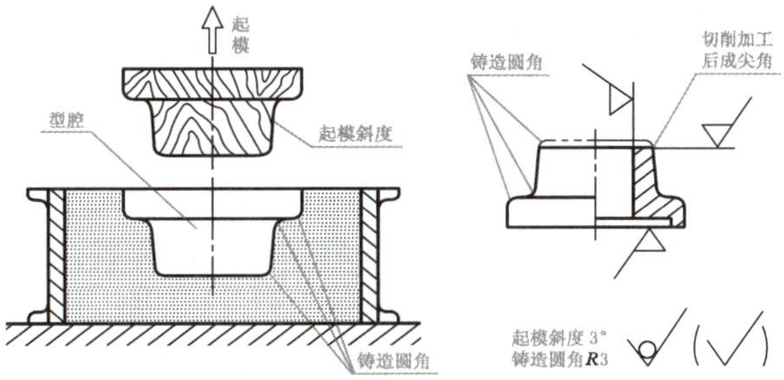
	过渡线	铸件表面由于圆角的存在，使铸件表面的交线变得不很明显，这种不明显的交线称为过渡线。过渡线用细实线绘制	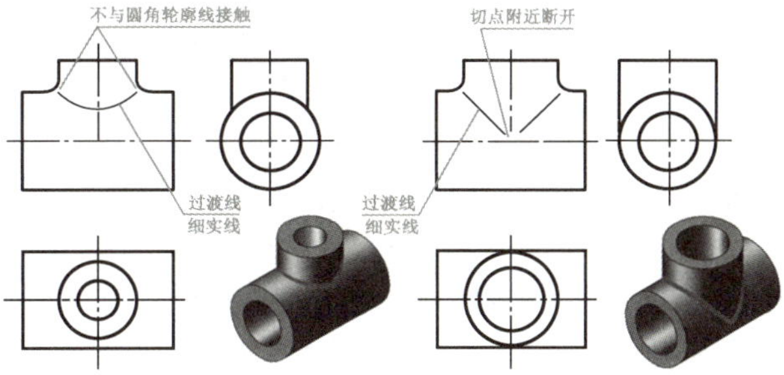

三、极限与配合

极限与配合是零件技术要求中的又一项重要内容，掌握了极限与配合的相关知识，设计人员才能够设计出既满足机器、部件使用要求，又符合经济性的零件。

在学习极限与配合之前，应当先了解零件的互换性这一概念。在日常生活中，如水龙头坏了，只需另买一个相同型号的产品装上后就可以继续使用。在机电产品中，如螺母损坏了，只需用相同规格的螺母加以替换，就能够保证产品具有原来的性能。这种“在一批相同的零件中任取一个，不需修配便可装到机器上并能满足使用要求的性质”就称为互换性。

1. 尺寸公差与公差带

下面以图 8-10 为例说明尺寸公差。

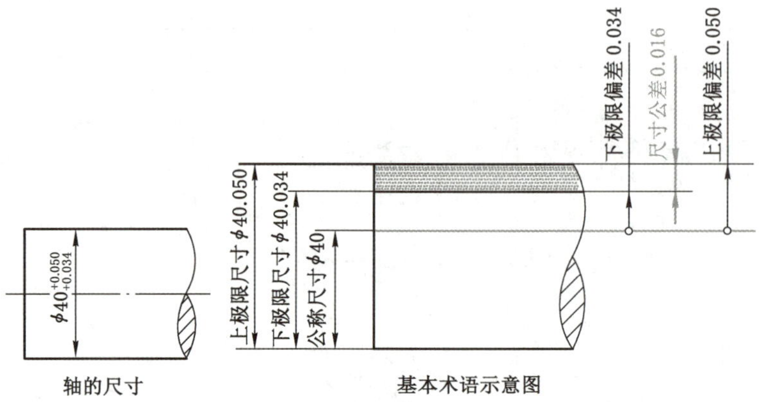

图 8-10 尺寸公差

$\phi40^{+0.050}_{+0.034}$:ϕ40 是由图样规范定义的理想形状要素的尺寸,称为公称尺寸。

上极限尺寸:尺寸要素(轴的直径)允许的最大尺寸,即:

$$上极限尺寸=40\ mm+0.05\ mm=40.05\ mm$$

下极限尺寸:尺寸要素(轴的直径)允许的最小尺寸,即:

$$下极限尺寸=40\ mm+0.034\ mm=40.034\ mm$$

上极限偏差:上极限尺寸减其公称尺寸所得的代数差,即:

$$上极限偏差=40.05\ mm-40\ mm=0.05\ mm$$

下极限偏差:下极限尺寸减其公称尺寸所得的代数差,即:

$$下极限偏差=40.034\ mm-40\ mm=0.034\ mm$$

公差:上极限尺寸与下极限尺寸之差,也可以是上极限偏差与下极限偏差之差,即:

$$公差=上极限尺寸-下极限尺寸 \quad 或 \quad 公差=上极限偏差-下极限偏差$$

$$公差=40.05\ mm-40.034\ mm=0.016\ mm$$

轴的直径最粗(上极限尺寸)为 ϕ40.05 mm、最细(下极限尺寸)为 ϕ40.034 mm,即轴径的实际尺寸只要在 ϕ40.034~ϕ40.05 mm 范围内就是合格的。

上极限偏差和下极限偏差统称为极限偏差。极限偏差可以是正值、负值或零,公差恒为正值,不能是零或负值。

在公差分析中,常把公称尺寸、极限偏差及尺寸公差之间的关系简化成公差带图,如图 8-11 所示。在公差带图中,由代表上、下极限偏差的两条直线所限定的一个区域称为公差带。

2. 标准公差与基本偏差

线性尺寸公差 ISO 代号体系中的任一公差,称为标准公差。标准公差分为 20 个等级,即 IT01,IT0,IT1,IT2,…,IT18。IT 代表国际公差,数字表示公差等级。公差带大小由标准公差来确定,如图 8-12 所示。

确定公差带相对公称尺寸位置的那个极限偏差,称为基本偏差。基本偏差是指最接近公称尺寸的那个极限偏差,它可以是上极限偏差或下极限偏差。当公差带在零线上方时,基本偏差为下极限偏差(EI,ei);当公差带在零线下方时,基本偏差为上极限偏差(ES,es)。公差带相对零线的位置由基本偏差来确定。如果基本偏差和标准公差确定了,那么孔和轴的

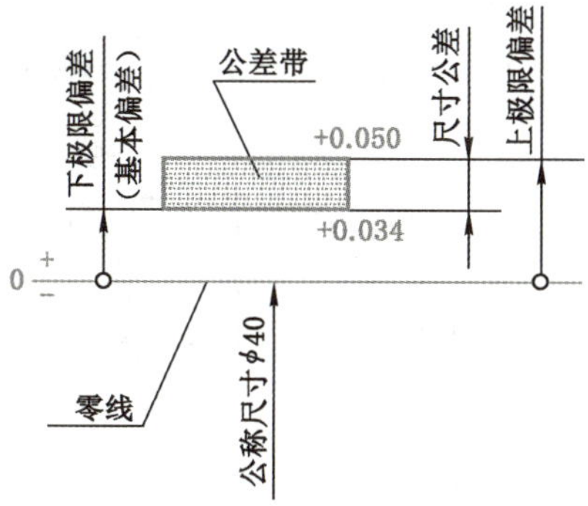

图 8-11 公差带

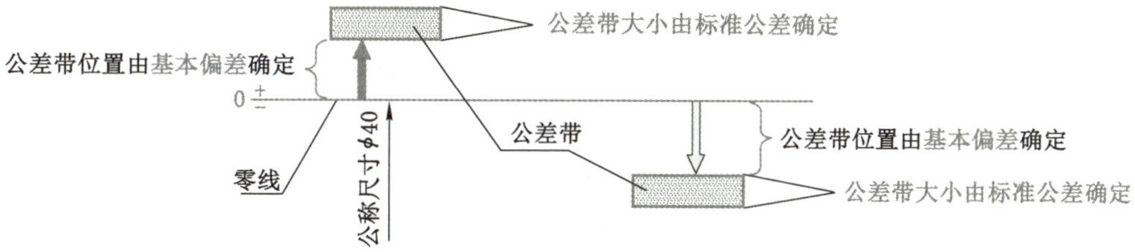

图 8-12 公差带位置与大小的确定

公差带大小和位置就确定了。

国家标准对孔和轴各规定了 28 个不同的基本偏差，如图 8-13 所示。基本偏差代号用拉丁字母表示。用一个字母表示的有 21 个，用两个字母表示的有 7 个。去掉了 I、L、O、Q、W(i、l、o、q、w)5 个字母。大写字母表示孔，小写字母表示轴。

图 8-13 中各公差带只表示了公差带位置，即基本偏差，另一端开口，由相应的标准公差确定。

3. 配合

类型相同且待装配的外尺寸要素(轴)和内尺寸要素(孔)之间的关系，称为配合。根据配合的松紧程度，配合可分为三类，见表 8-6。

表 8-6 配合的种类及示例

配合类型		示例
间隙配合	孔的公差带完全在轴的公差带之上，即具有间隙的配合(包括最小间隙为零的配合)	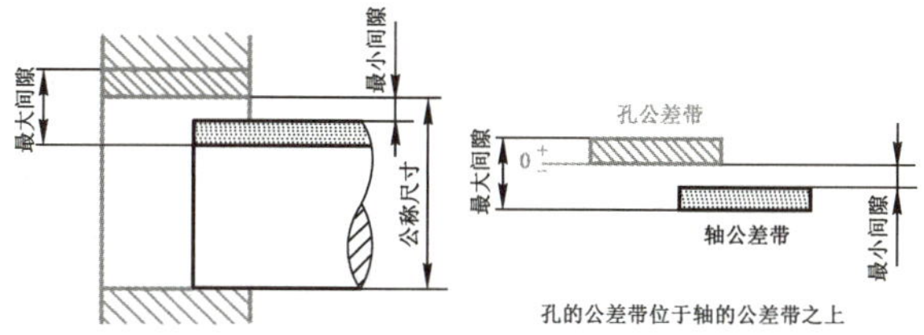

表 8-6(续)

配合类型		示例
过盈配合	孔的公差带完全在轴的公差带之下，即具有过盈的配合(包括最小过盈为零的配合)	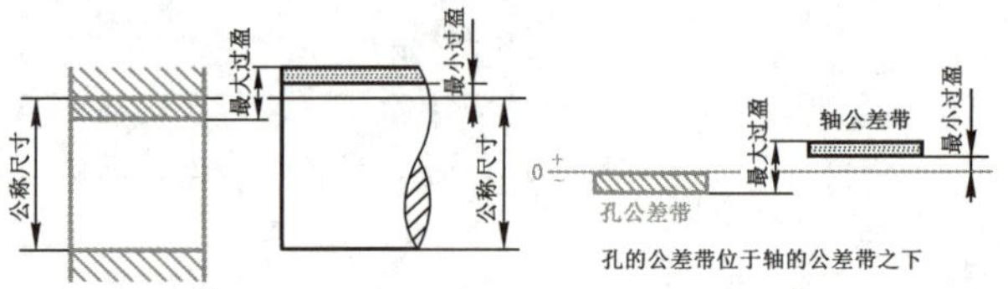
过渡配合	在孔与轴配合中，孔与轴的公差带相互交叠，任取其中一对孔和轴相互配合，可能具有间隙，也可能具有过盈	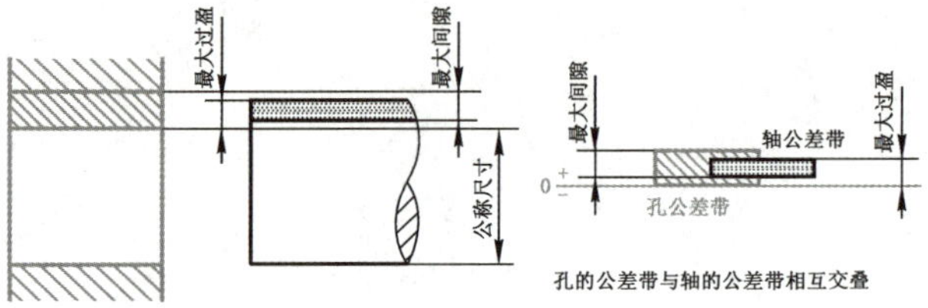

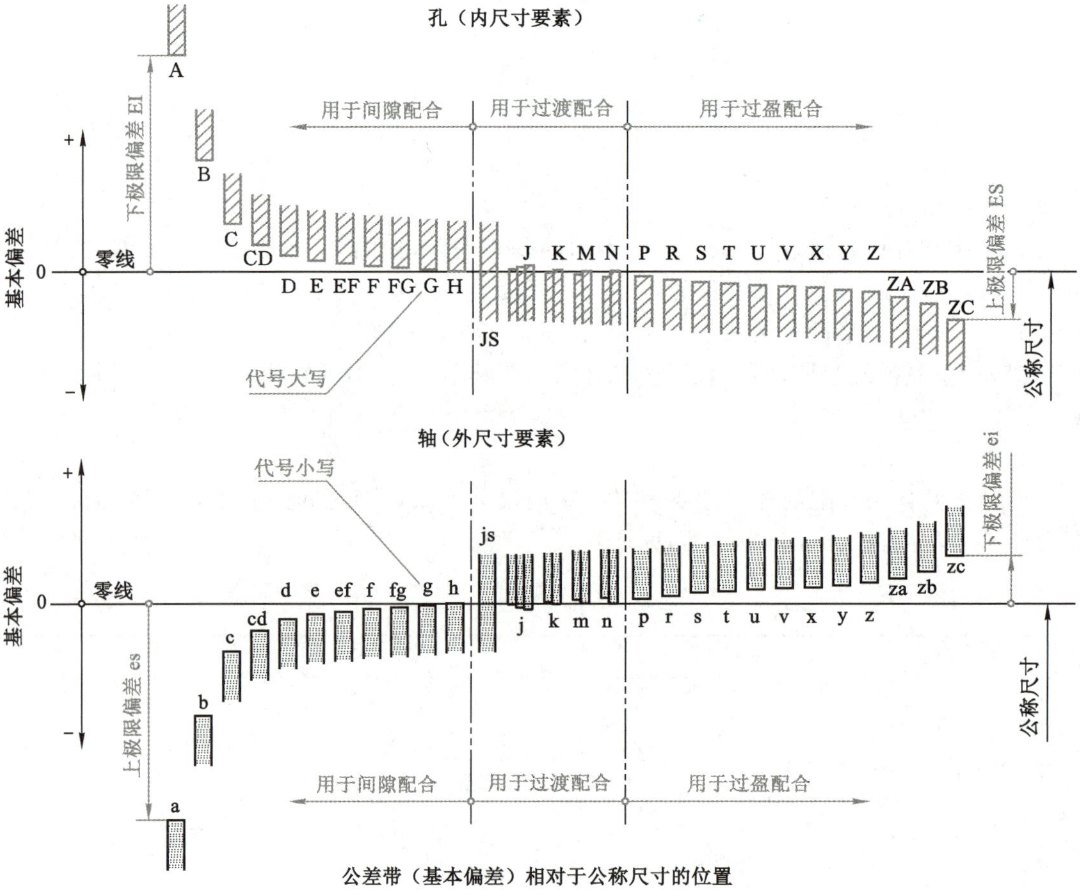

公差带（基本偏差）相对于公称尺寸的位置

图 8-13　基本偏差系列示意图

4. 配合制

为了满足零件结构和工作要求，在加工制造相互配合的零件时，采取其中一个零件作为基准件，使其基本偏差不变，通过改变另一零件的基本偏差以达到不同的配合要求。国家标准规定了两种配合制度，见表 8-7。

表 8-7 配合制的种类及示例

配合类型		示例
基孔制配合	孔的基本偏差为零的配合，即其下极限偏差等于零。基孔制配合中选作基准的孔，称为基准孔（基本偏差为 H，其下极限偏差为 0）	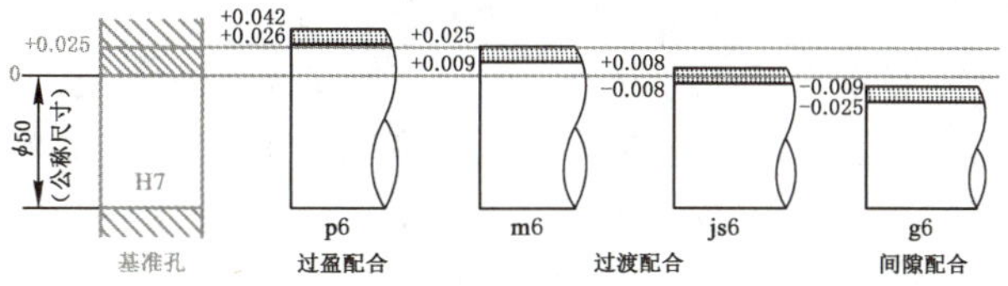
基轴制配合	轴的基本偏差为零的配合，即其上极限偏差等于零。基轴制配合中选作基准的轴，称为基准轴（基本偏差为 h，其上极限偏差为 0）	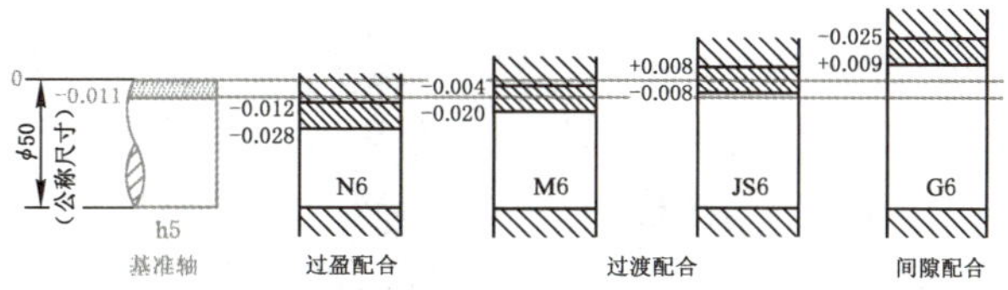

5. 极限与配合的标注

配合代号用基本偏差代号（拉丁字母）和标准公差等级（阿拉伯数字）组合来表示。小写字母代表轴的基本偏差代号，大写字母代表孔的基本偏差代号。

（1）零件图中的注法

在零件图中，与其他零件有配合关系的尺寸可采用三种形式进行标注，如图 8-14(a)所示。一般采用在公称尺寸后面标注极限偏差的形式，也可以采用在公称尺寸后面标注公差带代号的形式，或采用两者同时注出的形式。

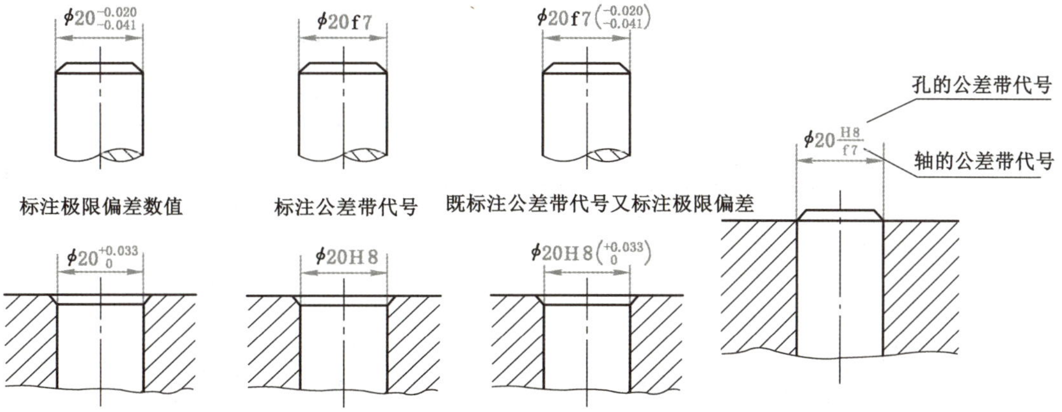

(a) 零件图上的三种注法　　(b) 装配图上的注法

图 8-14 极限与配合的标注

（2）装配图中的注法

在装配图中，极限与配合一般采用代号的形式标注。分子表示孔的公差带代号(大写)，分母表示轴的公差带代号(小写)。

例如，查表确定配合代号 $\phi30H7/g6$。

根据配合代号可知，孔与轴是采用基孔制配合，孔为基准孔，下偏差为 0，即 EI=0，公差等级为 7 级，即 IT7。其标准公差值查附录 C 得：在基本尺寸大于 18～30 的行与 IT7 的列交汇查得 21，即 IT7=0.021。根据公式 ES=EI+IT，ES=0+0.021=+0.021，即 $\phi30H7$ 孔的上、下偏差分别为+0.021 和 0，写成 $\phi30^{+0.021}_{0}$。对于 $\phi30g6$ 的轴，其公差等级为 6，查附录 C 得：在基本尺寸大于 18～30 的行与 IT6 的列交汇查得 13，即 IT6=0.013 mm。其基本偏差为 g，查表可知其基本偏差为上偏差，在基本尺寸大于 18～30 的行与 IT6 的列交汇查得-20，即 es=-0.020。根据公式 ei=es-IT，ei=-0.020-0.013=-0.033，即轴的上、下偏差分别为-0.020 和-0.033，写成 $\phi30^{-0.020}_{-0.033}$。

技巧点拨：

在查表和分析过程中，要经常借助于“基本偏差示意图”帮助判断。

① 对于优先配合中轴、孔的极限偏差可直接在附录中查得；若表中没有，再通过查阅“标准公差数值”和“轴(孔)的基本偏差数值”，经过计算获得。

② 表中数字标注时必须统一单位；尺寸段的划分，如 $\phi30$ 要划在基本尺寸大于 18～30 的尺寸段内，不要划在基本尺寸大于 30～50 的尺寸段内。

四、几何公差

1. 几何公差的概念

工件在加工过程中，不仅会产生尺寸误差和表面粗糙度，而且会产生几何误差。几何误差的允许变动量称为几何公差。几何公差包括形状、方向、位置和跳动公差。几何公差的几何特征及符号见表 8-8。

表 8-8　几何公差的几何特征和符号

公差类型	几何特征	符号	有无基准	公差类型	几何特征	符号	有无基准
形状公差	直线	—	无	位置公差	位置度	⌖	有或无
	平面度	⏥	无		同心度（用于中心点）	◎	有
	圆度	○	无		同轴度（用于轴线）	◎	有
	圆柱度	⌭	无		对称度	⌯	有
	线轮廓度	⌒	无		线轮廓度	⌒	有
	面轮廓度	⌓	无		面轮廓度	⌓	有
方向公差	平行度	//	有	跳动公差	圆跳动	↗	有
	垂直度	⊥	有		全跳动	⌰	有
	倾斜度	∠	有	—	—	—	—
	线轮廓度	⌒	有	—	—	—	—
	面轮廓度	⌓	有	—	—	—	—

2. 几何公差的标注

表 8-9 给出了常用几何公差的公差带标注要求和示例。

表 8-9　几何公差的标注及示例

注法	几何公差要求在矩形框格中给出。该框格由两格或多格组成，框格中的内容从左到右按几何特征符号、公差值、基准字母的次序填写
示例	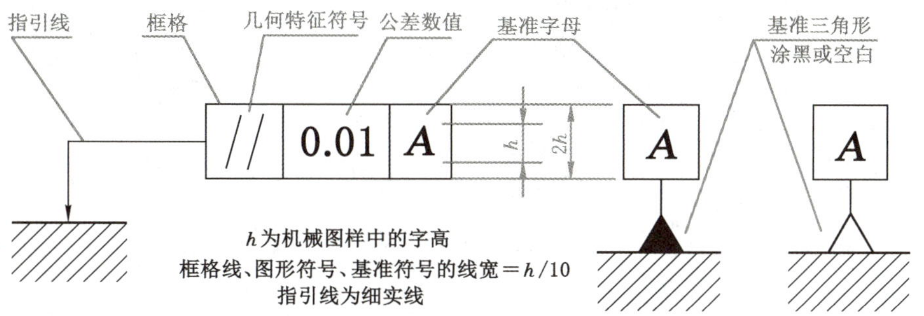
注法	当被测要素是表面或素线时，从框格引出的指引线箭头应指在该要素的轮廓线或其延长线上；当被测要素是轴线时，应将箭头与该要素的尺寸线对齐；当基准要素是轴线时，应将基准三角形与该要素的尺寸线对齐
示例	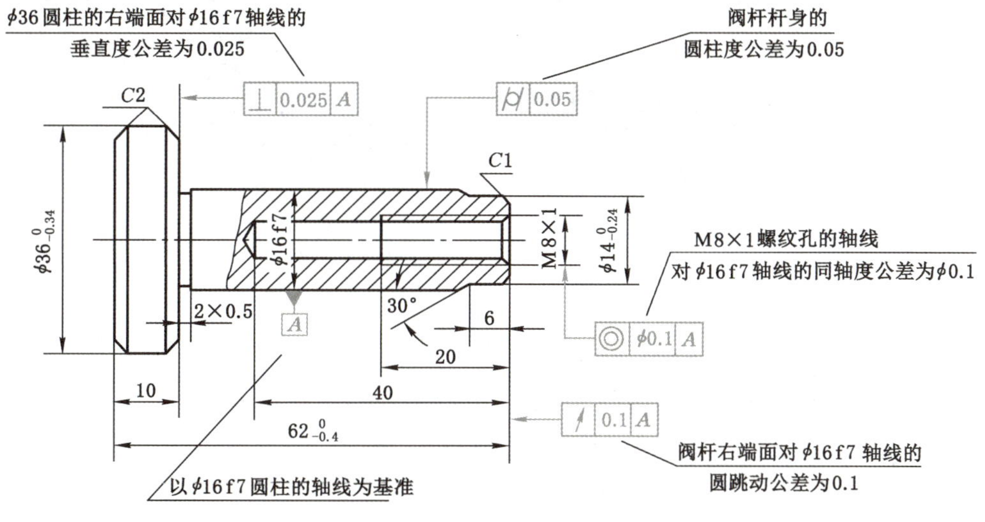

任务 5　读零件图

读零件图的目的就是要根据零件图想象出零件的结构形状，了解零件的尺寸和技术要求，研究该零件的加工制造过程。下面以图 8-15 所示的箱盖为例，说明读零件图的方法和步骤。

1. 概括了解

首先明确读零件图的目的：

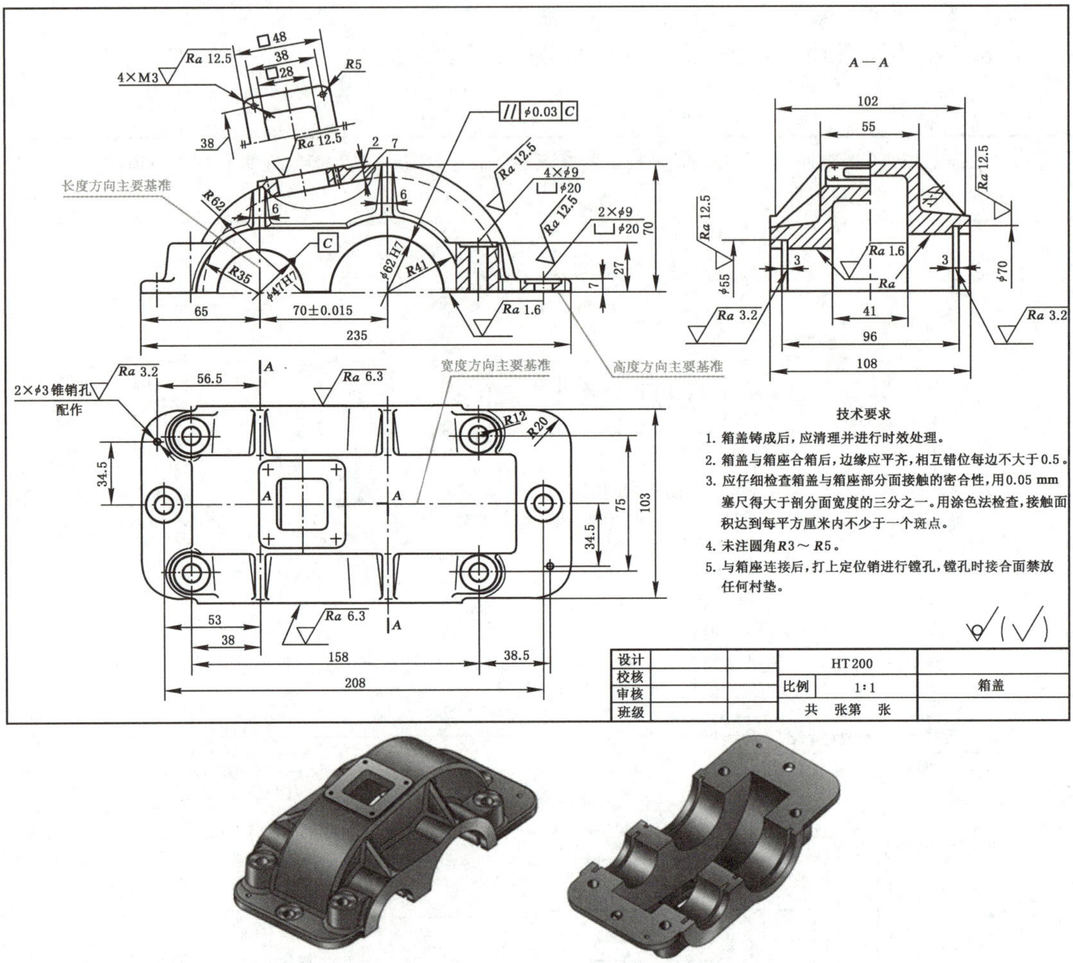

图 8-15　减速器上箱盖

(1) 了解零件的名称、用途、材料等。

(2) 了解零件各部分的结构、形状，以及它们之间的相对位置。

(3) 了解零件的大小、制造方法和所提出的技术要求。

因此读零件图时，首先必须读标题栏，通过标题栏了解零件的名称、材料、绘图比例等内容，并粗看视图，大致了解零件的结构特点和大小。

由图 8-15 可知，箱盖是减速器上的主要零件，它与箱体合在一起，起到支承齿轮轴及密封减速器的作用。

2. 分析视图

组合体读图的方法仍然适用于读零件图，即采用形体分析法、线面分析法和结构分析等方法，想象出零件的形状。

(1) 首先找出主视图，再分析零件各视图的配置以及视图之间的关系，进而识别其他视图的名称及投射方向。若采用剖视或断面的表达方法，还需确定出剖切位置。

箱盖主视图的选择符合箱盖的工作位置，采用三个基本视图和一个局部视图。

主视图中采用三个局部剖视，分别表达螺栓连接孔和视孔的结构。左视图是采用两个平行的剖切平面获得的全剖视图，主要表达两个轴孔的内部结构和两块肋板的形状。俯视图只画箱盖的外形，主要表达螺栓孔、锥销孔、视孔和肋板的分布情况，同时表达了箱盖的外形。

(2) 综合三个视图，由形体分析方法可知，箱盖主体结构的下方是一长方形板，中间凸起左低右高两圆柱，其内部是空腔。

3. 分析尺寸

分析尺寸时，应根据零件的结构特点、设计和制造的工艺要求，找出尺寸基准，分清设计基准和工艺基准，明确尺寸种类和标注形式。由图 8-15 可知：

(1) 长度方向的主要基准为左侧的竖向中心线，以此来确定两轴孔中心距 70±0.015、箱盖左端面到中心线的距离 65 等。左端面是长度方向的辅助基准，以此确定箱盖的总长 235。

(2) 宽度方向的尺寸基准为箱盖前后方向的对称面，箱盖的宽度 108、内腔的宽度 41、槽的定位尺寸 96 等由此注出。

(3) 高度方向的尺寸基准为箱盖的底面，底板的高度 7、凸台的高度 27、箱盖的总高 70 等由此注出。

(4) 两轴孔 ϕ47H7 和 ϕ62H7 及其中心距 70±0.015 是加工和装配所需的重要尺寸，分别标有尺寸公差和几何公差。

4. 看技术要求

根据零件在机器中的作用，分析配合面或主要加工面的加工精度要求，了解其表面粗糙度、尺寸公差、几何公差及其代号含义。

再分析其余加工面和非加工面的相应要求，了解零件的热处理、表面处理及检验等其他技术要求，以便根据现有加工条件，确定合理的加工工艺。

由图 8-15 可以看出，有配合要求的加工面为两(半圆)轴孔，分别为 ϕ47H7 和 ϕ62H7，其表面粗糙度 Ra 为 1.6。两轴孔中心距 70±0.015 是重要尺寸，其尺寸公差为 0.03。两个定位销孔与箱体同钻铰，其表面粗糙度 Ra 为 3.2。箱盖底面与箱体上面为接触面，其表面粗糙度 Ra 为 1.6。非加工面为毛坯面，由铸造直接获得。

箱盖两(半圆)轴孔有几何公差的要求：ϕ47H7 轴孔的轴线为基准线，ϕ62H7 轴孔的轴线对 ϕ47H7 轴线的平行度公差为 ϕ0.03。

5. 综合归纳

综合前面的分析，把图形、尺寸和技术要求等全面系统地联系起来思考，得出零件的整体结构、尺寸大小、技术要求及零件的作用等完整的概念。

必须指出，在看零件图的过程中，不能把上述步骤机械地分开，往往是交叉进行的。另外，对于较复杂的零件图，还需要参考有关技术资料，如装配图、相关的零件图及说明书等。

项目9　绘制与识读装配图

教学目标

了解装配图的作用与内容;掌握画装配图、读装配图的方法。

思政目标

1. 追求卓越绘蓝图,按图索骥保质量。
2. 以“国之重器”激励学生学习上不要畏难,躬行实践,困难的事也会变容易。

学习项目工单

项目名称	绘制与识读装配图
项目描述	取一个常用物品,如圆规、眼镜盒等,看看它是由哪些零件组成的,这些零件的作用是什么?是由什么材料做成的?有什么特点?如何装到一起的?最佳安装顺序是什么?
项目分析	了解装配图的作用与内容,了解装配结构的合理性;熟悉装配图的绘制和阅读方法
成果展示及评价	各小组完成所要求物品装配分析说明一份,推选一位成员解说,小组互评后由教师综合评定成绩

引例

巧妙利用对鲁班锁的拆、测、画,了解中国传统榫卯结构,感受“古人的智慧”、传统建筑的魅力,树立文化自信,激发学生爱国主义情怀,增强民族自豪感和自信心。

讲解国家标准的规定画法,强调遵守标准和规范的重要性,提高学生遵纪守法的意识;讲解配合精度对设备性能的影响,对比国内外相同设备的性能差别,提升学生的爱国思想,提高责任和主人翁的意识;强调细节的重要性,培养工匠精神。

任务1　装配图的表达方法

一、装配图的作用和内容

装配图是用于表示产品及其组成部分的连接、装配关系及其技术要求的图样。

装配图主要反映机器(或部件)的工作原理、各零件之间的装配关系、传动路线和主要零件的结构形状,是设计和绘制零件图的主要依据,也是装配生产过程中调试、安装、维修的主要技术文件。

由图 1-2(c)可知，一张完整的装配图要具备以下内容：

1. 一组视图

为了正确、完整、清晰和简便地表达出组成机器、部件的各个组成部分的关系，装配图应该包括一组用规定画法和特殊表达方法绘制的视图。

2. 必要的尺寸

与零件图不同，装配图中只需要标注机器或部件的性能尺寸、安装尺寸、外形尺寸、零件间的配合尺寸以及其他重要尺寸等。

其他重要尺寸是指在设计中确定的尺寸，但又不属于上述四类尺寸的尺寸，如零件的极限尺寸、重要零件的主要尺寸等。

3. 技术要求

在装配图中还应用文字或者符号标明部件在装配、调试过程中所需遵守的技术要求。

4. 零件编号、明细栏和标题栏

为了装配、调试等的方便，在装配图中应对每个零件编号，并在明细栏中注明各个零件序号、名称、数量、材料等相关信息。在标题栏中应列出装配图的名称、绘制比例、绘图和校核人员等。

二、装配图的规定画法

如图 9-1 所示，装配图的规定画法主要包括以下几种方法：

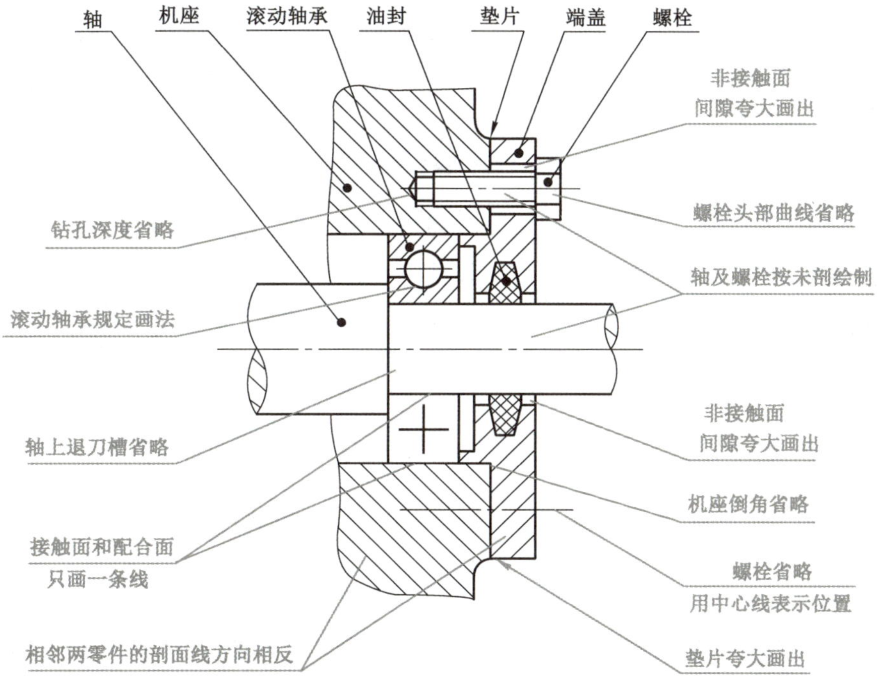

图 9-1 装配图的规定画法

1. 相邻两零件的画法

相邻两零件的接触面和配合面，只画一条轮廓线。当相邻两零件有关部分的基本尺寸不同时，即使间隙很小，也要画出两条线。

2. 装配图中剖面线的画法

同一零件在不同的视图中，剖面线的方向和间隔应保持一致。

相邻两零件的剖面线应有明显区别，即倾斜方向相反或间隔不等，以便在装配图中区分不同的零件。

3. 螺纹紧固件及实心件的画法

螺纹紧固件及实心的轴、手柄、键、销、连杆、球等零件，若按纵向剖切，即剖切平面通过其轴线或基本对称面时，这些零件均按未剖绘制。

三、装配图的特殊表达方法和简化画法

除了前面所说的规定画法外，装配图还有以下一些特殊画法：

1. 沿零件接合面剖切或拆卸画法

为了表达内部结构，在装配图中经常采用沿接合面剖切的画法。采用这种画法时，可假想沿着两个零件的接合面剖切，这时剖切面按照未剖画出，只须在剖切到的零件上画剖面线。例如图 9-2 中的 $A—A$ 视图就是沿法兰盘和后端盖的接合面进行剖切而得到的，图中只在剖切到的螺纹上画出了剖面线。

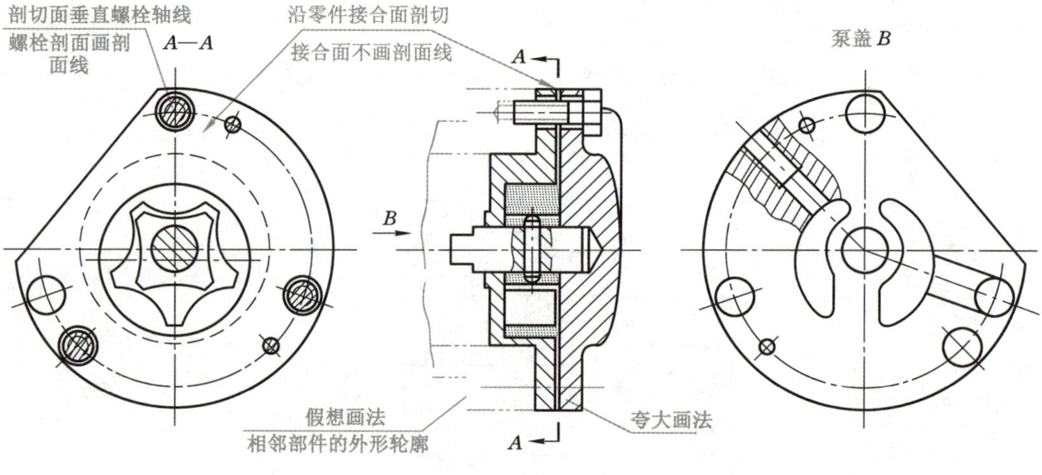

图 9-2　特殊画法

在装配图的某个视图中，当某些零件遮住了需要表达的结构，可假想先将这些零件拆去后再投射画图。

2. 夸大画法

对于直径或厚度小于 2 mm 的孔和薄片以及画较小的锥度或斜度时，允许将该部分不按原比例而夸大画出。例如图 9-2 中的垫片就是采用的这种画法。

3. 假想画法

对于不属于该部件但又对该部件的设计、使用起着重要作用的其他部件，可以采用假象画法绘出，该部件的线条用双点画线，例如图 9-2 中的泵盖就采用了假象画法。

4. 简化画法

在装配图中，在不影响结构表达的前提下，可以采用一些简化画法，以减少不必要的工作量。

(1) 对于装配图中的螺栓连接等若干相同零件组，允许仅详细地画出一组，其余用细点画线表示出中心位置即可。

(2) 零件上的工艺结构(如倒角、小圆角、退刀槽等)可省略不画，六角螺栓头部及螺母的倒角曲线也可省略不画。

(3) 剖切平面通过某些标准产品组合件(如油杯、油标、管接头等)轴线时，可以只画外形；对于标准件(如滚动轴承、螺栓等)可采用简化画法或示意画法。

任务2　装配图的尺寸标注、技术要求及零件编号

在装配图中为了更准确地表达零件之间的装配关系，我们需要重点关注装配图中尺寸标注、技术要求及零件编号。

一、装配图的尺寸标注

装配图的作用与零件图不同，因此，在图上标注尺寸的要求也不同。零件图中必须标注出零件的全部尺寸，以确定零件的形状和大小；在装配图上应该按照装配体设计、制造的要求来标注某些必要的尺寸，以说明装配体性能规格、装配体“成员”的装配关系、装配体整体大小等。即装配图没有必要标注出零件的所有尺寸，只需标出性能尺寸、装配尺寸、安装尺寸和外形尺寸等。

1. 性能(规格)尺寸

性能(规格)尺寸是表示装配体的工作性能或规格大小的尺寸，这些尺寸是设计时确定的，它也是了解和选用该装配体的依据。例如螺钉孔的直径尺寸为M8-6H，表明了该螺钉只能使用基本尺寸为M8的螺钉。

2. 装配尺寸

装配尺寸是表示装配体中各零件之间相互配合关系和相对位置的尺寸，这种尺寸是保证装配体装配性能和质量的尺寸。装配尺寸包括配合尺寸和相对位置尺寸。如图1-2所示，配合尺寸有ϕ65H7/js6等。

3. 安装尺寸

装配体安装到其他装配体上或地基上所需的尺寸，即确定安装位置的尺寸。如图1-2所示的千斤顶的高度范围尺寸220～278 mm等。

4. 外形尺寸

表示装配体外形大小的总体尺寸，即装配体的总长、总宽、总高。它反映了装配体的大小，提供了装配体在包装、运输和安装过程中所占的空间尺寸。如图1-2所示的千斤顶，总高为220～278 mm，直径为ϕ150 mm。其高度可变化，因此需要注明其变化范围。

5. 其他重要尺寸

其他重要尺寸是指在设计中确定的而又未包括在上述几类尺寸之中的尺寸。其他重要尺寸视需要而定，如主体零件的重要尺寸、齿轮的中心距、运动件的极限尺寸、安装零件要有足够操作空间的尺寸等。如图1-2中顶垫的内腔球面半径R25等。

上述五类尺寸之间并不是孤立无关的,实际上有的尺寸往往同时具有多种作用。此外,在一张装配图中,也并不一定需要全部标注出上述五类尺寸,而是要根据具体情况和要求来确定。

二、装配图的技术要求

如图1-2所示,装配图的技术要求一般内容为:

(1) 对机器或部件在装配、调试和检验时的具体要求。

(2) 关于机器性能指标方面的要求。

(3) 安装、运输以及使用方面的要求。

三、装配图的零件序号和明细栏

画装配图的最后一项内容是编写零件序号和明细栏。

1. 序号编排方法

零件序号的编排主要有以下原则:

(1) 装配图中所有零部件,应按顺序编写序号,相同的零部件只编一个序号,一般只注一次。

(2) 零件序号应标注在视图周围,按水平或竖直方向排列整齐,按顺时针或逆时针方向排列。

(3) 序号的字号应比图中尺寸数字大一号或两号,如图9-3所示。

(4) 零件序号应填写在指引线一端的横线上(或圆圈内),指引线的另一端应自所指零件的可见轮廓内引出,并在末端画一圆点;若所指部分内不宜画圆点(零件很薄或涂黑的剖面)时,可在指引线一端画箭头指向该部分的轮廓,如图9-3(a)所示。

(5) 一组紧固件或装配关系明显的零件组,可采用公共指引线,如图9-3(b)所示。

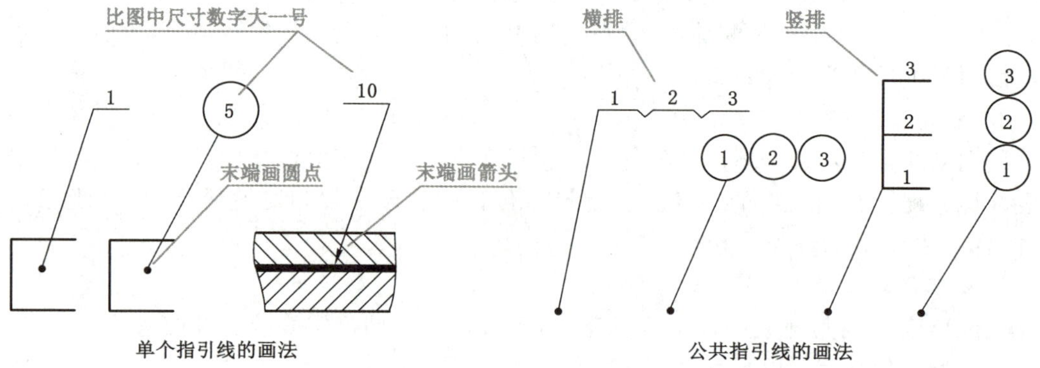

图9-3　零件序号与指引线

2. 明细栏

装配图的标题栏、明细栏如图9-4所示。其左、右两边用粗实线绘制,其余的线条用细实线绘制,将零(部)件序号及相关内容写入明细栏时,其顺序为从下往上;当零(部)件较多时,为了布局的方便,还可以在标题栏的左边再加一排明细栏,其左、右两边的线也是用粗实线绘制,其余的用细实线绘制,零件序号也是按照自下往上的顺序书写。

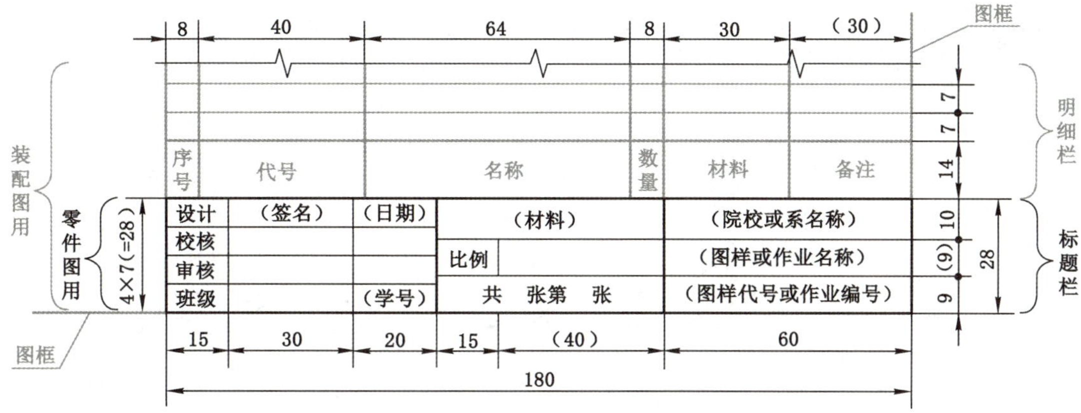

图 9-4 装配图标题栏和明细栏格式

任务3 装配结构简介

装配结构的合理性，主要是指装配结构应能够保证机器或者部件的性能，并便于装拆。常见的装配结构见表 9-1。

表 9-1 常见的装配结构

装配结构		示例
接触面的合理结构	接触面的数量	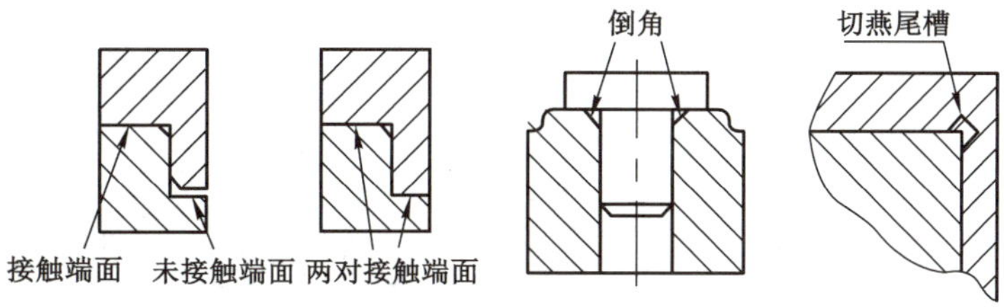 为了避免装配时不同的表面相互干涉，两零件在同一个方向上的接触面数量一般不得多于一个，否则会给加工和装配带来困难；对不在同一方向上的两接触表面，在接触面的交角处应倒角或者切槽，以保证接触面间的接触质量
	轴与孔的配合	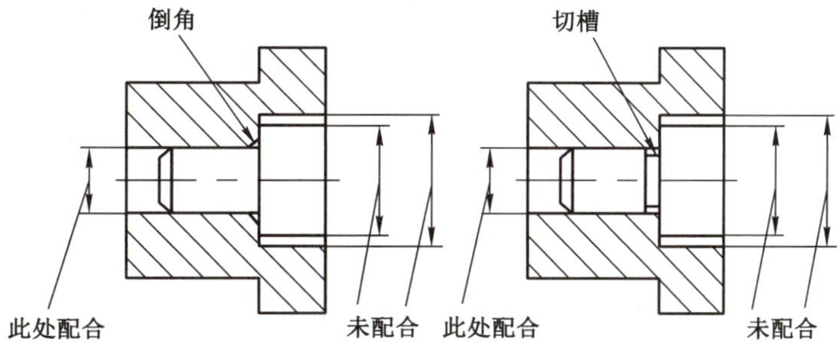 轴肩与端面相互接触时，在两接触面的交角处(孔或轴的根部)应加工出退刀槽、倒角或不同大小的倒圆，以保证两个方向的接触面均接触良好

表 9-1(续)

装配结构		示例
便于装拆的合理性结构	锥面的配合	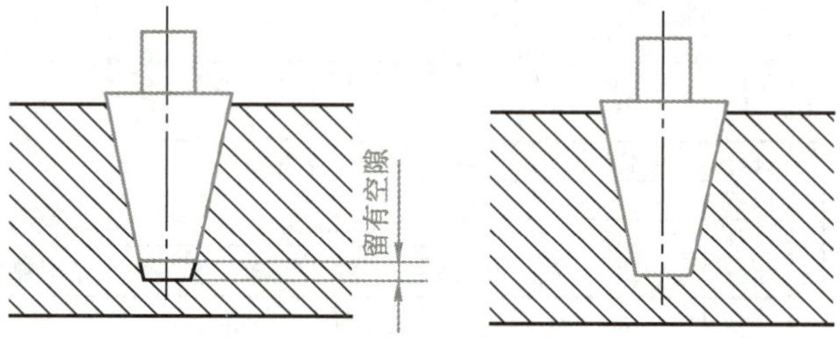 结构合理　　轴向结构不合理 由于锥面配合能同时确定轴向和径向的位置，因此当锥孔不通时，锥体顶部与锥孔底部之间必须留有间隙，否则得不到稳定的配合
	便于销装拆的结构	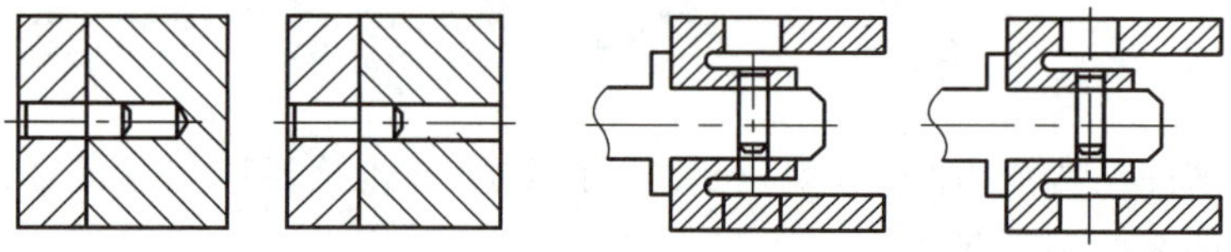 不合理　合理　不合理　合理 (a) 销孔做成通孔　(b) 留出拆卸时的位置 对于用销等连接的零件，在保证设计要求的前提下，应考虑装拆的方便
	螺纹连接防松结构	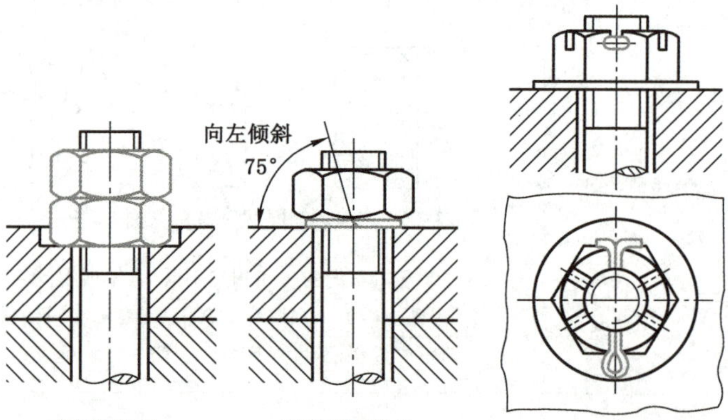 双螺母防松　弹簧垫圈防松　开口销防松 为了防止螺纹连接在工作中由于机器振动而松动，常采用螺纹防松装置
	螺栓连接结构	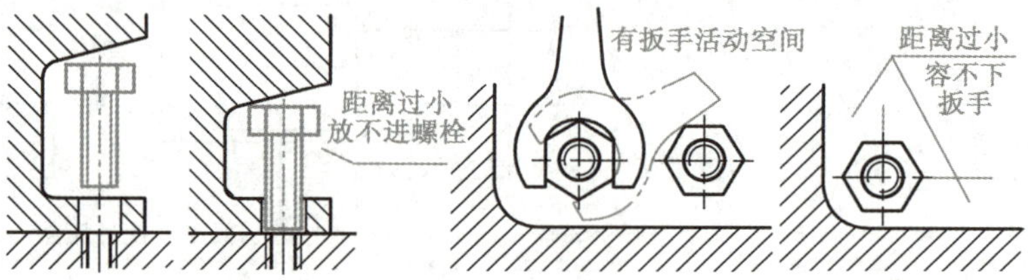 合理　不合理　合理　不合理 采用螺栓连接时，孔的位置与箱壁之间应有足够的空间，以保证装配的可能和方便

任务4 画装配图的方法及步骤

在此以图1-2所示千斤顶为例，结合图9-5说明画装配图的方法和步骤。

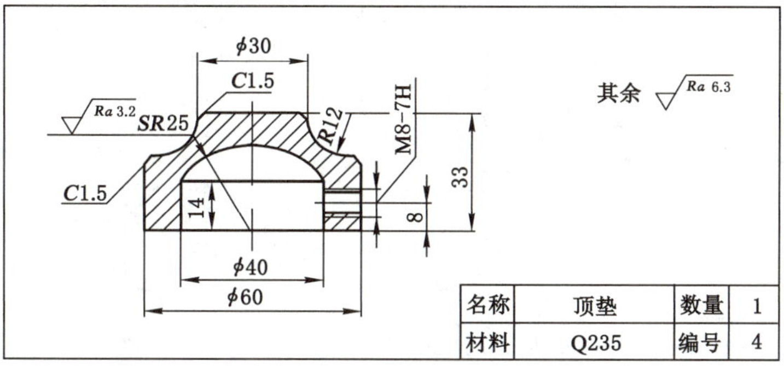

(a) 顶垫

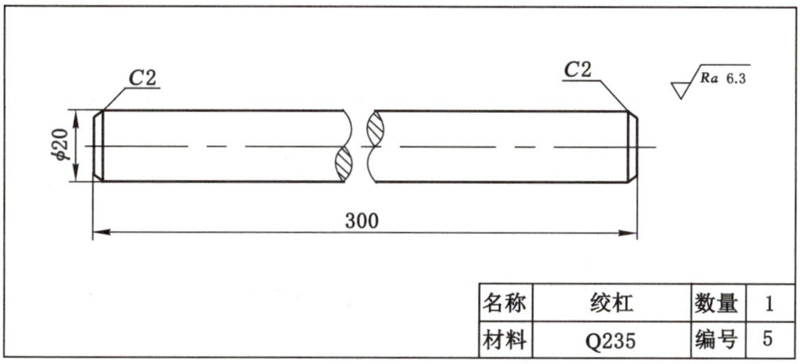

(b) 绞杠

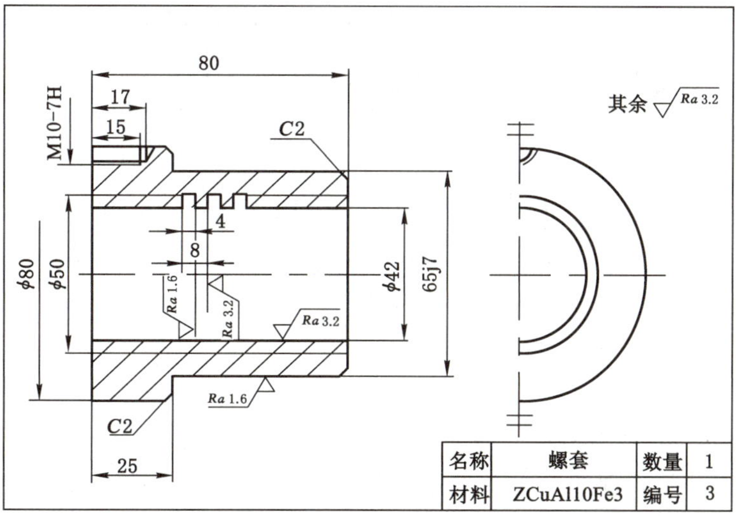

(c) 螺套

图9-5 千斤顶零件图

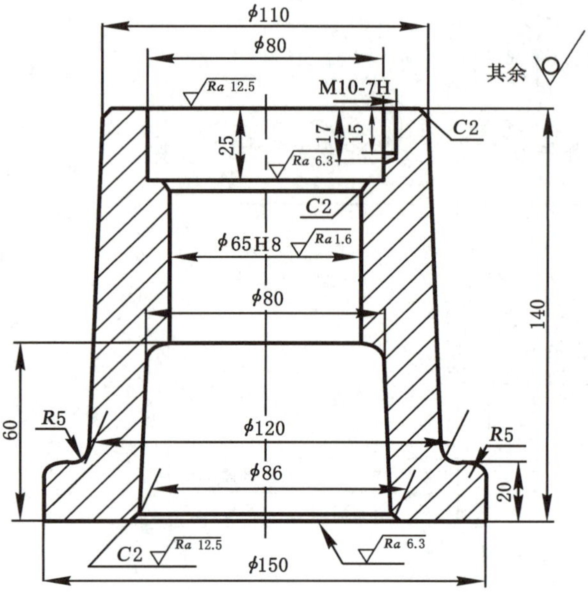

(d) 底座

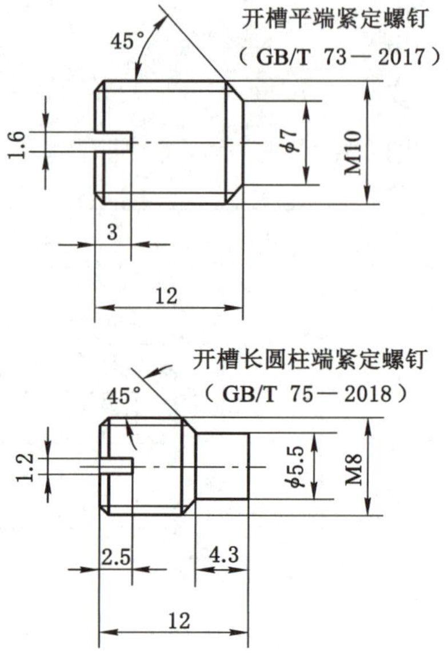

(e) 螺钉

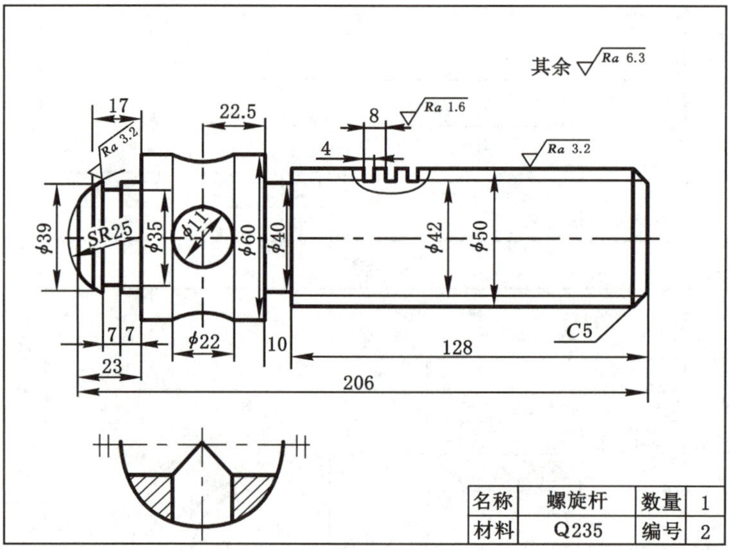

(f) 螺旋杆

图 9-5 （续）

一、了解工作原理、装配关系

结合图 1-2，分析千斤顶的工作原理及装配关系。千斤顶是用来支起重物的机构，这是一种结构简单的机械式千斤顶。将绞杠插入螺杆的 ϕ20 孔中，以旋转螺杆。螺杆具有锯齿形螺纹 B50×8；螺母套以过渡配合压装于底座中，并用两个圆柱端紧定螺钉 M10×20 止转、固定，这样就能达到螺杆旋转而使重物升降的目的。顶块以 *SR*40 内圆球面和螺杆顶部接触，并能微量摆动以适应不同情况的接触面。挡圈用一个 M8×20 的沉头螺钉固定在螺杆下端，以防止其旋出螺母。

二、视图选择

1. 主视图的选择

按工作位置放置，千斤顶的工作位置也是其自然安放位置，即千斤顶主要轴线铅垂。

主视图选择局部剖视，除表达出千斤顶的工作原理外，还能够清楚地、尽量多地表达出各个零件间的装配关系及零件的主要结构。另外，旋转杆较长，形状简单，可作简化处理，采用折断画法。

2. 其他视图选择

考虑到起重螺杆的螺纹为非标准螺纹，所以绘制局部放大图，比例为 2∶1，以反映其牙型。

主视图作全剖视，各零件的装配关系均可表达清楚。为了充分表明千斤顶的结构功能，可以增加一个螺杆的移出断面图，以表明转动螺杆时插入绞杠用的两正交孔 $\phi20$ 以及为表示顶块顶面的花纹而增加一个 A 向视图。

三、画装配图的步骤

1. 确定比例及图幅

根据所确定的表达方案，选取比例 1∶1。按视图配置和尺寸安排各视图的位置，要注意留出编写技术要求、绘制明细表等的位置，在此选用 A3 图幅。

2. 画底稿

(1) 布图

画基准线，用细实线勾勒底座简单轮廓，如图 9-6(a)所示。

(2) 绘制核心零件

定位、绘制核心零件螺旋杆的图形，如图 9-6(b)所示。

(3) 由装配关系依次绘制其他零件

绘制旋转杆、螺钉、端盖的主视图以及局部放大图，如图 9-6(c)所示。

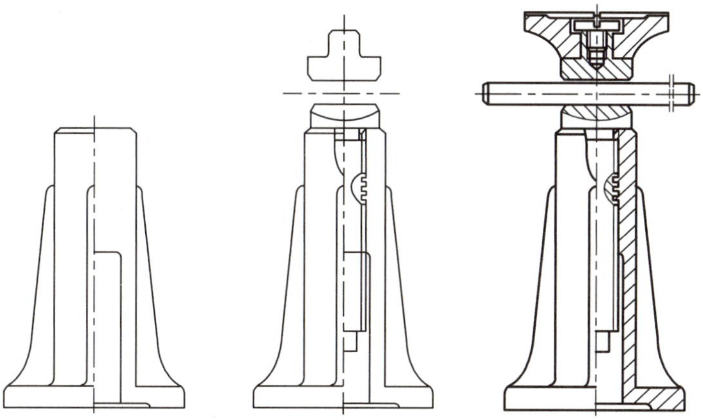

(a) 绘制基础件　　(b) 绘制核心零件　　(c) 依次绘制其他零件

图 9-6　千斤顶装配图绘制步骤

3. 编序号、填写明细栏等，检查加深图线

完成各视图的底稿后，仔细校核检查有无错漏，擦除废线；画剖面线、标注尺寸和编制零件序号，清洁图面后再加深图线，编写技术要求和填写明细表、标题栏，完成装配图的全部内容，如图 1-2(c)所示。

技巧点拨：

装配图不需标出全部尺寸，一般只标注下面几类尺寸：性能(规格)尺寸、装配尺寸、安装尺寸、外形尺寸、其他重要尺寸。

在该千斤顶装配图中，主要标注了性能尺寸 $\phi 15 \pm 0.08$、配合尺寸 $\phi 38H8/c8$、安装尺寸 M30×3.5-6h 以及外形尺寸 124、$\phi 68$ 等。

在技术要求中，主要说明了在装配过程中应该注意的问题。

任务 5　读装配图和拆画零件图

读装配图，就是要理清楚装配图中各个零件的连接、装配关系和机器、部件的工作原理。除此之外，装配图中还给出了组成该机器、部件各零件的结构形状，这也是读装配图所必须分析的内容，以便为拆画零件图做好准备。

下面以图 9-7 所示的机用虎钳(安装在机床工作台上，用于夹紧工件，以便进行切削加工的一种通用工具)为例，介绍读装配图的步骤以及由装配图拆画零件图的方法。

一、读装配图的方法和步骤

读装配图的主要步骤如下：

1. 概括了解

阅读标题栏就可以弄清楚装配图中所示部件的名称、绘图比例等；对照明细栏，在装配图中可以找出该部件所包含的标准件、非标准件、一般零件等的位置及数量。

由图 9-7(a)可知，虎钳装配图的绘图比例为 1∶1，与其实际大小是一致的，该部件共由 11 种零件组成。其中，垫圈 5、圆锥销 7、螺钉 10 是标准件(其规格和数量在图中直接给出)，按照逆时针的方向可以在图中找出它们相应的位置。

2. 分析视图，明确表达目的

分析视图时，应当弄清楚视图的数量及它们之间的投影关系，分析在全图中采用了哪些表达方法，从而明确各个视图所要表达的主要内容。

虎钳装配图主要包含了三个视图，分别是主视图、左视图和俯视图。在主视图中采用了全剖的表达方法，俯视图中采用了局部剖的表达方法，左视图是半剖视图。另外，为了表达清楚零件 2 的结构，图中还单独画出一个 A 向视图。最后，用了局部放大图表达螺纹的结构。

3. 分析工作原理和零件的装配关系

分析部件的工作原理一般是要弄清楚其传动原理，对于较复杂的装配图，还要阅读相关的说明书。

对于装配关系的分析，一般应从主视图出发，找出图中的主要零件。在此基础上，结合图中的尺寸，弄清其他零件与它的定位、连接方式。

由图 9-7(a)主视图还可以看出，旋转螺杆 9 使螺母 8 带动活动钳身 4 在水平方向左右

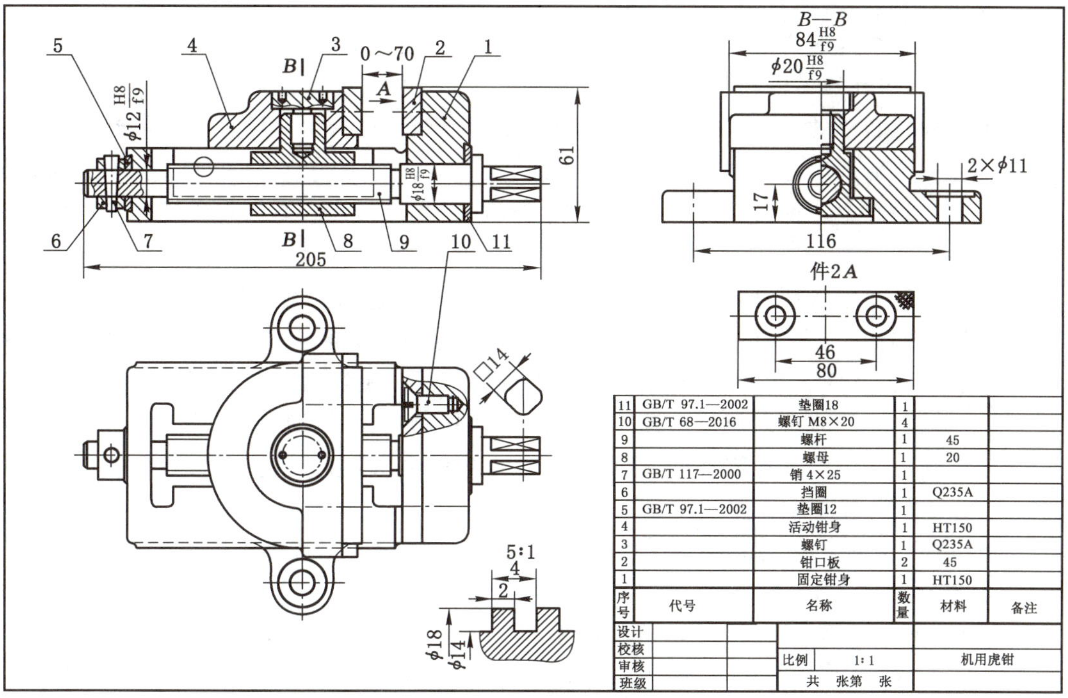

序号	代号	名称	数量	材料	备注
11	GB/T 97.1—2002	垫圈18	1		
10	GB/T 68—2016	螺钉 M8×20	4		
9		螺杆	1	45	
8		螺母	1	20	
7	GB/T 117—2000	销 4×25	1		
6		挡圈	1	Q235A	
5	GB/T 97.1—2002	垫圈12	1		
4		活动钳身	1	HT150	
3		螺钉	1	Q235A	
2		钳口板	2	45	
1		固定钳身	1	HT150	

设计				
校核			比例 1∶1	机用虎钳
审核				
班级			共 张第 张	

(a) 机用虎钳装配图

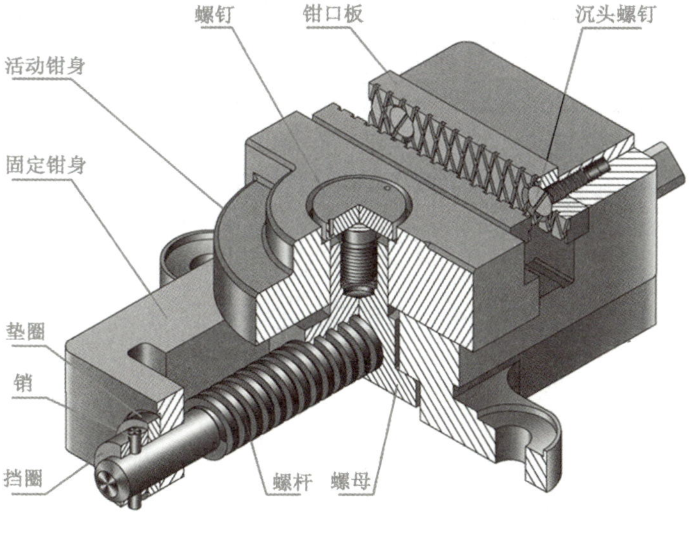

(b) 机用虎钳立体图

(c) 螺母立体图

图 9-7 机用虎钳

移动，进而夹紧或旋松工件。机用虎钳的最大夹持厚度为 70 mm。

装配关系：螺母 8 从固定钳身 1 下方的空腔装入工字形槽内，再装入螺杆 9，用垫圈 11、垫圈 5 及挡圈 6 和圆锥销 7 将螺杆轴向固定；螺钉 3 将活动钳身 4 与螺母 8 连接；最后用螺钉 10 将两块钳口板 2 分别与固定钳身 1、活动钳身 4 连接。

4. 分析视图，看懂零件的结构形状

分析零件的结构形状是读装配图的一项重要内容，通过这一步，不仅可以弄清楚零件的内、外结构及其与其他零件的装配关系，还为拆画零件图做了必要的准备。

对于结构较简单的零件，如标准件、常用件等，其形状、结构很容易弄懂。但对于较复杂的零件，读图时，借助序号指引的零件上的剖面线，利用同一零件在不同视图上的剖面线方向与间隔一致的规定，对照投影关系以及与相邻零件的装配情况，逐步想象出各零件的主要结构形状。

例如图 9-7(a)中的螺母 8，其形状主要由主视图和左视图进行表达，从主视图中可以看出，其上部有内螺纹结构，下部通过内螺纹与螺杆 9 连接，再结合左视图，其上部为圆柱形状，下部是两个长方体形状的组合，结合螺杆上的局部放大图还可知道其下部螺纹的形状和尺寸，最后综合在一起，可以想象出该零件的结构形状，如图 9-7(c)所示。

对于该装配图中的其他零件图，也可以按照上述的方法进行，请读者自行分析。

二、由装配图拆画零件图

在此以图 9-7 所示虎钳装配图中的固定钳身为例，具体介绍拆画零件图的方法。

1. 分离零件

(1) 去除螺杆装配线上的垫圈 5、挡圈 6、销 7、螺杆 9、垫圈 11，如图 9-8(a)所示。

(2) 去除螺钉 10、钳口板 2、螺母 8，如图 9-8(b)所示。

(3) 去除活动钳身 4，余下的即为固定钳身，如图 9-8(c)所示。

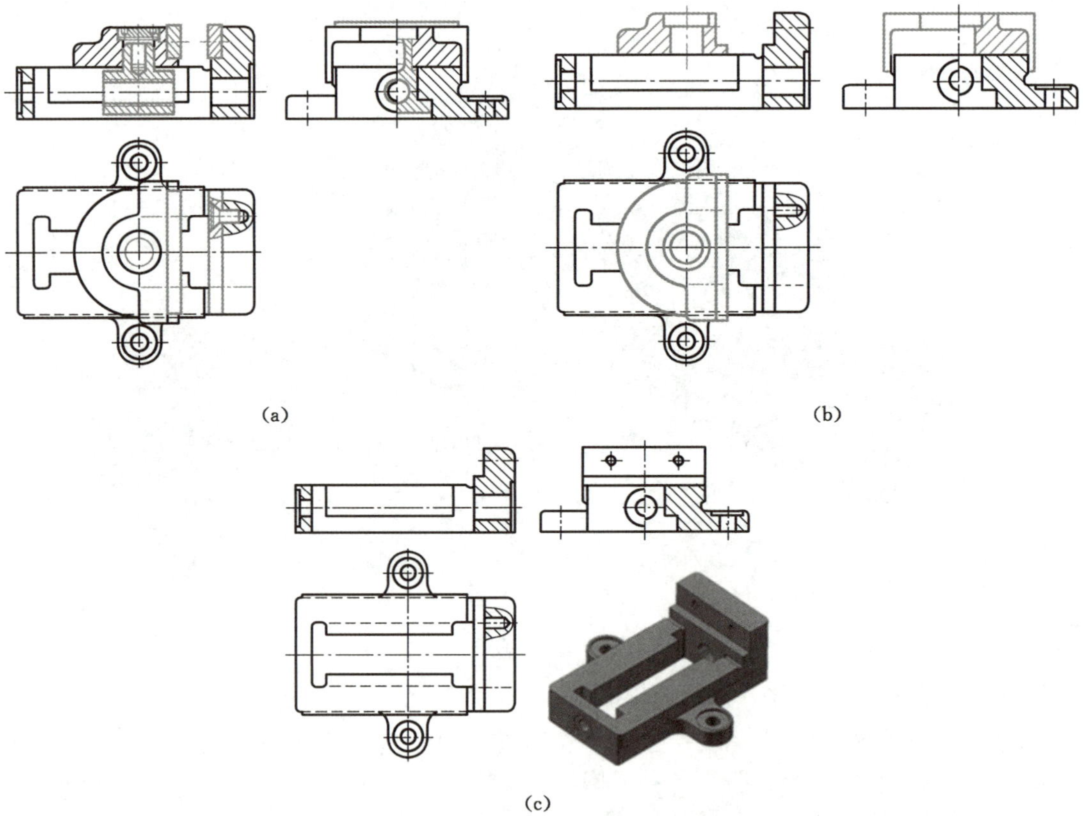

图 9-8　分离零件

2. 确定零件的视图表达方案

在确定零件的视图表达方案时，不能简单照搬装配图，而应根据零件的结构形状、按照零件图的视图选择原则重新选定。

3. 确定零件图上的尺寸

根据零件在装配体中的作用，从零件设计、加工工艺等方面来确定长、宽、高三个方向的主要基准，再根据加工和测量的需要，适当选择一些辅助基准。

(1) 直接移注。对于装配图上已标注的尺寸和明细栏中注出的零件规格尺寸，可直接移注。

(2) 查表确定。对于零件上标准结构，可查有关标准确定。

(3) 计算确定。零件上比较重要的尺寸可通过计算确定。

(4) 直接量取。零件上大部分不重要或非配合的尺寸，一般可从装配图上按比例直接量取。

4. 确定零件图上的技术要求

零件上各表面粗糙度的要求，应根据表面的作用和两零件间的配合性质进行选择。

5. 填写标题栏

根据装配图中的明细栏，在零件图的标题栏中填写零件的名称、材料、数量等。

6. 检查校对

看零件是否表达清楚，投影关系是否正确。然后校对尺寸是否有遗漏，相互配合的相关尺寸是否一致，以及技术要求与标题栏等内容是否完整。

完成后的零件图如图 9-9 所示。

对于该装配图中的其他零件图，同理可按照上述的方法一一绘出，请读者自行分析。

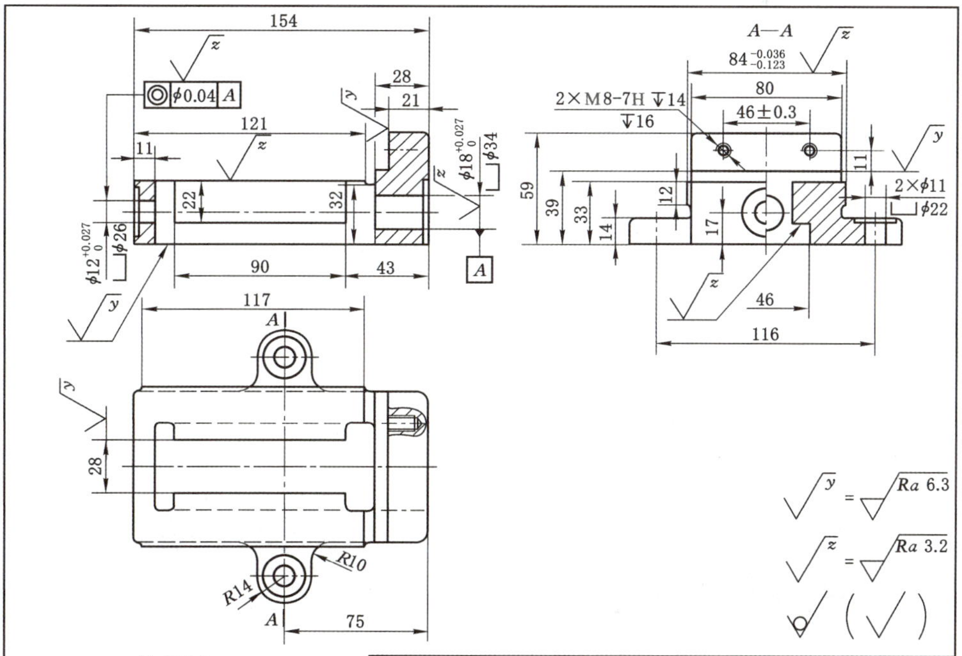

技术要求

1. 铸件不得有裂纹、缩孔等缺陷。
2. 未注铸造圆角 $R1\sim R3$。

设计			HT200	
校核			比例 1:2	固定钳身
审核				
班级			共 张第 张	

图 9-9 固定钳身零件图

项目10　金属焊接图

教学目标

了解焊接图的基本知识、焊接符号；熟悉焊接图的标注方法；掌握焊接图的简单画法。

思政目标

1. 通过生活中丰富多彩的焊接实例，点亮学生精益求精的工匠精神。
2. 联系工程中的焊接，激发学生的爱国热情，培养学生严谨的职业素养。

学习项目工单

项目名称	金属焊接图
项目描述	冬奥会来了，作为第29届奥运会主体育场的“鸟巢”又闪亮登场。试查阅“鸟巢”焊接技术（钢结构）相关资料，分析其特色及意义
项目分析	熟悉我国钢结构焊接的应用
成果展示及评价	各组成员完成所要求焊接方法的确定，小组互评后由教师综合评定成绩

引例

说起焊接，我们头脑中就会闪现钢铁侠、变形金刚……抛开电影剧情，在生活、工程中，钢铁焊制也是处处可见的，如鸟巢、中央电视台总部大楼、三峡工程、港珠澳大桥、航母、航天飞机等，如图10-1所示。

图10-1　鸟巢、港珠澳大桥与焊接

以国家体育场(鸟巢)钢结构焊接、三峡工程、港珠澳大桥等为载体,激发学生爱国情怀,导入金属焊接图专业知识点,引导学生主动思考、探索、交流“中国标准”,培养学生扎实的专业功底和精益求精的工匠精神。

任务1 焊接的表示法

焊接是通过加热或加压,或两者并用,并且用或不用填充材料,使工件达到结合的一种方法。在实施焊接时,可以采取不同的方法实现。焊接是一种不可拆卸的连接形式,由于它施工简便、连接可靠,因此在工程中被广泛采用。

金属焊接图(简称焊接图)是用来表达金属焊接件的工程图样,是焊接件进行加工时所用的图样,应能清晰地表示出各焊接件的相互位置、焊接形式、焊接要求以及焊缝尺寸等。

《焊缝符号表示法》(GB/T 324—2008)规定,推荐用焊缝符号表示焊缝或接头。

一、焊缝的规定画法

两焊接件用焊接的方法连接后,其熔接处的接缝称焊缝,在焊接处形成焊接接头。由于两焊接件间相对位置不同,焊接接头有对接、角接、搭接和T形接头等基本形式,如图10-2所示。

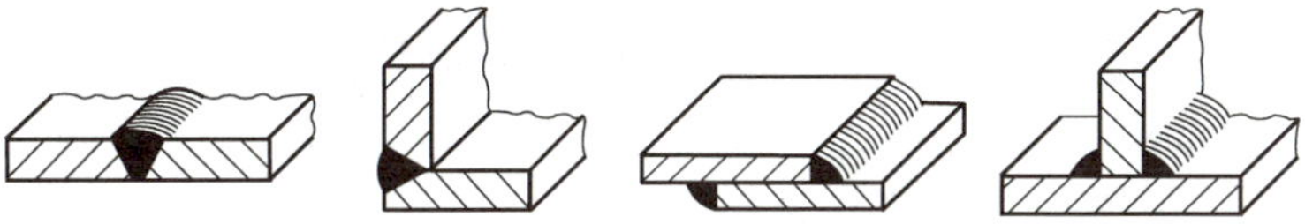

(a) 对接接头　(b) 角接接头　(c) 搭接接头　(d) T形接头

图10-2　常见的焊缝接头和焊缝形式

焊缝的表达要遵守国家标准有关规定。在工程图样中,当需要图示焊缝时,可按规定画法用视图、剖视图或剖面图表示;需详细表示焊缝的结构形状和尺寸时,要绘制局部放大图。当不需要图示时,焊缝可用符号表示。

在画焊接图时,如图10-3所示,当施焊面(或带坡口的一面)处于可见时,焊缝用栅线(一系列细实线,允许徒手绘制)表示,此时表示两个被焊接件相接的轮廓线应保留。当施焊面(或带坡口的一面)处于不可见时,不可见面用粗实线表示,表示焊缝的栅线省略,不画焊缝的断面应涂黑表示。用剖视图或断面图表示焊缝接头或坡口的形状时,焊缝的金属熔焊区通常应涂黑表示。

对于常压、低压设备,在剖视图上的焊缝,按焊接接头的形式画出焊缝的剖面,剖面符号用涂黑表示,如图10-3所示;视图中的焊缝可省略不画,如图10-4所示。

对于中压、高压设备或设备上某些重要的焊缝,则需用局部放大图(亦称节点图)详细地表示出焊缝结构的形状和有关尺寸,如图10-5所示。

二、焊缝的符号表示法

在焊接图样上,零件的焊接处应标注上焊缝符号,用以说明焊缝形式和焊接要求。完整的焊缝符号包括基本符号、指引线和基准线、补充符号、尺寸符号及数据等。为了简化,在图样上标注焊缝时通常只采用基本符号、指引线和基准线,其他内容一般在有关的文件(如焊接工艺规程等)中明确。

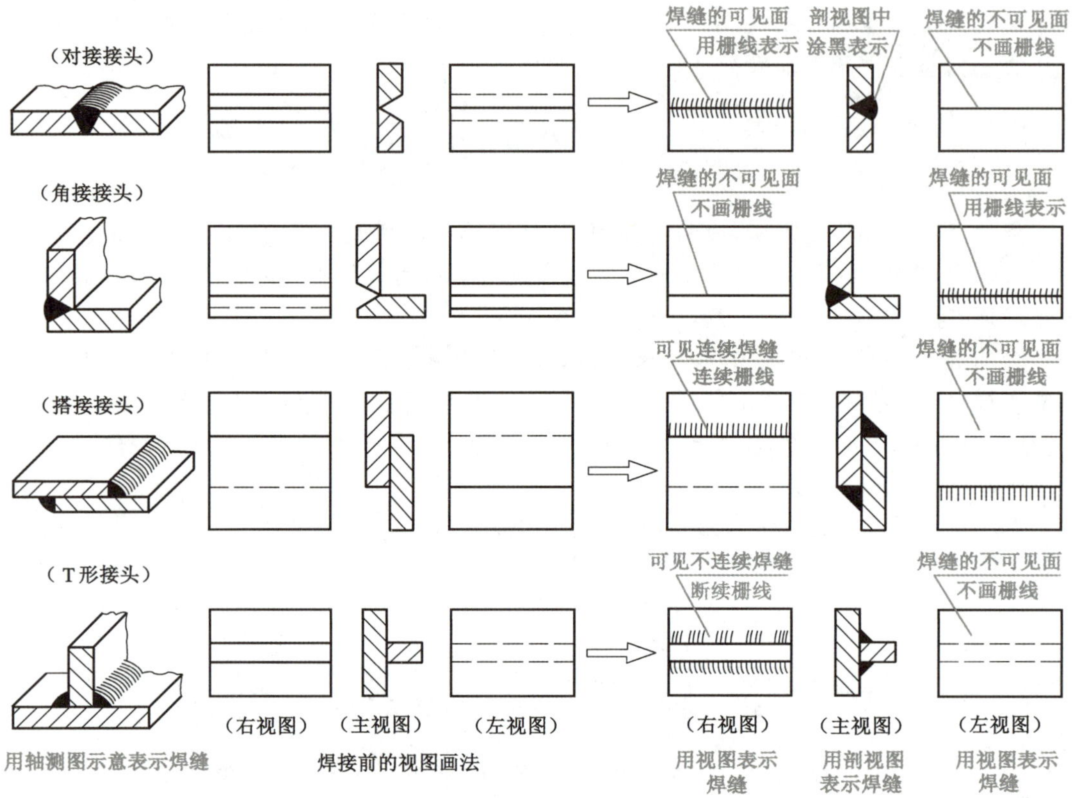

图 10-3　焊缝的规定画法

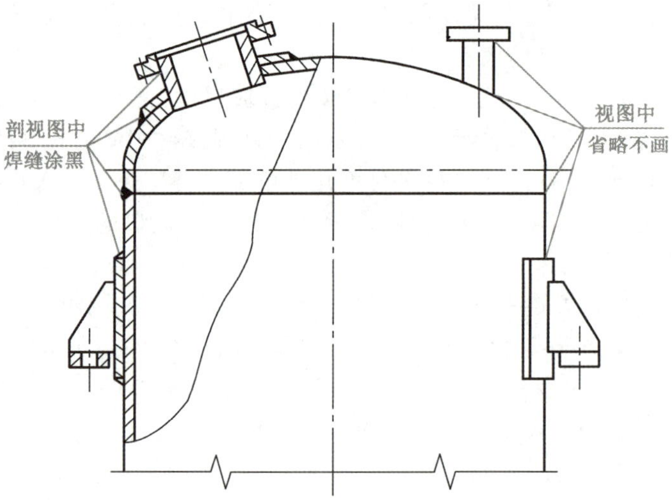

图 10-4　剖视图中焊缝的画法

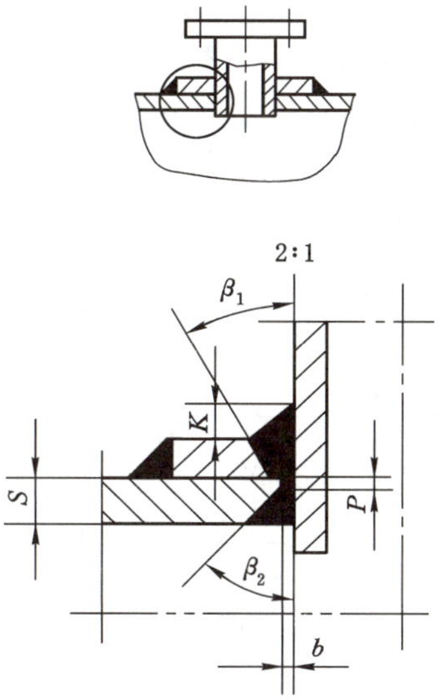

图 10-5 焊缝节点图

1. 基本符号

基本符号表示焊缝横截面的基本形式或特征，具体参见表 10-1。

表 10-1 常见焊缝的基本符号(摘自 GB/T 324—2008)

名称	图形符号	示意图	标注示例
I 形焊缝		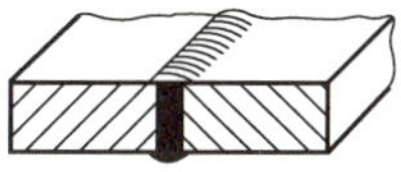	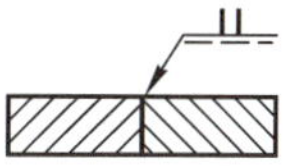
V 形焊缝			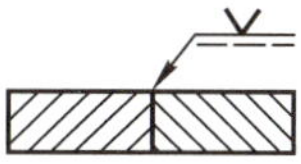
带钝边 U 形焊缝			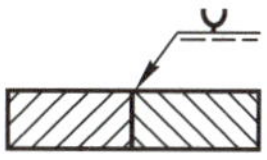
带钝边 J 形焊缝			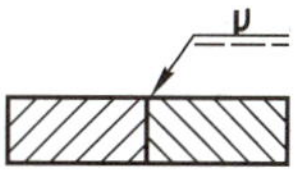
封底焊缝		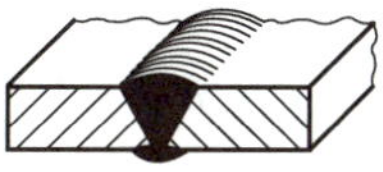	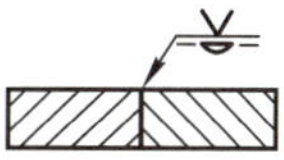
角焊缝		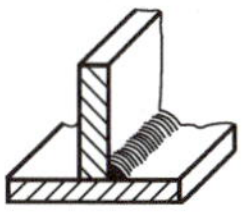	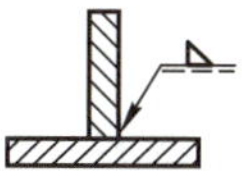
点焊缝		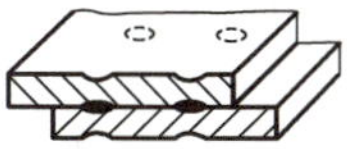	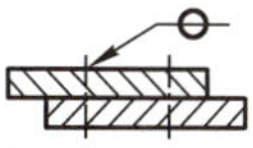

2. 指引线

指引线采用细实线绘制，一般由带箭头的箭头线和两条基准线(一条为实线，一条为虚线)组成，如图 10-6 所示。箭头线用来将整个焊缝符号指到图样上的有关焊缝处，必要时允许弯折一次。基准线应与主标题栏平行，基准线的上、下方用来加注各种符号和焊缝尺寸，基准线中的虚线可画在实线的上侧或下侧。

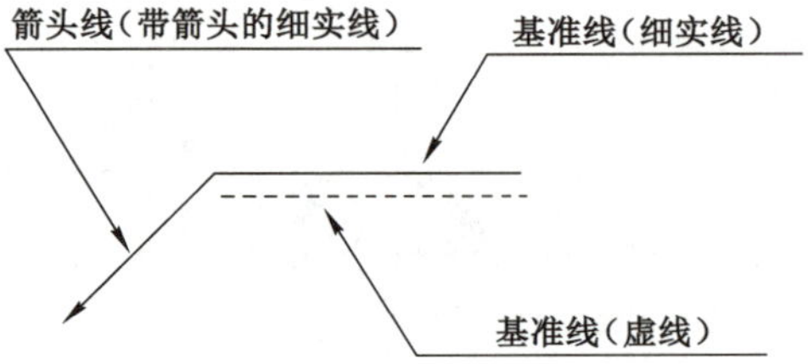

图 10-6　指引线的画法

3. 焊缝的补充符号

焊缝的补充符号是补充说明有关焊缝或接头的某些特征，如表面形状、焊缝分布、施焊地点等，见表 10-2。

表 10-2　焊缝的补充符号

名称	图形符号	示意图	标注示例	示例的说明
平面	—		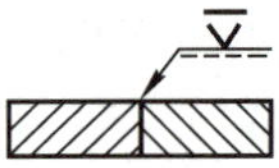	平齐的 V 形焊缝，焊缝表面经过加工后平整
凹面	⌣	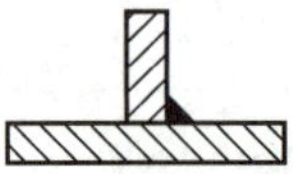	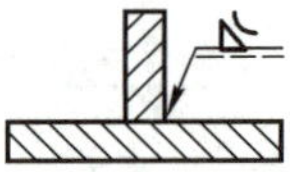	角焊缝表面凹陷
凸面	⌢			双面 V 形焊缝，焊缝表面凸起
圆滑过渡		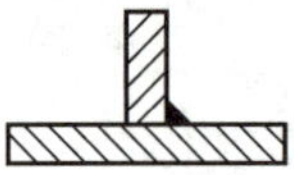	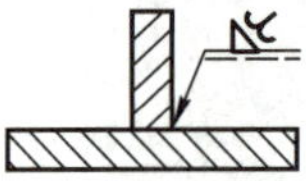	焊缝表面与母材交接处圆滑过渡
永久衬垫	M		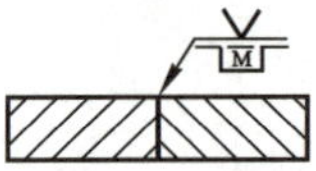	V 形焊缝背面的衬垫永久保留
临时衬垫	MR		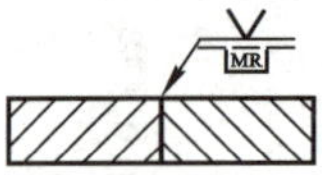	V 形焊缝背面的衬垫在焊接完成后拆除

表 10-2(续)

名称	图形符号	示意图	标注示例	示例的说明
三面焊缝		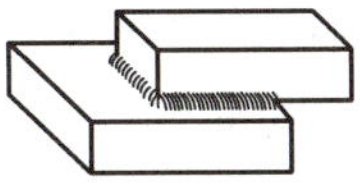	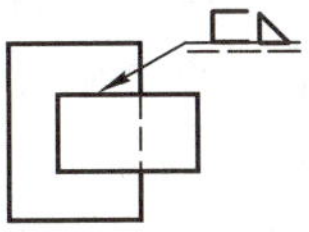	三面带有(角)焊缝,符号开口方向与实际方向一致
周围焊缝		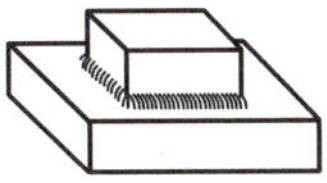	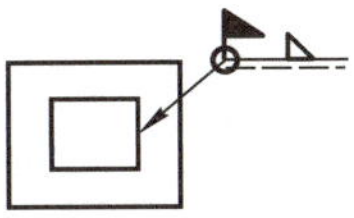	沿着工件周边施焊的焊缝,周围焊缝符号标注在基准线与指引线的交点处
现场焊缝				在现场焊接的焊缝
尾部		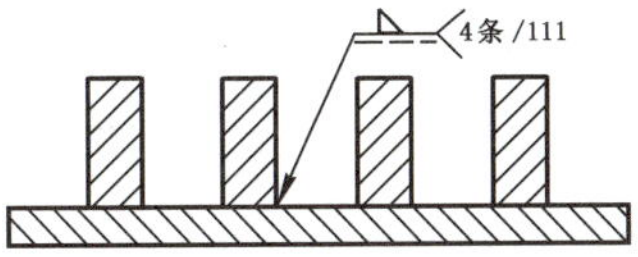		表示有 4 条相同的角焊缝,采用焊条电弧焊

4. 焊缝的尺寸符号

焊缝尺寸符号是用字母代表对焊缝的尺寸要求,当需要注明焊缝尺寸时才标注,见表10-3。

表 10-3 尺寸符号

名称	符号	符号含义
工件厚度	δ	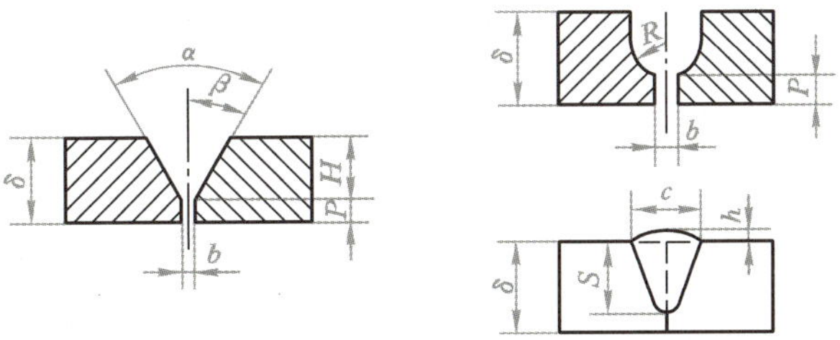
坡口角度	α	
坡口面角度	β	
根部间隙	b	
钝边	P	
坡口深度	H	
焊缝宽度	c	
余高	h	
焊缝有效厚度	S	
根部半径	R	
焊脚尺寸	K	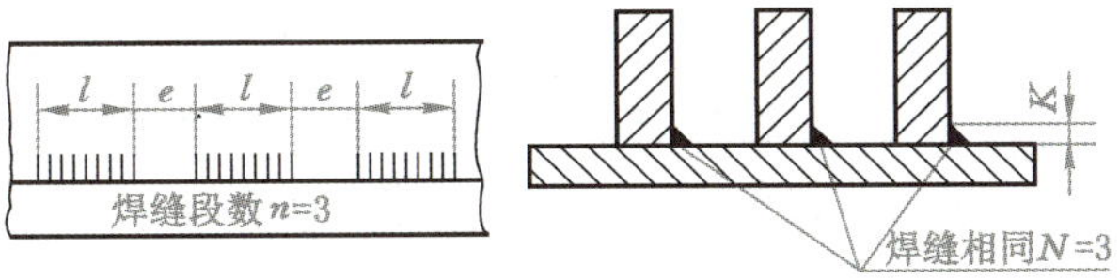
焊缝长度	l	
焊缝间距	e	
焊缝段数	n	
相同焊缝数量	N	

5. 焊缝符号的尺寸注法

必要时，可以在焊缝符号中标注焊缝尺寸，如图10-7所示，其标注规则如下：

(1) 焊缝的横向尺寸标注在基本符号的左侧。

(2) 焊缝的纵向尺寸标注在基本符号的右侧。

(3) 焊缝的坡口角度、坡口面角度、根部间隙尺寸标注在基本符号的上侧或下侧。

(4) 相同焊缝数量及焊接方法代号等可以标在尾部。

(5) 当尺寸较多不易分辨时，可在尺寸数值前标注相应的尺寸符号。

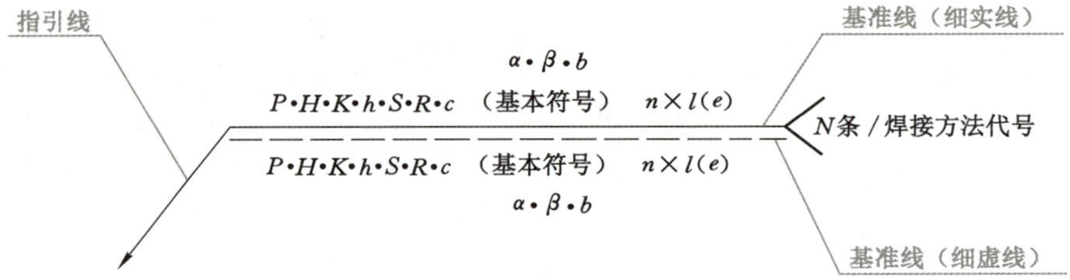

图10-7 基本符号与基准线的相对位置

6. 焊接工艺方法代号

《焊接及相关工艺方法代号》(GB/T 5185—2005)规定，用阿拉伯数字代号表示各种焊接工艺方法，并可在图样中标出。焊接工艺方法一般采用三位数字表示：一位数代号表示工艺方法大类，两位数代号表示工艺方法分类，三位数代号表示某种工艺方法，见表10-4。

表10-4 焊接工艺方法代号

代号	工艺方法	代号	工艺方法	代号	工艺方法	代号	工艺方法
1	电弧焊	2	电阻焊	3	气焊	74	感应焊
11	无气体保护电弧焊	21	点焊	311	氧乙炔焊	82	电弧切割
111	焊条电弧焊	211	单面点焊	312	氧丙烷焊	84	激光切割
12	埋弧焊	212	双面点焊	41	超生波焊	91	硬钎焊
15	等离子弧焊	22	缝焊	52	激光焊	94	软钎焊

任务2 常见焊缝的标注方法

指引线相对焊缝的位置一般没有特殊要求，指引线可以标在焊缝一侧，也可标在没有焊缝一侧。

一、基本符号与基准线的相对位置

如图10-8所示，焊缝的坡口朝右(焊缝在右侧)时，如果基本符号在基准线的细实线上，则表示焊缝在接头的箭头侧；如果基本符号在基准线的细虚线上，则表示焊缝在接头的非箭头侧。

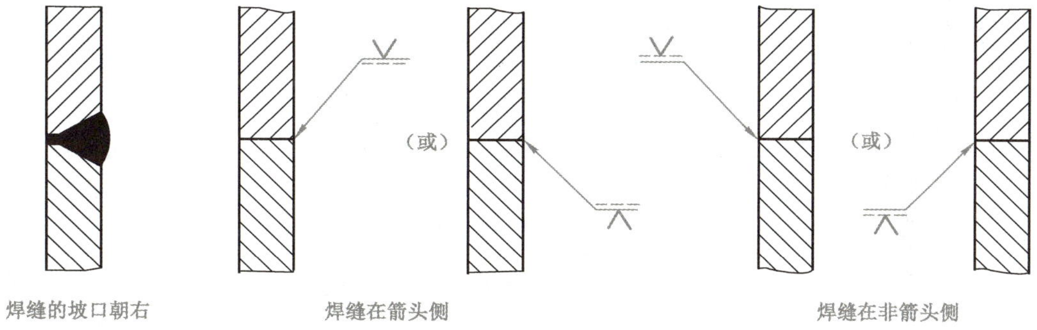

图 10-8 基本符号与基准线的相对位置

二、双面焊缝的标注

双面焊缝，可以省略细虚线；左侧为 I 形焊缝、右侧为角焊缝，也可省略细虚线，如图 10-9 所示。

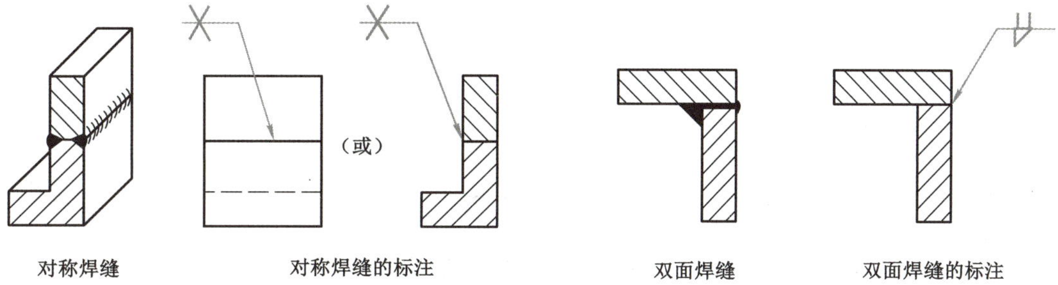

图 10-9 双面焊缝的标注

三、对称焊缝的标注

有对称板的焊缝在两面焊接时，称为对称焊缝。标注对称焊缝时，要注意“对称板”的选择，如图 10-10 所示。

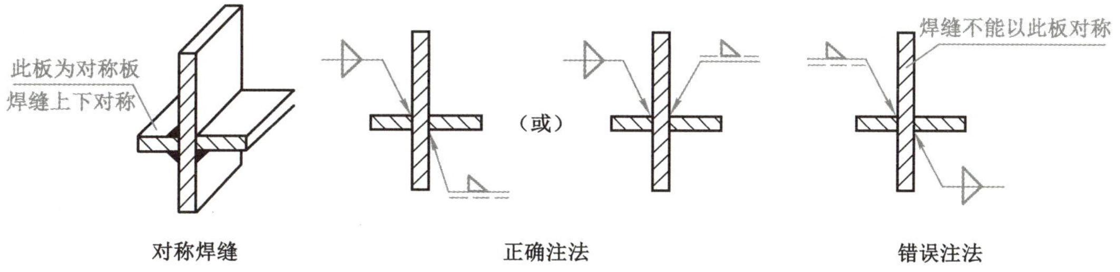

图 10-10 对称焊缝的标注

四、常见焊缝的标注示例

焊缝的视图、剖视图画法和焊缝符号及其焊缝位置的定位尺寸简化注法示例见表 10-5。

表 10-5　标注示例

序号	视图或剖视图画法示例	焊缝符号及定位尺寸简化标注法示例	说明
1	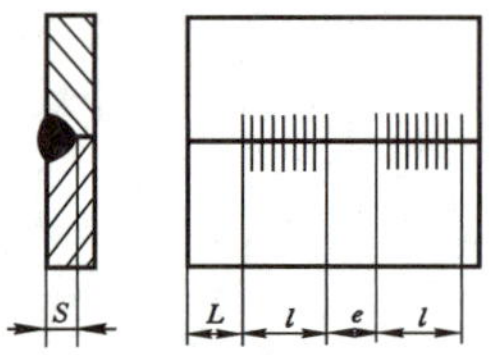	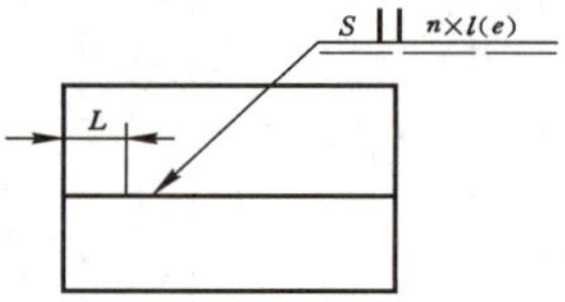	断续 I 形焊缝在箭头侧，其中 L 是确定焊缝起始位置的定位尺寸
		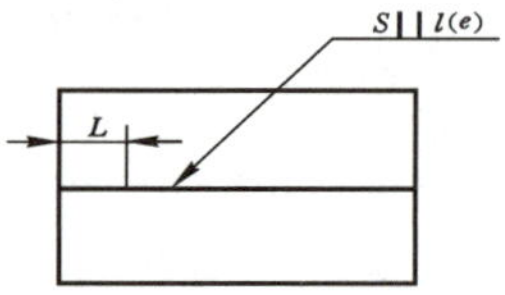	焊缝符号标注中省略了焊缝段数和非箭头侧的基准线（虚线）
2	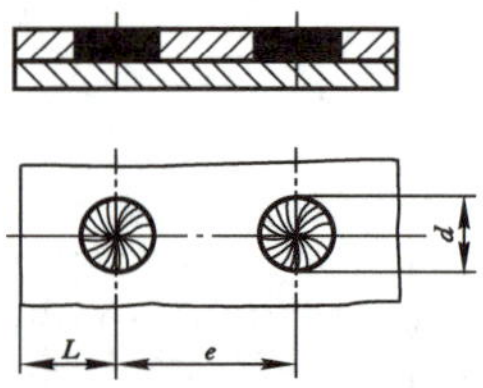	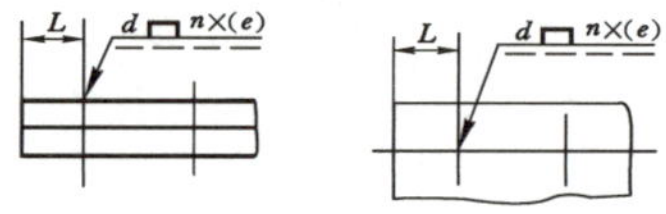	焊缝在箭头侧，其中 L 是确定焊缝起始孔中心位置的定位尺寸
		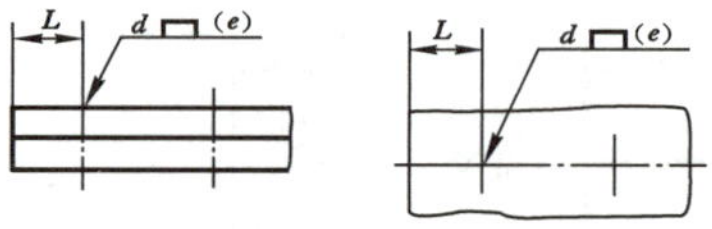	焊缝符号标注中省略了焊缝段数和非箭头侧的基准线（虚线）

图 10-11 所示为挂架焊接图。挂架由背板、横板、肋板和圆筒四部分组成。由图 10-11 可以看出，背板与横板采用两面角焊缝，焊角高为 5；肋板与横板及圆筒采用焊角高为 5 mm 的角焊缝，与背板采用焊角高为 4 的双面角焊缝。圆筒与背板采用焊角高为 4 的单边 V 形焊缝。

焊接图表达方法与零件图相似，都要标注完整的尺寸，与零件图不同的是各构件的剖面线方向应相反，且在焊接图中需对各构件进行编号，并填写标题栏，这一点与装配图相同。从形式上看，焊接图与装配图类似，但表达的内容与装配图不同，装配图表达的应是部件或机器，而焊接图表达的仅是一个零件。因此，通常说的焊接图有装配图的形式、零件图的内容。

【例 10-1】　一对对接接头，其接头板厚 10 mm，根部间隙 2 mm，钝边 3 mm，坡口角度 60°。共有 4 条焊缝，每条焊缝长 100 mm，采用埋弧焊进行焊接。试用焊缝符号表示法将其标注出来。

标注结果如下：

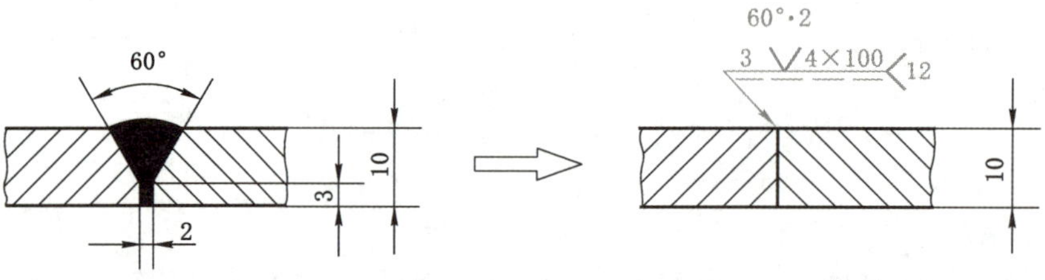

焊缝形式及尺寸　　　　标注方法

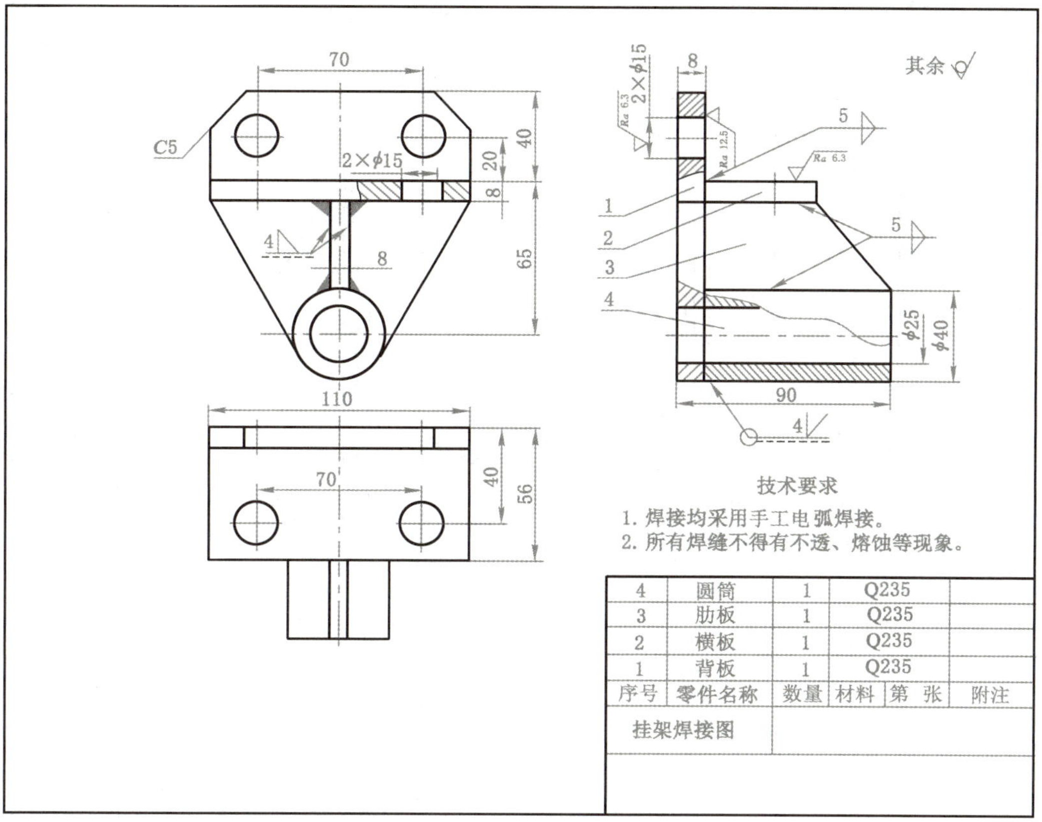

图 10-11 挂架焊接图

【例 10-2】 一对角接接头，该焊缝为双面焊缝，上面为带钝边单边 V 形焊缝，下面为角焊缝。钝边为 3 mm，坡口面角度为 50°，根部间隙为 2 mm，焊脚尺寸为 6 mm。试用焊缝符号表示法将其标注出来。

标注结果如下：

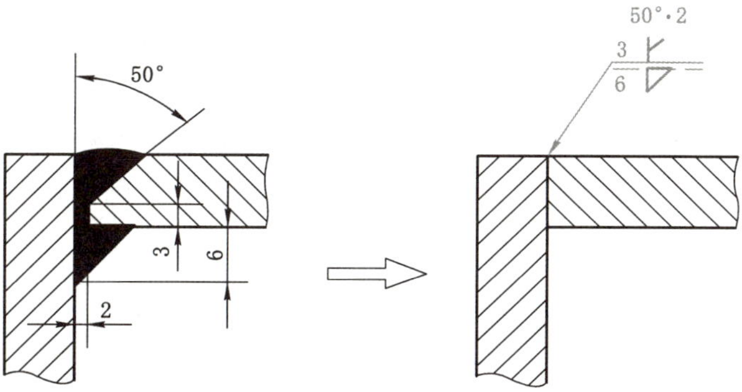

焊缝形式及尺寸　　　　标注方法

【例 10-3】 图 10-12 所示为某化工设备的支座焊接图。试解释图中三种不同焊缝符号所表示的含义。

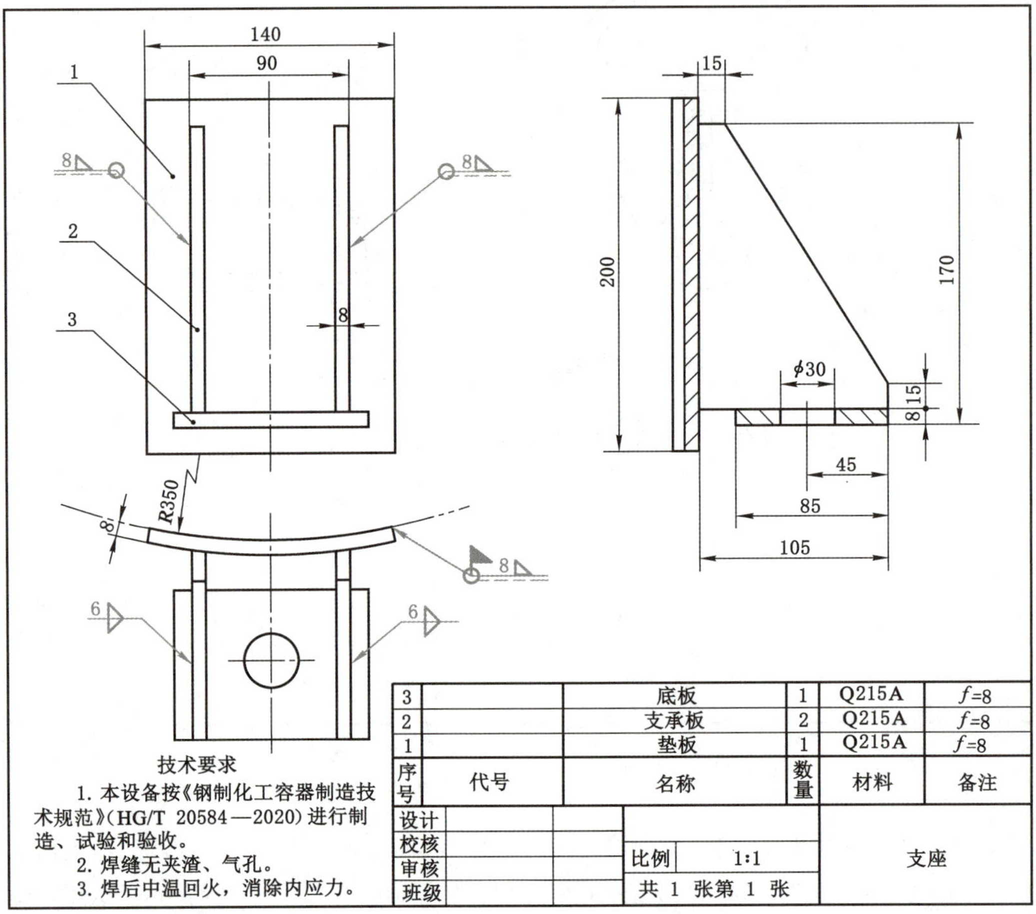

图 10-12 某化工设备的支座焊接图

分析：

① 件 1(垫板)与设备吻合，与设备之间在吊装现场焊接，四周全部采用角焊缝焊接，焊脚尺寸为 8 mm。

② 件 2(支承板)与件 1(垫板)之间采用四周全部角焊缝焊接，焊脚尺寸为 8 mm。

③ 件 3(底板)与件 2(支承板)之间采用双面角焊缝焊接，焊脚尺寸为 6 mm。

项目11 建筑施工图

教学目标

1. 了解建筑施工图的分类、组成；了解建筑施工图常用的建筑名词与术语、常用图例和符号；熟悉建筑图的基本表达方法。

2. 了解建筑总平面图的用途、基本内容、读图注意事项等；掌握建筑平面图的读图顺序、尺寸、代号、图例符号、索引符号、文字说明所表达的含义。

思政目标

1. 体会中国近代建筑之父梁思成坚定乐观的个人魅力，由衷敬佩迎难而上、敢于奉献的求是精神和爱国情怀，激发家国情怀，树立使命感和责任感。

2. 扩展学生新时代科技前沿，见证中国速度，坚定学生技能报国的信念。

学习项目工单

<table>
<tr><th>项目名称</th><th>建筑施工图的表达方法</th></tr>
<tr><td>项目描述</td><td>自定比例，在 A4 纸上绘制以下建筑施工图中的图例：
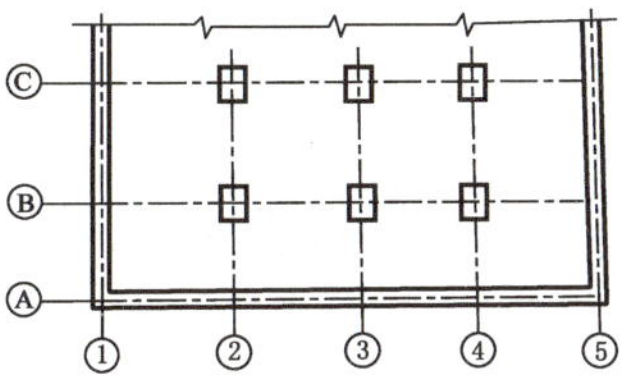
定位轴线

指北针
根据建筑制图标准的规定，在 A4 纸上抄绘 1—1 剖面图。
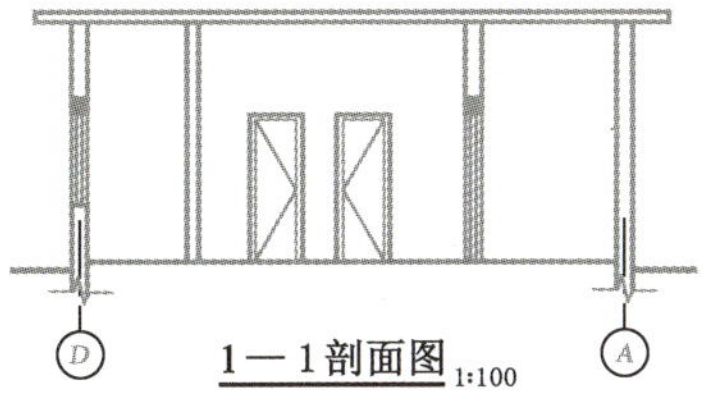
1—1剖面图 1:100</td></tr>
<tr><td>项目分析</td><td>熟悉建筑施工图中图例国标相关规定，熟悉建筑施工图中剖面图的画法及标注</td></tr>
<tr><td>成果展示及评价</td><td>各组成员每人完成所要求图纸一份，小组互评后由教师综合评定成绩</td></tr>
</table>

引例

中国古代建筑凝聚了中国人民千百年来的聪明智慧。通过梁思成眼中的中国古代建筑第一瑰宝“山西五台山佛光寺”，以直观的方式引出建筑施工图。

图 11-1(a)所示为山西五台山佛光寺大殿，佛光寺大殿并不高大，貌似平常，但却被称为“中国第一瑰宝”，因为它打破了日本学者的断言——在中国大地上没有唐朝及其以前的木结构建筑(要看中国的唐代建筑，只能到日本的京都和奈良)。

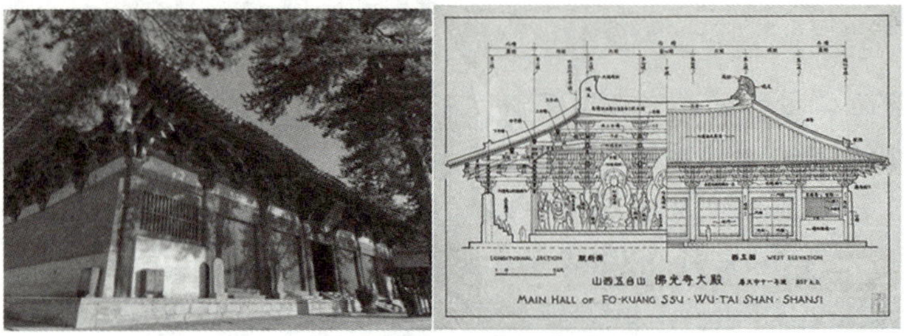

(a) 山西五台山佛光寺大殿

(b) 建筑施工图及模型

图 11-1　建筑施工图

建筑施工图是建造建筑物时使用的图纸，如图 11-1(b)所示，它可以准确地表达出建筑物的外形轮廓、尺寸大小、结构类型、装修做法。它是表达工程设计思想和指导施工必不可少的技术文件，读懂建筑图是每名工程技术人员的一项基本功，也是按图施工的先决条件。

通过《卓越工程师陆建新：不断挑战中国建筑新高度》视频，让学生体验新时代劳模风采，感受中国高度，见证“两天半一层楼的深圳速度”，从而增加学生大国信念，不忘初心筑梦美好时代。加深学生对建筑施工图的理解，并让学生见证中国建筑学家的赤子之心，提高学生爱党、爱国、爱人民的思想，培养学生家国情怀和使命意识，坚定学生技能报国的信念。

任务 1　建筑施工图的表达方法

工程技术人员在工艺设计过程中，应对厂房建筑设计提出工艺方面的要求。例如，厂房必须满足生产设备的布置和检修要求；建筑物和道路的布置，必须符合生产工艺流程和运输的需要。工程技术人员应该掌握房屋建筑的基本知识和具备识读建筑施工图的初步能力。

建筑施工图是用以表达设计意图和指导施工的成套图样。它将房屋建筑的内外形状、大小及各部分的结构、装饰等，按国家工程建设制图标准的规定，用正投影法准确而详细地表达出来。由于建筑物的形状、大小、结构及材料等与机器设备存在很大差别，所以在表达方法上也就有所不同。

一、建筑工程图的基本知识

1. 房屋建筑的构成

房屋按其使用功能，通常分为工业建筑（如厂房、仓库等）、农业建筑（如粮站、饲养场等）和民用建筑三大类。其中，民用建筑又分为居住建筑（如住宅、公寓等）和公共建筑（如商场、旅馆、车站、学校、医院、机关等）。

建筑物按结构类型可分为砖混结构、钢筋混凝土板墙结构、钢筋混凝土框架结构等。其中，钢筋混凝土框架结构的竖向承重构件为钢筋混凝土梁、板、柱组成的骨架，围护结构为非承重构件，它们可以采用砖墙、加气混凝土块及预制板材等。

各种不同的建筑物，尽管它们的使用要求、空间组合、外形处理、结构形式、构造方式及规模大小等方面有各自的特点，但其基本构造都是相似的，如图 11-2 所示。房屋建筑由承重结构（如基础、柱、墙、梁、板）、围护结构（如屋面、外墙、雨篷）、交通结构（如门、走廊、楼梯、台阶）、通风、采光和隔热结构（如窗、天井、隔热层）、排水结构（如天沟、雨水管、勒脚、散水、明沟）、安全和装饰结构（如扶手、栏杆、女儿墙）等构成。

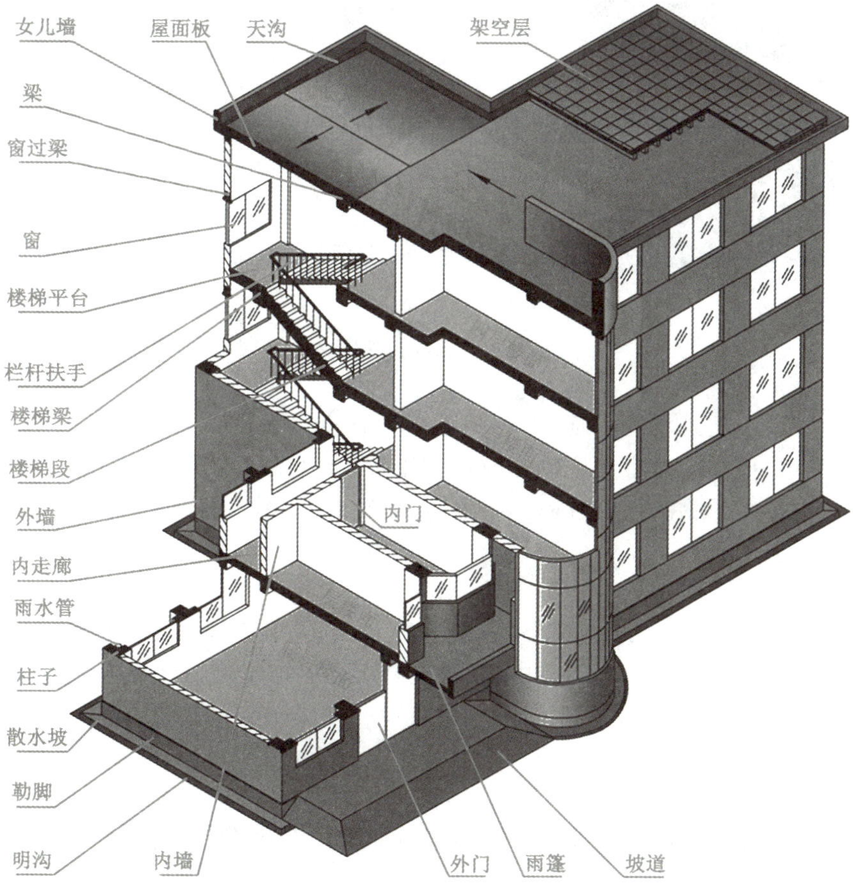

图 11-2　房屋建筑的组成

2. 建筑工程图的内容

建筑施工图简称“建施”，主要反映建筑物的整体布置、外部造型、内部布置、细部构造、内外装饰以及一些固定设备、施工要求等，是房屋施工放线、砌筑、安装门窗、室内外装修和编制工程概算及组织施工的主要依据。它包括设计说明、施工图首页、总平面图、建筑平面图、建筑立面图、建筑剖面图、建筑详图等。

建筑施工图从总体上表达建筑物的内外形状和结构情况，通常要画出它的平面图、立面图和剖面图(简称“平立剖”，是建筑施工图中的基本图样)。

(1) 平面图

如图 11-3 所示，假想用一水平的剖切平面沿门窗洞的位置将建筑物剖开，移去剖切平面以上部分，将余下部分向水平面投射所得的剖视图，称为建筑平面图，简称平面图。类似于机械图样中全剖的俯视图。

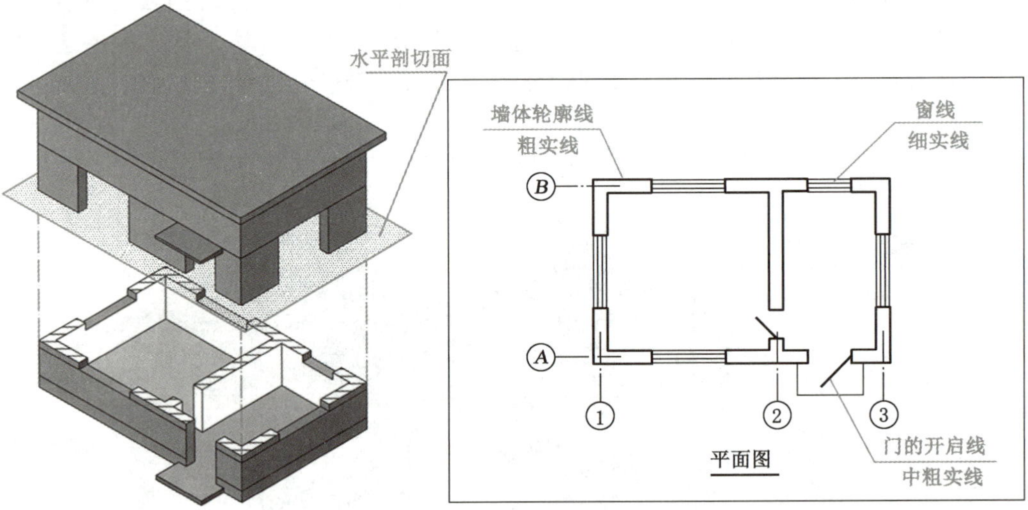

图 11-3 平面图

平面图主要表示建筑物的平面布局，反映各个房间的分隔、大小、用途，墙(或柱)的位置，内外交通联系，门窗的类型和位置等内容。如果是楼房，还应表示楼梯的位置、形式和走向。主要内容包括建筑物的朝向及内部布置、定位轴线及编号、建筑物的尺寸与标高、门和窗、楼梯、附属设施等。

(2) 立面图

一般建筑物都有前、后、左、右四个面，如图 11-4 所示，表达建筑物外墙面特征的正投影图，称为建筑立面图，简称立面图。其中，反映主要出入口和建筑物外貌特征的那一面，称为正立面图(相当于机械制图中的主视图)；从建筑物的左侧(或右侧)由左向右(或由右向左)投射所得的立面图，称为侧立面图；从建筑物的背面(由后向前)投射所得的立面图，则称为背立面图。

立面图主要表示建筑物的外貌，反映建筑物的长度、高度和层数，门窗、雨篷、凉台等细部的形式和位置，墙面装饰的做法等内容。

由于立面图主要表示建筑物某一立面的外貌，所以建筑物内部不可见部分省略不画。

立面图采用的比例与平面图相同。

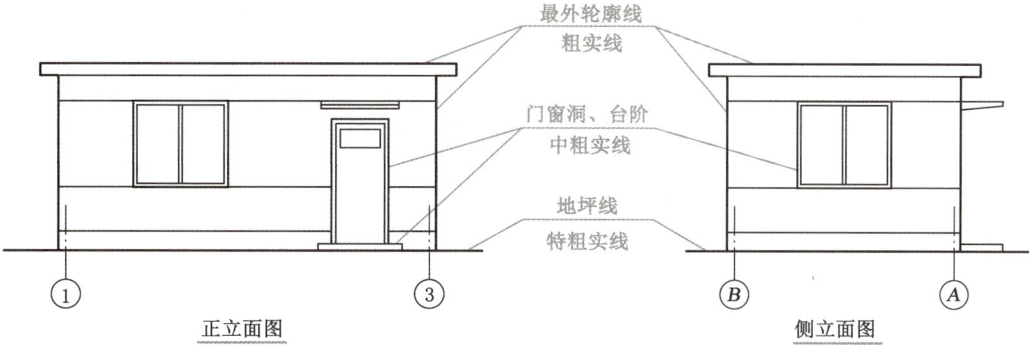

图 11-4　建筑侧立面图

(3) 剖面图

如图 11-5 所示，假想采用一个或多个垂直于外墙的切平面将建筑物剖开，移去观察者和剖切面之间的部分，将余下部分向投影面投射所得的剖视图，称为建筑剖面图，简称剖面图。剖面图相当于机械制图中全剖的左视图或右视图。

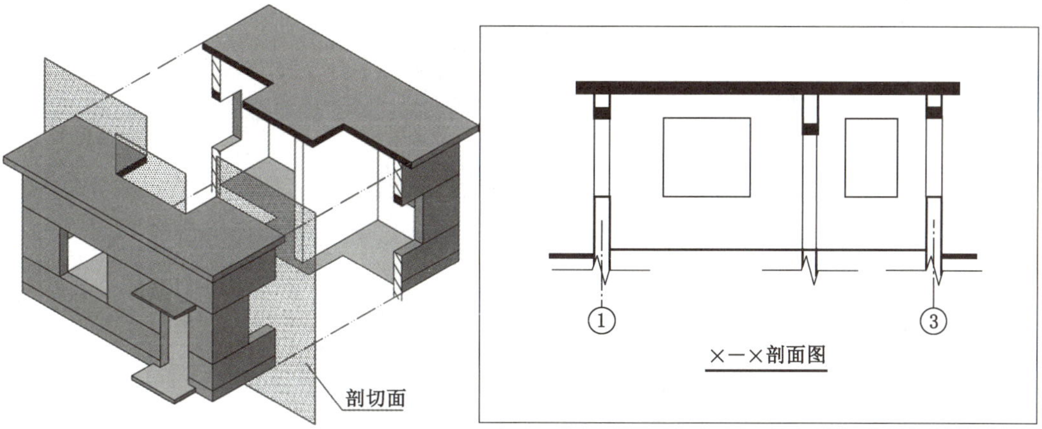

图 11-5　剖面图

剖面图主要表示建筑物内部在垂直方向上的情况，如屋面坡度、楼房的分层、楼板的厚度以及地面、门窗、屋面的高度等。剖面图采用的比例与平面图、立面图相同。剖面图所选取的剖切位置，应该是建筑物内部有代表性或空间变化较复杂的部位，并尽可能通过门窗洞、楼梯间等部位。

(4) 建筑详图

建筑平面图、立面图和剖面图是全局性的图纸，三图配合虽然表达了房屋的全貌，但由于所用的比例较小(建筑物体积较大)，房屋上的一些细部构造不能清楚地表示出来，因此在建筑施工图中，除了上述三种基本图样外，还应当把房屋的一些细部构造采用较大的比例(1∶30、1∶20、1∶10、1∶5、1∶2、1∶1)将其形状、大小、材料和做法详细地表达出来，以满足施工的要求，这种图样称为建筑详图，又称为大样图或节点图。建筑详图是建筑平、立、剖面图的补充，二者的关系是用索引符号联系的。对于套用标准图或通用详图的建筑细部和构配件，只要注明所套用图集的名称、编号或页数，则可以不再画出详图。

建筑详图是施工的重要依据，详图的数量和图示内容要根据房屋构造的复杂程度而定。一幢房屋的施工图一般需要绘制以下几种详图：外墙剖面详图、门窗详图、楼梯详图、台阶详图、厕浴详图以及装修详图等。

二、建筑施工图样与机械图样的区别

建筑图与机械图在画法、要求和标准等方面有很多相同之处，如建筑施工图应按正投影原理及视图、剖面和断面等的基本图示方法绘制，但也有不同。

1. 执行的标准不同

机械图样是按照技术制图和机械制图国家标准绘制的，而建筑施工图样是按照《房屋建筑制图统一标准》(GB/T 50001—2017)等6个国家标准绘制的。

2. 图样的名称与配置不同

(1) 建筑施工图样与机械图样都是按正投影法绘制的，但建筑施工图样与机械图样的图名不同，见表11-1。

表11-1 建筑图与机械图的图名对照

类别	图名对照								
建筑图样	正立面图	平面图	左侧立面图	右侧立面图	底面图	背立面图	剖面图	断面图	建筑详图
机械图样	主视图	俯视图	左视图	右视图	仰视图	后视图	剖视图	断面图	局部放大图

(2) 建筑施工图的视图配置，通常将平面图画在正立面图的下方，左侧立面图画在正立面图的左方，右侧立面图画在正立面图的右方。也可将平面图、立面图分别画在不同的图纸上，剖面图可画在图样的空白处或另外的图纸上。建筑施工图的每个视图都必须标注图名。

3. 图样的线型不同

绘制机械图样有9种规格的图线，绘制建筑图样有11种规格的图线。机械图样的线宽比为“粗线∶细线＝2∶1”，而建筑图样的线宽比为“粗线∶中粗线∶中∶细＝1∶0.7∶0.5∶0.25”，见表11-2。

表11-2 建筑图样与机械图样线型的区别

(机械图样)图线名称	线宽	(建筑图样)图线名称		线宽
粗实线	d	实线	粗	b
细实线	$0.5d$		中粗	$0.7b$
细虚线	$0.5d$		中	$0.5b$
细点画线	$0.5d$		细	$0.25b$
波浪线	$0.5d$	虚线	中粗	$0.7b$
双折线	$0.5d$		中	$0.5b$
粗虚线	d		细	$0.25b$

表 11-2(续)

(机械图样)图线名称	线宽	(建筑图样)图线名称		线宽
粗点画线	d	单点长画线	粗	b
细双点画线	$0.5d$		细	$0.25b$
—	—	折断线	细	$0.25b$
—	—	波浪线	细	$0.25b$

4. 绘图比例不同

由于建筑物的形体庞大,所以平面图、立面图、剖面图一般都采用较小的比例绘制,见表11-3。

表 11-3 建筑图样与机械图样线型的区别

图名	比例	图	比例
平面图、立面图、剖面图	1∶50、1∶100、1∶200	配件及构造详图	1∶1、1∶2、1∶5、1∶10、1∶20、1∶50
局部放大图	1∶10、1∶20、1∶50	总平面图	1∶500、1∶1 000、1∶2 000

5. 尺寸标注不同

(1) 建筑施工图中的起止符号一般不用箭头,而用与尺寸界线成顺时针旋转45°、长度为2~3 mm的中粗斜短线表示;直径、半径、角度与弧长的尺寸起止符号用箭头表示。

(2) 一般情况下,建筑施工图中的尺寸要标注成封闭的。

(3) 建筑施工图中的尺寸单位,除标高及总平面图以米(m)为单位外,其他以毫米(mm)为单位。

三、建筑施工图常用的符号和图例

为了保证制图质量、提高效率、表达统一和便于识读,我国制定了标准《房屋建筑制图统一标准》(GB/T 50001—2010)和《建筑制图标准》(GB/T 50104—2017)。在绘制施工图时,应严格遵守标准中的规定。

1. 定位轴线

定位轴线是用来确定房屋主要承重构件位置及标注尺寸的基线。在建筑施工图中,建筑物是个整体,为了便于施工时定位放线和查阅图样,采用定位轴线表示墙、柱的位置,并对各定位轴线加以编号,如图11-5和图11-6所示。

定位轴线用单点长画线表示,轴线编号注写在轴线端部的圆圈内。编号圆用细实线绘制,直径为8~10 mm。在平面图上,横向编号采用阿拉伯数字,自左向右依次编写;竖向编号用大写拉丁字母(I、O、Z除外)自下而上顺序编写,轴线编号一般注写在平面图的下方及左侧,如图11-6所示。

在立面图或剖面图上,一般只需画出两端的定位轴线,如图11-5所示。

2. 标高符号

在建筑施工图中,用标高表示建筑物的地面或某一部位的高度,用绝对标高和建筑标高表示不同的相对高度。标高尺寸以米(m)为单位,不需要在图上标注。

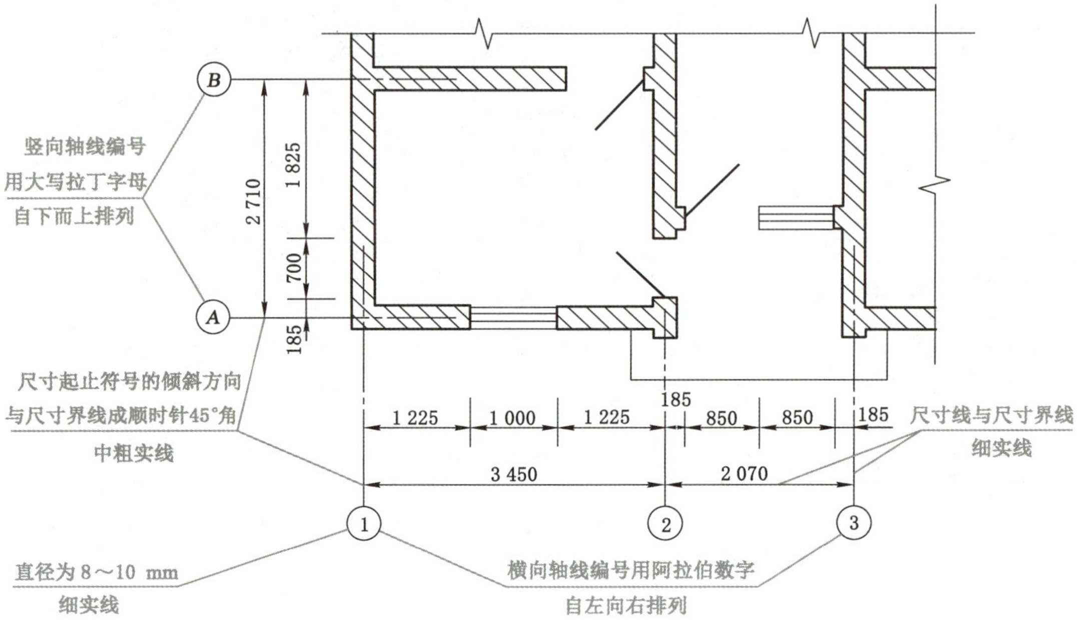

图 11-6　建筑图的尺寸标注

建筑物图样上标高符号的画法及标注如图 11-7 所示，线型为细实线。

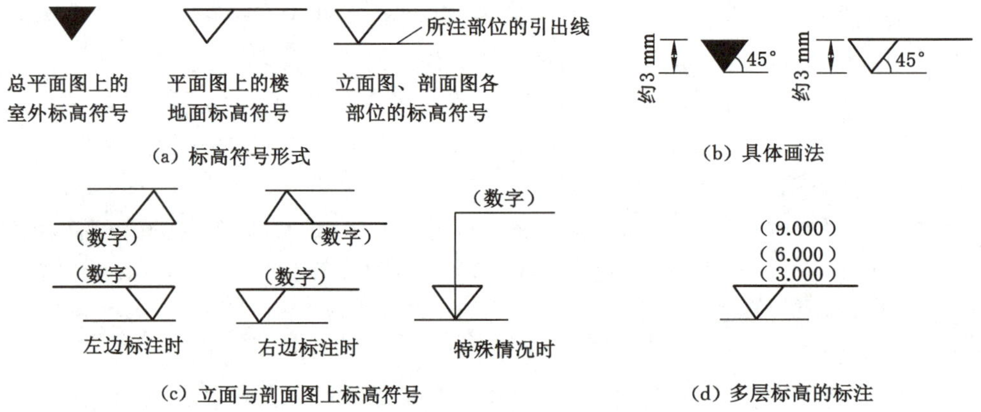

图 11-7　标高符号的画法

标注时，标高符号的尖端应指向被标注的高度。建筑标高用来表示建筑物各部位的高度，用于除总平面图以外的其他施工图上；常以建筑物的首层室内地面作为零点标高，注写成±0.000；零点标高以上为正，标高数字前不必注写"＋"号；零点标高以下为负，标高数字前必须加注"－"号；标高尺寸注写到小数点后第三位。

3. 风玫瑰

风向玫瑰图(即风向分布图)是根据某一地区气象台观测的风向资料绘制出的图形，因图形似玫瑰花朵而得名。风向玫瑰图表示风向的频率。风向频率是在一定时间内各种风向出现的次数占所有观察次数的百分比。

最常见的风玫瑰图是一个圆，圆上引出8条或16条放射线，它们代表8个或16个不同的方向，每条直线的长度与这个方向的风的频度成正比。如图11-8所示，根据各个方向风的出现频率，以相应的比例长度按风向中心吹描在用8个或16个方位所表示的图上，然后将各相邻方向的端点用直线连接起来，绘成一个形状宛如玫瑰的闭合折线，就是风向玫瑰图。图中线段最长者即为当地主导风向，静风的频度放在中间。

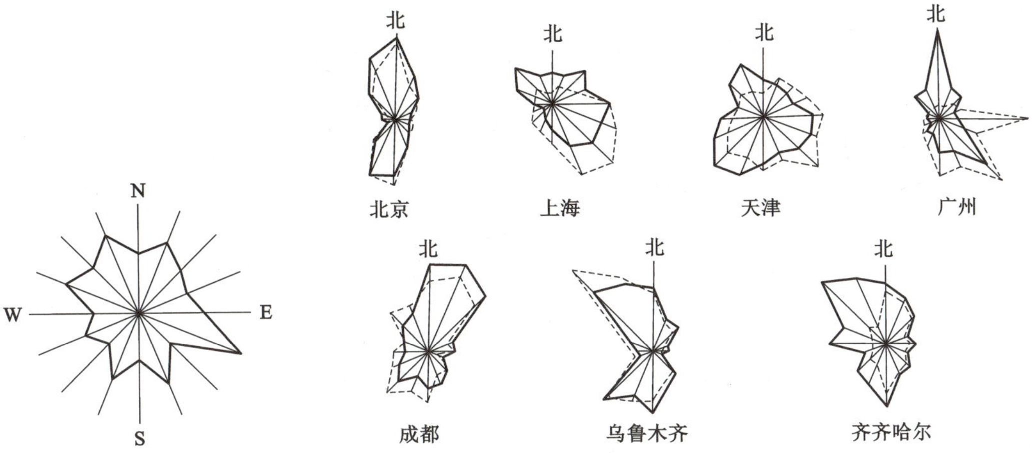

(a) 风玫瑰　(b) 部分城市风玫瑰图

图 11-8　风玫瑰

有些风玫瑰图上还指示出了各风向的风速范围。风向玫瑰图可直观地表示年、季、月等的风向，为城市规划、建筑设计和气候研究所常用。

4. 索引符号和详图符号

在房屋建筑图中某一局部或某一构件间的构造如需另画详图时，应以索引符号索引，即需要另画详图的部位编上索引符号，并在所画的详图上编上详图符号，两者必须对应一致。

索引符号为直径10 mm的细实线圆，并画一水平细实线直径；详图符号为直径14 mm的粗实线圆，并画一水平细实线直径，如图11-9所示。

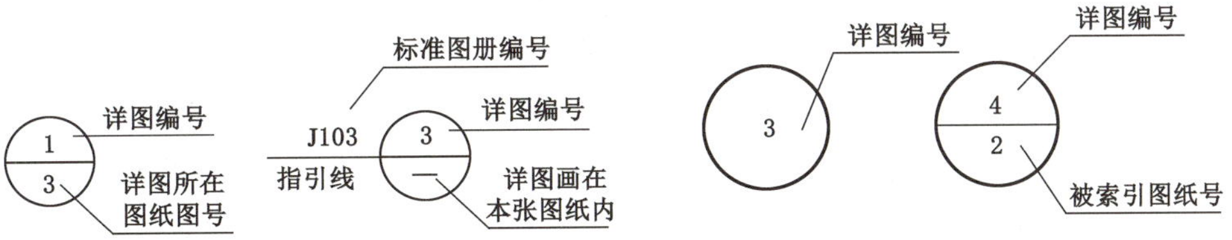

图 11-9　索引和详图符号

5. 常用图例和符号

图例及符号和构筑物是按比例缩小画在图纸上的，对于有些建筑细部、构件形状以及建筑材料等，无法也没有必要按它的真实形状画出，也难以用文字注释来表达清楚，所以都统一按规定的图例和符号来表示，以得到简单明了的效果。在标准中均有统一规定，表11-4所列为建筑施工图常用图例。

表 11-4　建筑施工图常用图例

名称		图例	说明
建筑材料	自然土壤		包括各种自然土壤
	夯实土壤		
	普通砖	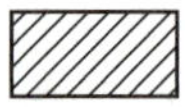	包括实心砖、多孔砖、砌块等砌体。断面较窄不易绘出图例线时，可涂红，并在图纸备注中加注说明，画出该材料图例
	混凝土	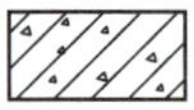	① 本图例指能承重的混凝土及钢筋混凝土。② 包括各种强度等级、骨料、添加剂的混凝土。③ 在剖面图上画出钢筋时，不画图例线。④ 断面图形小，不易画出图例线时，可涂黑
	钢筋混凝土	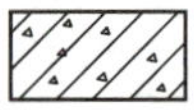	
其他	指北针	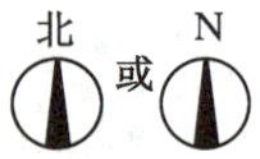	圆直径宜为 24 mm，用细实线绘制；指针尾部宽度宜为 3 mm，指针头部应注“北”或“N”
建筑构造及配件	单扇门（包括平开或单面弹簧）	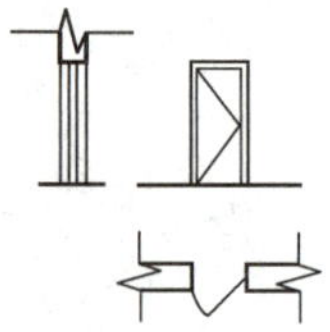	① 门的名称代号用 M 表示。② 平面图中，下为外、上为内。③ 剖面图中，左为外、右为内。④ 立面图中，开启线实线为外开、虚线为内开；开启线交角的一侧为安装合页的一侧
	单层外开平开窗	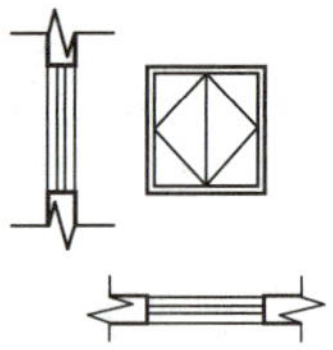	① 窗的名称代号用 C 表示。② 平面图中，下为外、上为内。③ 剖面图中，左为外、右为内。④ 立面图中，开启线实线为外开、虚线为内开；开启线交角的一侧为安装合页的一侧
	孔洞		阴影部分亦可填充灰度或涂色代替
	坑槽		

四、建筑施工图的绘制

绘制建筑平、立、剖面图必须注意它们的完整性和统一性。立面图和剖面图相应的高度关系必须一致，立面图和平面图相应的宽度关系也必须一致。绘制时一般先从平面图开始，然后画立面、剖面图。画时要从大到小、从整体到局部，逐步深入。

建筑平面图、立面图、剖面图的绘图步骤相似，首先画定位轴线，确定建筑构配件的形状和大小，画出各个细部，最后画尺寸线、标高符号，注写尺寸、标高数字和有关说明。例如剖面图的绘制，一般做法是在绘制好平面图、立面图的基础上绘制剖面图，并采用相同的图幅和比例。其步骤如下：

(1) 按比例画出定位线，内容包括室内外地坪线、楼层分格线、墙体轴线。

(2) 确定墙厚、楼层厚度、地面厚度及门窗的位置。

(3) 画出可见构配件的轮廓线及相应的图例。

(4) 按要求加深图线。

(5) 按规定标注尺寸、标高、屋面坡度、散水坡度、定位轴线编号、索引符号及必要的文字说明。

(6) 复核。

【例 11-1】 试根据图 11-10(b)所示楼梯剖视轴测图绘制楼梯的平面图。

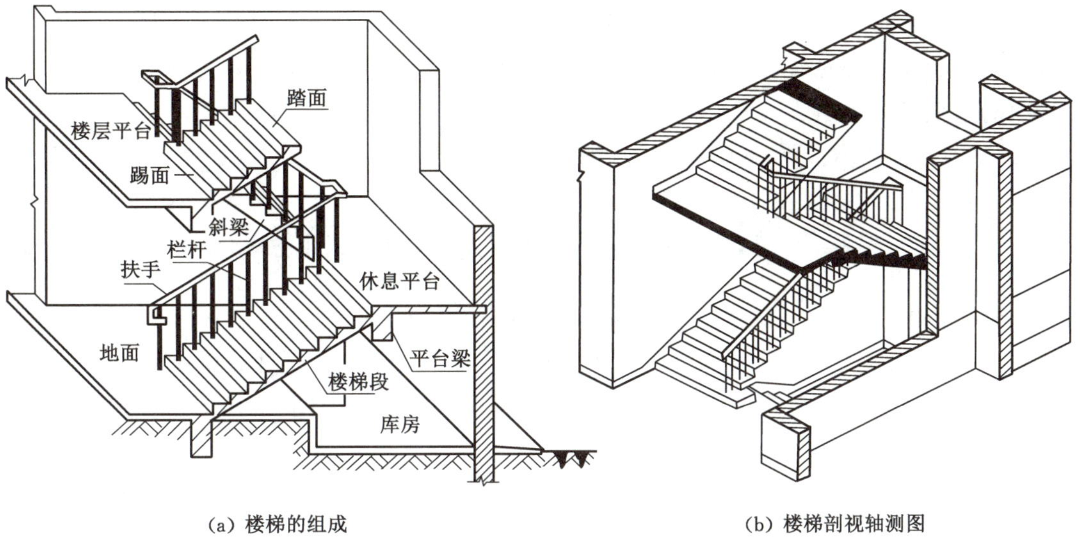

图 11-10 例 11-1 图

分析：楼梯平面图是水平剖切平面位于各层上方的剖面图，表明楼梯的水平长度和宽度、各级踏级的宽度、平台的宽度和栏杆扶手的位置以及其他一些平面的形状。

楼梯梯段被水平线剖切后，其剖切交线主要是正平线，而各级踏步也是正平线，为了避免混淆，剖切处在平面图中用倾斜折断线表示。

当各层的楼梯位置及梯段数、踏级数及其断面大小都相同时，通常把几层合画成一个标准层楼梯平面图，如图 11-11 所示。

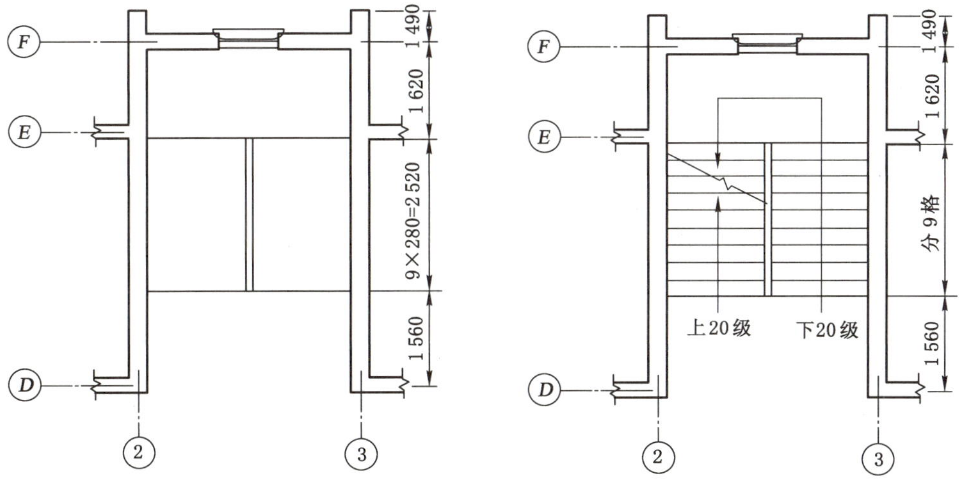

图 11-11 楼梯平面图

由图 11-11 可以看出，三层楼梯段经剖切后，不但可以看到本层上行梯段的部分踏级，也可看到下一层下行梯段的部分踏级，故用箭头分别标出“上 20 级”及“下 20 级”。楼梯段的长度＝每一级踏面宽×(梯段级数－1)。

具体画法如下：

(1) 根据楼梯平台宽度，先定出平台线；再由平台线以踏级数减一乘以踏级宽度，得出梯段另一端的梯级起步线。例如踏级数为 10、踏级宽度为 280 mm，则平台线至梯段另一端起步线的水平距离为(10－1)×280＝2 520 (mm)。

(2) 用等分两平行线间距离的方法分格。

任务 2　建筑施工图的识读

建筑施工图所表达的内容很多，对于非建筑专业人员而言，只要知道房屋的形状就行了，不需要了解其构件的内部结构、材料性能和施工要求，所以在此只对建筑施工图的识读方法做简要介绍。从施工角度看，一般读图的过程是读建筑平面图、立面图、剖面图和详图。

一、平面图

平面图是假想经过门窗的水平面把房屋剖开，移走上部，从上向下投射得到的水平剖视图，称为平面图。图 11-12 所示为某传达室建筑施工图中的平面图。如果是楼房，沿底层切开的称为底(首)层平面图，沿二层切开的称为二层平面图，依次有三层平面图、四层平面图……

建筑平面图的读图顺序一般应从首层平面图读起(若有地下室则应从地下室平面算起)，然后再读“二层、三层……”逐层往上直至屋顶平面。阅读平面图要从定位轴线开始，因为轴线就是控制线，它对整个建筑起控制性作用。

平面图主要表示房屋的平面形状和内部房间的分隔、大小、用途、门窗的位置，以及交通联系(楼梯、走廊)等内容。

平面图中凡是被水平切平面剖切到的墙、柱等截面轮廓线用粗实线绘制，其余可见轮廓线用中粗实线或细实线绘制，表示墙体的定位轴线用单点长画线绘制。

平面图中要标注全部尺寸。外墙尺寸一般分三道标注：

(1) 最外面一道标注外墙的总体尺寸。通过其长度和宽度，可计算建筑面积和占地面积。

(2) 中间一道是轴线尺寸，表明房间的开间及进深。

(3) 最里一道表示各细部的位置及大小，如门窗洞口、墙垛的宽度和位置。

要注明楼层地面的相对标高。一楼室内地面的标高为±0.000，它的绝对标高即总平面图所注标高。也可用楼地面标高来命名平面图，如±0.000 平面图、3.000 平面图等。

门窗洞口处要标注代号(门 M、窗 C)和门的开启方向，门窗的具体尺寸可查阅门窗表和门窗标准图集。

建筑物的朝向是根据房屋主出入口所对方向确定的，图 11-12 所示传达室即为坐北朝南。

二、立面图

建筑立面图主要表达建筑物的外观特征和艺术效果，为室外装修提供依据。从正面观

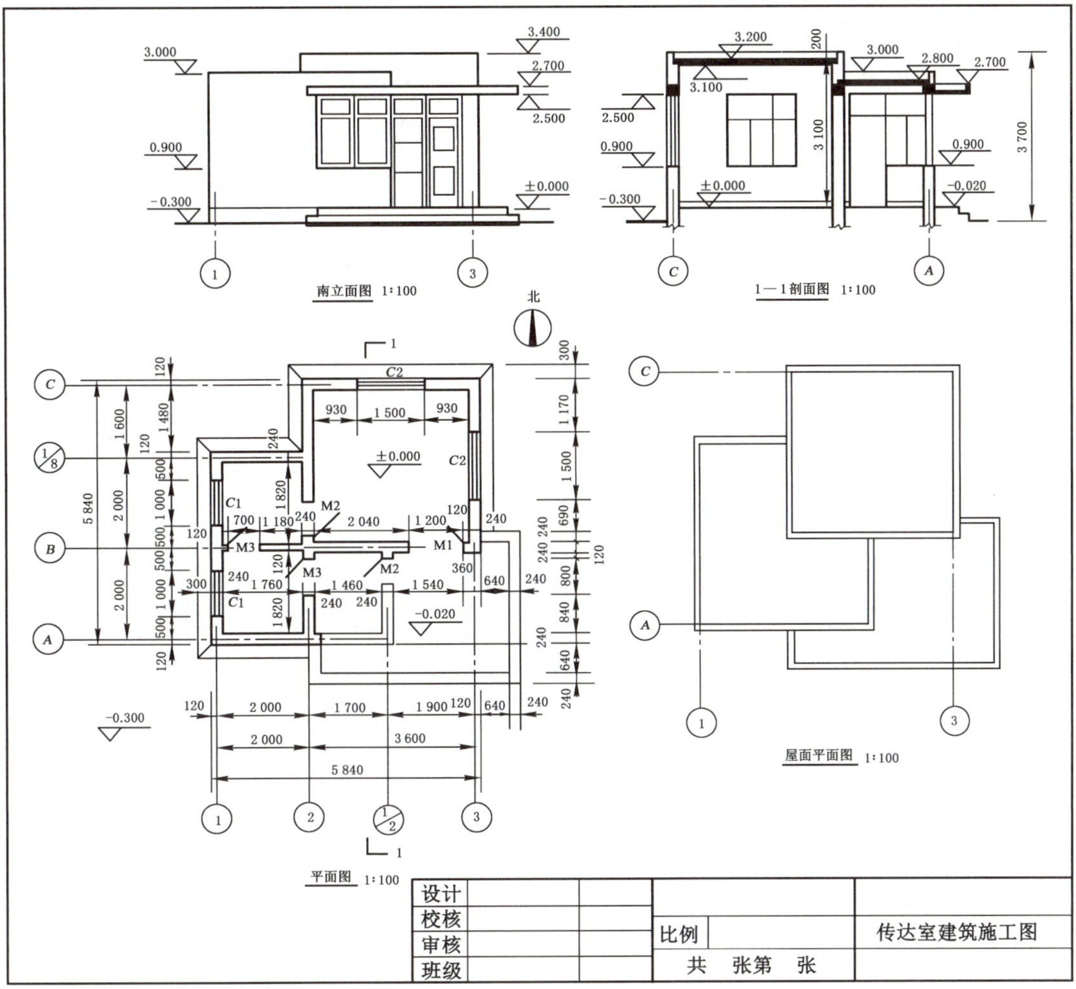

图 11-12 传达室建筑施工图

察房屋的视图，称为正立面图；从侧面观察房屋所得的视图，称为侧立面图；从背面观察房屋所得的视图，称为背立面图。立面图也可以按房屋的朝向分别称为东立面图、西立面图、南立面图、北立面图，图 11-12 所示传达室建筑施工图中为南立面图。

立面图表示房屋的外貌，反映房屋的高度，门窗的形式、大小和位置，以及屋面的形式和墙面的做法等内容。

立面图最外轮廓线用粗实线表示，门窗洞、台阶等主要结构用中粗实线表示，其他次要结构（如窗扇的开启符号、水刷石墙面分格线、雨水管、预制花饰等）用细实线表示，地坪线用特粗实线（1.4b）表示。

立面图上主要标注室外地面、台阶、窗台、阳台、雨篷、屋顶等标高和总高尺寸。标注立面最外两端的定位轴线编号。

技巧点拨：

① 根据立面图的图名或轴线编号并对照建筑平面图，明确各立面图的投影方向和所表

示的内容是否正确，校核门、窗等所有细部构造是否正确无误。检查各立面图之间、立面图与平面图之间有无不吻合的地方。

② 各立面图彼此之间在材料做法上有无不符、不协调之处。

③ 通过阅读立面图，联系平面图和剖面图构思建筑物的整体形象，包括整体外部形状和外装修做法。

三、剖面图

假想用正平面或侧平面在沿铅垂方向把房屋剖开（如果剖切平面不能同时剖开外墙上的门或窗时，可将剖切平面转折一次），将处于观察者和剖切平面之间的部分移去，而将其余部分向投影面投射所得的图形称为剖面图，如图 11-12 中 1—1 剖面所示。

剖面图主要用来表示房屋内部的结构形式、分层情况、主要构件的相互关系以及从屋面到地面各层的高度等内容。

剖面图的线型与平面图基本一样，剖切平面通过的墙体、屋面、楼地面、阳台、楼梯等结构，用粗实线绘制。剖切平面通过梁和现浇的（楼梯、楼板、雨篷等）钢筋混凝土结构时，用涂黑表示。

在剖面图中，要标注主要结构（屋面、楼地面、楼梯平台、雨篷、屋檐、窗台等）的标高、屋面坡度、楼层高度等重要尺寸。由于剖面图比例较小，因此不能标出全部尺寸，详细尺寸只能在建筑详图中标注。图 11-12 中标注的Ⓐ、Ⓒ轴线即为标注两端被切的外墙定位轴线。

技巧点拨：

① 结合底层平面图识读，对应剖面图与平面图的相互关系，建立起房屋内部的空间概念。

② 结合建筑设计说明或材料做法表识读，查阅地面、楼面、墙面、顶棚的装修做法。

③ 查阅各部位的高度。

④ 结合屋顶平面图识读，了解屋面坡度、屋面防水、女儿墙泛水以及屋面保温、隔热等的做法。

四、建筑详图

1. 外墙详图（墙身剖面详图）

外墙详图是建筑剖面图中外墙墙身从室外地坪以下到屋顶檐部的局部放大图，如图 11-13 所示。图中详尽地表达了墙身从基础到屋顶的各主要节点的构造和做法。外墙详图的作用是配合建筑平面图为砌墙、室内外装修、立门窗口、放预制件及配件等提供具体做法，并为编制预算和准备材料提供依据。画图时常将各节点剖面图连在一起，中间用折断线断开，各个节点详图都分别注明详图符号和比例。

外墙详图一般包括檐口节点、窗台节点、窗顶节点、勒脚和明沟节点、屋面雨水口节点、散水节点等，如图 11-13 所示。

（1）檐口节点剖面详图

檐口节点剖面详图主要表达顶层窗过梁、屋顶（根据实际情况画出它的构造与构配件，如屋架或屋面梁、屋面板、室内顶棚、天沟、雨水口、雨水管和水斗、架空隔热层、女儿墙）等的构造和做法。

（2）窗台节点剖面详图

窗台节点剖面详图主要表达窗台的构造以及外墙面的做法。

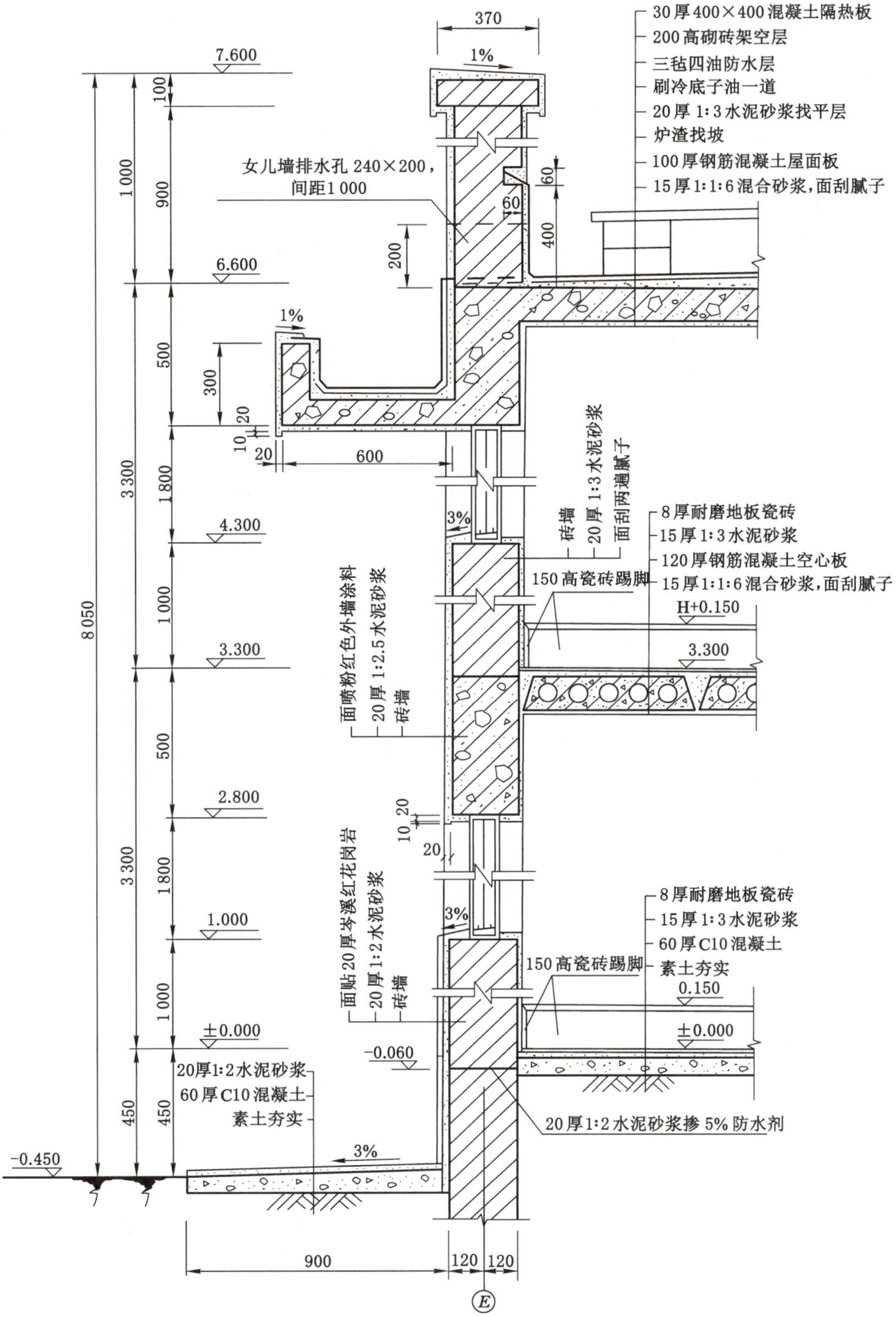

图 11-13　外墙详图(墙身剖面详图)

(3) 窗顶节点剖面详图

窗顶节点剖面详图主要表达窗顶过梁处的构造，内、外墙面的做法，以及楼面层的构造情况。

(4) 勒脚和明沟节点剖面详图

勒脚和明沟节点剖面详图主要表达外墙脚处的勒脚和明沟的做法，以及室内底层地面的构造情况。

(5) 屋面雨水口节点剖面详图

屋面雨水口节点剖面详图主要表达屋面上流入天沟板槽内雨水穿过女儿墙流到墙外雨水管的构造和做法。

(6) 散水节点剖面详图

散水(亦称防水坡)的作用是将墙脚附近的雨水排泄到离墙脚一定距离的室外地坪的自然土壤中去，以保护外墙的墙基免受雨水的侵蚀。散水节点剖面详图主要表达散水在外墙墙脚处的构造和做法，以及室内地面的构造情况。

外墙详图的读图方法和步骤：

(1) 掌握墙身剖面图所表示的范围。读图时应结合首层平面图所标注的索引符号，了解该墙身剖面图是哪条轴上的墙。

(2) 掌握图中的分层表示方法，如图中地面的做法是采用分层表示方法，画图时文字注写的顺序是与图形的顺序对应的。这种表示方法常用于地面、楼面、屋面和墙面等装修做法。

(3) 掌握构件与墙体的关系。楼板与墙体的关系一般有靠墙和压墙两种。图 11-13 所示为靠墙，说明该墙为非承重墙。

(4) 结合建筑设计说明或材料做法表阅读、掌握细部的构造做法。

(5) 表明门窗立口与墙身的关系。在建筑工程中，门窗框的立口有三种方式，即：平内墙面、居墙中、平外墙面。图 11-13 中门窗立口采用的是居墙中的方式。

(6) 表明各部位的细部装修及防水防潮做法，如图中的排水沟、散水、防潮层、窗台、窗檐、天沟等的细部做法。

技巧点拨：

① 在±0.000 或防潮层以下的墙称为基础墙，施工做法应以基础图为准。在±0.000 或防潮层以上的墙，施工做法以建筑施工图为准，并注意连接关系及防潮层的做法。

② 地面、楼面、屋面、散水、勒脚、女儿墙、天沟等的细部做法应结合建筑设计说明或材料做法表阅读。

③ 注意建筑标高与结构标高的区别，如图 11-14 所示。

2. 楼梯详图

楼梯是上下楼的交通设施，要求坚固耐久。当代多采用现浇楼梯和预制楼梯两种做法，楼梯的组成有楼梯段(又叫梯段或楼梯跑，包括踏步和斜梁)、楼梯井(两跑楼梯之间的缝隙)、休息平台(又叫休息板或平台板，由平台板和楼梯梁组成)、栏板(或栏杆)及扶手等，如图 11-10(a)所示。比较复杂的楼梯应分别绘制建筑和结构两个专业的楼梯详图，装修比较简单的楼梯一般合并画一张详图。

楼梯详图的作用是表明楼梯的形式、结构类型、楼梯和楼梯间的平面与剖面尺寸以及细

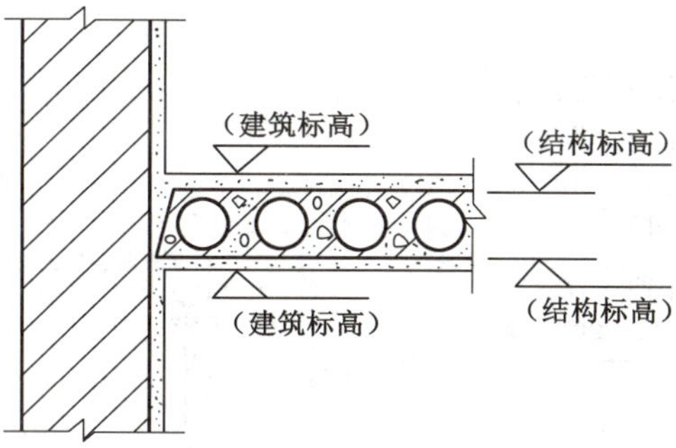

图 11-14　建筑标高与结构标高的区别

部装修做法。要将楼梯在施工图中表示清楚，一般要有楼梯平面图、剖面图和详图等三部分内容，如图 11-15 所示。除首层和顶层平面图以外，中间无论有多少层，只要楼梯做法完全相同，可只画一个平面图，称为标准层平面图。剖面图也类似，若中间各层做法完全相同，也可用一标准层代替，但该剖面图上、下要加画水平折断线。详图包括踏步详图、栏板或栏杆详图以及扶手详图等。

（1）楼梯平面图

楼梯平面图是房屋平面图中楼梯间部分的局部放大，图 11-15(a)所示的楼梯平面图就是采用 1∶100 的比例绘制的。

楼梯平面图一般分层绘制，底层平面图是剖在上行的第一跑上，因此除表示第一跑的平面外，还能表明楼梯间一层休息平台下面小房间的平面形状。中间相同的几层楼梯，同建筑平面图一样，可用一个图形来表示，称为标准层平面图。最上面一层平面图称为顶层平面图。所以，楼梯平面图一般有底层平面图、标准层平面图和顶层平面图三个。

需要说明的是，按假想的剖切面将楼梯剖切开，折断线本应该为平行于踏步的折断线，但为了与踏步的投影区别开，《建筑制图标准》(GB/T 50104—2010)规定画为斜线。

楼梯平面图用轴线编号表明楼梯间在建筑平面图中的位置，注明楼梯间的开间与进深尺寸、楼梯跑(段)数、每跑的宽度、踏步步数、每一步的宽度、休息平台的平面尺寸及标高等。图 11-15(a)中所示的@300×150、上 22 步，说明每步楼梯的宽为 300、高 150，两个楼梯段共上 22 步，每个楼梯段上 11 步，即楼梯段的水平投影长度为 300×(11－1)＝3 000 (mm)。另外还要注出楼梯间的墙厚、门窗的具体位置等。各层平面图从各层或地面为起点，注有“上”或“下”字的箭头，说明楼梯的走向，平面图中一般标注地面、各层楼面和休息板的标高。首层平面图中还应标注剖面图的索引符号。

（2）楼梯剖面图

假想用一铅垂剖切平面通过各层的一个楼梯段将楼梯剖切开，向另一未剖切到的楼梯段方向进行投射，所绘制的剖面图称为楼梯剖面图。图 11-15(b)所示为楼梯间 1—1 剖面图。

楼梯剖面图的作用是完整、清楚地表明各层梯段及休息平台的标高，楼梯的踏步步数、踏面的宽度及踢面的高度，各种构件的搭接方法，楼梯栏杆(板)的形式及高度，楼梯间各层门窗洞口的标高及尺寸。楼梯剖面图还应注明各节点的详图索引及有关文字说明。

由图 11-15(a)可知，该剖面图的剖切位置为 1—1 剖切平面，其投影方向由东向西。因

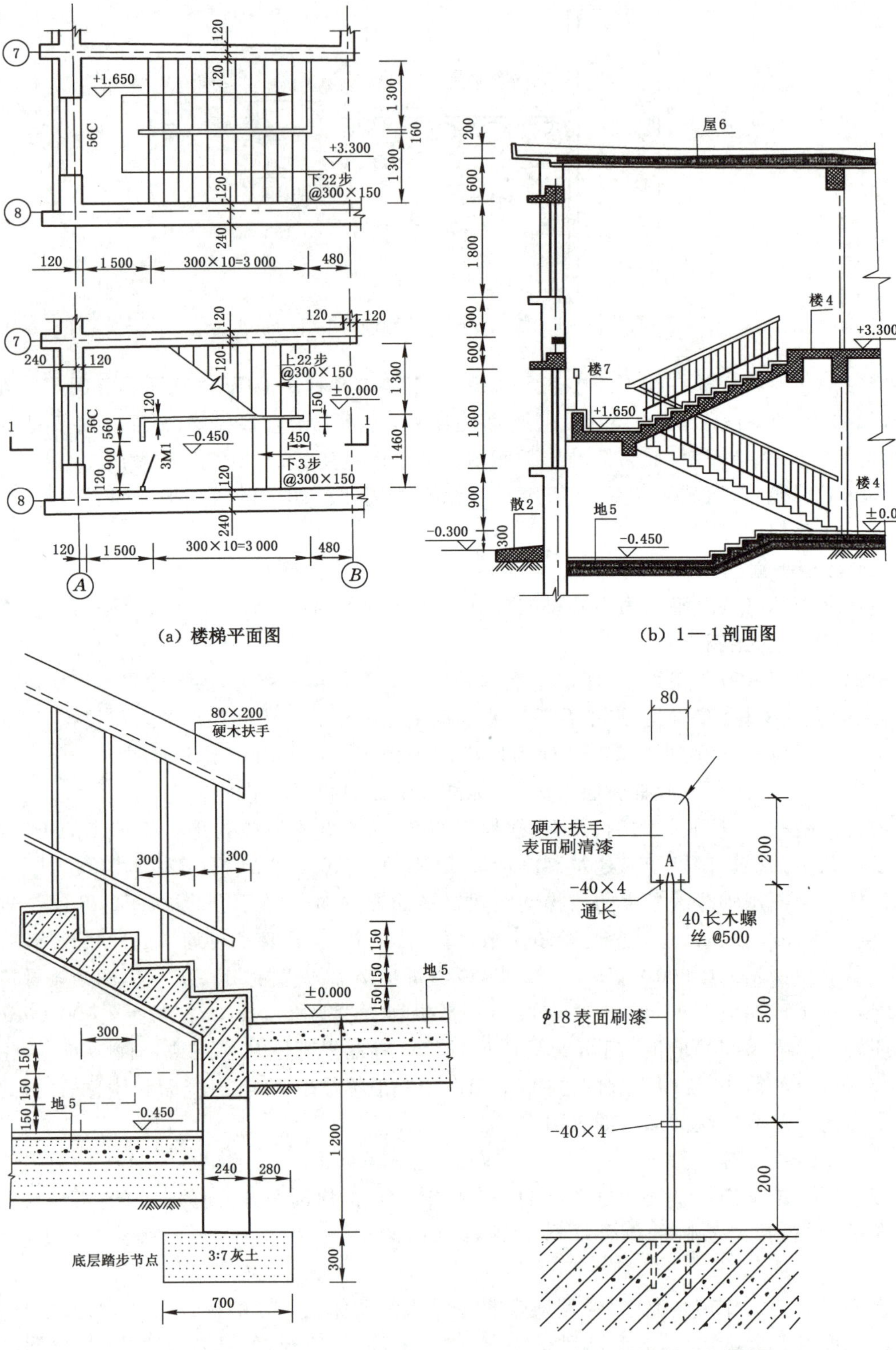

(a) 楼梯平面图

(b) 1—1剖面图

(c) 底层踏步节点详图

(d) 栏杆、扶手节点详图

图 11-15　楼梯详图

下到储藏室的台阶和第二跑梯段被切到，故画出断面材料符号和踏步踢面高度与步数，被切到的地面、休息板、楼板和屋顶也同样画出断面材料符号。栏杆及扶手的式样同时画到梯段上，被切到的其他部位（如门窗洞口、窗台、过梁及圈梁等）同样用断面材料符号表示。图中除标注尺寸外，还应注出标高。如还有要表示的细部结构，则要画出索引标志。

(3) 楼梯踏步、栏杆及扶手详图

和楼梯平面图、剖面图相比，踏步、栏杆和扶手采用的比例要大一些，其目的是表明楼梯各部位的细部做法。

踏步由水平踏步和垂直踢面组成。踏步详图应表明踏步截面形状及尺寸、材料与面层做法。图 11-15(c)所示为底层踏步节点详图，踏面的宽度为 300 mm，踢面的高度为 150 mm。楼梯间踏步的装修若无特别说明，一般与地面的做法相同。在公共场所，楼梯踏面一般要设置防滑条，可通过绘制详图表示或选用图集注写的方法。

栏杆和扶手是为保护上下行人的安全而设的，靠梯段和平台悬空一侧设置栏杆或栏板，扶手的形式与大小及所用材料要满足一般手握适度弯曲的情况。由于踏步与栏杆、扶手是详图中的详图，因此要用详图索引标志画出。图 11-15(d)所示为栏杆、扶手节点详图。栏杆和扶手的做法一般均采用图集注写的方法。若为新型材料或新型结构而在图集中无法找到相同的构造图时，则需要绘制详图表示。

识读楼梯详图的方法和步骤：

(1) 查明轴线编号，了解楼梯在建筑中的平面位置和上下方向。

(2) 查明楼梯各部位的尺寸，包括楼梯间的大小、楼梯段的大小、踏面的宽度、休息平台的平面尺寸等。

(3) 按照平面图上标注的剖切位置及投射方向，结合剖面图阅读楼梯各部位的高度，包括地面、休息平台、楼面的标高以及踢面、楼梯间门窗洞口、栏杆、扶手的高度等。

(4) 弄清栏杆(板)、扶手所用的材料及连接做法。

(5) 结合建筑设计说明，查明踏步(楼梯间地面)、栏杆、扶手的装修方法，包括踏步的具体做法，栏杆、扶手(金属、木材等)及其油漆颜色和涂刷工艺等。

项目 12　电气线路图

教学目标

了解电气图的基础知识；熟悉电气图的绘制；掌握电气图识读。

思政目标

1. 扩展学生科学前沿理论，增强科学信心。
2. 引导学生树立使命感和责任感，增强大国信念。

学习项目工单

<table>
<tr><th>项目名称</th><th>电气线路图</th></tr>
<tr><td>项目描述</td><td>电气图的图形符号是构成电气图的基本单元，是电工电子技术文件中的“象形文字”，是电气“工程语言”的“词汇”和“单词”，试绘制以下电气图中的图形符号：
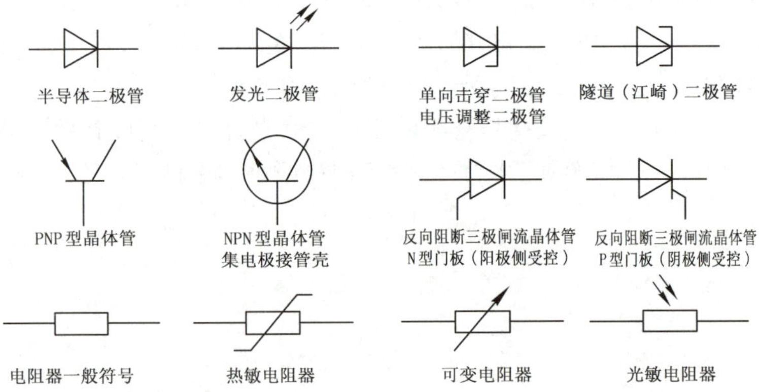
</td></tr>
<tr><td>项目分析</td><td>熟悉电气图中图形符号的构成及国标相关规定</td></tr>
<tr><td>成果展示及评价</td><td>各组成员每人完成所要求图例一份，小组互评后由教师综合评定成绩</td></tr>
</table>

引例

采用“视频＋主题讨论”方式，对当前手机芯片（图 12-1）的型号设问，结合当下由美国挑起的贸易战，对华为麒麟芯片崛起进行背景分析，在数据的直观冲击下激发学生的爱国热情，坚定大国信心。

图 12-1 印刷电路板

任务1 电气图的基础知识

描述电气工程的图称为电气图，是用来阐述电气工作原理、描述电气产品的构成和功能、提供产品装接和使用方法的一种简图。

一、电气图及其分类

电气图种类很多，有强电、弱电和强弱电混合的电气图。按照表达的内容和用途的不同，电气图可分为以下几类：

1. 按表达内容形式分类

(1) 图样

图样是利用投影关系绘制的图形，如各种印制板图等。

(2) 简图

简图是用国家规定的电气图形符号、带注释的图框或简化外形来表示电气系统或设备中各组成部分之间相互关系及其连接关系的一种图，如框图、电路原理图、电路接线图等。简图并非电气图的简化图，而是对电气图表示形式的一种称呼。

(3) 表图

表图是反映两个或两个以上变量之间关系的一种图，如表示电气系统内部相关各电量之间关系的波形图等，它以波形曲线来表达电气系统的某些特征。

(4) 表格

电气图中的表格是把电气系统的有关数据或编号按纵横排列的一种表达形式，用以说明电气系统或设备中各组成部分的相互联系、连接关系，也可提供电气工作参数，如电气主接线中的设备参数表。

2. 按功能和用途分类

(1) 系统图或框图

用图形符号或带注释的框，概括表明各子系统的组成、各组成部分的相互关系及主要特征，是一种简化图，如图 12-2 所示。

（2）电路图

电路图是用图形符号并按电气设备的工作顺序自上而下、从左到右排列，表明电气系统的基本组成、各元件间的连接方式、电气系统的工作原理及其作用，而不涉及电气设备、电气元件的结构和其实际位置的一种简图。其目的是便于详细理解设备工作原理，分析和计算电路特性及参数。这种图又称为电气原理图或原理接线图，如图 12-3 所示。

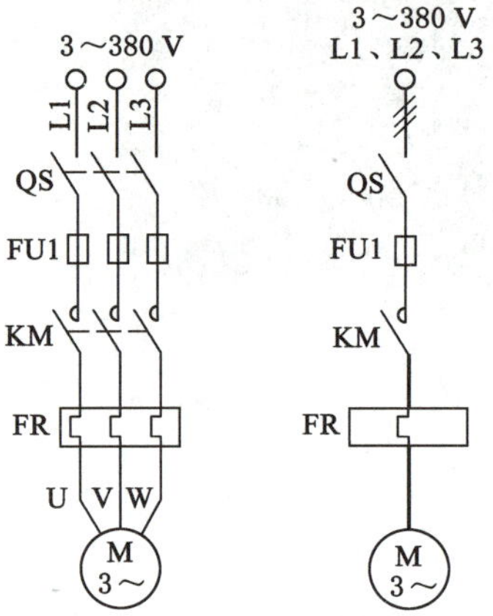

图 12-2　电机供电系统图

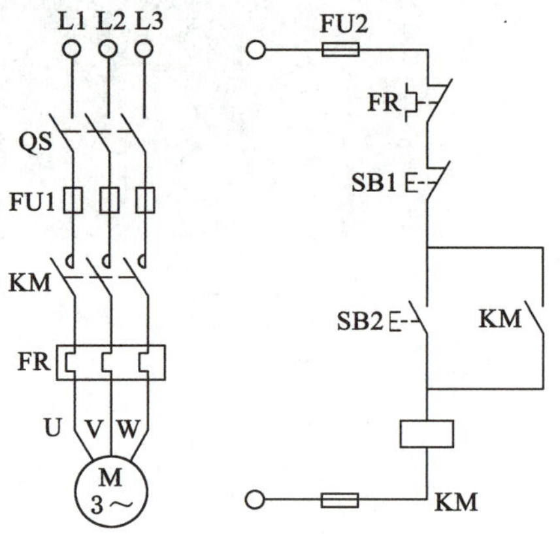

图 12-3　电机控制电路图

为了便于分析研究，电路图又分为原理接线图和展开接线图。

① 原理接线图。原理接线图以元件的整体形式表示设备间的联系，使看图者对整个装置的构成有一个明确的整体概念。原理接线图表明了装置的总体工作原理，能够明显地表明各元件形式、数量、电气联系和动作原理，但对一些细节未表示清楚。

② 展开接线图。所谓展开接线图，就是将每个元件的线圈、辅助触点及其他控制、保护、监测、信号元件等，按照它们所完成的动作过程绘制，展开图可水平绘制，也可垂直绘制。

（3）电气接线图、接线表

电气接线图或接线表是反映电气系统或设备各部分连接关系的图或表，是专供电气工程人员安装接线和维修检查用的。接线图中所表示的各种仪表、电器、继电器及连接导线等，都是按照它们的图形符号、位置和连接关系绘制的，设备位置与实际布置一致，如图 12-4 所示。

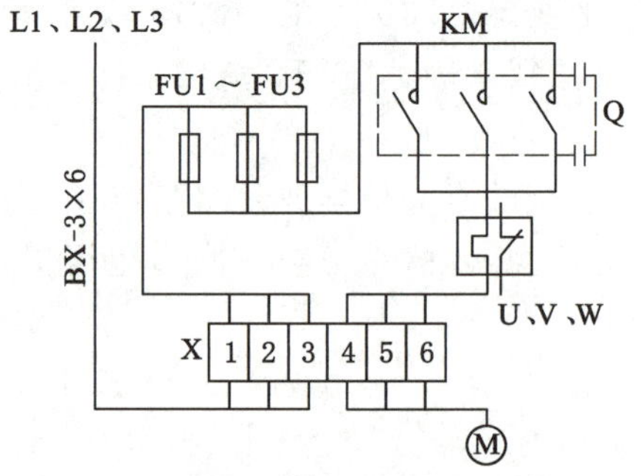

图 12-4　磁力启动器接线图

二、电路图的主要内容

电路图主要包括以下内容：

(1) 表示电路中元件或功能件的图形符号。

(2) 元件或功能件之间的连接线。

(3) 模块代号。

(4) 端子代号。

(5) 用于逻辑信号的电平约定。

(6) 电路寻迹所必需的信息。

(7) 了解功能元件所必需的补充信息。

三、电路图的符号和模块代号

1. 电路图的符号

电路图中的符号是电路图的主题，它是用于表示电路图中电气设备、装置、元器件等的图形符号，是电路图中不可缺少的要素。常见电路图中的符号见表 12-1。

表 12-1 电路图常见符号

元件名称	图形符号	文字符号	元件名称	图形符号	文字符号
电容器件		C	电池	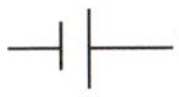	GB
电阻器件	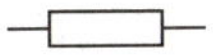	R	开关		S
电感器件		L	指示灯		H
晶体管		V	二极管	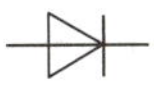	D
发光二极管		LED	扩音器		MIC
扬声器	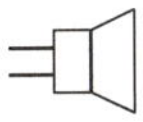	Y	变压线圈	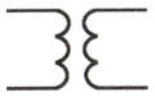	B
运算放大器	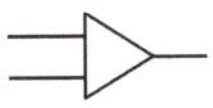	A	插座	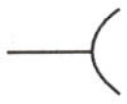	XS

2. 电气技术中的模块代号

在电气图上，通常用一个图形符号表示的基本件、部件、组件、设备、系统等称为模块，如电阻器、端子板、发电机、电力系统等都可称为模块。

用以识别图、表图、表格中和设备上的模块种类，并提供模块的层次关系、实际位置等信息的一种特定的代码，称为模块代号。通过模块代号，可以将不同的图或其他技术文件上的模块(软件)，与实际设备中的该模块(硬件)一一对应和联系在一起。例如，图上某开关的代码为“=F=B4-S7”，则可根据规定的方法，在高层代号为“F”系统内含有“B4”的子系统中，找到开关“S7”。

(1) 模块代号的构成格式

一个完整的模块代号含有四个代号段，分别是：

① 高层代号(其前缀符号为“＝”)

系统或设备中任何较高层次(对给予代号的模块而言)模块的代号,称为高层代号。高层代号具有该模块“总代号”的含义。例如,某电力系统(H)中第一个变电所中第三个电压表(PV3)可表示为“＝H＝1－PV3”,简化为“＝H1－PV3”。其中“＝H1”为高层代号。

② 种类代号(其前缀符号为“－”)

用以识别模块种类的代号,称为种类代号。种类代号段是模块代号的核心部分。表示方法有以下三种:

a. 由字母代码和数字组成种类代号。其中的字母代码为规定的文字符号(单字母、双字母、辅助字母符号)。例如,某系统的第 2 个继电器可表示为:

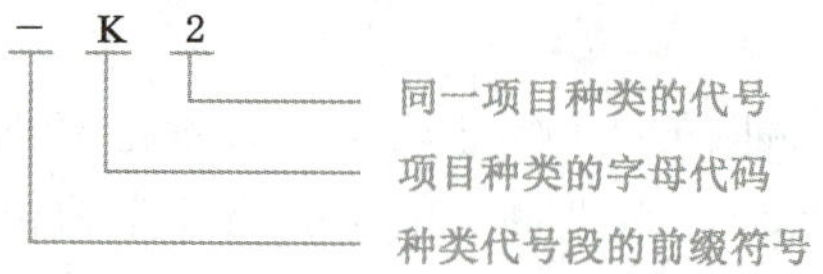

b. 用顺序数字表示图中的各个模块,同时将这些顺序数字和它所代表的模块排列于图中或另外的说明中。例如,－1,－2,－3,…。

③ 对不同种类的模块采用不同组别的数字编号。例如,在具有多种继电器的图中,对电流继电器用 11,12,13,…表示,对电压继电器用 21,22,23,…表示。

对于以上三种方法表示模块的相似部分,可在数字后加“·”,再用数字来区别。例如,第一种方法:继电器 K1,触点 K1·1、K1·2;第二种方法:继电器 1,触点 1·1、1·2;第三种方法:继电器 11,触点 11·1、11·2。具体标注方法如图 12-5 所示。

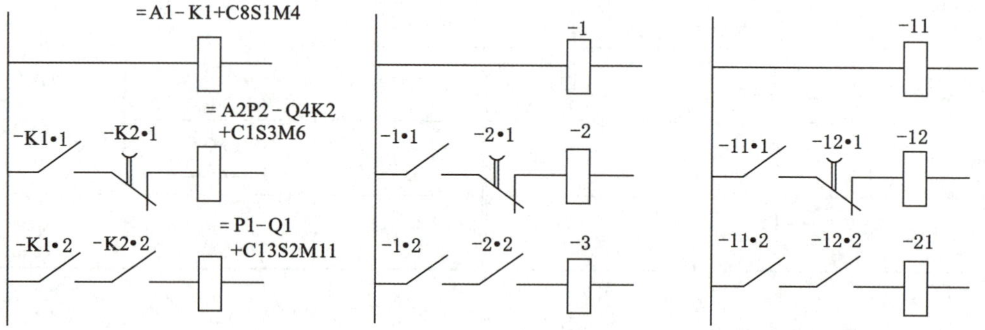

继电器K1,触点K1•1、K1•2　　继电器1,触点1•1、1•2　　继电器11,触点11•1、11•2

(a) 第一种方法　　(b) 第二种方法　　(c) 第三种方法

图 12-5　种类代号的三种表示法

(3) 位置代号(其前缀符号为“＋”)

模块在组件、设备、系统或建筑物中的实际位置的代号,称为位置代号。位置代号通常由自行规定的拉丁字母或数字组成。在使用位置代号时,应给出表示该模块位置的示意图。

图 12-6 所示为一个包括 4 个开关柜和控制柜的控制室,其中每列分别由若干机柜构成。

各列用字母表示,各机柜用数字表示。例如,A 列柜的第 4 机柜的位置代号为"+A+4"。

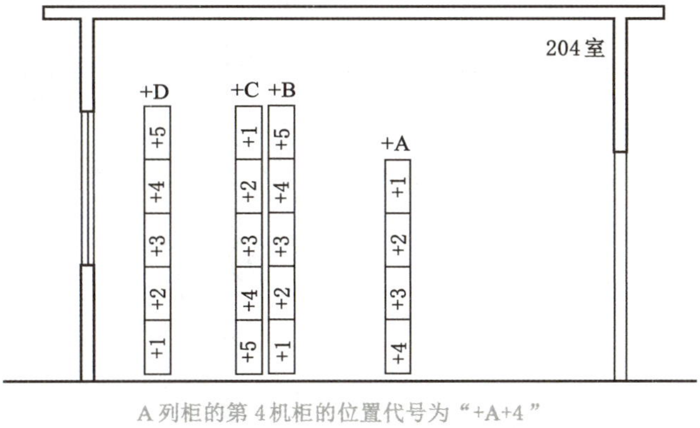

图 12-6 位置代号示意图

④ 端子代号(其前缀符号为"∶")

当模块具有接线端子标记时,模块代号还应有端子代号段。为简便起见,端子代号通常不与前三段组合在一起,而只与种类代号组合即可。端子代号可采用数字或大写拉丁字母表示,由使用者自定。例如,"－S4∶A"表示控制开关 S4 的 A 号端子。

(2) 模块代号的应用

模块代号是用来识别模块的特定代码。一个模块可以由一个代号段组成,也可以由几个代号段组成。通常,种类代号可单独表示一个模块,其余大多应与种类代号组合起来,才能较完整地表示一个模块。一般模块代号在电气技术文件中的书写格式如下:

＝高层代号段－种类代号段＋位置代号段

在电气图上,由于受图纸幅面的限制,位置代号段可以书写在前两段的上方或下方。如图 12-5(a)所示,"＝A1P2－Q4K2＋C1S3M6"的含义是,在 A1 装置 P2 系统、Q4 开关中的继电器 K2,其位置在 C1 区间 S3 列操作柜 M6 柜中。

四、电气制图的一般规则(GB/T 6988.1—2008)

电气图样作为一种工程图样,和其他工程图样在绘制规则上有许多相同的地方,如图纸幅面和格式、图线、字体、比例等(详见项目 2)。以下简要介绍电气制图的特殊规定。

1. 箭头和指引线

电气图中使用两种形状的箭头,如图 12-7(a)、(b)所示。开口箭头主要用于电气能量和电设备的传递方向;实心箭头主要用于可变性、力和运动方向以及指引线方向。两种箭头的画法及应用如图 12-7(c)所示。

如图 12-8 所示,指引线(细实线)用来指示注释的对象,并在其末端加注如下标记:指向轮廓线内,用一黑点;指到轮廓线上,用一实心箭头;指向电气连线上,加一短画线。

2. 图框

当需要在图上显示出图的某一部分,如功能单元、模块组(电位器、继电器装置)等,可用细点画线围框表示。围框一般是规则的,但有时为了不使图的布局复杂化,也可以是不规则

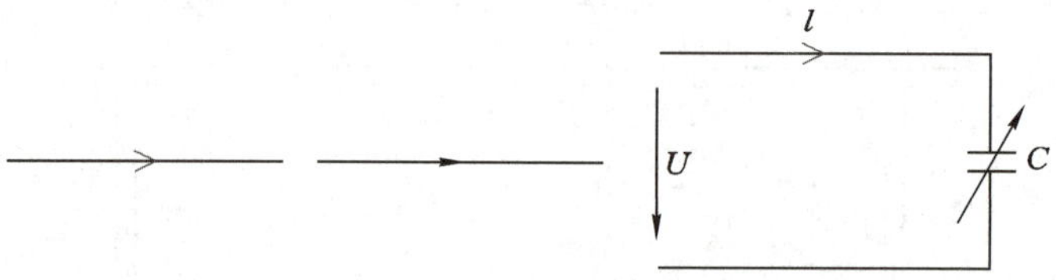

(a) 开口箭头　(b) 实心箭头　(c) 应用示例

图 12-7　电气图中的箭头

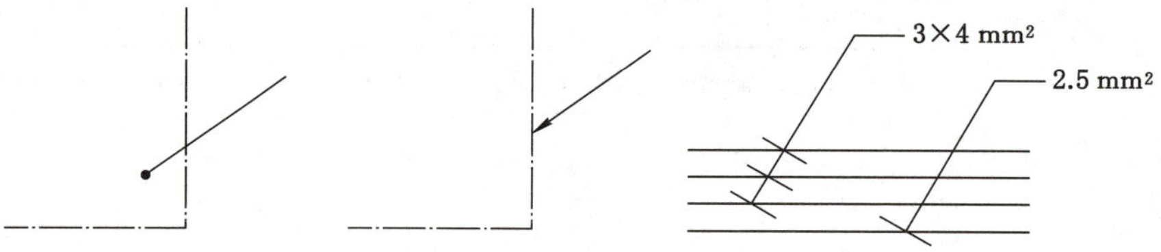

图 12-8　指引线末端的指示标记

的，如图 12-9(a)所示。如果在图上含有安装在别处而功能与本图相关的部分，这部分功能等资料能在其他文件上查阅，则这部分可加细双点画线围框，简化和省略该部分的电路等，如图 12-9(b)所示。

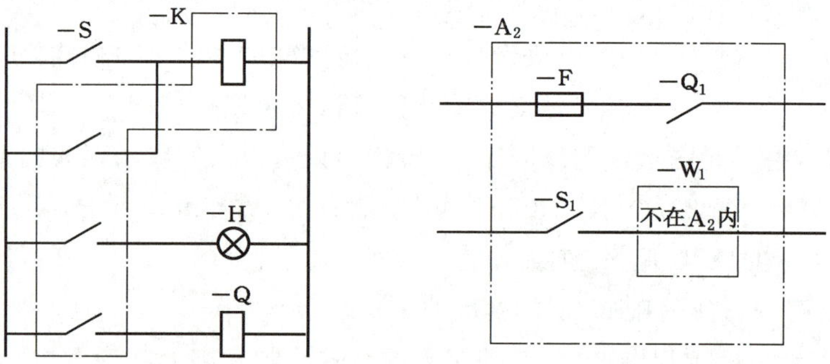

(a) 细点画线围框　(b) 细双点画线围框

图 12-9　围框示例

3. 比例

大部分电气图(如电路图等)都是不按比例绘制的，但位置图等一般按比例绘制，并且多按缩小比例绘制。电气图通常采用 1∶10、1∶20、1∶50、1∶100、1∶200、1∶500 等比例，如需要选用其他比例，可从表 2-2 中选取。

五、电气图表达方法

1. 电气图常见的表达方法(表 12-2)

表 12-2　电气图常见表达方法

表达方法	图示	
电路电源表示方法	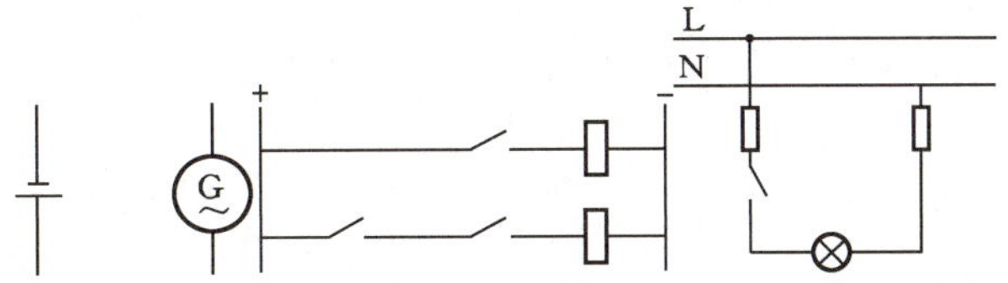 图形符号表示电源　线条表示电源　符号表示电源 在单线表达时，直流符号为“—”，交流符号为“～”；在多线表达时，直流正、负极用符号“＋”“－”表示，三相交流相序符号为“L1”“L2”“L3”和中性符号为“N”	
连接线的表示方法	 (a) T形连接　(b) 十字形连接 T形连接可加实心圆点，也可以不加实心圆点，如图(a)所示；十字形连接表示两导线相交时必须加实心圆点，表示两导线交叉而不连接时不能加实心圆点，如图(b)所示	
简化电路的表示方法	并联电路的简化：多个相同的支路并联时，可用标有公共连接符号的一个支路来表示。符号的弯折方向与支路的连接情况相符，因为简化而未画出的各模块的代号，则在对应的图形符号旁全部标注出来，公共连接符号旁加注并联支路总数	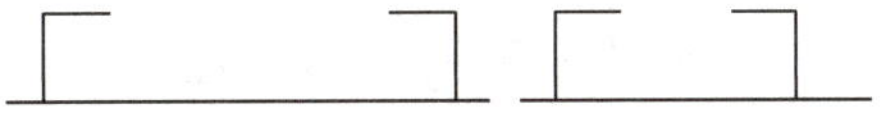 公共连接符号 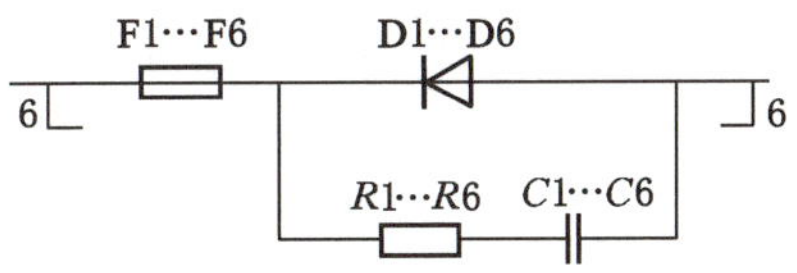 6个并联支路的简化
	相同电路的简化：对于相同的电路，仅需要详细地画出其中一个，并加画围框表示范围。相同的电路画出空白的围框，在框内注明必要的文字注释	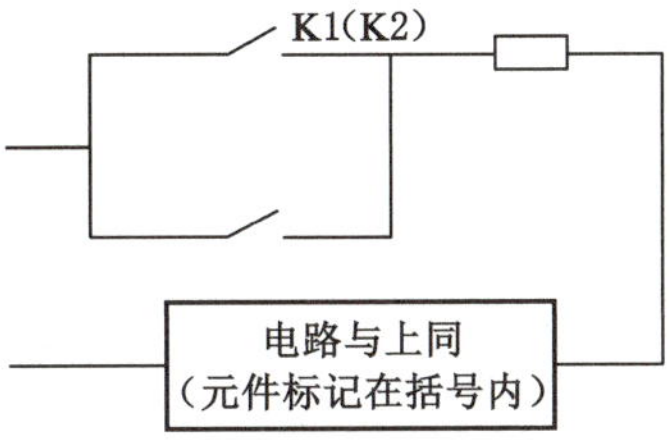 相同电路的简化
电气元件的表示方法	集中表示法：把设备或成套装置中一个模块各组成部分的图形符号，在简图上绘制在一起的方法，如图12-10(a)所示。 半集中表示法：把一个模块中某些部分的图形符号，在简图上分开布置，并用机械连接线表示它们之间关系的方法，如图12-10(b)所示。 分开表示法：把一个模块中某些部分的图形符号，在简图上分开布置，并仅用模块代号表示它们之间关系的方法，如图12-10(c)所示	

2. 模块代号和技术数据的标注方法

在图形符号旁，通常还需标注模块代号。采用集中表示法绘制的元件，其模块代号标注在符号旁，且只标注一次，如图 12-10(a)、(b)所示。采用分开表示法绘制的元件，其模块代号应在模块每一部分的符号旁标注，如图 12-10(c)所示。

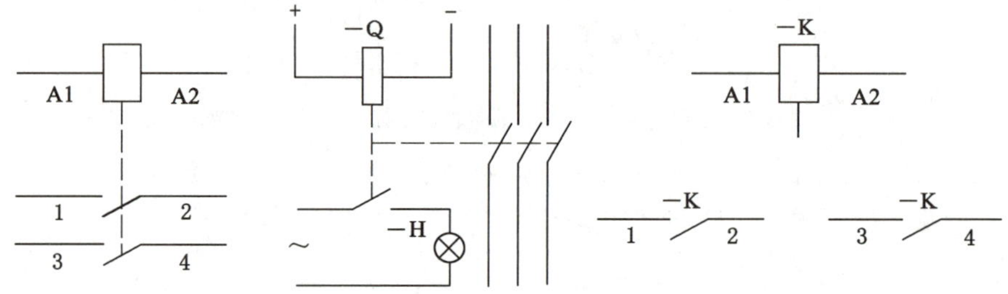

(a) 集中表示法　(b) 半集中表示法　(c) 分开表示法

图 12-10　电气元件的表示法

当电路水平布置时，模块代号标注在符号的上方；当电路垂直布置时，模块代号标注在符号的左方。无论是水平布置还是垂直布置，模块代号一律水平书写，可以自上而下或从左到右排列，如图 12-11 所示。

技术数据的标注方法：当连接线水平布置时，元器件的技术数据标注在图形符号的下方；垂直布置时，标在模块代号的下方，如图 12-12 所示。

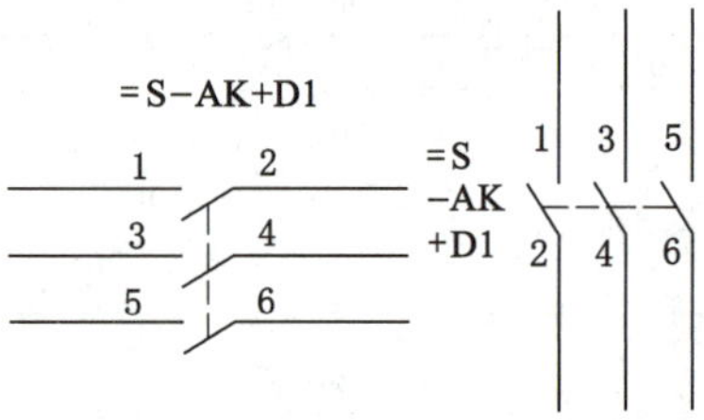

图 12-11　模块代号的标注方法

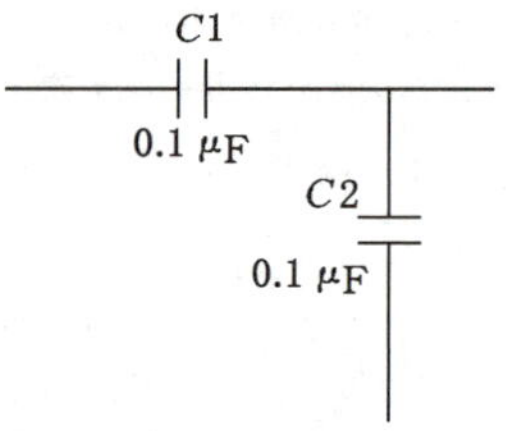

图 12-12　技术数据的标注方法

任务 2　基本电气图

一、电气系统图和框图

1. 基本特征和用途

系统图和框图在表示方法上没有原则性的区别。但在实际应用中，两者所描述的对象有些区别。系统图通常用于表示系统或成套装置，而框图通常用于表示分系统或设备。

2. 绘制系统图和框图的基本原则和方法

(1) 符号的运用

系统图和框图多采用方框符号或带注释的框绘制。框的形式有粗实线框和细点画线框，细点画线框包含的容量大一些。框内注释可以分别采用符号、文字或同时采用符号与文字，如图 12-13 所示。

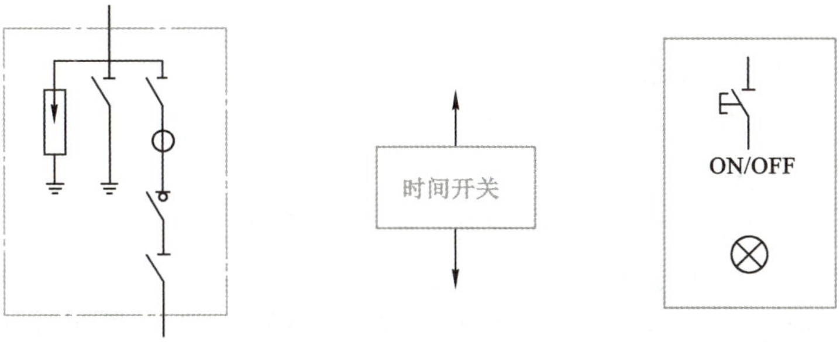

(a) 采用符号　(b) 采用文字　(c) 同时采用符号与文字

图 12-13　框的注释方法示例

(2) 层次划分

系统图和框图均可在不同层次上绘制。在较高层次上绘制的系统图和框图,可反映对象的粗略概况;在较低层次上绘制的系统图和框图,可将对象表达得较为详细。

(3) 模块代号的标注方法

在系统图和框图上,各框一般应标注模块代号。在较高层次的系统图上,标注高层代号;在较低层次框图上,一般标注种类代号。若不需要标注模块代号时,也可不标注。系统图和框图的模块代号一般标注在各框的上方或左上方,如图 12-14 所示。

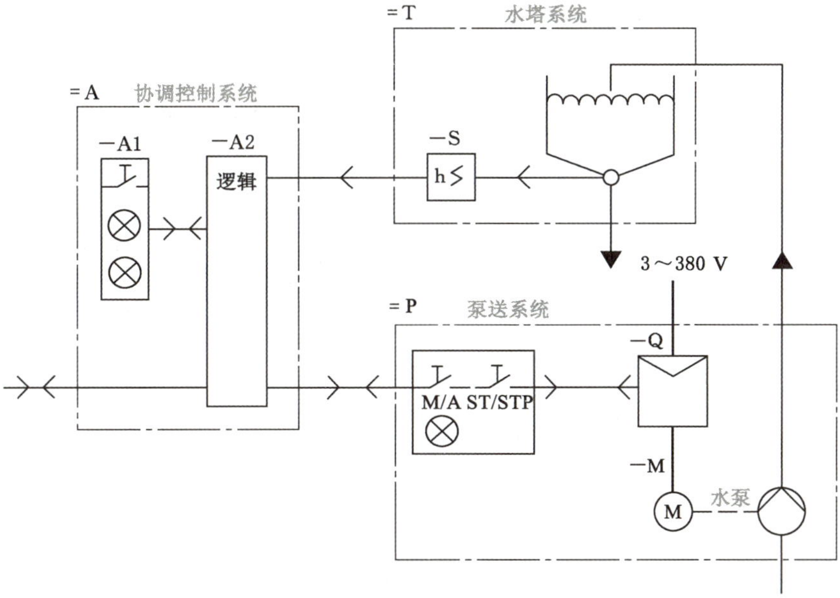

图 12-14　某冷却供应系统的系统图

(4) 连接线的表示法

当采用细点画线框绘制时,连接线接到该框内的图形符号上;当采用方框符号或带注释的粗实线框时,连接线接到框的轮廓线上。

电连接线采用与图中图形符号相同的细实线表示;电源电路和主信号电路的连接线用粗实线表示;机械连接线一般用细虚线表示;非电过程流向的连接线采用粗实线表示。

关于电路图的简化画法可参考表12-2。

二、电路图

1. 电路图的基本特征和主要用途

用图形符号并按工作顺序排列,详细表示电路、设备或成套装置的全部基本组成和连接关系,而不考虑其实际位置的简图,称为电路图,如图12-3所示。电路图的主要用途是:供详细表达和理解设计对象的作用原理,分析和计算电路特性;作为编制接线图的依据;为测试和寻找故障提供信息。电路图的特点如下:

(1) 该图按供电电源和功能分为两部分,即:主电路按能量流(即电流)流向绘制;辅助电路按动作顺序绘制。

(2) 主电路采用垂直布置,在图面的左方或上方;辅助电路垂直或水平布置,在主电路的右方或下方。

(3) 各元器件均用图形符号表示,与它们的外形结构和实际位置无关。

2. 绘制电路图的原则和方法

(1) 图幅分区法

其基本方法是用行、列和行列结合标记表明图上的位置。在图的边框处,竖边方向用大写拉丁字母,横边方向用阿拉伯数字,编号顺序从左上角开始,分区数应是偶数,如图12-15所示。

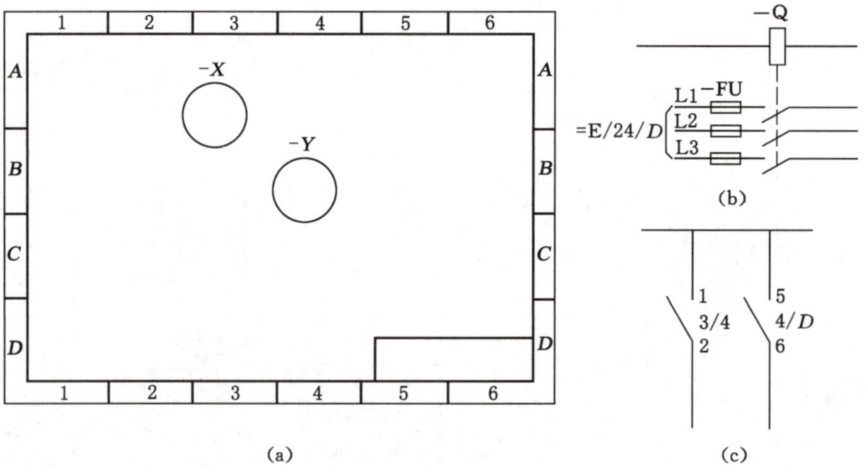

图12-15　图幅分区法示例

在采用图幅分区法的电路图中,对水平布置的电路,一般只注明行的标记(阿拉伯数字);在垂直布置的图中,一般只注明列的标记(拉丁字母);复杂的电路图才需注明组合标记(区的代号是字母在左、数字在右),如图12-16所示。

图12-15(b)表示了导线的去向。电源线 L_1、L_2、L_3 接至配电系统=E的第24张图的 *D* 列。图12-15(c)表示了模块在图上的位置。触点1-2的驱动线圈在第3张图上的4行,而触点5-6的驱动线圈在第4张图上的 *D* 列。

(2) 电路编号法

在支路较多的电路中，对每个支路按一定顺序编号，图 12-16 有 4 个支路，编号为 1～4。图中编号上边的框格，表示各继电器触点的位置。框格上部用图形符号表示触点，框格下边的数字表示该触点所在支路编号，“—”表示未用的触点。

(3) 表格法

对于模块种类较少而同类模块数量较多的电路图，可在图的边缘部分绘制一个以模块代号分类的表格，表中的模块代号和图中相应的图形符号垂直或水平方向对齐，如图 12-17 所示。

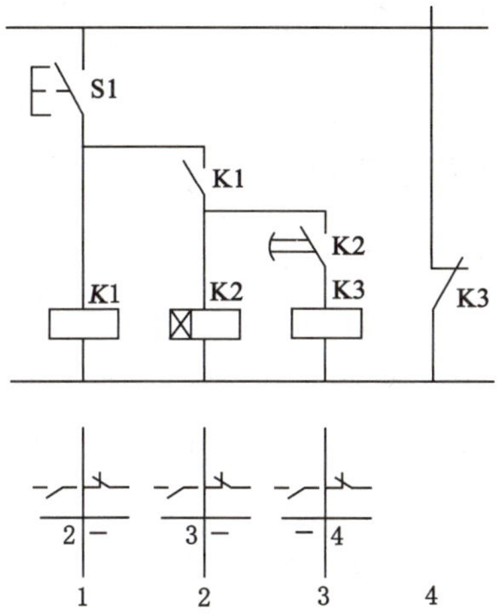

图 12-16　电路编号法

电容器	C1	C2	C3	
电阻器	R1	R2		R3 R4
半导体管				

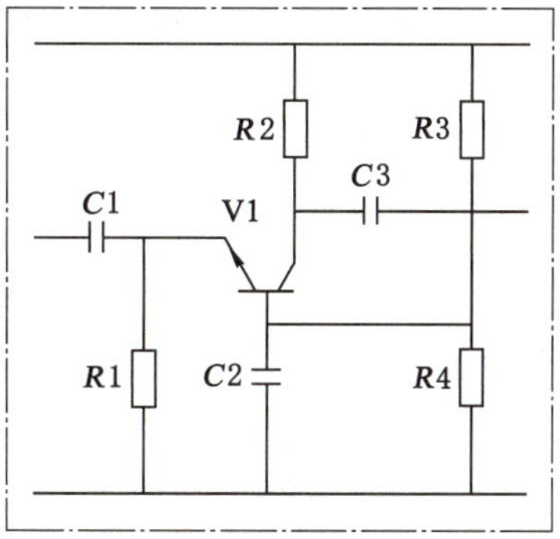

图 12-17　表格法

三、接线图和接线表

接线图是表示成套装置、设备或装置连接关系的一种简图，接线表则是用表格表示这种连接关系。接线图和接线表可以单独使用，也可以组合使用。接线图和接线表是一种最基本的电气图，它是进行安装接线、线路检查、维修和故障分析处理的主要依据。

1. 接线图和接线表的一般表示法

(1) 模块的表示法

接线图中的模块，一般采用简化外形符号（正方形、长方形、圆形等）表示。对简单的元件，如电阻、电容等，也可用一般符号表示。简化外形符号常用细实线绘制，如图 12-18(a)所示。在某些情况下，也可用细点画线围框，但有引接线的边要用细实线，如图 12-18(b)所示。

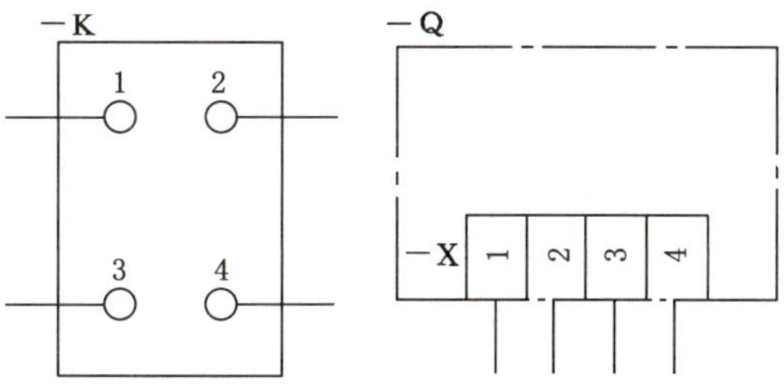

(a)　(b)

图 12-18　模块及端子的表示方法

在接线图模块符号旁要标注模块代号，但一般只标注种类代号段和位置代号段。

(2) 端子的表示法

端子一般用图形符号和端子代号表示。在图 12-18(a)中，端子符号(圆圈)旁标注的数字就是端子代号，详细书写为－K：1，：2，…。当用简化外形表示端子所在的模块(如端子排)时，可不画端子符号，仅用端子代号表示。在图 12-18(b)中，端子排－X 用简化外形表示，其端子代号为－Q－X：1，：2，…。

(3) 导线的表示法

端子间的连接导线可用连续线表示，也可以用中断线表示。用中断线表示时，要分别在中断处标明导线的去向。

导线组、电缆、线束等可用多线表示，也可用单线表示。用单线表示时，线条应加粗，在不致引起误解的情况下，可部分地加粗。当一个单元成套装置中包括几处导线组时，用数字或文字加以区别。

(4) 导线的标记

接线图中导线的标记方法有以下三种：

① 等电位编号法，用两位号码表示。第一位表示电位的顺序号，第二位表示同一电位内的导线顺序号，两个号码间用短横线隔开，如“2-3”表示第 2 等电位线中的第 3 条线。

② 顺序法编号，即将所有导线按顺序编号。

③ 呼应法(或称相对编号法)，通常按导线的另一端去向标记。

2. 单元接线图和单元接线表

(1) 单元接线图的绘制方法

在单元接线图上，代表模块的简化外形和图形符号，是按一定规则布置的，即大体按各个模块的相对位置进行布置，模块间的距离不以实际距离为准，而以连接线的复杂程度决定。

单元接线图的视图，应能清晰地表示出各个模块的端子和布线情况。当一个视图不能清楚地表示多面布线时，可用多个视图。在图 12-19 中，为了表示箱内正面(后壁)和左右侧面、顶面模块间的接线情况，采用了以正面为主的展开视图，其连接关系表示得更清楚。

对于转换开关、组合开关之类的模块，具有多层接线端子，上层端子遮盖了下层端子，可延长被遮盖端，标明各层接线关系。在图 12-20 中，Ⅰ层 1～4 号端子本来被Ⅱ层 5～8 号端子遮盖，将Ⅰ层端子延长后，便将其接线关系表示得更加清楚。

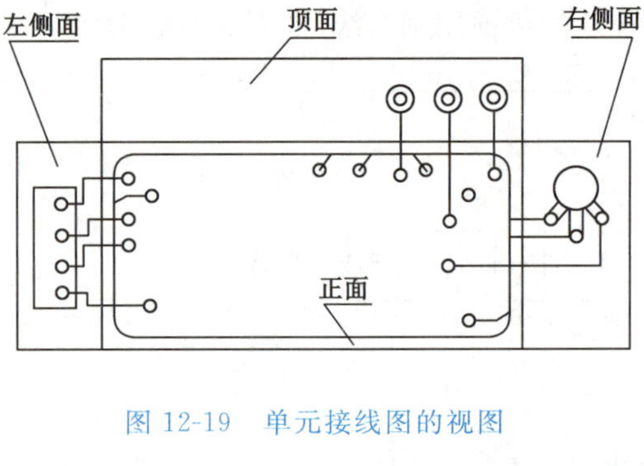

图 12-19　单元接线图的视图

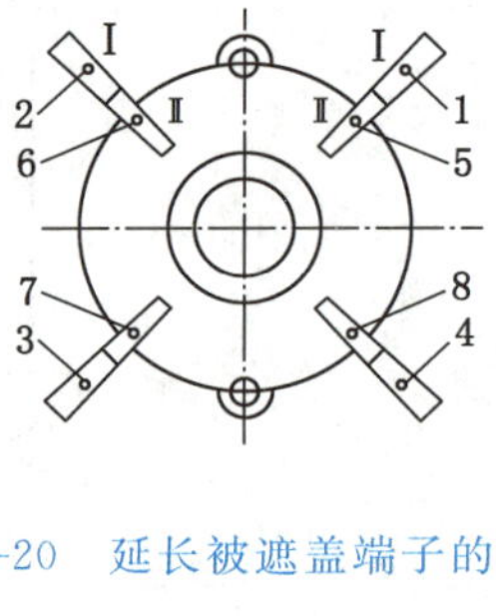

图 12-20　延长被遮盖端子的示例

(2) 单元接线表的绘制

单元接线表一般包括线缆号、线号、导线型号、规格、长度、连接点号、所属模块代号等内容。

图 12-21 和表 12-3 分别是单元接线图和接线表，该单元包括 4 个模块，其中 11、12 用简化外形符号表示，模块 13(电阻)、模块 X(端子排)用一般符号表示。该单元内 10 根相互连接线，其中 8 根采用独立标记，顺序号为 31～38。模块 11 和模块 13 间两根互连线，因相距很近没有编号。

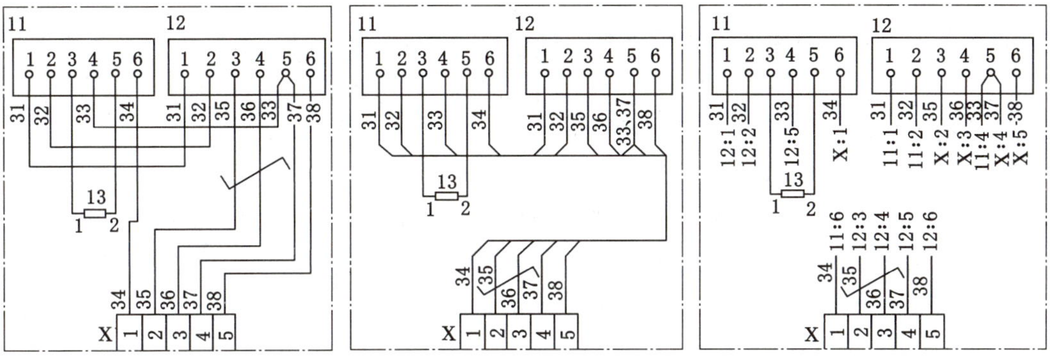

(a) 多线表示　　(b) 单线表示　　(c) 中断线表示

图 12-21　单元接线图示例

在采用中断表示的图 12-21(c)中，导线标记采用独立标记和从属远端标记。

在接线图中，33 号线和 37 号线一端都接模块 12 的端子 5，二者属于等电位线。在接线表中，编号 37 连接点Ⅰ的参考栏内填“33”，表示 37 与 33 是等电位线。在接线图中，35、36 号线均有标记“√”，表示两根线为同一绞合线。在接线表“附注”栏中，写有 T_1，也是说明这两根线为同一绞合线。

表 12-3　单元接线图和接线表示例

线缆号	线号	线缆型号及规格	连接点Ⅰ			连接点Ⅱ			附注
			项目代号	端子号	参考	项目代号	端子号	参考	
	31		11	1		12	1		
	32		11	2		12	2		
	33		11	4		12	5		
	34		11	6		X	1		
	35		12	3		X	2		T_1
	36		12	4		X	3		T_1
	37		12	5	33	X	4		
	38		12	6		X	5		
	—		11	3		13	1		
	—		11	5		13	2		

任务3　专业电气图

一、建筑电气安装平面图

1. 建筑电气安装平面图的特点

建筑电气安装平面图是应用最广泛的电气工程图，是电气工程设计图的主要组成部分。它是用图形符号绘制的，表示一个区域或一幢建筑物的电气装置、设备、线路的安装位置、连接关系以及安装方法的简图。

建筑电气安装平面图的主要用途是提供建筑电气安装的依据，如设备的安装位置、接线、安装方法、设备的编号、容量及有关型号等。在运行、维护管理中，建筑电气安装图是必不可少的技术文件。

2. 电力和照明平面图

表示建筑物电力、照明设备和线路平面布置的电气工程图，称为电力和照明平面图。电力和照明平面图主要表示电力和照明线路、设备的安装位置和接线等。通常按建筑物不同标高的楼层平面分别绘制，电力和照明是分开表示的。

(1) 电力和照明线路的表示法

在平面图上采用图线和文字符号结合的方法，表示电力和照明线路的走向、导线的型号、规格、根数、长度、配线方式和用途等。

文字符号基本上是按汉语拼音字母组合而成，如 M—明配线、A—暗配线、CP—瓷珠或瓷瓶配线、SPG—蛇铁皮管配线、LM—沿梁或屋架下弦明配线、DA—在地面下或地板下暗配线等。

线路标注的一般格式：

$$a\text{-}b(e\times f)\text{-}g\text{-}h$$

式中　a——线路编号或功能的符号；

b——导线型号；

e——导线根数；

f——导线截面积(mm^2)，不同截面积应分别表示；

g——导线敷设方法的符号；

h——导线敷设部位符号。

例如，某线路上标注的文字符号“2LFG-BLX-3×4-VG20-QA”，其含义是：2 号动力干线(2LFG)；铝芯橡皮绝缘线(BLX)；3 根导线，分别为 4 mm^2；穿直径(外径)为 20 的硬塑料管(VG20)；沿墙暗敷(QA)。

(2) 照明器具的表示法

照明器具采用图形符号和文字标注相结合的方法。

(3) 电气照明平面图

图 12-22 所示为某建筑物的第六层电气照明平面图。

照明平面图中，用定位轴线①～⑥、$A\sim D$ 和尺寸线表示了各部分的尺寸关系。线路的文字标注在施工说明中表示，以使图样清晰。

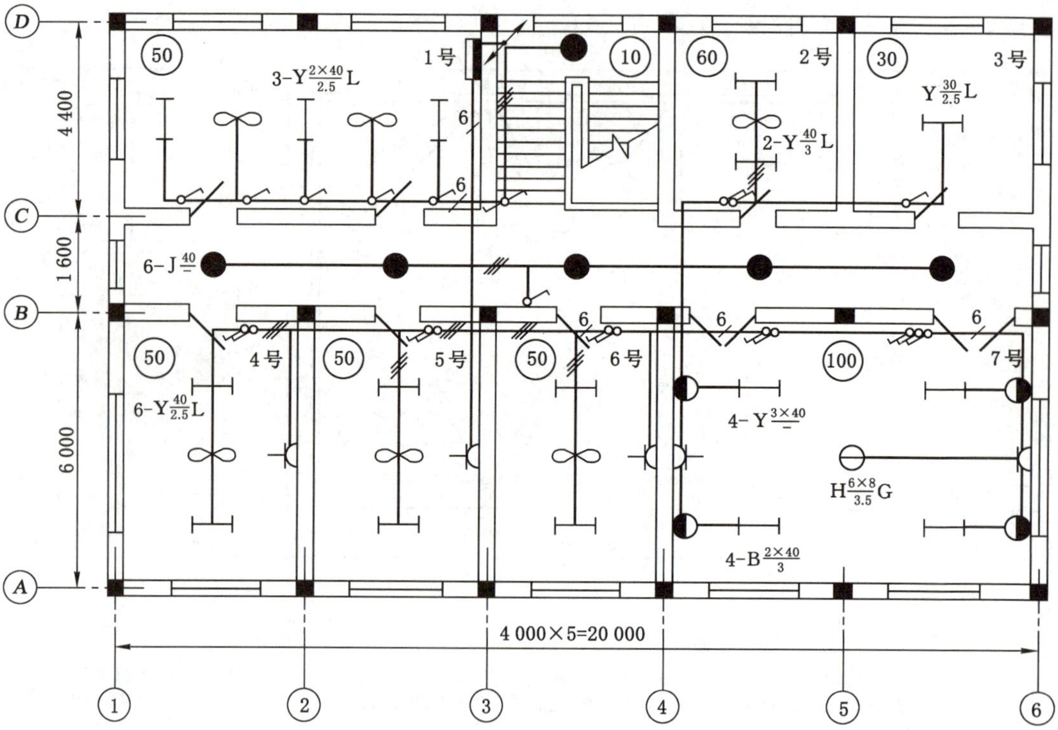

图 12-22　某建筑物的第六层电气照明平面图

根据 1 号房间灯具标注的格式 3-Y $\frac{2\times40}{2.5}$L 可知：该房间有 3 盏荧光灯，每盏灯 2 支 40 W，安装高度 2.5 m，链吊式安装。

根据走廊及楼道灯具标注的格式 6-J $\frac{40}{-}$可知：走廊及楼道有 6 盏灯具，水晶底罩灯(J)，每灯 40 W，吸顶安装。图上还标出了照度，如 1 号房间为 50 lx，走廊及楼道为 10 lx。

(4) 电力平面图

用来表示电机等动力设备、配电箱的安装位置以及供电线路敷设路径、方法的平面图，称为电力平面图。

图 12-23 所示为某车间电力平面图，它是在建筑平面图上绘制的，该建筑物采用尺寸数值定位。电力平面图主要表示了线缆配置和电力设备配置情况。

例如，由总电力配电箱(0 号)至 4 号配电箱的线缆，标注为“BLX-3×120+1×50-CP”，它表示导线型号为铝芯橡皮绝缘线(BLX)；截面积为 3×120+1×50 mm^2，沿墙瓷绝缘子敷设(CP)；长度约为 40 m(由建筑物尺寸确定)。

又如，由 5 号配电箱至 11 号电机的线缆，标注为“BLX-3X50-G40-DA”，它表示导线的型号为铝芯橡皮绝缘线(BLX)，3 根导线，截面积均为 50 mm^2；穿入 ϕ40 的钢管；地面中暗敷(DA)。

电力平面图中表示了电机位置、型号、容量等，如图 12-23 所示。

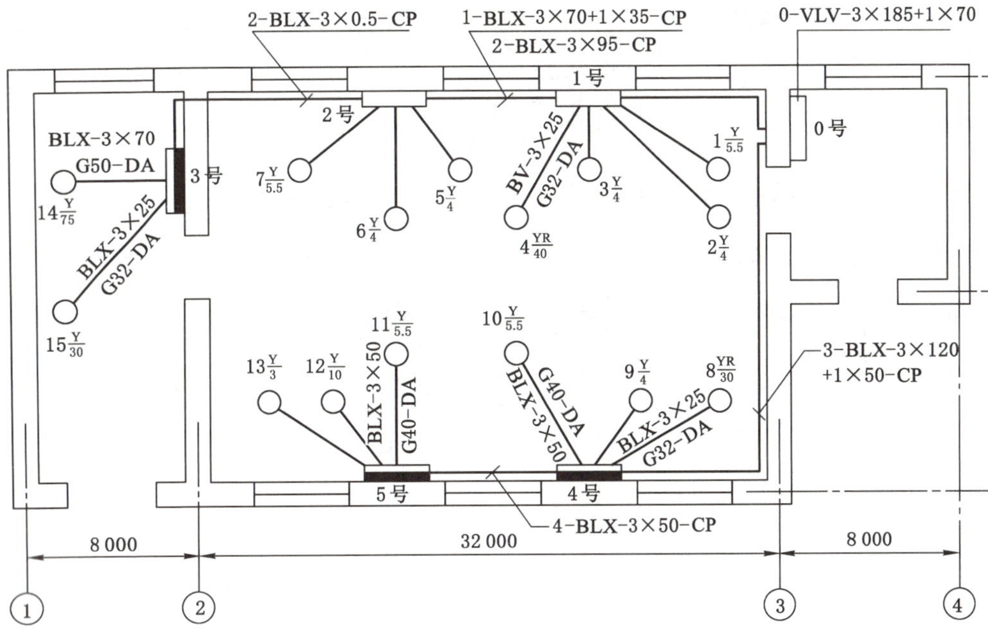

说明

1. 进线电缆引自室外 380 V 架空线路第 42 号杆。
2. 各电机配线除注明者外，其余均为 BLX-3×2.5-G15-DA。

编号 $3\frac{Y}{4}$ 电机型号 容量（kW）

图 12-23 某车间电力平面图

二、二次电路图和接线图

实现电能转换与传输的发、供、用电设备，通常称为一次设备。对一次设备与系统进行监视、测量、保护及控制的设备，称为二次设备。如果一次系统为低压，这时二次设备又称为辅助设备。将二次设备按一定顺序连接起来，用来说明电气工作原理的图，称为二次电路图。用来说明电气安装接线的图，称为二次接线图。如果一次设备为 380 V 以下，二次电路图和接线图又可称为辅助电路图和辅助接线图。如果主要用于电气控制，又可称为控制电路图和控制接线图。

【例 12-1】 绘制如图 12-24 所示的电子助听器电路原理图。

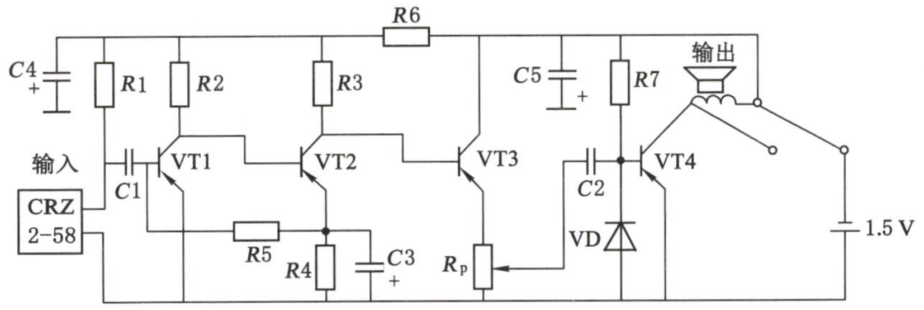

图 12-24 电子助听器电路原理图

绘制方法及步骤如下：

① 按电路不同功能将全电路分成若干级，然后以各级电路中的主要元件为中心，在途中沿水平方向分成若干段。

② 排布各级电路主要元件的图形符号，使其尽量位于图形中心水平线上。

③ 分别画出各级电路之间的连接及有关元器件。

④ 画全其他附加电路及元器件，标注数据及代号。

⑤ 检查全图连接是否有误，布局是否合理，最后加深。

具体画图步骤如图 12-25 所示。

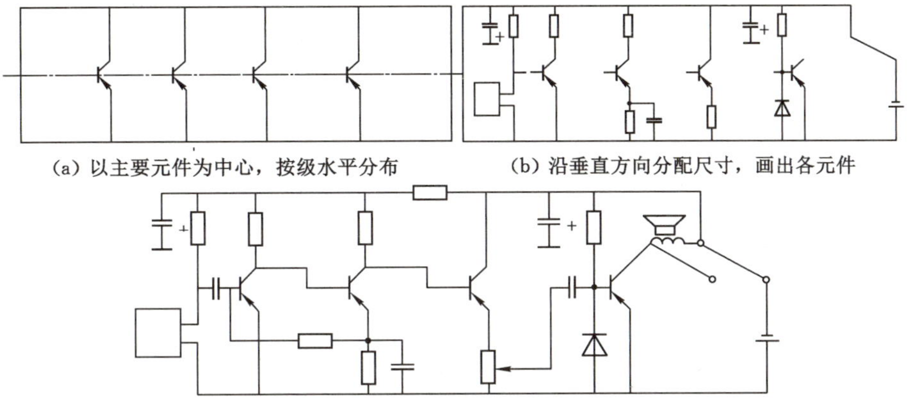

(a) 以主要元件为中心，按级水平分布　(b) 沿垂直方向分配尺寸，画出各元件

(c) 沿水平方向连接各级

图 12-25　画图步骤

模块 4　AutoCAD 绘图

项目 13 AutoCAD 绘制二维图

教学目标

掌握 AutoCAD 的基本操作方法；能够熟练运用 AutoCAD 高效准确绘制二维工程图。

思政目标

1. 通过对 CAD 制图流程的解析，学生应掌握图纸绘制的概念、主要方法以及详细操作步骤，让学生明白“工欲善其事，必先利其器”的道理，培养学生对待工作的严谨态度。

2. 在绘制二维工程图的过程中，学习精益求精的技能，领悟习近平总书记“学思践悟”学习方法的内涵，培养学生家国情怀和使命意识，让学生在“学思践悟”中坚定理想信念，在奋发有为中践行使命初心。

学习项目工单

项目名称	AutoCAD 绘制二维图
项目描述	查阅相关资料，了解国内外 CAD 软件的应用现状，明确 CAD 制图标准，理解如何做到图纸矢量化——CAD 制图流程。 要求学生整理展示 AutoCAD 软件的应用和基本操作等，如利用软件绘制五星红旗，从而在学生学会知识点、激发学习兴趣的同时培养学生精益求精的工作态度和大国工匠精神
项目分析	了解 CAD 制图的前世今生，熟悉利用软件绘制平面图形
成果展示及评价	各组成员每人完成所要求项目一份，小组互评后由教师综合评定成绩

引例

通过举例，以比较直观的方式引出 CAD 的应用，使学生深切感受到利用 CAD 可以实现人机结合、优势互补、缩短周期、提高效率，从而坚定学生掌握时代技术、技能创变未来的信念。

以齐白石的成功经历为课题导入，引出本节课主要知识点——CAD 制图，将齐白石务实、执着、锲而不舍的精神穿插于绘制 CAD 图的步骤分解讲解中，在潜移默化中培养学生精益求精的工匠精神。

CAD(Computer Aided Design，计算机辅助设计)绘图技术已广泛应用于机械、电子、建筑、土木等各个领域，AutoCAD 2023 是 Autodesk 公司推出的最新版本，是功能丰富的通用工程设计软件。由于其具有易学、使用方便、体系结构开放等优点，因而深受广大学习者的喜爱。图 13-1 所示为用 AutoCAD 绘制的图形。

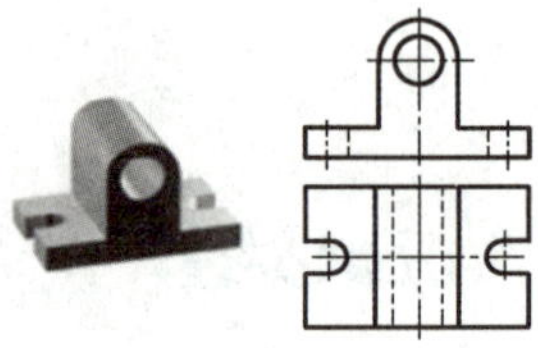

图 13-1　AutoCAD 绘制的图形

任务 1　AutoCAD 基本操作

应用 AutoCAD 绘图之前，了解和掌握它的功能、操作和应用是十分必要的。

一、AutoCAD 绘图基础

1. 工作界面

AutoCAD 的启动与关闭方式和 Office 组件类似，即由开始→程序启动（利用“开始”级联菜单的标准启动方式）和由桌面启动（双击桌面“ ”图标的快捷启动方式）；利用关闭按钮或 Alt＋F4 来关闭。启动 AutoCAD 2023，即进入工作界面，如图 13-2(a)所示。

如图 13-2(b)所示，AutoCAD 2023 自带三个工作空间，分别是草图与注释、三维基础和三维建模。三种界面的不同之处在于界面中所显示的工具面板。菜单浏览器、快速访问工具栏（显示在 AutoCAD 窗口的顶端，在菜单浏览器右边，包括最常使用的工具，如新建、打开、保存、打印、撤销以及恢复）、标题栏、菜单栏、工具面板（将鼠标放在其上的某一个按钮上时，按钮会高亮同时显示该按钮的名称及相应信息提示）、绘图窗口、命令行（是用户与 AutoCAD 进行交互对话的地方，用于显示系统的信息和用户输入的信息，按 F2 可将命令行切换为文本窗口）与状态栏（位于最下方，左侧为模型和图纸空间等，右侧包含一些相近功能的切换按钮，如对象捕捉、栅格以及动态输入及一些新工具）。其中，使用“切换工作空间”按钮可在草图与注释、三维基础和三维建模三种工作空间模式中进行切换。

2. 命令的调用

在 AutoCAD 系统中，所有功能都是通过命令执行来实现的。熟练地使用 AutoCAD 命令有助于提高绘图的效率和精度。AutoCAD 中提供了菜单选项、输入命令或别名（快捷且准确性高，但需记忆命令）、工具面板（使用方便快速，推荐）、右键快捷菜单等多种方法来调用命令。可根据作图的具体情况和各人的习惯来选用。

技巧点拨：

① AutoCAD 采取“实时交互”的命令执行方式，在绘图或图形编辑操作过程中，用户应特别注意动态提示或命令窗口中显示的文字，这些信息记录了 AutoCAD 与用户的交流过程。

② 按鼠标右键＝按回车键＝按空格键，表示命令的确认或重复上一命令。

③ 任何时候，按 ESC 键，取消当前操作。

④ 使用命令别名可以实现高效绘图。

⑤ 透明命令指在执行 AutoCAD 的命令过程中可以执行的某些命令，在结束“透明”命令后，又回到刚刚运行的命令。“透明”命令多为修改图形设置、绘图辅助工具等命令，如缩

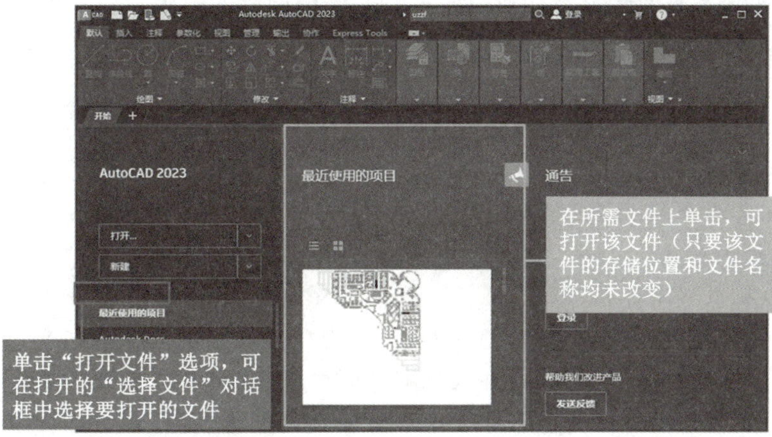

(a)

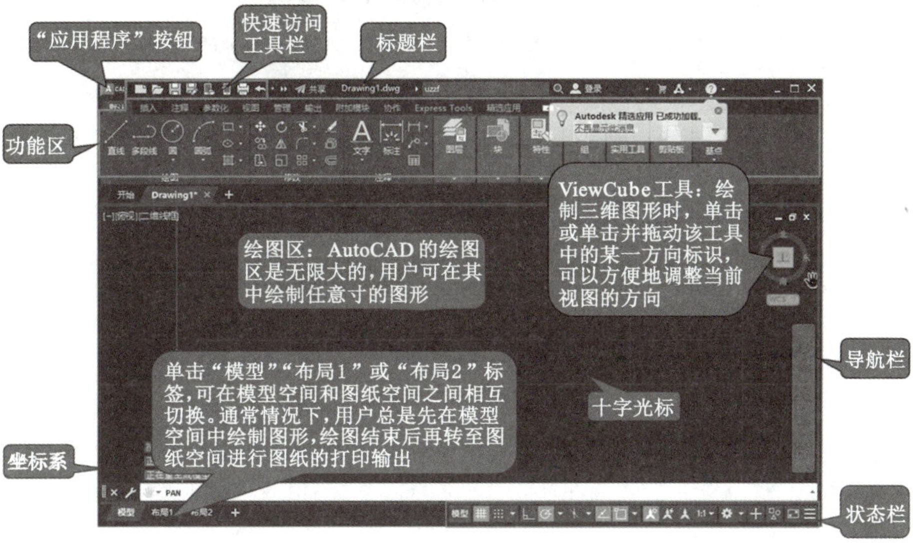

(b)

图 13-2 AutoCAD 工作界面

放视图、对象捕捉等。

3. 视图显示控制

在 AutoCAD 中可以绘制无限大尺寸的图形，但是这些图形只能显示在小小的屏幕上，这给实际绘图带来了诸多的不便，为了方便对大尺寸图形的观察和修改，就需要对图形进行显示控制。

(1) 缩放与平移视图

按一定比例、观察位置和角度显示图形，以便于观察。注意：视图的缩放与平移只改变图形对象在屏幕上显示的尺寸、比例和位置，而不会改变对象的实际尺寸。

方式有两种：① 利用鼠标滚轮实时缩放与平移，滚动滚轮缩放视图（向上放大，向下缩小），拖动滚轮平移视图；② 利用命令 ZOOM 或 PAN。

(2) 重画与重生成

重画与重生成都是重新显示图形，即清除刷新，但两者的本质不同。重画仅仅是重新显示图形，而重生成不但重新显示图形，而且将重新生成图形数据，速度上较前者稍微慢些。

(3) 几个与显示控制有关的系统参数

① 多线、多段线、实体填充：FILL[ON/OFF]打开/关闭“填充”模式。

② 线宽：LWDISPLAY[ON/OFF]。

③ 文字快速显示：QTEXT[ON/OFF]。

4. 数据的输入方法

AutoCAD 有世界坐标系(默认，WCS，X 轴水平向右为正，Y 轴垂直向上为正，Z 轴垂直屏幕指向用户为正，原点在绘图区的左下角)和用户坐标系(UCS，为了更好地三维绘图，用户需要修改坐标系统原点和方向，键入“UCS”即可创建)。

现实中的“实体→面→线→点”，即无论多么复杂的图形，都是由一个个坐标点组成的，如图 13-3 所示。要正确表达实物，归根结底必须正确定位点。

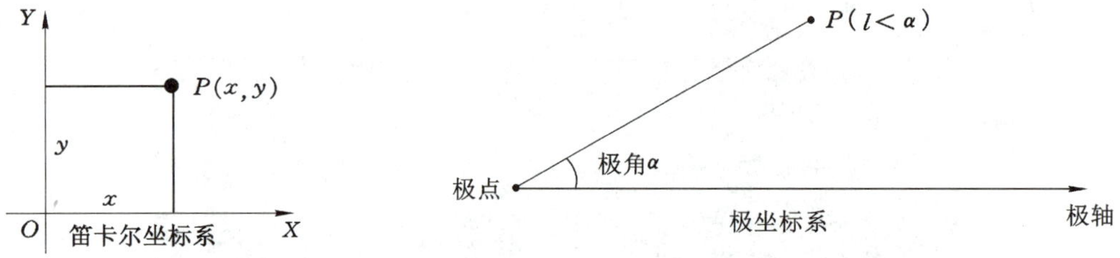

(a) 直角坐标系与直角坐标　　(b) 极坐标系与极坐标

图 13-3　平面坐标系及其坐标

(1) 利用坐标取点

为了方便绘制图形，经常要利用坐标来精确定位。在 AutoCAD 中，点的坐标类型及表示形式见表 13-1。

表 13-1　AutoCAD 中的点坐标

项目	绝对坐标(原点/极点为基点)		相对坐标(以某一指定点为基点)	
	直角坐标	极坐标	直角坐标	极坐标
表达形式	x,y	$l<\alpha$	$@x',y'$	$@l'<\alpha'$
说明	分隔符“,”	分隔符“<”	以“@”打头以区别于绝对坐标	
示例	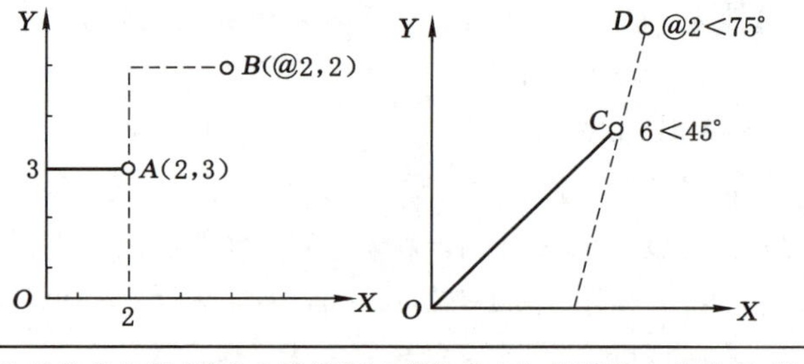			

注：用键盘输入点的坐标数据时，输入法的状态必须是“半角字符”和“英文标点”，即所输入的数字、数据分隔符(“,”“<”“@”)必须是英文半角字符。

(2) 设置极轴(正交)追踪取点

极轴和正交追踪是将光标自动磁吸到特定的方向，极轴追踪是在“增量角整数倍”方向上出现橡皮筋线；正交则是水平或垂直方向追踪，即正交是极轴增量角为90°的特例。

说明：利用极轴追踪可以快速绘制与极轴追踪角成整数倍的斜线，还可以设置附加角以追踪单独的极轴角。

(3) 对象捕捉取点

在绘图过程中需要指定点的时候，可以使十字光标定位到对象的特殊点上，如端点、中点、圆心和交点等，这种功能叫作对象捕捉。使用这种功能，能够精确地定位到已存在对象的特殊点上，为绘图带来了极大的方便，其捕捉内容设置见表13-2。

表13-2　对象捕捉点含义

特征点	名称	含义
端点	END	直线、圆弧的端点
圆心	CEN	圆、圆弧、椭圆(弧)的圆心
中点	MID	直线、圆弧的中点
切点	TAN	与圆、圆弧的切点
垂点	PER	过直线、圆弧外一点作它们的垂线，得到垂足
交点	INT	两个对象(如线、圆弧或圆)的交点
象限点	QUA	圆心为坐标原点，平面直角坐标系 X、Y 两轴与圆的交点
节点	NOD	点对象
最近点	NEA	捕捉到离光标最近的对象上的一点，即保证点在对象实体上
外观交点	APP	两个对象在视图平面上的交点。若两个对象没有直接相交，则系统自动计算其延长后的交点；若两个对象在空间上为曲面直线，则系统计算其投影方向上的交点。注意：“交点”模式同“外观交点”模式不能同时起作用
平行线	PAR	与某一直线平行的直线上的点。 注意：指定了直线的第一点并选取了“平行线捕捉”模式后，把光标移到想与之平行的对象上，之后再移动光标，这时经过第一点且与选定的对象平行的方向上将出现一条构造线
延伸点	EXT	在某一直线、圆弧的延长线上的点
插入点	INS	图块、文本、属性及图形等对象的插入点

对象捕捉包括两种方式：① 手动捕捉，又称临时捕捉，只有指定一种点的捕捉类型之后，才能执行相应的操作，并且只能使用一次；② 自动捕捉，又称永久捕捉，系统会根据设置情况将十字光标自动磁吸到最近的特殊点上，这种方式往往按需设置来提高绘图效率，一般“端点、交点和延伸点”常开，如果当前启动了手动捕捉，则自动捕捉不起作用。

技巧点拨：

如图13-4所示，已知有一个圆和一条直线，当执行LINE命令确定直线的起始点时，利用对象捕捉追踪可以找到一些特殊点。图13-4(a)中捕捉到的点的X、Y坐标分别与已有直线端点的X坐标和圆心的Y坐标相同。图13-4(b)中捕捉到的点的Y坐标与圆心的Y坐标相同,且位于相对于已有直线端点的45°方向。如果单击“拾取”键,就会得到对应的点。这就是自动追踪取点。

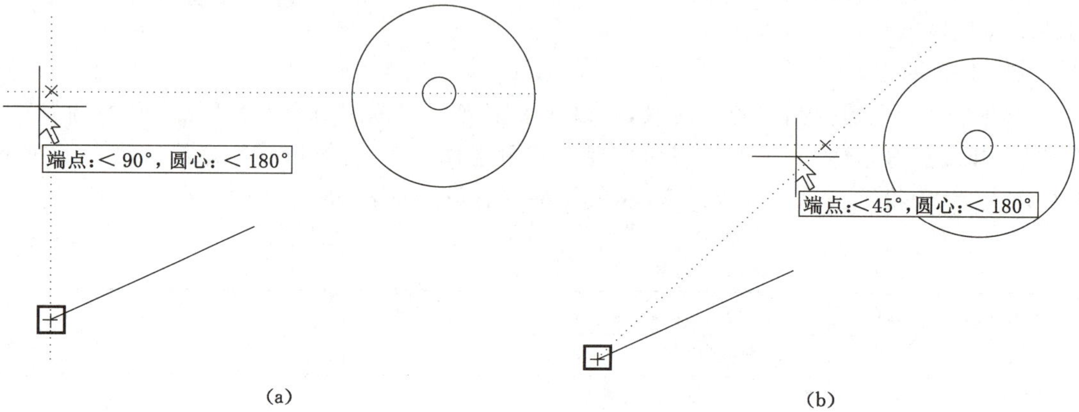

图13-4　自动追踪取点

点的输入有四种方式:① 输入坐标;② 鼠标在绘图区域拾取点(可用目标捕捉方式捕捉绘图区已有图形的特殊点,需要打开状态栏的“对象捕捉”);③ 直接距离输入(配合极轴、追踪和正交工具使用,即用鼠标指明方向的前提下输入直线段的长度);④ 自动追踪。

5. 图形文件管理

图形文件管理包括建立新图形文件(默认文件扩展名为.dwg)、打开图形文件、保存图形文件(SAVE与SAVEAS是有区别的:SAVE执行以后,原来的文件仍为当前文件,而SAVEAS执行以后,另存的文件变为当前文件)等,与Windows其他软件相同。

【例13-1】 绘制如图13-5所示明暗相间的正五角星。

分析:正五角星顶点可视为圆内接正五边形顶点,故可借助极轴追踪(增量角360°/5=72°),利用直线“一笔”绘就五角星轮廓,然后修剪连线,进行图案填充完成绘制。

具体步骤如下:

① 双击Windows桌面AutoCAD 2023快捷图标,启动AutoCAD。

② 点击下拉菜单“文件→新建”,打开“选择样板”对话框,选择已有的样板文件“acadiso.dwt”。

③ 设置极轴:右键单击状态栏“极轴”按钮,在快捷菜单选取“设置”,打开“草图设置”对话框中“极轴追踪”选项卡,在“增量角”对话栏中输入“72”,按功能键F3和F10启用对象捕捉和对象追踪。

④ 绘制直线:

a. 在打开极轴时,屏幕上出现极轴追踪矢量时可以直接输入直线长度来绘制直线。

b. 单击“绘图”工具栏“直线”按钮,系统提示:

命令:_line 指定第一点:	//激活直线命令
指定下一点或[放弃(U)]:100	//移动鼠标绘制 0°直线
指定下一点或[放弃(U)]:100	//移动鼠标绘制 216°直线
指定下一点或[闭合(C)/放弃(U)]:100	//移动鼠标绘制 72°直线
指定下一点或[闭合(C)/放弃(U)]:100	//移动鼠标绘制 288°直线
指定下一点或[闭合(C)/放弃(U)]:c	//移动鼠标绘制封闭直线

技巧点拨:

绘图时当光标移动到某一极轴的增量角时,当前屏幕上会出现一条虚线(即极轴追踪矢量),此时在光标的末端出现极轴追踪提示,如"极轴:150.23<0°",然后可以直接输入直线长度值。提示:使用极轴时应该把对象捕捉和对象追踪同时打开。

⑤ 修剪:单击"绘图"工具栏中的"修剪"按钮,系统提示:

命令:_trim	//激活修剪命令
当前设置:投影=UCS,边=无	//显示系统信息
选择剪切边...	
选择对象或<全部选择>:	//击右键,以所有可视对象为潜在的剪切边
选择要修剪的对象,或按住 Shift 键选择要延伸的对象,或[栏选(F)/窗交(C)/投影(P)/边(E)/删除(R)/放弃(U)]:	//移动鼠标依次拾取图 13-5(b)中五角星内部线 1→2→3→4→5 上,最终效果如图 13-5(c)所示

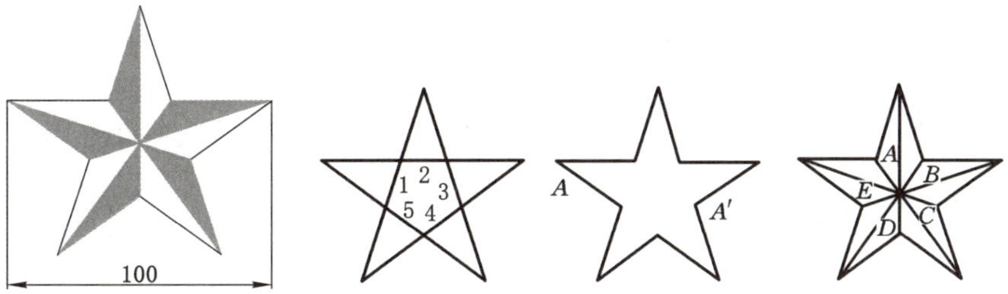

(a)　(b)　(c)　(d)

图 13-5　明暗相间的正五角星

⑥ 连线:激活直线命令,连接 AA',同理连接其他线,效果如图 13-5(d)所示。

⑦ 图案填充:

a. 单击"绘图"工具栏中的""按钮,打开"边界图案填充"对话框。

b. 单击"图案"下拉列表框右侧的"…"按钮,在打开的对话框中选择 solid 图案,单击"确定"按钮返回"边界图案填充"对话框。

c. 单击"拾取点"按钮,在绘图区中指定填充边界,其命令行操作如下:

命令:_bhatch	//激活图案填充命令
选择内部点	//点取 A 点,如图 13-5(d)所示
正在选择所有对象	//系统提示信息
正在选择所有可见对象	
正在分析所选数据	
正在分析内部孤岛	
选择内部点	//点取 B 点
正在分析内部孤岛	
选择内部点	//点取 C 点
正在分析内部孤岛	
选择内部点	//点取 D 点
正在分析内部孤岛	
选择内部点	//点取 E 点
正在分析内部孤岛	

d. 系统返回“边界图案填充”对话框,单击“确定”按钮即可。

二、设置绘图环境

1. 设置参数选项

选择“工具→选项”命令,在打开的“选项”对话框中用户可以方便地配置绘图环境,如设置绘图单位(长度和角度)、搜索目录、设置工作界面的颜色等。

技巧点拨:

一般只有有经验的用户才会修改系统的环境参数,否则修改后可能造成 AutoCAD 某些功能无法正常使用。建议初学者采用“默认值”即可。

2. 设置图形界限(LIMITS)

图形界限是 AutoCAD 中的一个假想矩形绘图区域,相当于图纸的图幅。图形单位采用公制时,图形界限默认左下角坐标为(0,0),右上角坐标为(420,297),即 A3 横向(420×297)。在世界坐标系下,它是由一对二维点(即左下角点和右上角点)确定的矩形区,是可见栅格指示的区域,也是选择“视图→缩放→全部”命令时决定显示多大图形的一个参数。

3. 设置图层

图层是用户用来组织自己的图形最为有效的工具之一。一个图层就像一张透明的图纸,不同的图元素设置在不同的图层,共同组成图形,即相当于将这些透明纸叠加起来,从而得到最终的复杂图形。这样的图形可通过控制图层的状态及特性的显示而变得易于组织。

合理利用图层,可以事半功倍。一开始画图,就预先设置一些基本层。每层有自己的专门用途,这样做的好处是:节省存储的空间;控制图形的颜色、线条和宽度及线型等属性;统一控制同类图形实体的显示、冻结等特性。

(1) 图层的创建和使用

可利用“图层特性管理器”对话框(图 13-6)或“图层”工具栏和“特性”工具栏(图 13-7)

来创建新图层和设置、修改图层的状态及特性。

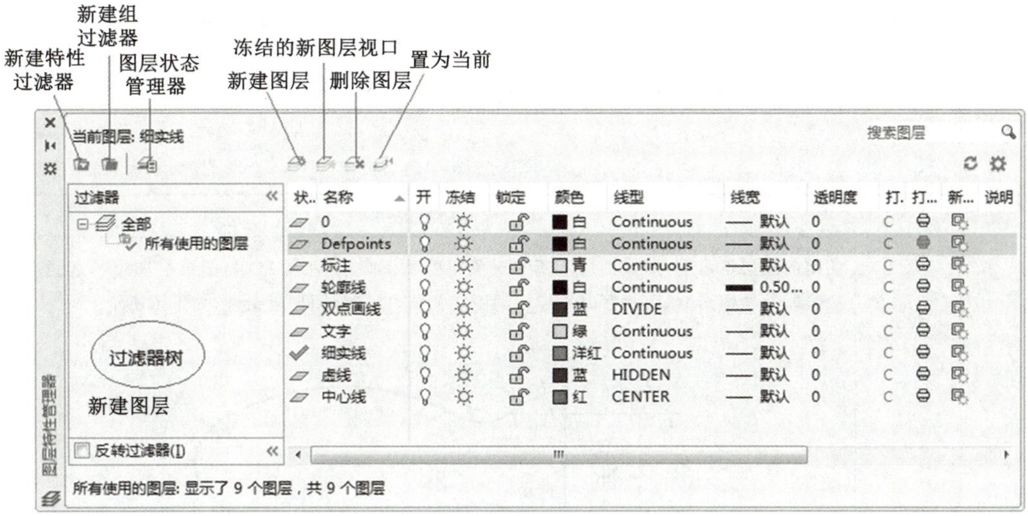

图 13-6 “图层特性管理器”对话框

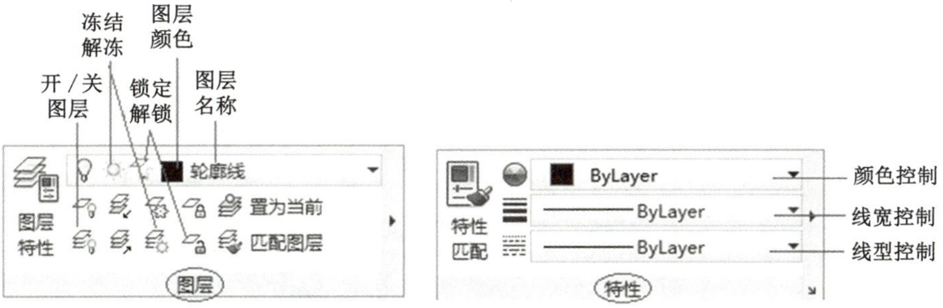

图 13-7 “图层”工具栏和“特性”工具栏

① 缺省状态下只有一个名称为“0”的图层(状态开、白色、线型连续、默认线宽)。该图层不能删除或更名,它含有与图形块有关的一些特殊变量。

② 图层命名尽量遵循“见名知义”的原则,名称中不能包含通配字符(* 和?)和空格,也不能与其他图层重名。0 层不可重命名。

③ 如果图形只是在屏幕上显示,不需要打印输出,图层颜色则可按个人喜好设置。若要打印输出,则涉及彩色向黑白转换,遵循的原则是:以三原色(RGB)为基础,颜色越鲜艳,色素丢失越多,如黄色就会全部丢失。因此,需要打印输出的图形尽量设为黑白或 RGB 色。

④ 缺省状态下系统只加载了 continue 线型,如要加载其他线型,可单击“加载”按钮打开“加载或重载线型”对话框,从当前线型库中选择需要加载的线型。注意:加载的线型必须在线型库(LIN)文件中定义过。标准线型都保存在 acad.lin 文件中。

(2) 图层状态控制

AutoCAD 提供了几种方法来控制图层的状态。可以利用“图层特性管理器”对话框选择某一图层后，单击“置为当前”按钮，即可将该层设置为当前层；还可以使用对象特性工具条中的图层控制工具。当单击“图层”工具栏右侧的“ ”符号时，系统将显示层列表，单击某个层可将该层设置为当前图层。

单击列表中各符号即可修改各层的状态，图层状态意义见表 13-3。

表 13-3　图层状态图标功能

图层状态		功能说明
	关闭 打开	关闭的图层不可见，即该图层上所有对象将隐藏不显示、不可打印，但可与图形一起重生成。故绘制复杂图形时，可将暂时不编辑的图层关闭，以降低图形复杂性，如下图所示 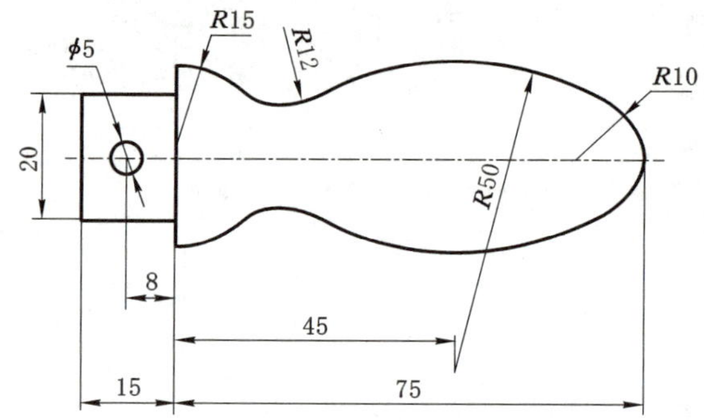 (a) 打开标注图层 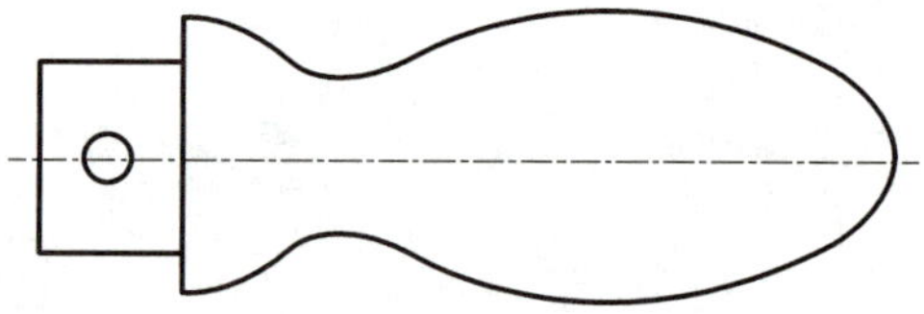 (b) 关闭标注图层
	隔离 取消隔离	隐藏或锁定除选定对象的图层之外的所有图层。 取消隔离
	解冻 冻结	冻结的图层不可见、不可打印，也不可重生成。故将视图中不编辑的图层暂时冻结，可加快执行绘图编辑的速度。 注意：当前层不能冻结，冻结的图层也不能设置为当前层
	锁定 解锁	锁定的图层仍可见，但不能进行编辑，只能绘制新的图形，这样可防止重要的图形被修改

技巧点拨：

在实际绘图中，如果绘制完某一图形元素后，发现该元素并没有绘制在预先设置的图层上，可通过以下三种方式来实现：① “图层”工具栏下拉框；② “特性匹配器”（类似于 Word 格式刷）；③ “特性”对话框：单击“快速访问”工具栏中 按钮，调出“特性”工具选项板，选中相应的对象后，即可在“特性”工具选项板中对所选对象的特性进行修改。

【例 13-2】 根据国标创建并设置表 13-4 中所示的图层。

表 13-4　工程图样中图层设置

图层名称	颜色	线型	线宽/mm	备注
轮廓线	白色	continues	0.5	图层命名可根据用途，如本案例；也可按对象名，如建筑图中用户可根据自己喜好决定。颜色一般以黑白或RGB优先
中心线	红色	center	默认/0.25	
细实线	绿色	continues	默认/0.25	
细虚线	黄色	dashed/hidden	默认/0.25	
剖面线	绿色	continues	默认/0.25	
文字	蓝色	continues	默认/0.25	
标注	绿色	continues	默认/0.25	
细双点画线	粉红色	divide	默认/0.25	

具体步骤如下：

选择“格式→图层”或单击“图层”工具栏按钮“ ”，系统弹出“图层特性管理器”对话框（图 13-6），单击新建图层“ ”按钮，可以创建一个名称为“图层 1”的新图层。默认情况下，新建图层与当前图层的状态、颜色、线型、线宽等设置相同。

单击对话框中“名称”下图层 1“命名”轮廓线；单击对话框中“线宽”下“默认”，设置该图层的线宽“命名”轮廓线。

同理按表 13-4 依次创建设置各图层。

任务 2　平面图形的绘制与编辑

一、常用绘图命令

绘制图形时，可在 AutoCAD 2023 中单击“菜单浏览器”按钮“ ”，在弹出的菜单中选择“绘图→...”；或在“功能区”选项板中选择“默认”选项卡，在“绘图”面板中单击相应按钮（或点击相应工具栏按钮）；也可从键盘输入该命令或别名。表 13-5 给出了常用的绘图命令。

表 13-5　常用的绘图命令

类型	命令	功能及注意事项
绘制点和线（在 AutoCAD 中绘图时，点和线是基本命令，在进行绘图的过程中，这些命令是必不可少的，使用点和线命令可完成工程设计中的定位线和轮廓线等图形的绘制）	点 （POINT）	点是组成图形最基本的一个图形元素，在实际绘图过程中，它主要起到标记辅助功能。 技巧点拨：AutoCAD 默认不显示点对象，为了便于观察，在绘制点对象之前通常要通过“格式→点样式”对其大小、样式进行设置，否则点将与线重合在一起，无法看到点的位置
	直线 （LINE 或 L）	LINE 是最常用的画图命令之一，两点定一线，可连续画出多条线段，其中每一条线段相对独立，还可封闭
	构造线 （XLINE 或 XL）	绘制两个方向无限长的直线，主要用于绘制辅助线。其中，射线是一个方向无限延伸的直线，也多用作辅助线

表 13-5(续)

类型	命令	功能及注意事项
绘制点和线(在AutoCAD中绘图时,点和线是基本命令,在进行绘图的过程中,这些命令是必不可少的,使用点和线命令可完成工程设计中的定位线和轮廓线等图形的绘制)	多段线(PLINE 或 PL)	绘制可变宽线或直线与弧线,整条多段线可以作为一个实体统一进行编辑,因而对于绘制一些特殊形体(如箭头等图形)很有用
	多线(MLINE 或 ML)	所渭多线,就是指多条平行线组成的复合线,是一个整体,最多可达 16 条。用户可以自己创建和保存多线样式。默认样式包含两条平行线,每条平行线的颜色、线型都可以单独设置,常用于绘制建筑图中的墙体、道路以及矿山中的巷道等平行线
	样条曲线(SPLINE 或 SPL)	绘制多个可调控制点的曲线,适于表达具有不规则变化曲率半径的曲线。例如,机械图形的断切面、地形外貌轮廓线、地质图中的底板等高线等或其他拟合公差曲线
绘制多边形	矩形(RECTANG 或 REC)	矩形可以直接绘制矩形,也可以对矩形倒角或倒圆角,还可以改变矩形的线宽
	正多边形(POLYGON 或 POL)	正多边形命令可绘制 3～1 024 条边的正多边形,其对象类型是“多段线”。其中,选项“边(E)”是已知边长来绘制;选项“中心点”是根据一个假想外切或内接圆来画正多边形
绘制圆弧	圆(CIRCLE 或 C)	圆也是最常用的画图命令之一。AutoCAD有 6 种绘圆的方式,其中“圆心半径”是缺省的画圆选项;而“相切、相切、半径(TTR)”多用于绘制连接弧(内切或混合弧)
	圆弧(ARC 或 A)	圆弧绘制是绘图中最复杂的,其画法多达 11 种,涉及参数如右图所示。三点画弧法是默认画法。当采用“起点、端点、半径”画弧时,注意半径为正绘劣弧,半径为负则绘优弧。默认逆时针方向成弧 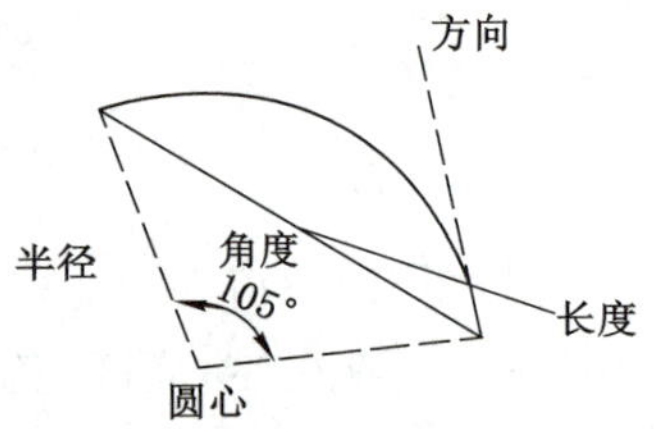
	椭圆(弧)(ELLIPSE 或 EL)	在绘图中,椭圆或椭圆弧是另一种常用的基本图形对象。椭圆的形状主要由中心点、椭圆长轴与短轴三个参数来确定
面域和图案填充	面域(REGION 或 REG)	面域是具有边界的平面区域,而圆、多边形等封闭图形属于线框模型。可将由某些对象围成的封闭区域(无重叠、无相交)创建为面域。 技巧点拨:对面域可进行并集、差集、交集等布尔运算,结果如下图所示 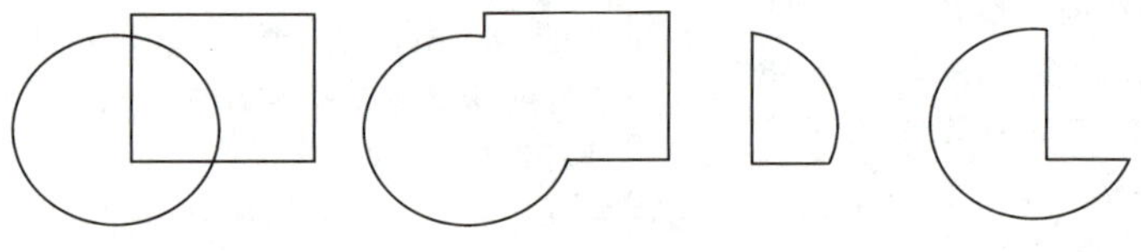 (a) 面域原因 (b) 并集 (c) 交集 (d) 差集
	图案填充(BHATCH)	以某种图案填充到指定区域,以表达该区域的特征,工程上多用来区分不同材质。 技巧点拨:填充时可预览填充效果,若效果不理想,可返回对话框进行调整。以拾取点方式指定填充边界,系统会以该点为中心,向四周辐射探测最小封闭区域为填充边界,故多用

【例 13-3】 绘制如图 13-8(a)所示的简单平面图形。

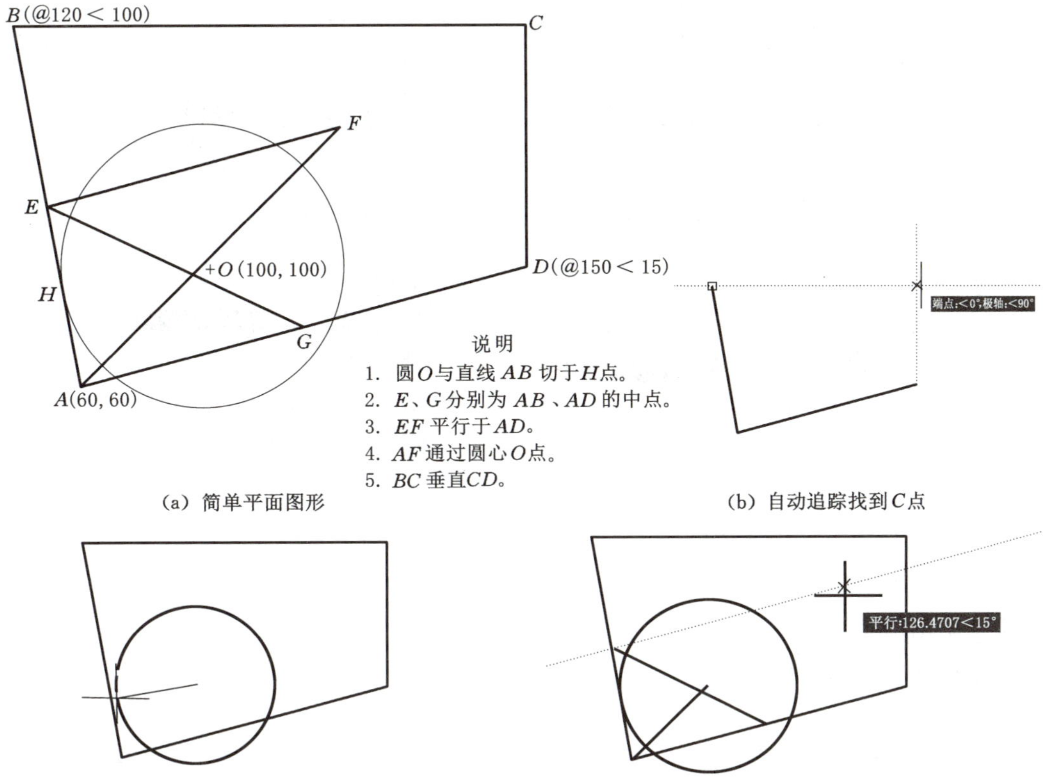

(a) 简单平面图形　(b) 自动追踪找到C点
(c) 捕捉AB线上的切点　(d) 捕捉平行线绘制EF

图 13-8　简单平面图形绘制过程

分析:外框直线 AB、AD 输入坐标绘制,C 点的确认需要利用自动追踪来实现。直线 EG 捕捉中点即可画出,直线 EF 要利用捕捉平行线来实现。圆 O 的半径可捕捉切点来确定。

具体步骤如下:

① 绘制外框。执行直线命令,输入 A 点坐标(60,60)指定第一点,再输入 B 点坐标@120<100,回车结束直线命令完成 AB 的绘制。

激活 LINE 命令,捕捉 A 点指定第一点,再输入 D 点坐标@150<15,完成 AD 绘制;利用自动追踪绘制 DC,即在 B 点绕一下,当系统出现如图 13-8(b)所示提示时拾取 C 点,回车结束直线命令完成 DC 的绘制。

② 绘制圆。执行画圆命令,输入圆心坐标(100,100),捕捉如图 13-8(c)所示 AB 线上的切点,完成圆的绘制。

③ 绘制内部线。EF 线的绘制可利用捕捉平行线来实现,如图 13-8(d)所示。

④ 修剪整理图形。

【例 13-4】 绘制如图 13-9 所示的图形。

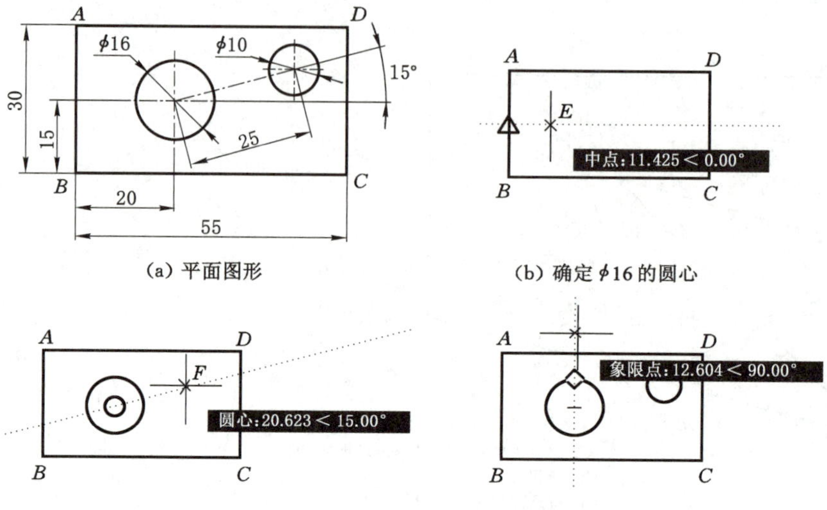

(a) 平面图形　(b) 确定 $\phi 16$ 的圆心

(c) 确定 $\phi 10$ 的圆心　(d) 确定垂直中心线上的端点

图 13-9　例 13-4 图

具体步骤如下:

设置自动对象捕捉模式为:中点、圆心、象限点,并设置极轴角增量为 15°。

① 利用直线命令先绘制矩形外框。

② 执行圆命令,移动光标至 *AB* 中点附近,出现中点标记及提示后,向右移动光标,显示水平追踪辅助线,如图 13-9(b)所示,输入 20,回车,确定 $\phi 16$ 圆的圆心 *E*。

③ 执行圆命令,移动光标至 $\phi 16$ 圆心附近,出现圆心标记及提示后,向右上方移动光标,显示 15°追踪辅助线,如图 13-9(c)所示,输入 25,回车,确定 $\phi 10$ 圆的圆心 *F*。

④ 启动直线命令,移动光标到 $\phi 16$ 上象限点,出现象限点标记和提示后,向上移动光标,如图 13-9(d)所示,输入 3,回车,确定中心线起点。

其余操作略,请自行完成。

【例 13-5】 绘制如图 13-10(a)所示支撑板的二视图。

分析:图中支撑板由底板和长半圆板两部分组成。主、俯视图都采用了局部剖,可用样条曲线画断裂边界,用 ANSI31 图案填充即可。

具体步骤如下:

① 新建图形文件,按表 13-4 创建并设置轮廓线、中心线、细实线三个图层,并将轮廓线层设为当前层。

② 绘制底板。用直线命令或矩形命令绘制,不妨先画俯视图,再利用自动追踪绘制主视图。

③ 绘制长半圆板

a. 先画特征明显的主视图。利用自动追踪首先画一长为 24 的水平线,再用“起点、端点、角度”画弧,然后用直线和圆命令画其他部分。

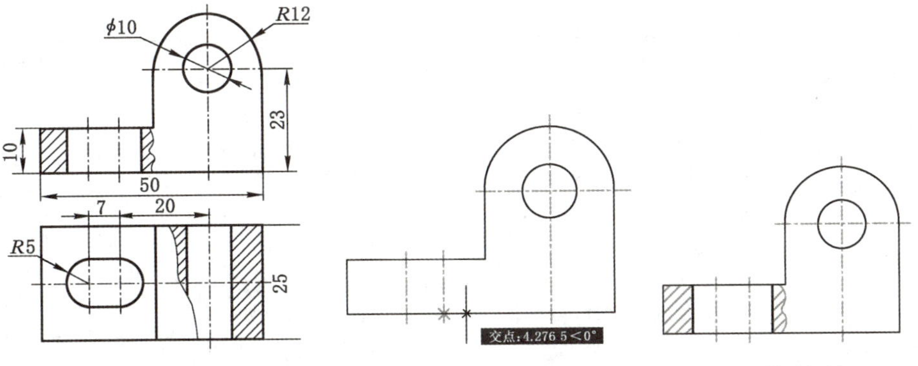

(a) 支撑板二视图　(b) 自动追踪绘半圆槽轮廓线　(c) 绘局部剖

图 13-10　例 13-5 图

b. 画俯视图。执行直线命令，利用自动追踪绘制俯视图。

④ 绘制中心线。将中心线层设为当前层，利用自动追踪绘制中心线。注意：中心线超出轮廓一般为 3～5 个单位。

⑤ 绘制底板半圆槽。将轮廓线层设为当前层，利用自动追踪绘制半圆槽轮廓线（以右侧线为例）：激活直线命令，鼠标在槽右侧中心线与下底线交点上悬停并向右水平移动，直到出现小十字图标[图 13-10(b)]后输入 5，回车，再向上竖直移动捕捉交点即可。同理画左侧槽轮廓线。注意底板半圆槽两端半圆需先画辅助线再画弧，剖视中孔左侧线可画短点。

⑥ 绘制局部剖视。将细实线层设为当前层，用“样条曲线”绘制剖断线（捕捉最近点），再用 ANSI31 图案填充局部剖视区域，填充比例可设为 0.5，效果如图 13-10(c)所示。

⑦ 保存退出。

【例 13-6】 绘制如图 13-11 所示的图形。

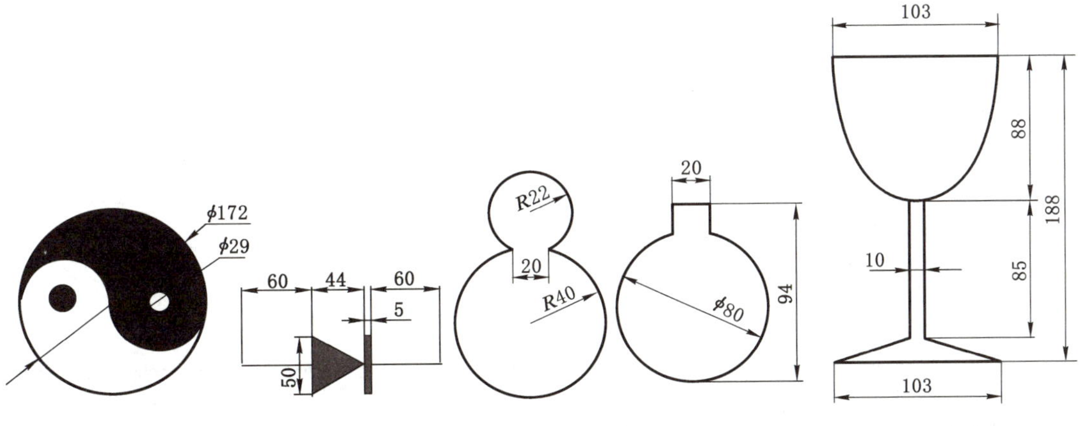

(a) 太极图　(b) 二极管　(c) 优弧　(d) 高脚杯

图 13-11　例 13-6 图

具体步骤如下：

(a) 太极图	(b) 二极管	(c) 优弧	(d) 高脚杯
(1) 以"圆心、直径"方式绘制 ϕ172。 (2) 以"起点、端点、角度"方式绘制半圆弧。 (3) 以"圆心、直径"方式绘制 ϕ29。 (4) 指定内部点(在左侧小圆内点取，在右上侧大圆内点取)用 solid 图案填充	激活多段线命令： (1) 绘制左边引线。 (2) 绘制箭头：输入 W，进入宽度设置，设置箭头始、终宽度为 50 和 0，自动追踪绘制长 44 的箭头。 (3) 绘制截止符：设置始终宽度为 5，竖直向上追踪 25，确定截止符起点，向下追踪 50，回车结束多段线命令。 (4) 绘制右边引线	左图：先画长 20 的直线(辅助线，完成后删除)，再以"起点、端点、半径"方式分别画上、下方优弧。 右图：先画上方三段直线，再以"起点、端点、半径"方式画下方优弧，依次拾取左竖线下端点、右竖线下端点，输入优弧半径值－40	(1) 利用椭圆命令"圆弧"选项绘制杯体。激活椭圆命令，选择椭圆弧，指定椭圆弧的轴端点(屏幕上任拾一点，自动追踪绘长轴 103)，指定短半轴 88，指定起始、终止角度(拾取长轴左、右端点)。 (2) 用直线命令绘制杯脚

二、图形编辑功能

在 AutoCAD 中，一般不可能只用绘图命令就能将图形绘好，而是要结合图形的编辑命令，在绘制图形的同时编辑图形，绘制的简单图形通过编辑、组合最终形成复杂的图形。

1. 选择对象

在对图形进行修改编辑操作时，需要选择要修改的对象。AutoCAD 所提供的选择对象的方法较多，常用的有直接点选(默认方法，鼠标单击某个目标对象)、窗选(窗口选择，从左向右拾取两点确定一个矩形拾取窗口，该窗口内部的对象均被选中)、窗交(交叉窗口选择，从右向左拾取两点围成一矩形窗口，窗口内及与窗口边界相交的对象都会被选中)和栏选等方法，AutoCAD 用虚线亮显所选的对象(选择集)，如图 13-12 所示。

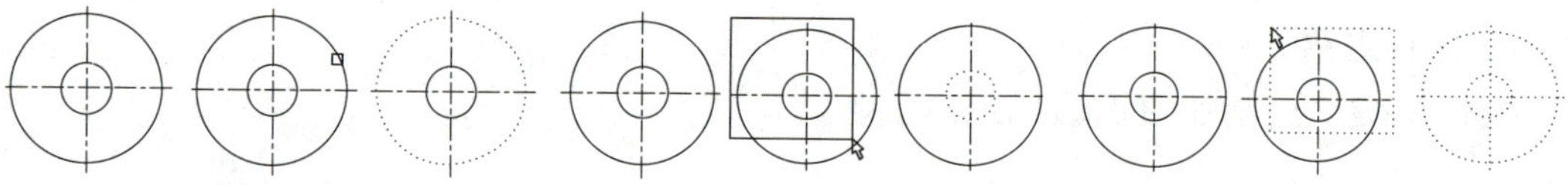

(a) 直接点选　　(b) 窗口选择　　(c) 窗交选择

图 13-12　选择方式

技巧点拨：在命令执行前选择对象时，按 Esc 键可取消选择。

2. 图形编辑命令

常用的编辑命令见表 13-6。

表 13-6　常用的编辑命令

类型	命令	功能及注意事项
删除及恢复类命令	删除 ERASE 或 E	删除指定对象
	OOPS/U	恢复误删图形
	清除 Delete	功能与删除命令

表 13-6(续)

类型	命令	功能及注意事项
复制类命令	复制(COPY 或 CO)	将选定对象根据指定位置复制一个或多个副本
	镜像(MIRROR 或 MI)	将选定对象按指定镜像轴线作对称复制,原目标对象可保留也可删除
	偏移(OFFSET 或 O)	生成同心副本 技巧点拨:直线“偏移”后生成平行线
	阵列(ARRAY 或 AR)	产生呈简单规律分布(矩形或沿路径或环形)的副本,阵列后的各个对象都可独立编辑,阵列数目包括原始对象
	技巧点拨:复制对象有多种方式实现,可根据具体情况灵活选用:① COPY 命令生成相同副本,普通“复制+粘贴”也是;② ARRAY 命令生成呈一定规律排列的副本;③ OFFSET 命令生成同心的副本	
移动类命令	移动(MOVE 或 M)	将选定对象移动到指定位置,其大小和方向保持不变 技巧点拨:移动和复制操作类似,区别只是源对象是否保留
	旋转(ROTATE 或 RO)	参照某个基点将对象进行旋转,该命令不会改变对象整体尺寸大小
	缩放(SCALE 或 SC)	将指定对象按指定比例缩放。“参照-点”方式缩放对象时,是将当前测量值作为新尺寸的基础
	对齐(ALIGN 或 AL)	将选定的对象移动、旋转或倾斜,使其与另一个对象对齐
改变几何特性类命令	拉伸(STRETCH)	对图形进行拉伸与压缩。操作方式根据图形对象在选择框中的位置决定,与窗口相交的实体将被拉伸,窗口内的实体将随之移动
	拉长(LENGTHEN)	改变直线与圆弧的长度。利用该命令执行拉伸操作时允许以动态方式拖动对象终点来改变对象的长度或角度
	修剪(TRIM 或 TR) 延伸(EXTEND 或 EX)	修剪是以某些对象为剪切边来修剪其他对象,延伸功能与之相反,按下 Shift 键可切换二者功能 技巧点拨:激活修剪或延伸命令后,直接回车则系统默认选择全部,这对简单图形的修剪或延伸非常有效
	打断(于点)(BREAK)	部分删除对象或把对象分解成两部分
	合并(Join)	将共线直线段或同心等径的(椭)圆弧段合并为一整体
	倒角(CHAMFER 或 CHA) 圆角(FILLET 或 F)	对两个对象作倒角或进行圆弧连接 技巧点拨:若倒角距离或圆角半径为零,将延伸或修剪两对象使之相交
	分解(EXPLODE)	分解多段线、块或尺寸标注等由多个对象组成的组合对象 技巧点拨:分解命令是将一个合成图形分解为其部件。如一个矩形被分解后就成为 4 条直线,带有宽度的多段线分解后就失去宽度

【例 13-7】 绘制如图 13-13(a)所示的圆管堆放图。

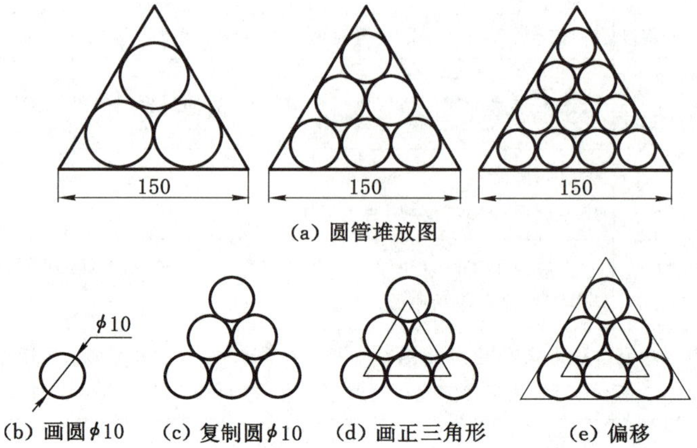

图 13-13 圆管堆放图绘制过程

分析:不管堆叠多少层,圆管均是沿 60°堆放。故不妨画一半径已知的圆,将其沿 60°复制足够层数,再过圆心画一正三角形,然后将其偏移,进行缩放即可。

具体步骤如下:

① 画圆 ϕ10,沿追踪线复制圆 ϕ10,如图 13-13(c)所示。激活复制命令,选择圆 ϕ10,指定圆心为基点,沿 60°追踪线:输入追踪距离为直径整数倍(如 10、20);再沿水平向右追踪线:输入追踪距离为直径整数倍(如 10、20);利用自动追踪复制最后一个圆。

② 过圆心画一正三角形,并向外偏移(距离为半径值 5),如图 13-13(d)、(e)所示。

③ 缩放图形为指定值。

激活缩放命令,选择正三角形及内部圆,任选一点为基点,右键选择"参照 R",进入参照缩放,拾取正三角形一条边指定参照长度,输入缩放新长度 150。

【例 13-8】 绘制如图 13-14 所示的手柄。

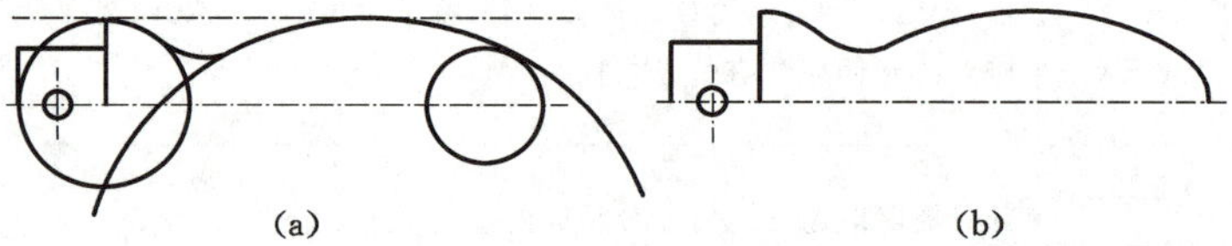

图 13-14 手柄绘制过程

分析:图形对称,故可画一半镜像生成全图,可进一步熟悉修剪、圆角等命令。

具体步骤如下:

① 创建设置三个图层(轮廓线、中心线、细实线),并将"轮廓线"设为当前图层。

② 绘制手柄上半轮廓:

a. 画直线:依次画长 10 的竖直线、长 15 的水平线,自动追踪画长 15 的竖线。

b. 画 $R15$ 和 $R10$ 的圆:以长 15 的竖线上端点为圆心画 $R15$ 的圆,自动追踪画 $R10$ 的圆。

c. 画 $R50$ 的圆：画中心线并将其改为“中心线”图层，然后将其向上偏移 15，以“相切、相切、半径”方式画圆 $R50$，如图 13-14(b)所示。

d. 整理图形：先圆角生成弧 $R12$，再删除辅助线、修剪多余圆弧，如图 13-14(c)所示。

③ 使用镜像命令完成手柄的绘制。

【例 13-9】 绘制如图 13-15 所示的图形。

图 1

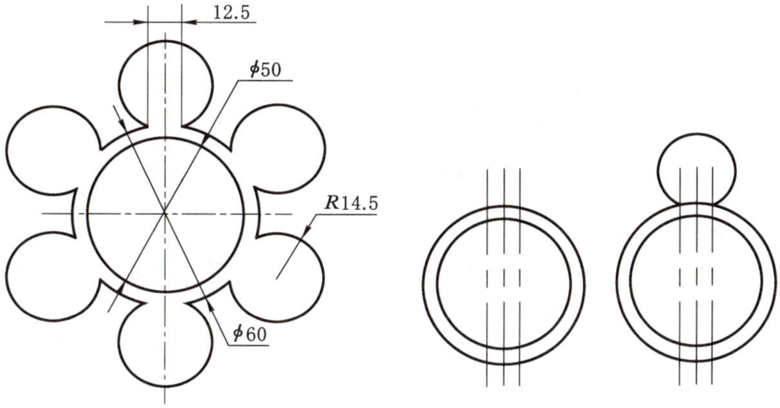

(a) 花盘　　(b) 画弧　　(c) 环形阵列弧

分析：6 段优弧均布，故画其一后环形阵列即可。

具体步骤如下：

③ 首先画直径为 60 和 50 的圆，再画一竖直中心线，向左、向右偏移 6.25，确定 $R14$ 的起点和端点，如图 1(b)所示，再利用“起点、端点、半径”方式画弧。

技巧点拨：半径应输入－14.5，如图 1(c)所示。

② 环形阵列弧：调用阵列命令，输入阵列总数为 6，选同心圆圆心为中心，选取弧为对象，点“确定”。

图 2

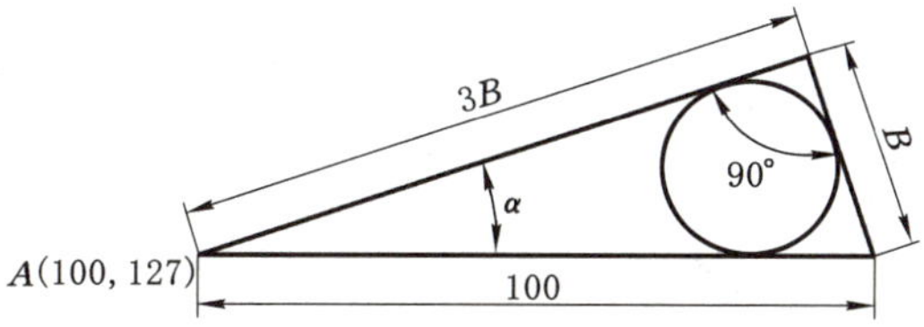

(a) 有约束的直角三角形

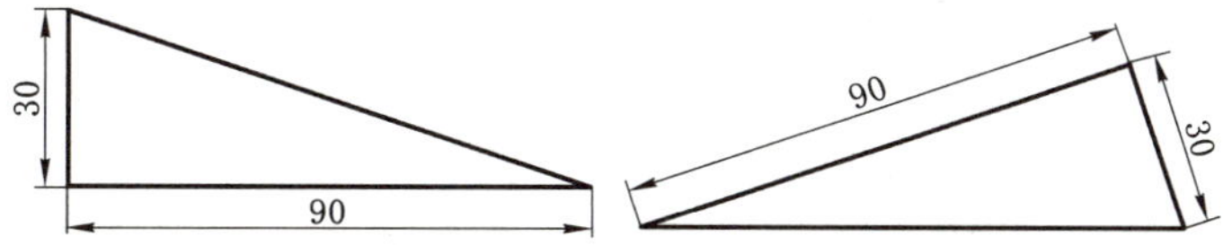

(b) 绘制三角形　　(c) 旋转三角形

分析:该图形看上去非常简单,若直接画显然很困难,故不妨先满足其直角边约束关系,再利用旋转、移动、缩放等命令来完成图形。

具体步骤如下:

① 创建设置两个图层(轮廓线、细实线),并将“轮廓线”置为当前图层。

② 绘制三角形(不妨取两边长依次为30和90,如图2(b)所示:激活直线命令,屏幕上任意拾取一点作为A点,追踪绘制长90的水平线、长为30的铅垂线,键入“C”绘制闭合三角形。

③ 参照旋转三角形,斜线水平放置,如图2(c)所示:激活ROTATE命令,选择三角形,选择A点为基点,选择选项“参照”,进入参照旋转,拾取斜线为参照,输入新角度0,则斜线旋转成水平线。

④ 参照缩放三角形,A点为基点,斜线为参照,缩放新长度100。

⑤ 移动三角形,因绘制时未将A点放在指定点:激活MOVE命令,选择三角形,拾取A点作为基点,因为A点坐标已知,输入位移点坐标值(100,127)即可。

图 3

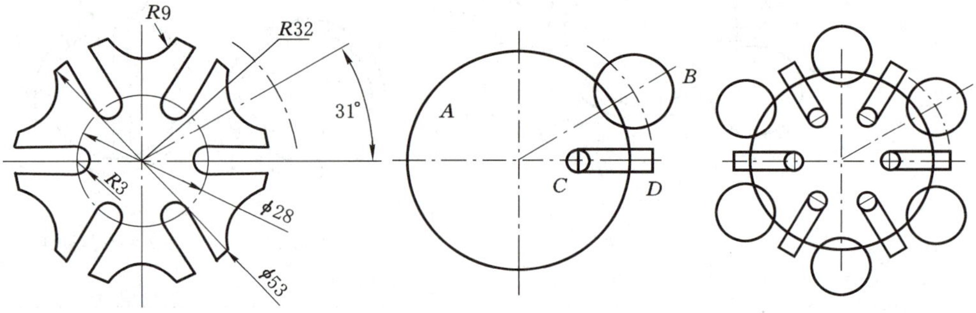

(a) **棘轮**　　(b) **绘制并创建面域**　　(c) **环形阵列弧**

分析:图形含相同6部分,故可将其中一部分创建为面域后阵列得到全部。

具体步骤如下:

① 绘制并创建面域:利用圆和矩形命令绘制A、B、C和D,然后将其创建为4个面域,如图3(b)所示。

② 环形阵列面域:激活ARRAY命令,设置阵列数目为6,其他默认,捕捉圆A的圆心作为阵列中心,选择B、C和D作为阵列对象,如图3(c)所示。

图 4

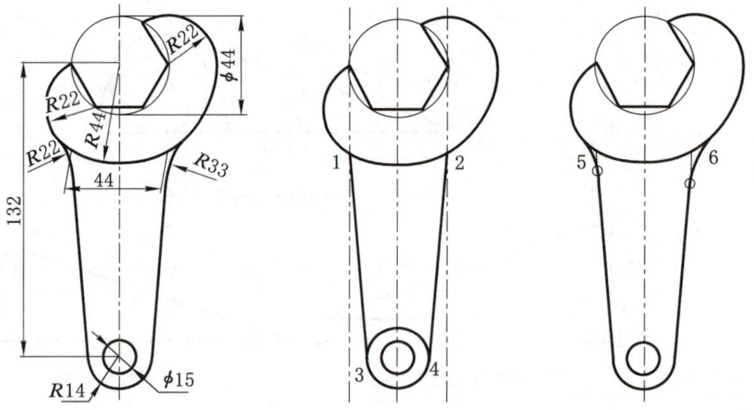

(a)　　(b)　　(c)

分析：可用打断于点、圆角、修剪等命令。

具体步骤如下：

① 创建设置三个图层(轮廓线、中心线、细实线)，并将“轮廓线”设为当前图层。

② 绘制扳手头：

a. 画扳手口：先画辅助圆 $\phi 44$ 并将其图层改为“细实线”，再画正六边形。

b. 画 $R44$ 和 $R22$ 的圆。

c. 修剪多余部分。

③ 绘制扳手柄：

a. 自动追踪画 $\phi 15$ 和 $R14$ 的圆。

b. 画中心线(注意超出轮廓 3～5 mm，并将其图层改为“中心线”)，向左、向右各偏移 22，连接 1(交点)3(切点)、2(交点)4(切点)，如图 4(b)所示。

c. 倒圆角 $R22$ 和 $R33$，注意将圆角命令中的“修剪”选项设为“不修剪”模式。

d. 整理图形：删除辅助线、修剪多余部分，将直线 13 和 24 分别打断于 5、6 点，将 15、26 改为“细实线”图层，如图 4(c)所示。

图 5

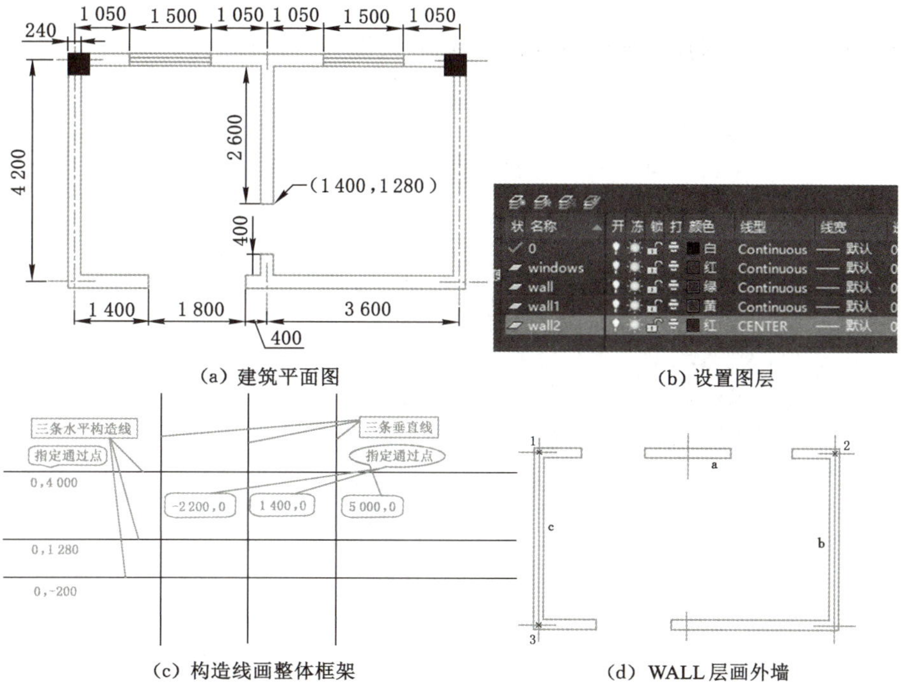

(a) 建筑平面图　　(b) 设置图层

(c) 构造线画整体框架　　(d) WALL 层画外墙

分析：图形包括墙体(外墙、中墙)、窗户和立柱三部分。

具体步骤如下：

① 新建 4 个图层，如图 5(b)所示。图层 WINDOWS 颜色 RED，图层 WALL 颜色 GREEN，图层 WALL1 颜色 YELLOW，线型均为 CONTINOUS；图层 WALL2 颜色 RED，线型 CENTER，比例为 1。

② 将图层换成 0 层，用构造线画图形的整体框架。激活 XLINE 命令，进入(H)先画三条水平线，指定通过点：0,1280↙ 0,4000↙ 0,−200↙；进入(V)再画三条垂直线，指定通过点：1400,0↙ −2200,0↙ 5000,0↙。如图 5(c)所示。

③ 画墙体。设置多线“STANDARD”，勾选“封口”选项里直线的起点、端点，将多线封口，对正为无，比例 240；在 WALL2 层画出框架的中心线，然后将构造线删除，按顺时针方向在 WALL 层用多线绘制外围墙体，如图 5(d)所示；从上往下在 WALL1 层用双线绘制中间墙体。

④ 画窗户。在 WINDOWS 层绘制窗户，4 条单线上下均布。

⑤ 画立柱。在上方两角绘制 400×400 的矩形立柱，用 solid 填充中间实心。

图 13-15　例 13-9 图

三、高级编辑命令

1. 夹点编辑

夹点为对象的几何特性点，选定对象后显示为蓝色的小方框，如图 13-16 所示。即鼠标单击某个图形对象，将进入夹点模式，此时可以进行夹点操作。通过夹点可以将命令和对象选择结合起来，以此提高编辑速度。

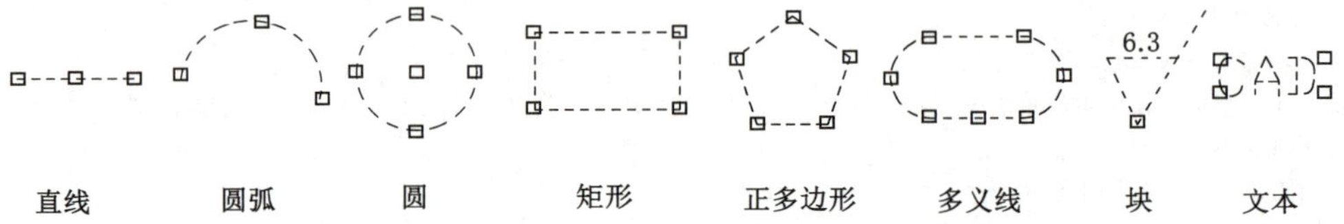

图 13-16　常用对象上的夹点

如图 13-17 所示，利用“选项”对话框可以对夹点进行设置。

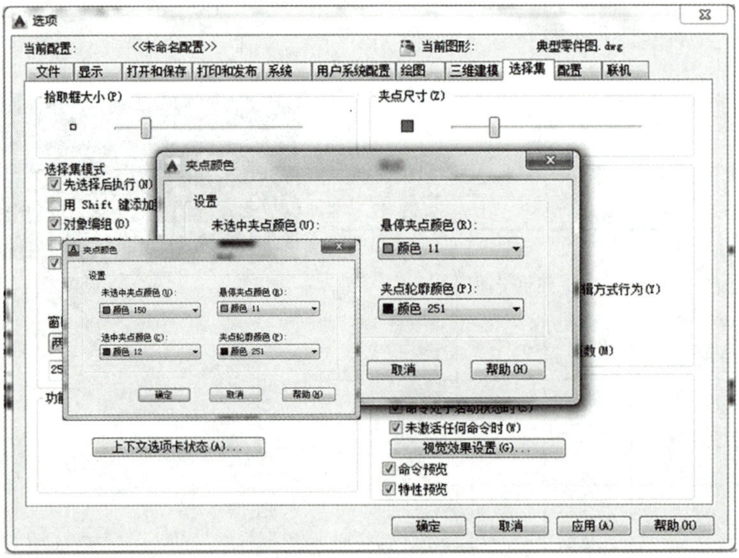

图 13-17　设置夹点

使用夹点进行编辑首先要选择作为基点的夹点，这个被选定的夹点称为基夹点。可以使用多个夹点作为基夹点来使选定夹点之间的对象形状保持不变。选择夹点时按下 Shift 键。

选择夹点后，单击右键，AutoCAD 将显示快捷菜单，列出了可用的夹点操作，可从中选择一种夹点编辑模式：STRETCH（拉伸）、MOVE（移动）、ROTATE（旋转）、SCALE（缩放）和 MIRROR（镜像）等。

技巧点拨：在使用夹点编辑命令时，如果灵活运用该命令中丰富的编辑方式并巧妙组合，能大大提高绘图效率。

【例 13-10】 利用夹点操作绘制如图 13-18 所示的图形。

图 1

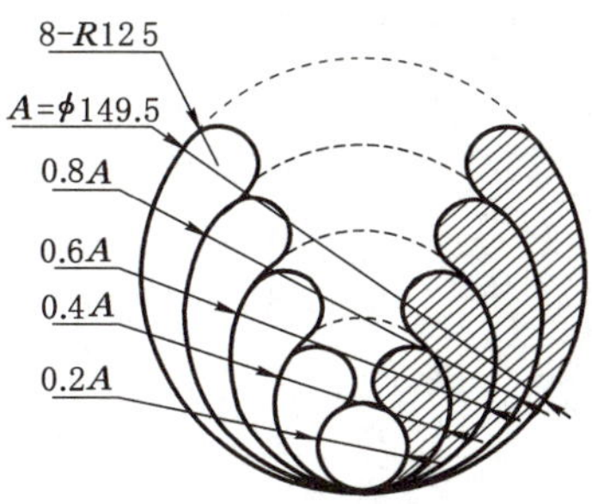

分析：图形中的圆以下象限点为基点，均成一定比例，故可采用“缩放-复制”模式来快速绘制。

具体步骤如下：

① 画圆 ϕ147.5。

② 拾取该圆，激活下象限点为夹点，击右键，选“缩放”，再击右键，选“复制”，依次输入比例缩放因子“0.8、0.6、0.4、0.2”即可。

图 2

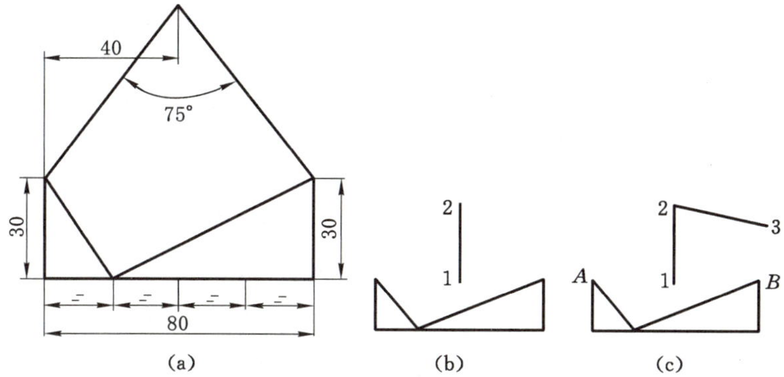

分析：利用夹点操作、对齐命令绘制。

具体步骤如下：

① 创建设置两个图层（轮廓线、细实线），并将“轮廓线”置为当前图层。

② 绘制除 75°角外所有直线。

③ 过水平线中心画一竖线 12，如图 2(b)所示，利用“旋转-复制”模式得∠123，如图 2(c)所示。

④ 利用对齐命令得 75°角。激活 ALIGN 命令，选择∠123，分别拾取 1 点和 *A* 点为一个源点和目标点，3 点和 *B* 点为第二个源点和目标点，击右键或回车结束拾取，选择“是”基于对齐点缩放对象。

图 13-18　例 13-10 图

2. 编辑对象特性

对象特性包含一般特性和几何特性，一般特性包括对象的颜色、线型、图层及线宽等，几何特性包括对象的尺寸和位置。可以直接在“特性”对话框（图 13-19）中设置和修改对象的完整特性，也可以利用“特性匹配”（类似于 Word 中的格式刷，是一个使用非常方便的编辑工具，它对编辑同类对象非常有用）将源对象的特性（包括颜色、图层、线型、线型比例等）全部赋给目标对象。

如选中图 13-20(a)中的圆，选择“修改→特性”，或选择“工具→特性”，或单击“标准注释”中的“”按钮，打开“特性”对话框。将对话框中的半径值改为 10，原图形变成如图 13-20(b)所示。

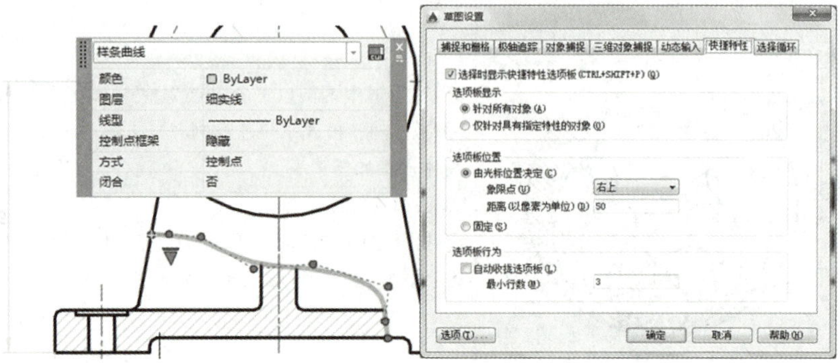

图 13-19　“特性”对话框及设置

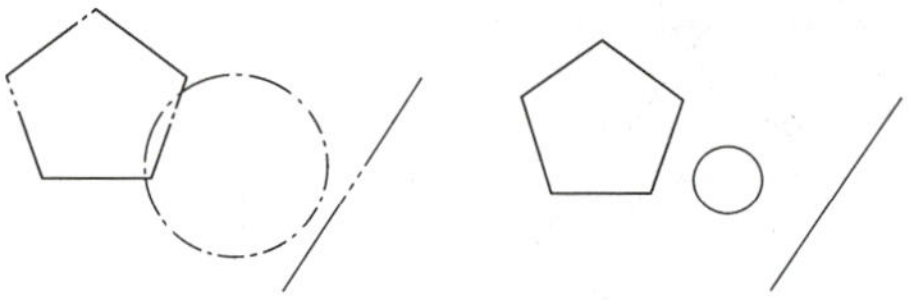

图 13-20　编辑对象特性

四、AutoCAD 绘制平面图形技巧

利用 AutoCAD 绘制复杂平面图形时，首先必须熟练掌握有关的绘图和编辑命令；其次还应分析图形，设计合理的绘图步骤；再次多积累一些经验和技巧，对提高绘图的效率也是十分必要的。

用户在绘图时应根据具体情况进行分析，采用最为便捷、适宜的方法来绘制。下面分别介绍直线、圆弧连接以及具有对称、均布、旋转特征平面图形的画法。

1. 直线图形绘制的方法与技巧

(1) 画直线的方法

在 AutoCAD 中，画直线图形的方法有：

① 利用直线、多段线、构造线、射线等命令，注意借助正交或极轴等功能。

② 利用编辑命令如旋转、偏移命令可得到斜线和平行线，拉长命令可调整直线长度，还有打断或分解命令可将一个对象分成多个。

③ 利用夹点操作则能灵活快捷编辑直线，如拉伸、旋转等。

【例 13-11】 绘制如图 13-21 所示的图形。

分析：图形看上去只是三角形，但直接画却有困难。其中，图 13-21(a)需过水平线右端点作一辅助圆 $R95$；图 13-21(b)需过水平线两端点作两个辅助圆：$R85$ 和 $R45$；图 13-21(c)则可利用夹点操作来完成。

具体步骤如下：

① 首先画长 80 的竖线和水平线，再过 A 点画圆 $R95$，连接 A、B 即可完成，如图 13-22(a)所示。

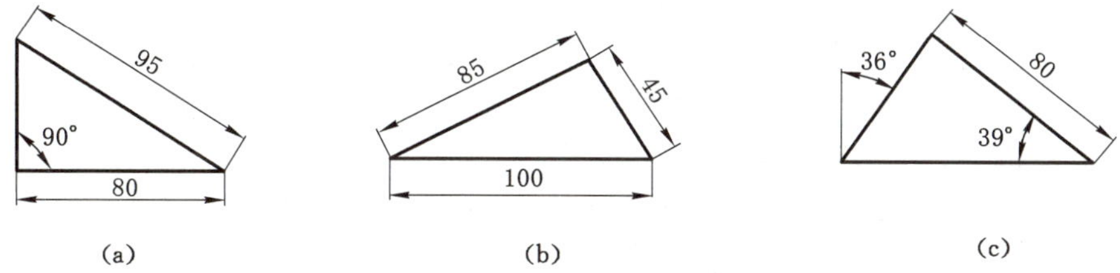

图 13-21　例 13-11 图(一)

② 可分别画圆 $C(R85)$ 和圆 $D(R45)$，得圆交点 E，连接 C、E 和 E、D 即可，如图 13-22(b)所示。

③ 可先画长 80 的横、竖两线，再以 A、B 为夹点“旋转-复制”$-36°$、$-39°$，得 AD 和 BC 两线。删除竖线，再偏移 DA 生成 CE，最后延伸、修剪 BA 和 CE 完成绘制，如图 13-22(c)、(d)所示。

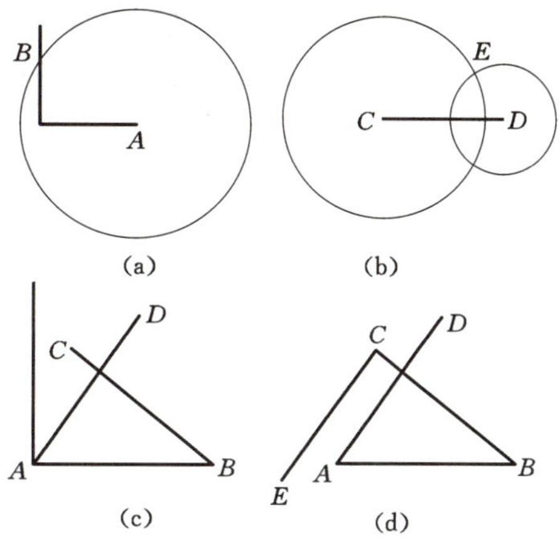

图 13-22　例 13-11 图(二)

(2) 平行线的画法

在 AutoCAD 中，绘制平行关系的方法比较多。单纯地画两条平行线的问题可以直接用对象捕捉模式中的 PAR 命令作平行线；或利用 XLINE 命令作平行线，这时的平行线是一条两端无限延伸的直线；还可利用 OFFSET 命令，这是一种通用方法，它不管平行的两图元是直线或是其他多段线、圆、圆弧等，都可以偏移一定的距离。由此可见，单纯地作平行直线，利用第一种方法简单易行，但是对于作非直线的平行情况，用 OFFSET 命令能有效地解决。

技巧点拨：

① 以平行捕捉方式(PAR)画直线 CD 的平行线时，先将十字光标靠近直线 CD，在 CD 线上出现平行线标记时，水平移动十字光标，当出现平行线延伸标记时，单击鼠标左键即可。

② 对于向外边界的偏移，在使用 OFFSET 命令之前，首先应保证偏移的实体是一条完整的多段线。否则，可用 PEDIT 命令把多条多段线连接成一条多段线，然后再进行偏移。

③ 利用夹在两平行线之间的平行线段必然平行且相等的平行四边形法则，应用于若已知一直线的两端点在两线上且其方位长度已知，则可利用构造平行四边形来确定其具体位置。

【例 13-12】 利用平行四边形法则绘制如图 13-23(a)所示的图形。

分析：整个图形均由直线构成，难点在 C、D、E 点的确定。其中，C、D 点可用平行四边形法则来确定，E 点则依据“直径所对圆周角等于 90°”，以 CD 为直径画辅助圆即可确定。

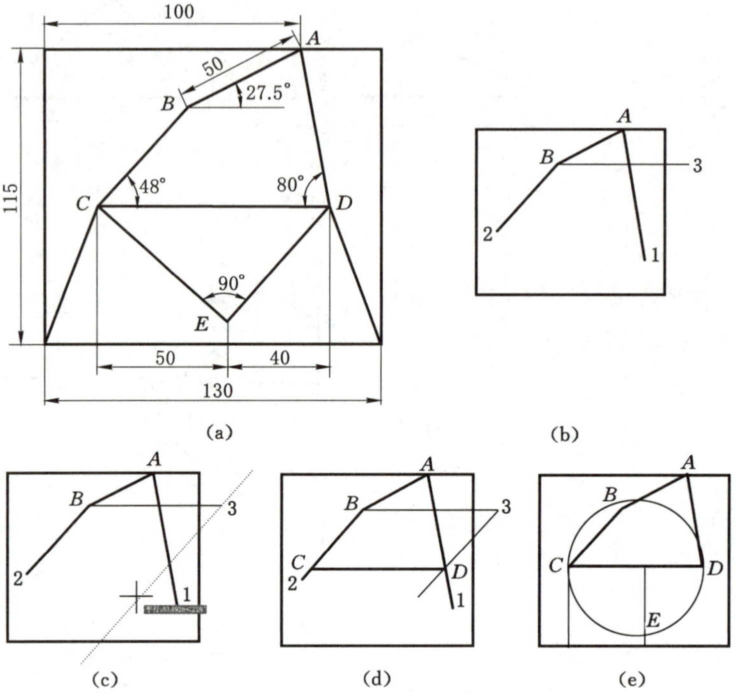

图 13-23　平行四边形法则

具体步骤如下：

① 绘制外边框。

② 绘制 *AB*。激活 LINE 命令，自边框左上角点向右追踪 100 确定 *A* 点，鼠标水平向左追踪 50 得 *B* 点。以 *A* 为夹点旋转 27.5°。

③ 绘制 *AD*。以 *A* 点为起点，沿与 *X* 轴成－80°绘制任意长的一段直线 *A*1；以 *B* 点为起点，沿与 *X* 轴成－132°绘制任意长的一段直线 *B*2，如图 13-23(b)所示。

④ 绘制 *BC*。过 *B* 点沿水平方向绘制长度为 90 的线段 *B*3，如图 13-23(b)所示；通过 3 点绘制 *B*2 的平行线，如图 13-23(c)所示。利用平行四边形法则绘制 *BC*，激活 LINE 命令，捕捉 *B* 点指定第一点，水平向右追踪 90 得点 3。再次激活 LINE 命令，捕捉 3 点为第一点，右键打开“平行线”捕捉方式，将鼠标在 *B*2 悬停后移动，当屏幕上出现如图 13-23(c)所示跟踪线时拾取其上一点，得交点 *D*，如图 13-23(d)所示。以 *D* 点为起点，沿 *X* 轴负向移动鼠标，当出现交点标记时，拾取得 *C* 点，如图 13-23(d)所示。删除辅助线，并修剪。

⑤ 绘制 *CE* 和 *ED*。以 *CD* 为直径绘制一个圆，过 *C* 点画一竖线并向右偏移 50，该线与圆的交点即 *E* 点，如图 13-23(e)所示。连接 *C*、*E* 和 *E*、*D* 即可。

2. 圆弧连接图形绘制的方法与技巧

可利用圆命令中的“相切、相切、半径”方式(需“修剪”)，也可用圆角命令来实现圆弧连接的绘制。

技巧点拨：

绘制外公切圆弧最快速的方法是用圆角命令设置半径后分别选择两圆。但圆角命令不能完成内公切圆弧，只能先用“相切、相切、半径”方式画圆，然后再用修剪命令修剪。

【例 13-13】 绘制如图 13-24(a)所示的吊钩。

分析：吊钩柄左右对称，可先画右半部再镜像生成左半部；弧 $R24$、$R36$ 及 $R2$ 可用圆角命令完成；吊钩尖部 $R14$ 和 $R24$ 则需要借助辅助圆[若圆 A 与圆 B 相切，则圆 A 的圆心必在与圆 B 同心的半径为两圆之和(外切)或之差(内切)的圆 C 上]来完成。

具体步骤如下：

创建设置三个图层(轮廓线、中心线、细实线)，并置“轮廓线”为当前图层。按图 13-24(b)～(h)所示绘制，具体操作略。

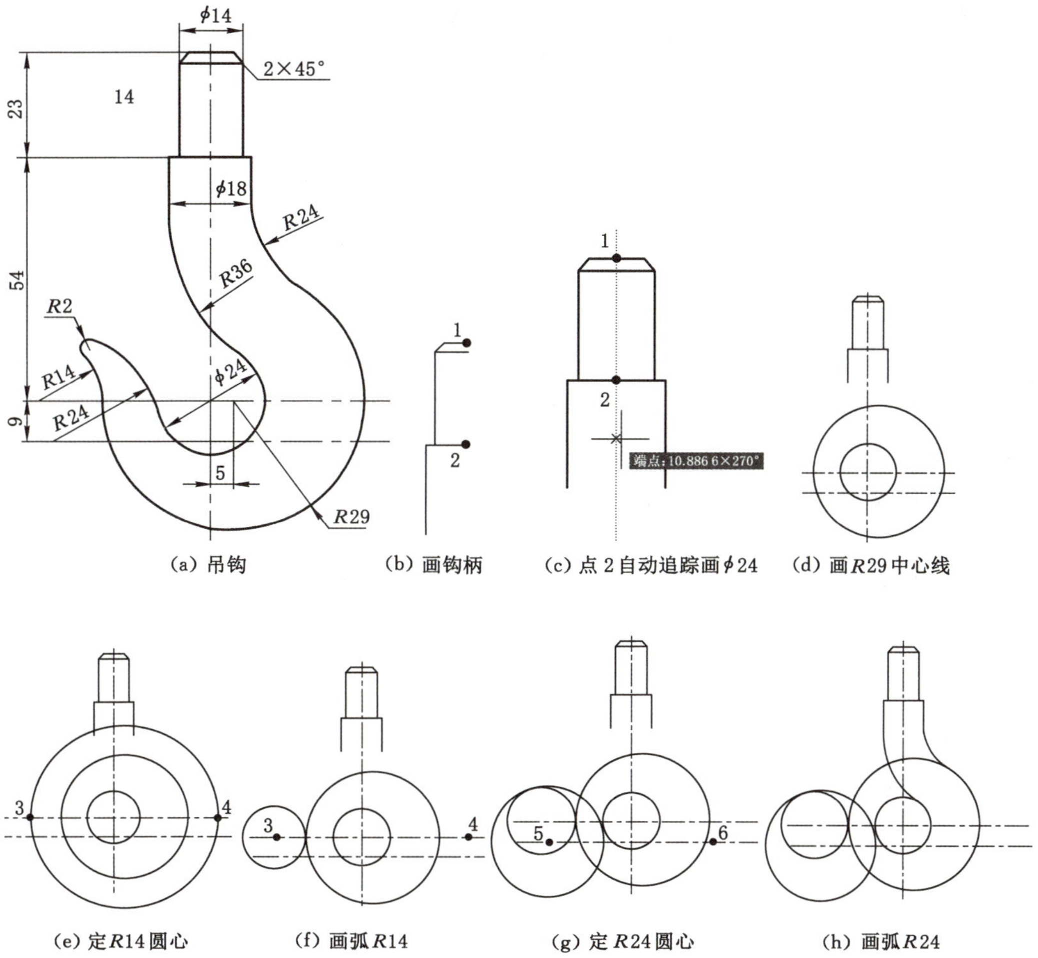

图 13-24　吊钩绘制过程

技巧点拨：

画弧 $R14$，由图 13-24 可知，其圆心一方面在直线 34 上，另一方面与圆 $R29$ 外切，故其

圆心必在 $R29$ 的同心圆上。因此将圆与直线 34 交于两点，如图 13-24(e)所示。以点 3 为圆心画圆 $R14$，删除辅助线，结果如图 13-24(f)所示。

同理，将 $\phi24$ 向外偏移 24，与直线 56 交于两点，以点 5 为圆心画圆 $R24$，如图 13-24(g)所示。删除辅助线，结果如图 13-24(h)所示。

【例 13-14】 绘制如图 13-25(a)所示的风扇。

分析：风扇扇叶环形均布，可先画其中一扇，不妨先画右侧扇叶，画法如图 13-25(b)所示：阵列扇叶→打断于点→将内部弧线改为“虚线”图层，具体操作略。

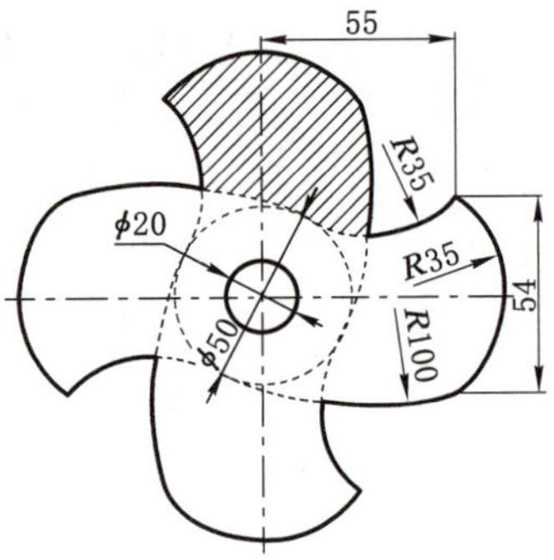

(a) 风扇

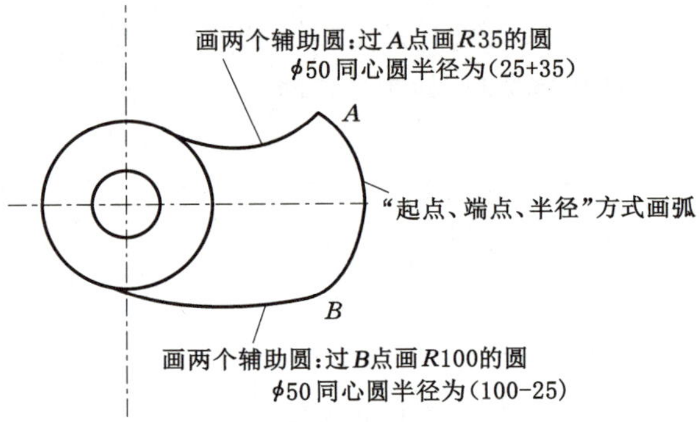

(b) 风扇扇叶画法

图 13-25 风扇的绘制过程

3. 对称图形与均布图形绘制的方法与技巧

绘制具有对称关系图样的方法：先画好对称图形的一半，然后镜像生成完整图形。绘制具有简单规律排列图形(即均布图形)的方法：先画其中相同的一份，然后阵列生成完整图形。

【例 13-15】 绘制如图 13-26(a)所示的阶梯轴。

分析：轴的主视图上下对称，故可绘制一半(如上半部分)，然后镜像。对移动断面图则可利用自动追踪快速绘制。以 ANSI31 图案填充断面(以“拾取点”选择要填充的区域，设置剖面线比例为 0.75)，画断面中心线。

具体操作略。

【例 13-16】 绘制如图 13-27(a)所示的均布图形。

分析：图形外围由 8 段相同弧组成，故可先画其中一段弧，绘制过程如图 13-27(b)～(e)所示，再阵列完成全图。

具体操作略。

4. 灵活应用命令

在绘图时，应尽可能灵活应用命令，实现快速高效绘制图形。绘制斜线的方法有：相对极坐标输入法(@距离<角度)，如@100<45°；极轴捕捉方式(绝对、相对上一段方式)；已知直线＋旋转；夹点方式(旋转＋复制)。绘制圆弧的方法有：圆命令＋修剪、弧命令和圆角。

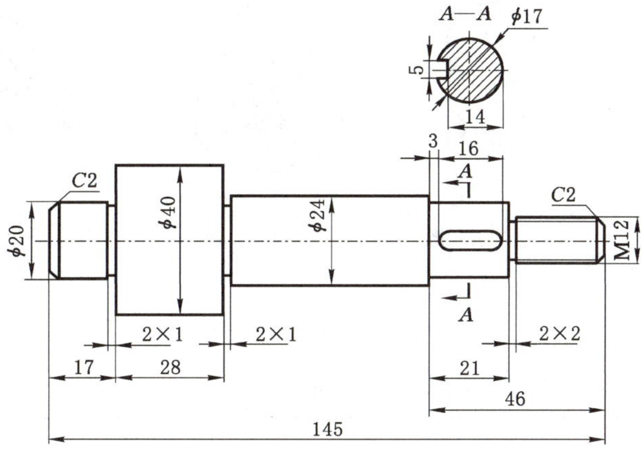

（a）阶梯轴

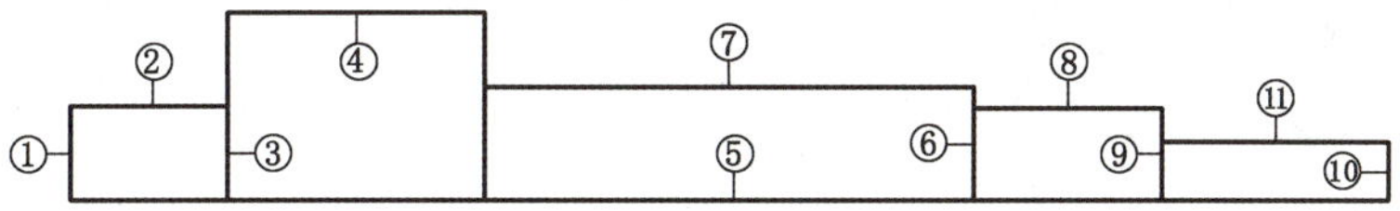

（b）利用自动追踪绘制主视图上半部外部轮廓

（c）绘制倒角、退刀槽、螺纹、键槽等

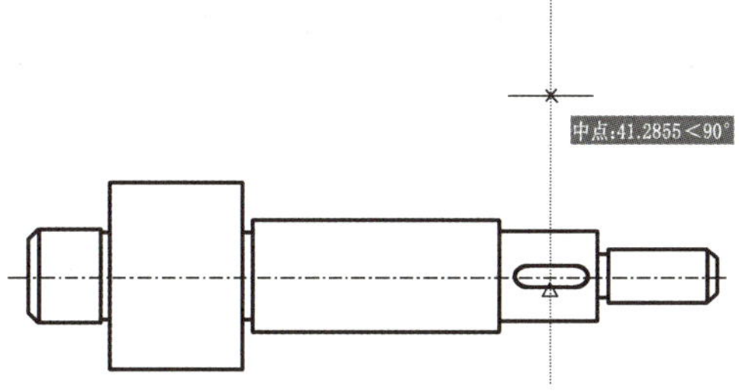

（d）自动追踪确定断面圆心

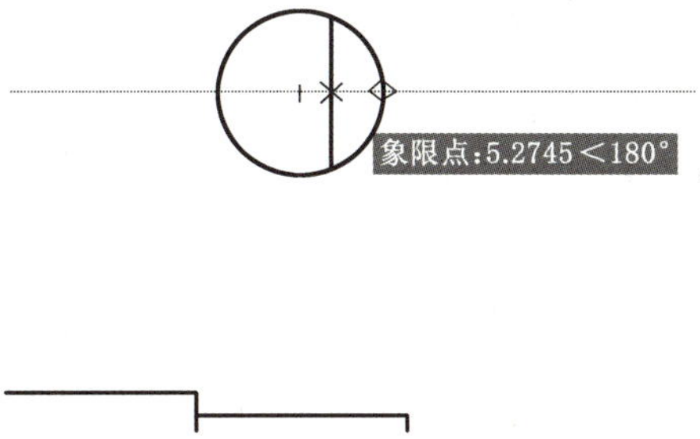

（e）自动追踪确定断面键槽中点

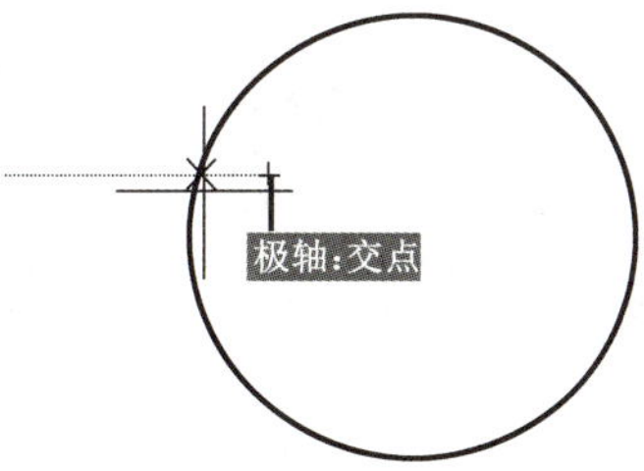

（f）画断面键槽

图 13-26　阶梯轴绘制过程

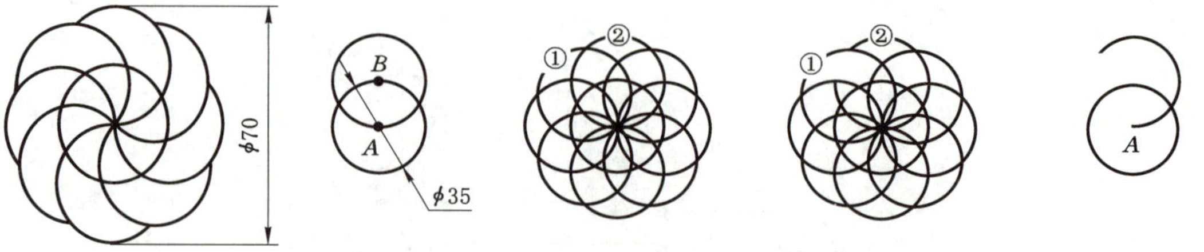

(a) 均布图形　(b) 画三圆　(c) 环形阵列圆 B　(d) 以圆①为修剪边修剪圆②　(e) 反选删除

图 13-27　均布图形的绘制

【例 13-17】 绘制如图 13-28 所示的图形。

图 1

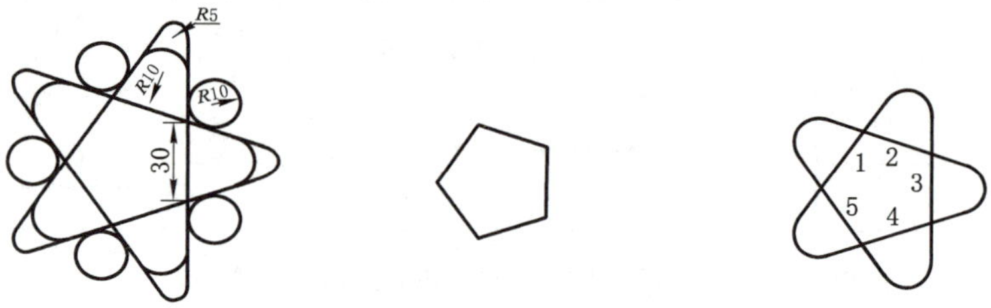

(a) 巧选命令　(b) 以"边"画正五边形并分解　(c) 利用圆角命令画圆弧

分析:图形分布在边长为 30 的正五边形五条边上($R10$ 和 $R5$),用圆角命令绘制是最快的,注意激活圆角命令后,先设置半径为 10,再选择"多个"选项,依次拾取 1 线和 3 线、2 线和 4 线…;重复圆角命令,设置半径为 5,再选择"多个"选项,同理依次拾取 3 线和 5 线、4 线和 1 线、5 线和 2 线…。具体操作略。

图 2

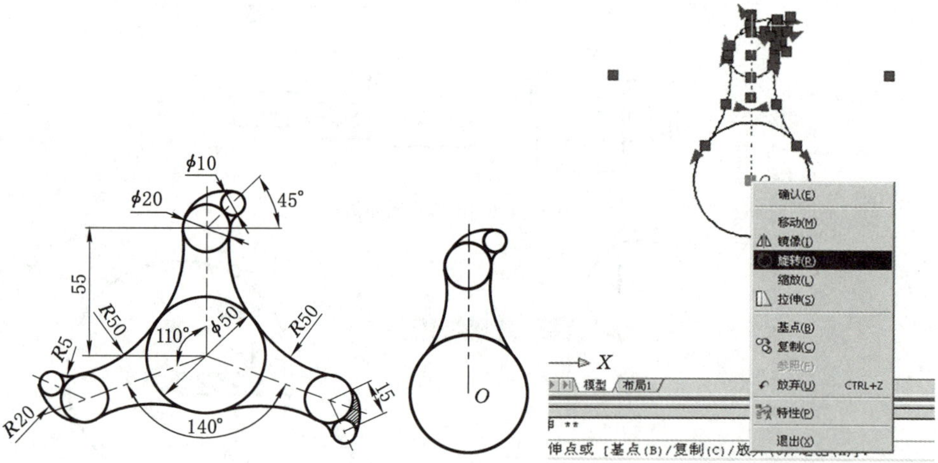

(a) 夹点命令组合应用　(b) 画上部　(c) 放置并复制对象

分析:图中三部分相同,不妨先画上部,再用夹点操作"旋转-复制"完成左、右两部分。如图 2(c)所示,选中上部,以 O 点为夹点,击右键在快捷菜单中选择"旋转",再次击右键在快捷菜单中选择"复制",依次输入 110 和 -110 即可。以图案 ANSI31 填充右部。具体操作略。

技巧点拨:进行夹点操作时,往往将"缩放＋旋转"或"旋转＋复制"组合使用,以提高绘图效率。

图 3

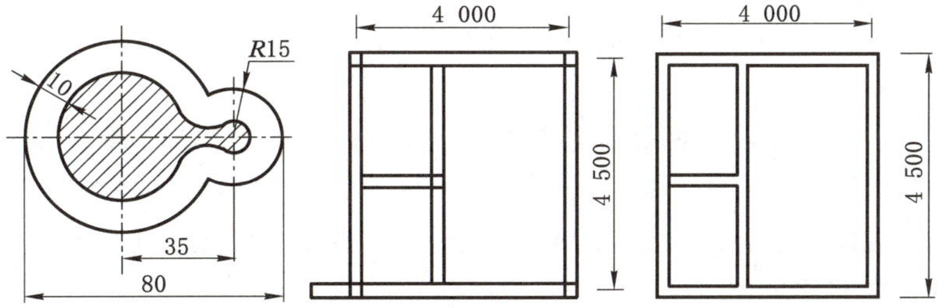

(a) 编辑多段线　(b) 墙线　(c) 编辑多线

分析:如图 3(a)所示,首先用 CIRCLE 命令＋TRIM 命令画外面两弧。再利用多段线特性来快速绘制图形,即利用多段线编辑命令或边界命令将外面两弧转换为多段线,然后偏移生成内部弧线,进行填充图案,并补画中心线。图 3(b)所示的墙线中有相交的多线需要处理,故执行多线编辑命令 MLEDIT,主要使用"T 形打开"和"角点结合"编辑,结果如图 3(c)所示。

技巧点拨: AutoCAD 提供了特定的线性编辑命令,如多线编辑、多段线编辑及样条曲线编辑等。在使用 MLINE 命令绘制了墙体等后,常需要对相交的多线进行编辑操作,此时就可使用 AutoCAD 提供的专用多线编辑命令,用户无须将多线分解为单个独立的直线,而可以直接对其进行编辑修剪。

图 4

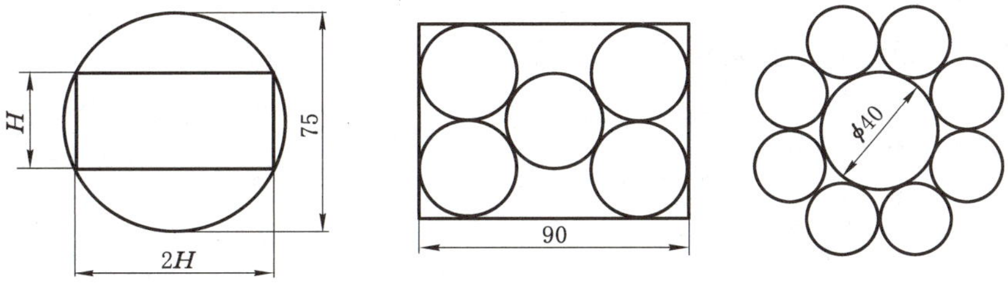

(a)　(b)　(c)

"先形状后尺寸"的几何作图法

分析:如图 4(a)所示,先按内部矩形尺寸比例 2∶1 画一矩形,如 60×30。再画其外接圆,然后参照缩放,以基点为圆心,圆直径选为参照长度,输入新长度 75。如图 4(b)所示,先画一半径已知的圆,如 $R5$(这样根据各种相切的关系,我们可以很容易画出题中的图形),再沿 30°、水平、竖直方向复制生成矩形内的圆。最后激活缩放指令,选定全部图形对象,指定合适的基点(如左下角点),选择参照的方法,将最外侧矩形的长边选为参照长度,输入新长度 90。

如图 4(c)所示,以任意半径画一圆,再画该圆外切正八边形。以该正八边形某一顶点为圆心,过其边中点画圆。以大圆圆心为中心来阵列小圆。再以"相切、相切、相切"方式画内部圆。最后参照缩放,框选全部图形对象,指定合适的基点(如圆心),选择参照的方法,将内部圆的直径选为参照长度,输入新长度 40。

结果如右图所示。

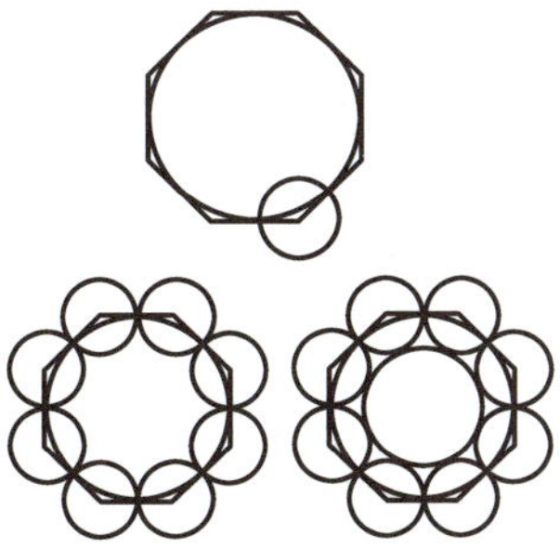

技巧点拨:上述方法先保证了图形的形状,后满足了其尺寸,故称其为"先形状后尺寸"的几何作图法。

图 13-28　灵活应用命令

任务 3 文字与尺寸标注

在工程图中除了要将实际物体绘制成几何图形外，还需要加上必要的注释和尺寸，如标题栏、明细栏和技术要求等。在 AutoCAD 中，文字和尺寸都有与之相关联的样式。在创建文字注释和标注时，通常使用当前的文字样式。对图形进行文字注释和标注前，一般要根据具体要求设置文字样式。

一、文字设置及注写

1. 设置文字样式

根据国标，我们需要定义两类文字样式：① 西文。字体选择 gbeitc.shx 或 gbenor.shx，并勾选使用大字体，再选择 gbcbig.shx。② 汉字。字体选择宋体或仿宋，比例不变或设为 0.7。

单击“注释”工具面板中的“文字样式”按钮或在命令行中执行 Style 命令，系统弹出“文字样式”对话框。单击“新建”按钮弹出“新建文字样式”对话框，在“样式名”中输入样式名为“西文”。单击“确定”按钮，按图 13-29(a)所示设置：在“字体名(F)”下拉列表中选择 gbeitc.shx，勾选使用大字体，然后选择 gbcbig.shx(符合国标的中文大五码字体)，其余默认。

同理，按图 13-29(b)所示设置“汉字”文字样式：在“字体名(F)”下拉列表中选择仿宋，宽度比例因子设为 0.7，其余默认。

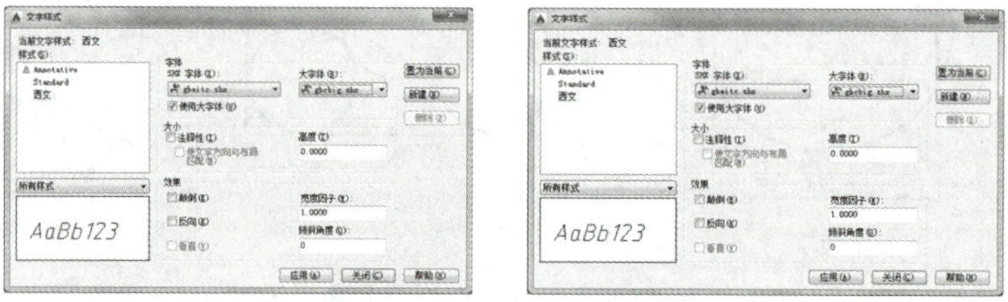

(a) 设置“西文”文字样式　　(b) 设置“汉字”文字样式

图 13-29 “文字样式”对话框

2. 创建文字

如图 13-30 所示，在 AutoCAD 中文字有两种输入方式：一种是单行文字 text 或 dtext，适合输入一些简短的文字(样式单一，每一行文字是一个单独的对象，可以单独进行编辑，特点是即点即输)；另一种是多行文字 mtext，主要用于书写较长的、复杂的文字说明(类似于 Word 中的段落，沿垂直方向无限延伸，布满指定的宽度，格式多样)。

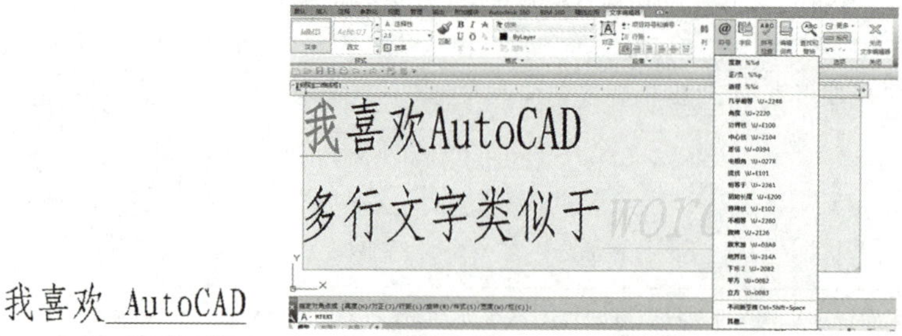

(a) 文本行(单行文字)　　(b) “多行文字”编辑器

图 13-30 创建文字命令

技巧点拨：

① 特殊字符的输入可利用软键盘，也可用控制码，见表13-7。

表13-7 特殊符号

控制码	特殊字符	说明	控制码	特殊字符	说明
%%o	‾	上划线	%%p	±	正负号/公差符号
%%u	_	下划线	%%c	ϕ	直径符号
%%d	°	度数	%%%	%	百分比符号

其中，%%o和%%u分别是上划线和下划线的控制码，第一次出现此符号开始画上划线和下划线，第二次出现此符号上划线和下划线终止。例如，输入“我喜欢%%u AutoCAD%%u”，则可以得到如图13-30(a)所示的文本行。

(2) 直接双击文字对象即可编辑文字，也可通过文字编辑命令DDEDIT（别名ED）编辑文字。

【例13-18】 完成如图13-31所示文本的创建。

ϕ60±0.5

∠*A*=45°

(a) 单行文字输入

要求文字样式为“西文”，字高为5。

技术要求：

1.孔距公差$\pm\frac{1}{5}$；

2.周边去毛刺、飞边；

3.板材平面度≤0.5 mm。

(b) 多行文字输入

“技术要求”字号为7，字体为宋体，字的颜色设为红色。其余文字字号为3.5，字体为宋体，字的颜色为绿色、左对齐、段落间距为单倍行距。

图13-31 例13-18图

具体步骤如下：

① 设置图层“文字”，并将其置为当前层。设置“西文”文字样式，将其置为当前。

② 激活单行文字命令，在屏幕上拾取一点作为起点，指定文字高度为5，回车则默认不旋转文字，在“在位文字编辑器”中输入“%%C60%%p0.5”后回车；再输入“\u+2 220(或利用软键盘输入角度符号)=45%%d”后按两次回车，结束单行文字命令。

③ 将“汉字”文字样式置为当前。激活多行文字命令：

a. 输入图13-31(b)中的文字，注意在输入特殊符号时可单击“@▾”按钮，系统打开符号列表，选择相应符号即可；输入$\frac{1}{5}$时，首先输入1/5，再单击堆叠“$\frac{a}{b}$”按钮。

b. 通过“文字样式”对话框进行设置，或者在“多行文字”编辑器中对文本字体、字号、颜色进行设置。如选中“技术要求”设置其字号为7，颜色设置为红色；选中其他内容，设置字号为3.5，颜色设为绿色。单击“行距”按钮调整行距，文字排列单击“多行文字对正”按钮操作，文本编号可以进行键盘操作，或者单击编号按钮自动生成。

技巧点拨：堆叠用于创建分数形式，AutoCAD提供了“/”(水平分式)或“^”(标注极限偏差)或“#”(斜排分式)等三种堆叠符号，如2/3、4^5、1#6堆叠效果依次为2/3、$\frac{5}{4}$、1/6。

【例13-19】 绘制如图2-4所示的简易标题栏。

分析：利用AutoCAD中的表格功能很难绘制有固定行高和列宽的表格。因此，我们可以利用“直线、偏移和修剪”命令来快速绘制表格线，利用“单行或多行文字”命令完成其内容填写。

具体步骤如下：

① 绘制表格线。将“轮廓线”置为当前层，画长140水平线AB，依次向上偏移8，完成表格横线；画长32竖线AC，依次向右偏移15、25、30、15、15、25，最后向右偏移140，完成表格竖线；分别线以AB、AC为边界修剪，再将表格内线放置在“细实线”图层。

② 设置“汉字”文字样式为当前，将“文字”置为当前层。激活多行文字命令，依次填写，注意图名和校名为5号字，其他为3.5号字。

二、尺寸设置及标注

1. 设置尺寸样式

如图13-32(a)所示，尺寸标注格式是一组尺寸变量设置的集合，可以使用“标注样式管理器”对话框[图13-32(b)]来控制尺寸标注各部分的格式。选择“格式→标注样式”或单击“注释”工具面板中的“”按钮或在命令行中执行DIMSTYLE(DDIM)命令，系统打开“标注样式管理器”对话框。AutoCAD提供的“ISO-25”标注样式是基于美国标准设定的，在某种程度上不太适合我国国内设计用户的需要，因此，通常需要创建基于它的新尺寸标注样式，设定符合国际的尺寸标注参数。

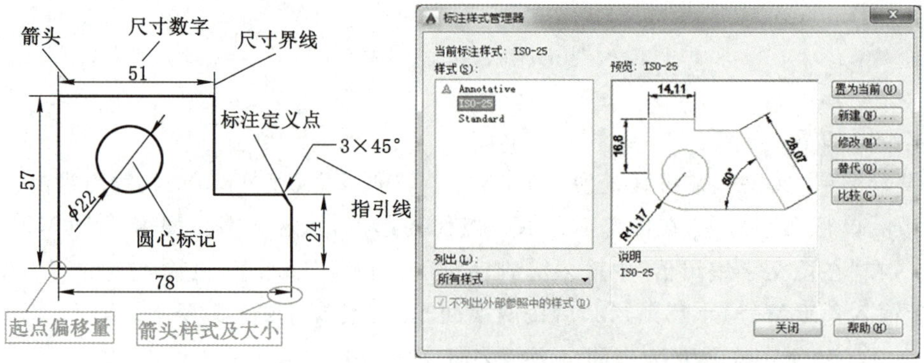

(a) 标注各部分说明示例　　(b)“标注样式管理器”对话框

图13-32　设置尺寸样式

【例13-20】 创建用于符合国际的工程标注样式。

分析：根据国际对尺寸的构成要素规定，在创建标注样式的过程中，主要对标注的直线、箭头和文字进行设置。需要设置一个父样式(适用所有类型尺寸,见表 13-8)和三个子样式(适用于局部尺寸类型,如半径、直径和角度,见表 13-9)。

表 13-8　工程标注样式父样式参数设置一览表

选项卡	选项组	选项名称	变量值
直线和箭头	尺寸线	基线间距	8(约为字高 2～3 倍,推荐 7～10)
	尺寸界限	超出尺寸线	3
		起点偏移	0
	箭头	箭头大小	3(略小于字高)
文字	文字外观	文字样式	西文
		文字高度	3.5
主单位	线性标注	精度	0
		小数分隔符	句点
	角度标注(可不设置)	单位格式	度/分/秒
		精度	0°00′00″

表 13-9　工程标注样式子样式参数设置一览表

名称	选项卡	选项组	选项值
角度	文字	文字位置(可默认)	垂直:上
			水平:居中
		文字对齐	水平
直径/半径	文字	文字对齐	ISO
	调整	调整选项	文字

具体步骤如下:

① 设置父样式(7 处)

单击"标注样式管理器"对话框中的"新建"按钮,弹出"创建新标注样式"对话框,在"新样式名"文本框中输入新尺寸标注样式的名称——工程。

单击"继续"按钮,关闭"创建新标注样式"对话框,并弹出"新建标注样式:工程"对话框。在此对话框中按表 13-8 进行设置。

② 设置子样式(只设置"文字对齐方式")

新建标注样式时选择用于某一类标注即可新建标注子样式。工程图中常用角度(水平)、半径及直径(ISO 标准)三种尺寸标注子样式,见表 13-9。

2. 尺寸标注

标注尺寸的方法其实很简单,激活标注命令后只需指定尺寸界线的两点或选择要标注尺寸的对象,再指定尺寸线的位置即可。AutoCAD 常见的尺寸标注命令见表 13-10。

表 13-10　尺寸标注命令

类型	名称	功能及注意事项
长度型尺寸标注	线性	标注水平、垂直或旋转的尺寸，它通过指定两点确定尺寸界线，系统自动进行线性标注
	对齐	指尺寸线始终与标注对象保持平行。若标注对象是圆弧，则尺寸标注的尺寸线与圆弧的两个端点所产生的线段将保持平行。显然，线性标注是对齐标注的特例
	弧长	标注圆弧的弧长
	基线或连续	基线标注由同一个基准面引出一系列尺寸。连续标注是首尾相接的一系列连续尺寸。在进行基线/连续标注前，一定要确认标注对象中是否存在一个线性或角度标注，否则无法进行基线/连续标注
半径类标注	半径或折弯	标注圆或者圆弧半径。折弯标注是对大圆弧进行省略的折弯半径标注，需要指定一个圆心替代点
	直径	标注圆或者圆弧直径
	圆心	标注圆心位置
角度型标注	角度	用于精确测量并标注被测对象之间的夹角。它的标注对象有直线、多段线、圆、圆弧和点
	快速引线	使用 QLEADER 命令可以创建引线标注，引线标注常应用于标注某对象的说明信息，该命令并非是系统产生的尺寸信息，而是由用户指定标注的文字信息
	多重线性标注	提供倒角的尺寸以及一些文字注释、装配图的零件号等的标注
	多重引线标注的编辑	添加或删除多重引线
	坐标	可以标注相对于用户坐标原点的坐标
其他类型的标注	快速	用来快速创建或编辑一系列标注，即快速创建成组的基线、连续、阶梯和坐标标注，快速标注多个圆、圆弧以及编辑现有标注的布局
	等距	可以修改已经标注图形中标注线的位置间距大小
	折断	可以在标注线和图形之间产生一个隔断
	检查	为选定的标注添加或删除检验信息
	折弯线性	在线性标注或对齐标注中添加或删除折弯线
	公差	标注形位公差

3. 编辑与修改标注

AutoCAD 提供了多种编辑尺寸的方法：通过修改标注样式的方法可同时对图形中的尺寸进行编辑，通过尺寸标注编辑命令可对需要编辑的尺寸标注进行全面的修改编辑，还可以通过夹点操作快速编辑尺寸标注的位置，通过“属性”选项板修改选定尺寸的各属性值等。

技巧点拨：

在使用 DDEDIT 命令编辑尺寸标注时，用户还可通过“文字格式”工具栏对标注文字的特性进行详细设置。

另外，若用户使用了 DIMSCALE(标注比例)等系统变量对标注参数进行设置，也可使用标注更新命令来更新相应的尺寸标注。

【例 13-21】 用 1∶1 的比例绘制如图 13-33 所示的平面图形，并标注尺寸。要求：图形正确，线型、标注符合国标规定。

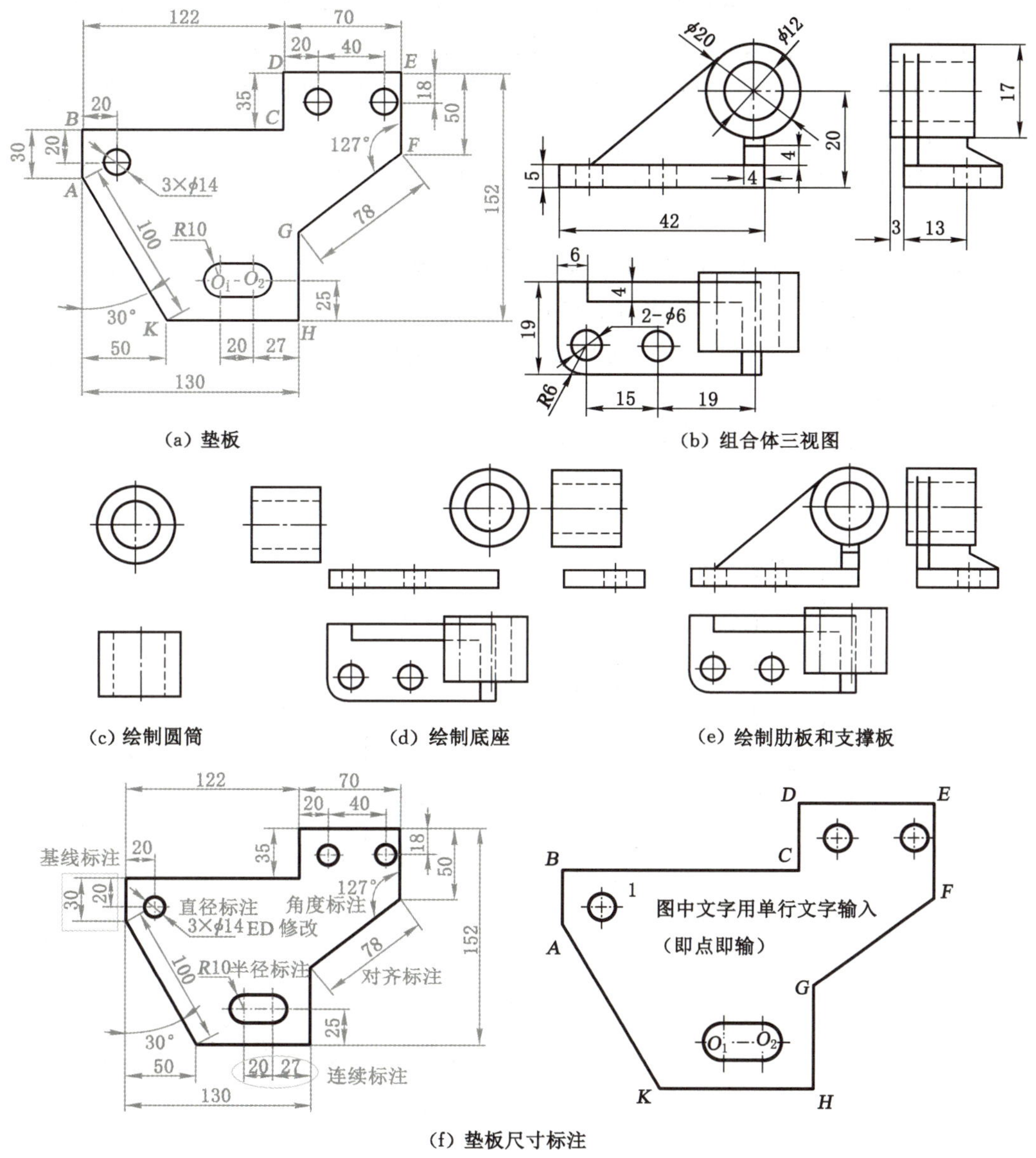

图 13-33 平面图形绘制及标注

具体步骤如下：

① 新建文件：设置绘图环境，包括绘图界限、图层等。

② 绘制图形：图 13-33(a)所示垫板绘制略，图 13-33(b)所示组合体三视图绘制过程如图 13-33(c)～(e)所示。

③ 标注尺寸：置“标注”为当前层，创建文字样式和工程标注样式，并将其置为当前。垫板的标注如图 13-33(f)所示。

组合体的标注步骤如下：

a. 标注底板定形尺寸：用线性标注命令标注 42、19、5、6，用半径和直径标注命令标注 $R6$ 和 $\phi6$，用 ED 命令编辑修改 $\phi6$ 为 2-$\phi6$，用线性标注命令标注定位尺寸 15、13。

b. 标注圆筒定形尺寸：用直径标注命令对 $\phi12$、$\phi20$ 进行标注。用线性标注命令标注其定位尺寸(中心高)20、19、3。

c. 用线性标注命令标注支撑板尺寸 4 及肋板尺寸 4、4、17。

技巧点拨：

① 尺寸文本的编辑可利用 DDEDIT 命令快速实现。

② 尺寸 15、19 也可用连续标注命令来完成。

③ 主、左视图中的小尺寸 3 和 4 可用夹点操作来编辑调整。

4. 公差标注

以图 13-34(a)所示轴段为例介绍公差的标注。

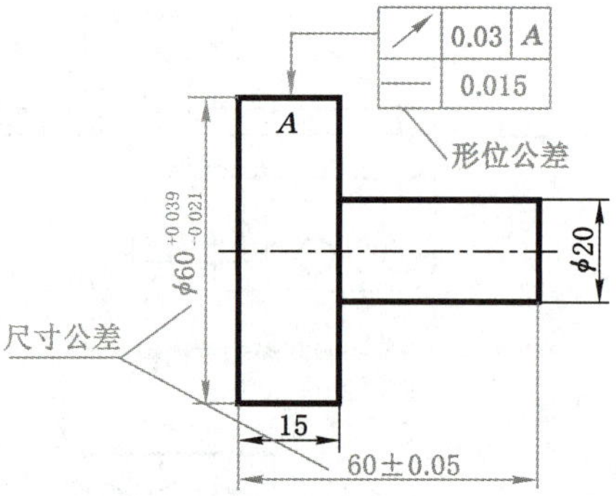

(a) 轴段

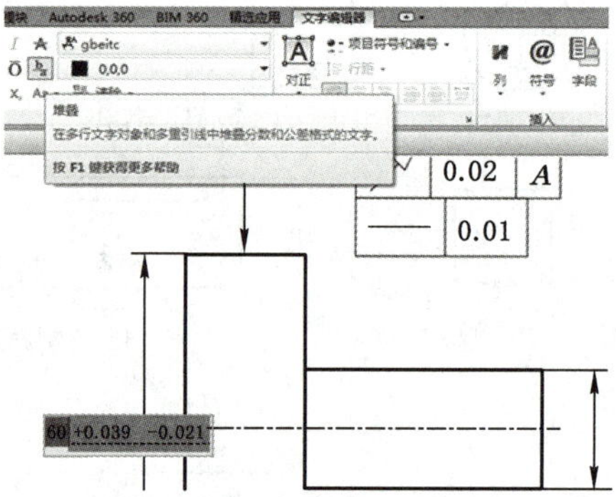

(b) 尺寸公差标注

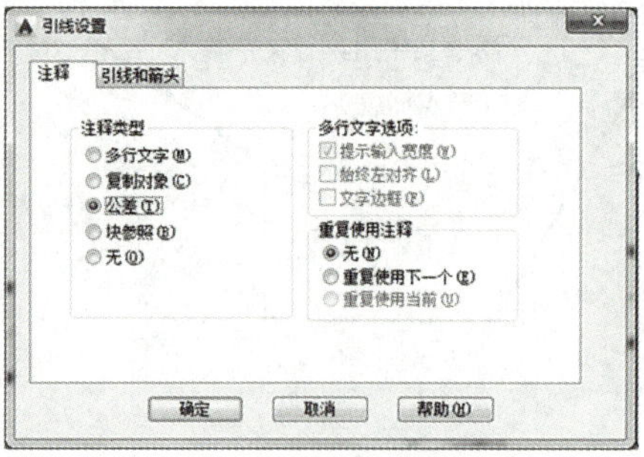

(c) 快速引线 LE 命令

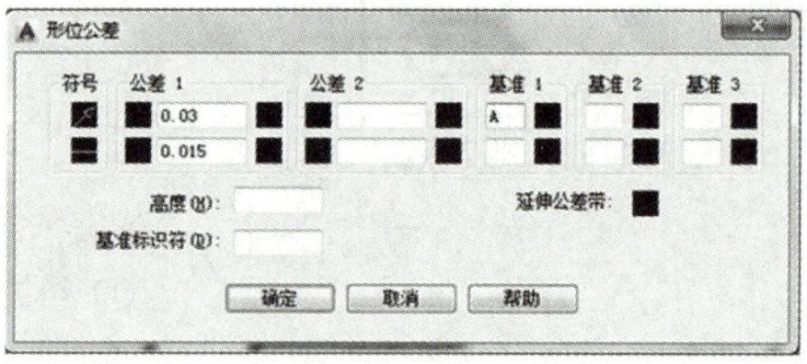

(d) 公差标注命令

图 13-34　公差标注

(1) 尺寸公差

通过指定生产中的公差，可以控制部件所需的精度等级。用编辑标注 DIMEDIT 或修改文字 DDEDIT 命令，利用“多行文字”编辑器修改基本尺寸的尺寸数字来实现尺寸公差标注。

以尺寸公差$^{+0.039}_{-0.021}$为例，键入ED回车，激活DDEDIT命令，选择图13-34(a)中要修改的尺寸$\phi60$，在弹出的“多行文字”编辑器中对尺寸文字进行编辑，在$\phi60$尾部输入+0.039^-0.021后，点击“堆叠”，如图13-34(b)所示，然后单击“确定”即可。

技巧点拨：

要在非圆视图上标注直径尺寸，如图13-34(a)中的$\phi20$、$\phi60$，可先用线性尺寸标注，再利用DDEDIT命令来实现。

(2) 形位公差

形位公差是机械图中表明尺寸在理想尺寸中几何关系的偏差，如垂直度、同轴度、平行度等。形位公差分形状公差和位置公差。其标注方法有两种：利用快速引线LE命令[如图13-34(c)所示，可以标注出引线，常用]或公差标注命令[如图13-34(d)所示，需补画引线和箭头]。

任务4　工程图的绘制

用AutoCAD绘制工程图是图纸矢量化的终极目标之一。为实现高效绘制图样，达到事半功倍的效果，通常将常用的图纸要素进行统一制作，生成图块和专业样板文件，在此基础上绘制专业图样并完整标注，这样更有利于表达设计思想，方便以后工作识图和交叉画图，保证图纸的质量以及美观性，方便业内人士交流。

一、图块及样板文件

1. 图块的定义和使用

图块(简称块)是由单个图形对象或一组对象构成的一个集合。图块的使用可使绘图更为方便和快捷。工程图中往往包含标准部件图、零件图或各种元器件图形符号，还可能是这些单元图形的多次复制。如果把这些单元图形定义成图块，则可以根据需要将它们插入或多次插入图的指定位置，这显然可以极大地提高绘图效率。一个图块可能包含多个直线、圆、圆弧、多段线等对象，但它是作为一个整体进行操作的，因此可以提高绘图速度。图块的操作主要分为两步：图块的定义和块的插入。

【例13-22】 绘制图13-35所示传动轴，并标注表面粗糙度符号。

具体步骤如下：

① 绘制如图13-35所示图形，并标注尺寸。

② 标注加工表面粗糙度符号。

(1) 创建带属性的块

① 画出基本符号图形——创建组成块的对象

在“细实线”图层中，参照国标的规定，完成符号“$\sqrt{\ }$”的绘制(过程略)。

② 定义所需的各种属性

块属性是附属于块的非图形信息，是块的组成部分。

在粗糙度符号中，除了“$\sqrt{\ }$”图形外，还应在该图形上注出粗糙度参数和数值、加工方

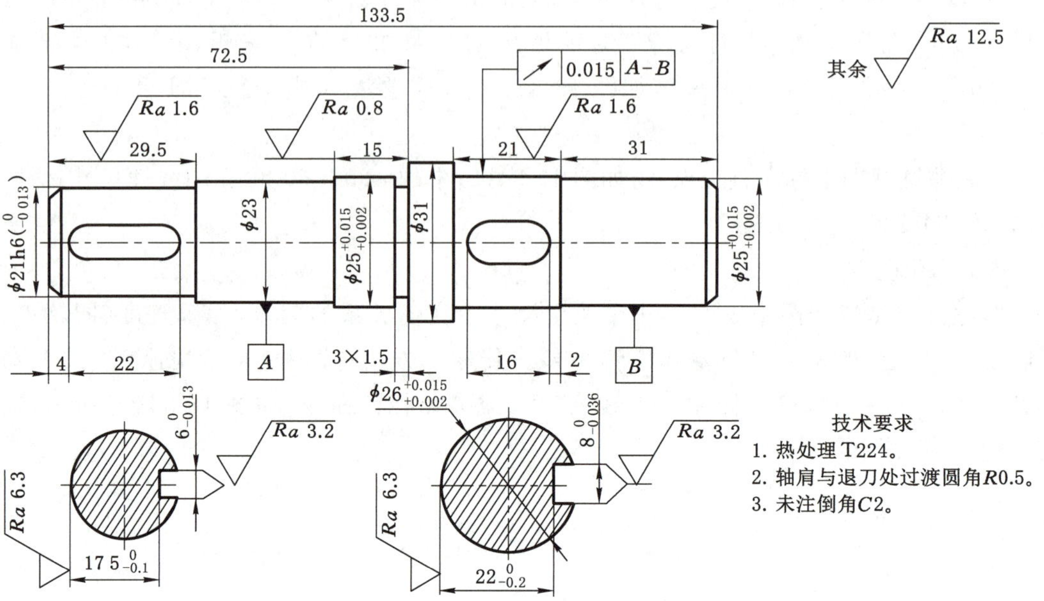

图 13-35　传动轴

法、表面纹理方向、加工余量等内容。各参数在图形中的标注位置国标均有明确的规定，最常见的是标注粗糙度参数和数值，其他默认参数按默认值可不标出。利用 AutoCAD 的属性定义功能，在创建块之前可将需要注出的与块相关的参数定义成块的属性。

点击“默认-块”中定义属性“”按钮就打开“属性定义”对话框，如图 13-36 所示，设置属性文字，用拾取点的方法指定属性插入点（在此提示下拾取粗糙度右水平线下方某一点），即可完成标记为 Ra 的属性定义“Ra的值”。显然，AutoCAD 将属性标记按指定的对齐方式、文字样式显示在指定的位置上。

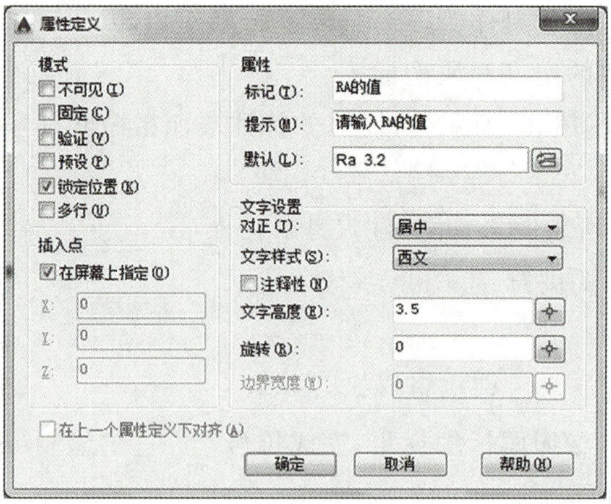

图 13-36　“属性定义”对话框

③ 定义带属性的块

定义了相关的属性后，点击“默认-块”中“ ”按钮可激活块命令，系统打开如图 13-37(a)所示“块定义”对话框，利用该对话框可定义图块并为之命名，实际上就是指定块的三要素：块名(表面粗糙度)、基点(插入点)、对象(图形和属性)。完成以上各项设置后，单击“确定”按钮，弹出如图 13-37(b)所示的“编辑属性”对话框(若在“定义块”对话框中不选择“转换为块”，则不会弹出此对话框)，可修改输入的属性值，单击“确定”按钮完成块的定义。此时，用于定义块的图形对象及属性定义变为一个属性块“$\sqrt{Ra\ 3.6}$”。

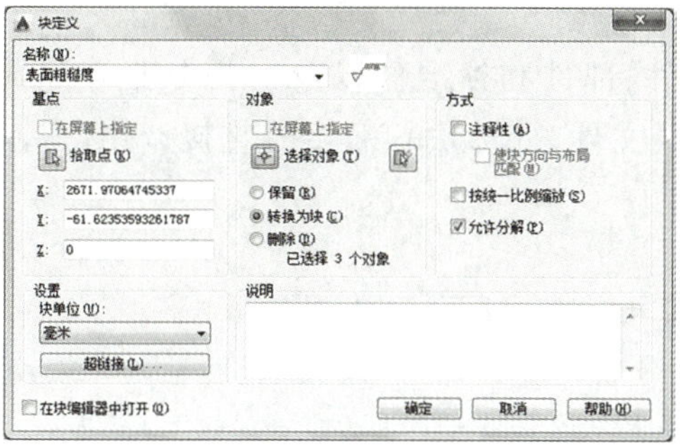

(a)“块定义”对话框

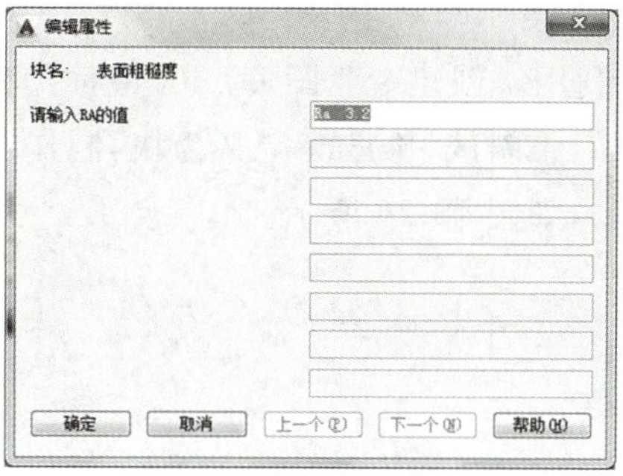

(b)“编辑属性”对话框

图 13-37 定义带属性的块

技巧点拨：

之所以显示此对话框，是因为在图 13-37(a)所示的“块定义”对话框中设置块时选中了“转换为块”单选按钮，将所定义块的对象转换成了块，此时要求输入块的属性值。

(2) 块的插入

激活 INSERT 命令，在插入图块“表面粗糙度”的过程中，可指定图块的插入点(在对应位置确定一点，可捕捉轮廓线或指引线上的点)、缩放比例、旋转角度等参数。

对图中粗糙度“$\sqrt{Ra\ 0.8}$”，只需修改属性值：双击图块“$\sqrt{Ra\ 3.2}$”，弹出“增强属性编辑器”对话框，修改属性值为“*Ra* 0.8”即可，如图 13-38 所示；对“Ra 6.3”，修改属性值后还应旋转 90°。

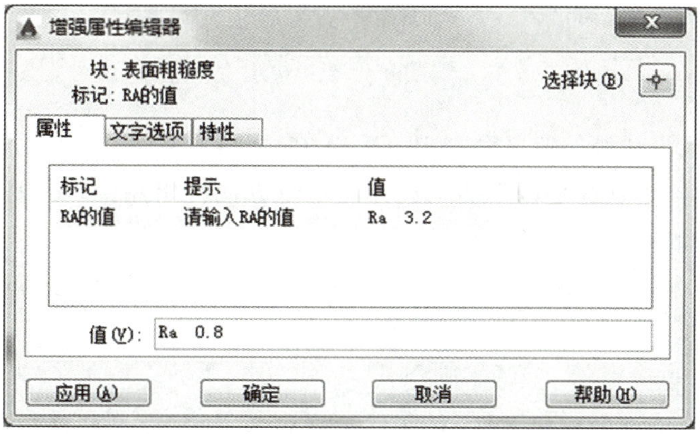

图 13-38 “增强属性编辑器”对话框

同样的方法可以标注非加工表面粗糙度符号。

技巧点拨：

① 块与图层的关系。块可以由绘制在若干图层上的对象组成，系统可以将图层的信息保留在块中。虽然组成图块的各对象都有自己的图层、颜色、线型和线宽等特性，但插入图形中的图块各对象原有的图层、颜色、线型和线宽特性常会发生变化。其规律为：在 0 层创建的块，具有浮动性(插入后其属性随当前图层)；非 0 层对象的图层具有继承性，即图块被插入时，图块中 0 层上的对象改变到图块的插入层，图块中非 0 层上的对象图层不变。

② 利用块创建专业图库。可将常用的零件、部件和标准件以及一些专业符号做成图库。例如，将斜度、锥度等定义为块，制作成图块文件(外部块)，需要时直接调用，从而提高绘图效率，如图 13-29 所示。

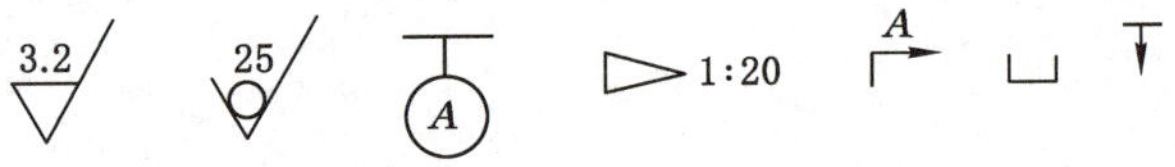

图 13-39　常用图块文件

下面主要以螺纹连接件为例，介绍专业图块的定义。

按比例画法画出需要定义为块的螺栓图形，如图 13-40 所示，为方便插入比例的调整和变换，将螺栓定义为三个独立的图块。这样的独立图块数量达到一定程度就能任意组合，例如画其他形式的螺纹紧固件时，只需换头部，其他部分可以通用，十分方便快捷。

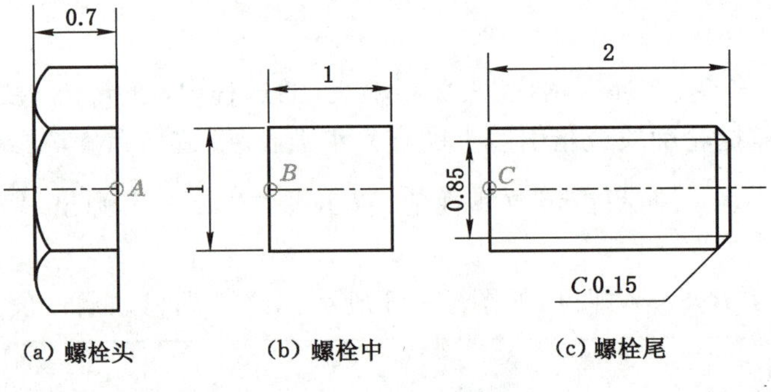

图 13-40　图块画法

画好图样后，执行图块的定义命令 BLOCK，在出现的“块定义”对话框名称一栏中输入图块的名称，如“螺栓头”(这是以后插入选择图块时方便检索用的，所以一定要清楚明白)；基点定在“螺栓头”的右中心点 A 点。

用同样的方式将另两个图形定义为块“螺栓中”和“螺栓尾”，并定基点在左中心 B 点和 C 点。

2. 创建专业样板文件

AutoCAD 提供了许多样板文件，其文件扩展名为.dwt，但这些样板文件和我国的国标不完全符合。为了提高绘图效率，在实际绘图之前，常需要创建符合各自专业国家标准的样板文件，保证图纸的规范性，这样才能快速完成工程绘图。

可通过两种方式创建样板文件：一是自定义样板文件(用户可采用系统默认的样板文件“acadiso.dwt”创建一个新的图形文件，然后根据分析绘图过程中所需要使用的图形参数进行重新定义，最后将该图形文件以样板文件的格式保存，在下次创建新图形文件时调用该样板文件即可)；二是调用已有图形作为样板(用户只需要打开计算机中已有一个符合规定的专业工程图形文件，将文件中多余的图形删除，然后将其另存为一个后缀为.dwt 的样板文件即可)。

【例 13-23】 建立符合国标的 V_A4(竖装 A4)工程样板文件。

具体步骤如下：

① 新建图形文件，并设置绘图环境(如图形界限、相关选项)。

② 设置图层，见表 13-4。

③ 设置文字样式(文本和汉字两种样式)。

④ 设置标注样式(父样式：4 个标签、7 个位置；子样式：角度为水平，半径和直径为 ISO 标准)。

⑤ 绘制图框和标题栏。可将标题栏定义为块，绘制并填写简化标题栏，将(图名)、(图号)和(姓名)定义为属性，创建属性块(选择标题栏及其属性，捕捉标题栏右下角点作为基点)。

注意：图纸的边界线应画成细实线，而图框线应画成粗实线。

a. 调“粗实线”为当前层，按不留有装订边格式绘制图框(190×277)，左下角点坐标(10,10)，右上角点坐标(200,287)，按国家标准绘制标题栏框(180×56)。

b. 切换“细实线”为当前层，按国家标准绘制标题栏。

⑥ 定义常用符号图块(如粗糙度等)。

⑦ 保存样板文件。单击下拉菜单“文件→另存为”，弹出“图形另存为”对话框，在“文件类型”下拉列表框中选择“AutoCAD 图形样板(*.dwt)”，输入文件名为“V_A4”，单击“保存”按钮，在弹出的“样板说明”对话框中可以给样板图一些文字性的说明，然后单击“确定”按钮即可。

技巧点拨：

① 可以利用设计中心复制已有的图层、文字样式、块、表格样式和尺寸标注样式。

② 同理可创建其他的图纸样板文件，以便使用。

二、AutoCAD 绘制零件图和装配图

1. 零件图的绘制

用 AutoCAD 绘制零件图时，与组合体的绘图相比，主要区别有以下两点：

(1) 零件图存在铸造圆角和过渡线等工艺结构。

(2) 零件图中包含了表面粗糙度、尺寸公差、几何公差等技术要求。

零件上常见的结构倒角和铸造圆角利用倒角和圆角命令绘制即可，尺寸公差用 DDEDIT(别名 ED)命令、几何公差用快速引线 QLEADER(别名 LE)命令完成。下面主要介绍表面粗糙度符号的标注和利用 AutoCAD 样板文件来快速绘制典型零件图。

【例 13-24】 按 1∶1 的比例抄画图 13-35 所示的传动轴零件图，标注尺寸、技术要求和

表面粗糙度，并将所绘零件图存盘。

具体步骤如下：

① 读图并分析。

② 启动 AutoCAD 2023 软件，调用 H_A3 样板图（A3 横向幅面，包含图框、标题栏等），新建图形文件。

③ 绘制主视图。由图 13-25 可知，主视图上下对称，故可画一半，然后利用镜像生成全图。置“轮廓线”为当前层，用自动追踪和偏移、修剪命令绘制上半部分主要轮廓线；用倒角、倒圆及修剪命令绘制退刀槽、键槽倒角和螺纹；置“中心线”为当前层，用直线命令绘制轴的中心线，修改中心线属性（LTS，修改其值为 0.3）；镜像生成轴线下方轮廓。

④ 绘制断面图。利用自动追踪快速绘制断面图，用图案填充绘制剖面线，注意其位置要使图形布局合理。

⑤ 标注尺寸。利用线性标注命令标注轴向长度尺寸和轴径，利用直径标注圆直径，然后利用 DDEDIT 命令修改完成线性直径和退刀槽的标注，结果如图 13-41 所示。

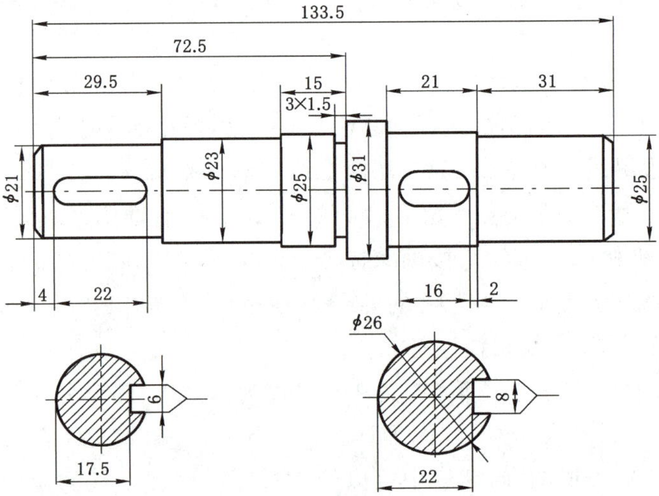

图 13-41　标注基本尺寸

⑥ 标注尺寸公差。键入“ED”激活 DDEDIT 命令，系统提示选择对象时选择 $\phi21$，系统弹出“多行文字”编辑器，如图 13-42 所示，在 $\phi21$ 后输入“h6(0^−0.013)”，然后单击“堆叠”即可完成 $\phi21h6(^{\ 0}_{-0.013})$ 的标注。同理利用 DDEDIT 命令可以完成其他尺寸公差的标注。

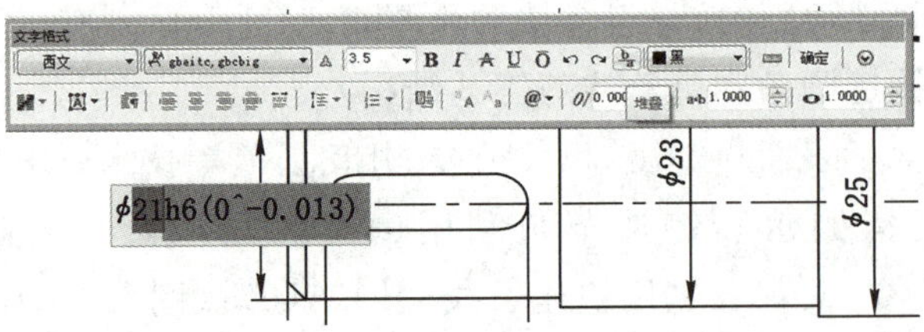

图 13-42　标注尺寸公差

⑦ 标注几何公差。用快速引线标注 QLEADER(别名 LE)命令完成圆跳动公差标注,如图 13-43 所示。

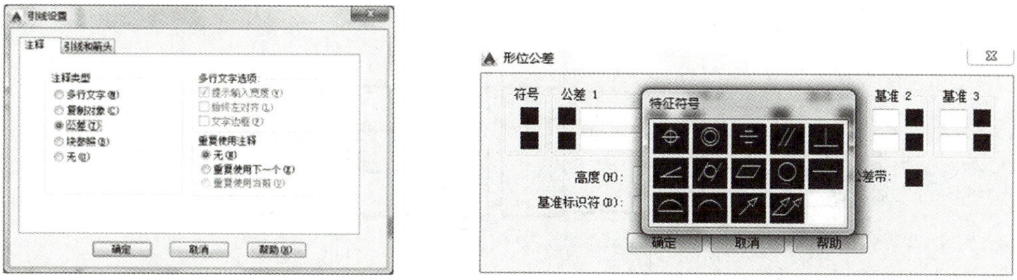

(a) “引线设置”对话框　　(b) “形位公差”对话框

图 13-43　标注圆跳动公差

⑧ 标注基准符号。用快速引线标注 LE 命令完成基准符号标注。同理输入“LE”激活 LEADER 命令,在“引线设置”对话讵中的“引线和箭头”标签中选择“实心基准三角形”(图 13-44),然后按提示操作即可。结果如图 13-45 所示。

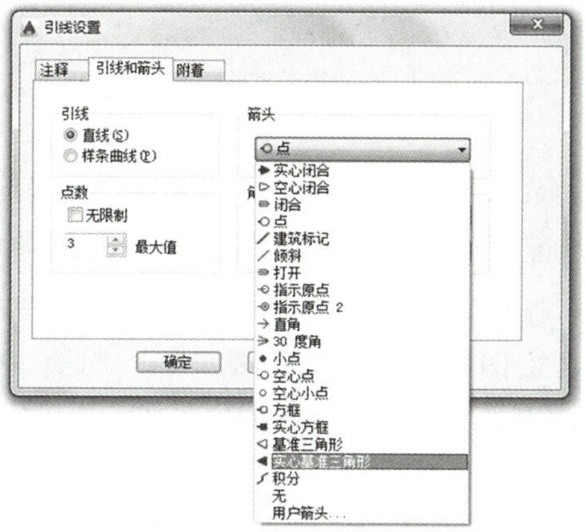

图 13-44　利用 LE 命令标注基准符号

⑨ 标注粗糙度符号。

⑩ 利用“多行文字”命令注写技术要求。

⑪ 整理及存储图形文件。

2. 装配图的绘制

画装配图的方法有三种:① 直接绘制拼装法。在一个文件中绘出各零件,根据零件的尺寸关系和装配关系,直接拼装画出装配图(适用于比较简单的装配图)。② 零件图图形库的建立和装配图的组装绘制法,即首先绘制出装配图中的各种零件,然后选择其中的一个主体零件,将其他各零件依次通过复制、粘贴、修剪等命令插入主体零件中,从而完成绘制。③ 直接用三维模型生成二维装配图。

在此介绍第二种方法,即将先画好的零件图做成图块,在画装配图时插入这些图块,再

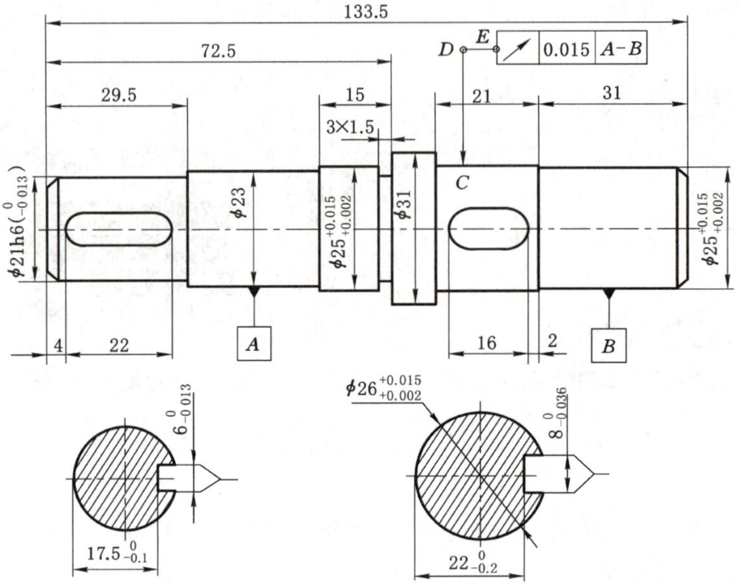

图 13-45　标注公差

进行适当修改即可。

技巧点拨：

利用图块画装配图时，首先要注意建立零件图形库，此外还应注意以下问题：

① 定位问题。在拼画装配图时经常出现定位不准的问题，如两零件相邻表面没接触或两零件图形重叠等。要使零件图在装配图中准确定位，必须做到两个准确：一是制作块时的“基准点”要准确；二是并入装配图时的“定位点”要准确。因此，必须充分利用“显示窗口”命令将图形放大，利用工具点捕捉后，再输入“基准点”或“定位点”。

② 可见性问题。当零件较多时很容易出错，必要时可将块打散，删除应消隐的图线。

③ 编辑、检查问题。将某零件图形拼装到装配图中以后，不一定完全符合装配图要求，很多情况下要进行编辑修改。

④ 注意块、样板图及设计中心的应用。

下面以定位器装配图为例讨论绘图步骤。

【例 13-25】 根据图 13-46 所示定位器的各零件图，按 2∶1 的比例绘制定位器装配图，并标注必要的尺寸和序号。

具体步骤如下：

① 绘制各零件图形。用 H-A4 样板新建文件，绘制装配所需各零件图。因装配图上只需要各零件的部分图形，故可参考装配图，用 1∶1 的比例有选择地绘制拼画装配图所需的各零件图形，如图 13-46(f)所示。

② 将各零件的图形定义成块。依次将零件盖、定位轴和套筒定义成块，块名为其零件名，块基点为图 13-46(b)～(d)中的基准点。

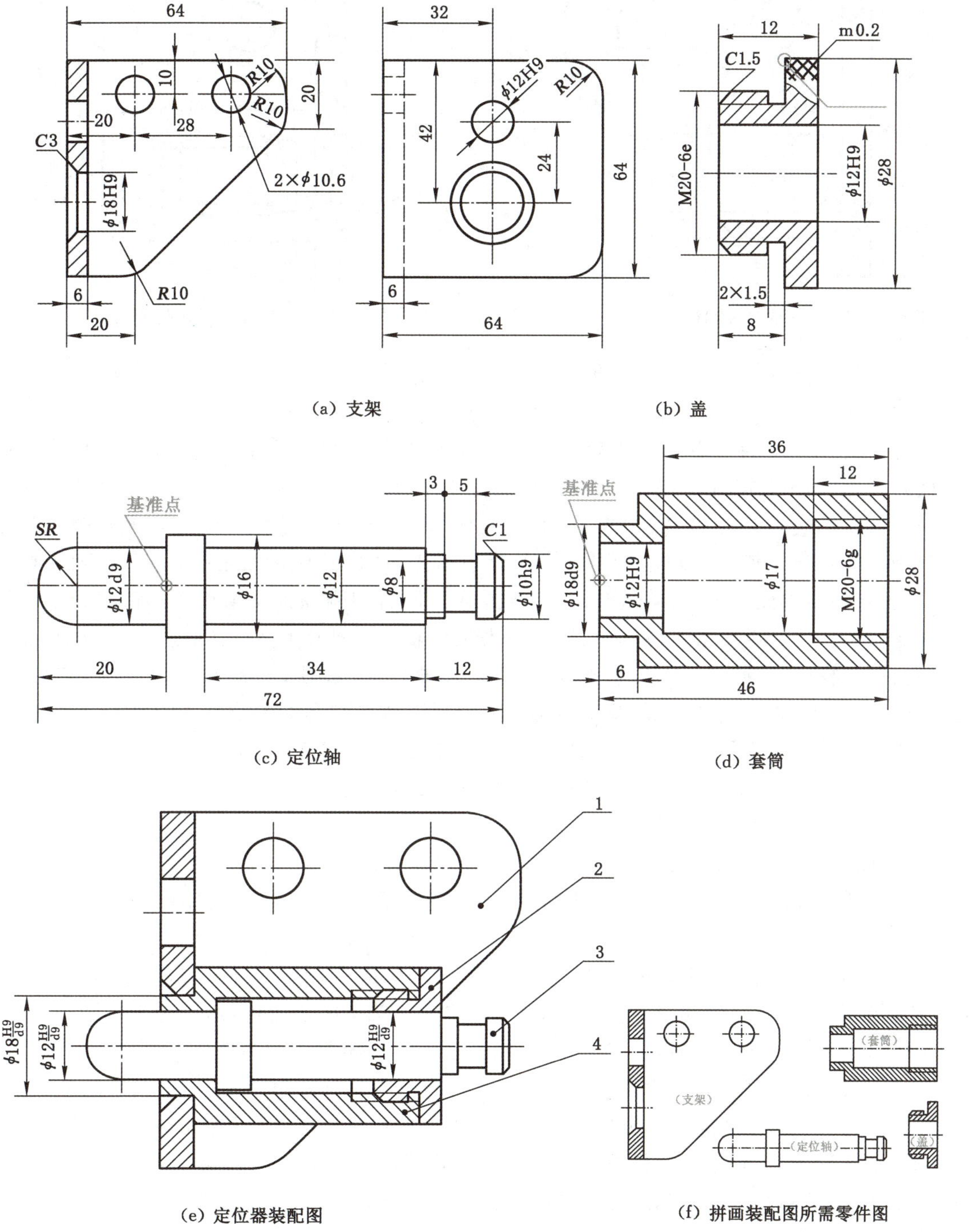

图 13-46 绘制定位器装配图

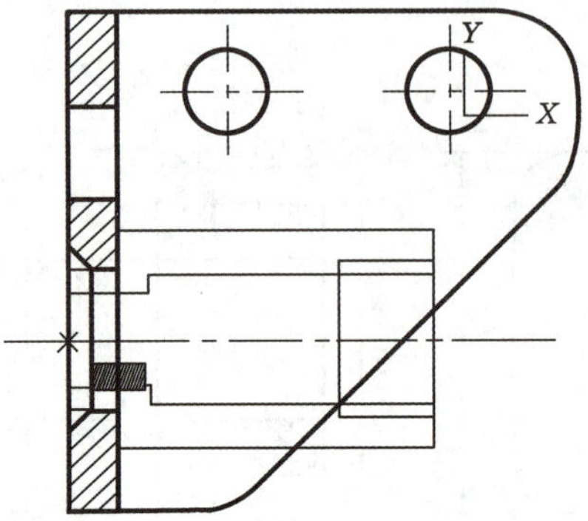

(g) 并入套筒

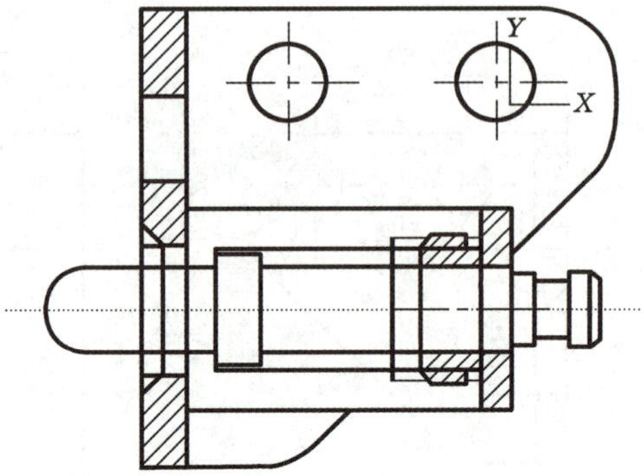

(h) 并入定位轴

图 13-46 (续)

③ 组合装配零件。首先并入套筒。用左键单击套筒，整个套筒变虚，用鼠标单击套筒上插入点，套筒被"挂"在十字光标上(基准点位于光标的中心)，随光标移动。捕捉支架左端面与下部孔轴线的交点，单击左键，将套筒并入，如图 13-46(g)所示，修剪和删除掉支架被套筒遮挡的线条。其次并入盖。用鼠标左键单击盖，用鼠标单击盖上插入点，盖随光标移动，捕捉套筒右端面上角点，单击左键，将盖并入。修剪和删除掉支架被遮挡的线条。最后并入定位轴。用左键单击定位轴，用鼠标单击定位轴上的插入点，定位轴随光标移动，捕捉套筒内孔阶梯面与轴线的交点，单击左键，将定位轴并入，如图 13-46(h)所示。单击"分解"图标，按操作提示拾取套筒、盖，单击右键，将其打散，修剪和删除掉被遮挡的线条。

④ 按比例放大图形。激活 SCALE 命令，框选装配图，指定比例因子为 2。

⑤ 标注配合尺寸。打开标注层和工程标注样式，进行尺寸标注。先标注线性尺寸，再用 ED 命令修改标注配合公差。

⑥ 标注序号。用 LE 命令标注序号。

⑦ 存储文件。打开"文字"层，修改明细表及标题栏，然后将现有文件重新命名后存盘。

技巧点拨：

① 以上插入零件图的顺序也可以根据装配关系做适当调整。需要注意的是，每插入一个零件后，都要做适当的编辑和修改，不要把所有零件都插入后再修改，以免造成图线杂乱，修改困难。当零件图不全时，也可采用插、画结合的方法绘制装配图。

② 在装配时，尽量将要插入的零件设置为固定颜色，不同零件尽量用不同的颜色。

③ 定义图块时，基准点的选择要充分考虑零件拼装时的定位需要。利用块的消隐功能处理重叠的图素，可相应减少修改编辑图形的工作量。但有时图块拼装后不能符合装配图的要求，需要编辑一些图素(如图中的螺纹旋合部分)时，就要将定义好的图块先打散，然后才能使用编辑命令。

三、AutoCAD 绘制金属焊接图

【例 13-26】 按 1∶1 抄绘如图 10-11 所示的挂架焊接图。

分析：由图 10-11 可知，挂架焊接图是装配图的形式，由四部分组成，如图 13-47(a)所

示。故可用装配图的方式绘制,绘制和加注焊缝就可以。

具体步骤如下:

① 绘制挂架装配图:

a. 用 V-A3 样板新建文件,参考图 10-11,用 1∶1 的比例抄画装配图。

b. 标注配合尺寸及序号。打开标注层和工程标注样式,进行尺寸标注。先标注线性尺寸,再用 ED 命令修改,用 LE 命令标注序号。

② 绘制和标注焊缝:利用直线绘制焊缝并以 Solid 填充,定义焊缝符号块并标注,如图 13-47(b)所示。

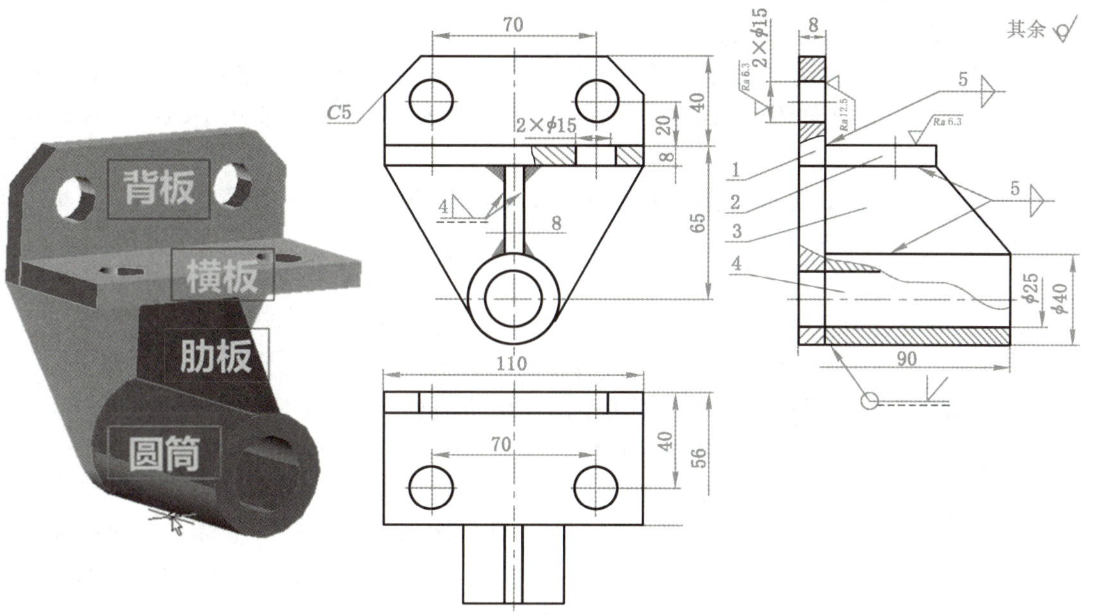

(a) 挂架组成　　　　(b) 绘制和标注焊缝

图 13-47　AutoCAD绘制挂架焊接图

③ 检查并存储文件。

打开"文字"层,注写技术要求,修改明细表及标题,然后将现有文件重新命名后存盘。

四、AutoCAD 绘制建筑施工图

根据项目 11 可知,需要修改样板文件中的图层、尺寸样式、创建轴线图块等以适应建筑施工图。用 AutoCAD 绘制建工施工图的一般步骤如下。

1. 用 AutoCAD 绘制平面图的步骤

用 AutoCAD 绘制平面图的总体思路是"先整体、后局部",主要绘制过程为:

(1) 创建图层,如墙体层、轴线层、柱网层等。

(2) 绘制一个表示作图区域大小的矩形,单击"二维导航"面板上的图按钮,将该矩形全部显示在绘图窗口中,再用 EXPLODE 命令分解矩形,形成作图基准线。此外,也可利用 LIMITS 命令设定绘图区域的大小,然后用 LINE 命令绘制水平及竖直的作图基准线。

(3) 用 OFFSET 和 TRIM 命令绘制水平及竖直的定位轴线。

(4) 用 MLINE 命令绘制外墙体,形成平面图的大致形状。

(5) 绘制内墙体。

(6) 用 OFFSET 和 TRIM 命令在墙体上绘制门窗洞口。

(7) 绘制门窗、楼梯及其他局部细节。

(8) 插入标准图框,并以绘图比例的倒数缩放图框。

(9) 标注尺寸,尺寸标注全局比例为绘图比例的倒数。

(10) 书写文字,文字字高为图纸上的实际字高与绘图比例倒数的乘积。

2. 用 AutoCAD 绘制立面图的步骤

绘制立面图的主要过程为:

(1) 创建图层,如地坪层、窗洞层等。

(2) 通过外部引用方式将建筑平面图插入当前图形中,或者打开已有的平面图,将其另存为一个文件,以此文件为基础绘制立面图,也可利用复制/粘贴功能从平面图中获取有用的信息。

(3) 首先从平面图绘制建筑物轮廓的竖直投影线,再绘制地平线、屋顶线等,这些线条构成了立面图的主要布局线。

(4) 利用投影线形成各层门窗洞口线。

(5) 以布局线为作图基准线,绘制墙面细节,如阳台、窗台及壁柱等。

(6) 插入标准图框,并以绘图比例的倒数缩放图框。

(7) 标注尺寸,尺寸标注全局比例为绘图比例的倒数。

(8) 书写文字,文字字高为图纸上的实际字高与绘图比例倒数的乘积。

3. 用 AutoCAD 绘制剖面图的步骤

用户可将平面图、立面图作为绘制剖面图的辅助图形。将平面图旋转 90°,并布置在适当的位置,从平面图、立面图绘制竖直及水平的投影线,以形成剖面图的主要特征,然后绘制剖面图各部分的细节。绘制剖面图的主要过程为:

(1) 创建图层,如墙体层、楼面层及构造层等。

(2) 将平面图、立面图布置在一个图形中,以这两个图为基准绘制剖面图。

(3) 从平面图、立面图绘制建筑物轮廓的投影线,修剪多余线条,形成剖面图的主要布局线。

(4) 利用投影线形成门窗高度线、墙体厚度线及楼板厚度线等。

(5) 以布局线为作图基准线,绘制未剖切到的墙面细节,如阳台、窗台及墙垛等。

(6) 插入标准图框,并以绘图比例的倒数缩放图框。

(7) 标注尺寸,尺寸标注全局比例为绘图比例的倒数。

(8) 书写文字,文字字高为图纸上的实际字高与绘图比例倒数的乘积。

4. 用 AutoCAD 绘制建筑详图的步骤

绘制建筑详图的主要过程为:

(1) 创建图层,如轴线层、墙体层及装饰层等。

(2) 将平面图、立面图或剖面图中的有用对象复制到当前图形中,以减少工作量。

(3) 不同绘图比例的详图都按 1∶1 的比例绘制。可先画出作图基准线,然后利用 OFFSET 及 TRIM 命令绘制图样细节。

(4) 插入标准图框,并以出图比例的倒数缩放图框。

(5) 对绘图比例与出图比例不同的详图进行缩放操作,缩放比例因子等于绘图比例与出图比例的比值,然后再将所有详图布置在图框内。例如,有绘图比例为 1∶20 和 1∶40 的两张详图,要布置在 A3 幅面的图纸内,出图比例为 1∶40,则布图前应先用 SCALE 命令缩放 1∶20 的详图,缩放比例因子为 2。

(6) 标注尺寸,尺寸标注全局比例为出图比例的倒数。

(7) 对于已缩放 n 倍的详图,应采用新样式进行标注。标注全局比例为出图比例的倒数,尺寸数值比例因子为 $1/n$。

(8) 书写文字,文字字高为图纸上的实际字高与绘图比例倒数的乘积。

【例 13-27】 利用 AutoCAD 绘制图 11-14 所示传达室建筑施工图。

分析:施工图给出了屋面平面图、前立面图和 1—1 剖面图,绘图比例为 1∶100,采用 A3 幅面的图框,为使图形简洁,图中仅标出了总体尺寸、轴线间距及部分细节尺寸。

具体步骤如下:

首先绘制平面图,绘制过程如图 13-48 所示。

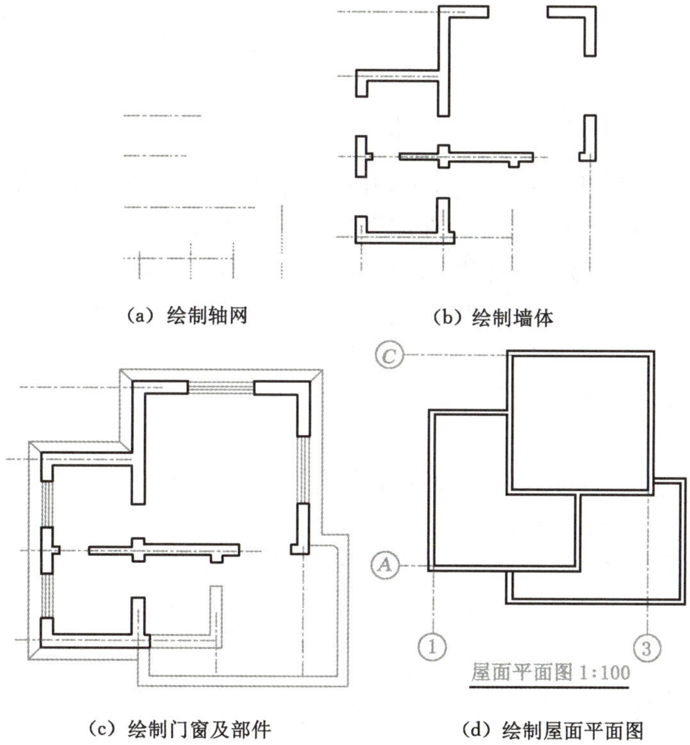

图 13-48 传达室平面图的绘制过程

① 修改样板:

a. 以 V-A3 样板新建图形文件,设置图限(38 000,24 000)。

b. 修改图层设置,将“中心线”改为“轴网”,并增加“墙”“总门窗”层,并设置“轴网”为当前层。

c. 修改标注样式。修改标注样式中两处：一是“符号和箭头”中的箭头——“建筑标记”；二是“调整”中标注特征比例——“使用全局比例为 100”。

② 绘制定位轴网。键入“LTS”，将“全局比例因子”值设为“20”，以显示线段的完整效果。利用直线、偏移命令先绘制垂直轴线，再绘水平轴线，完成轴网绘制，结果如图 13-48(a)所示。

③ 绘制墙线：

a. 将“墙”置为当前层。

b. 新建并设置多线样式。新建多线样式“12 墙”，按图 13-49 所示修改其中的参数设置。同理，新建设置“24 墙”，并将“24 墙”多线样式置为当前。

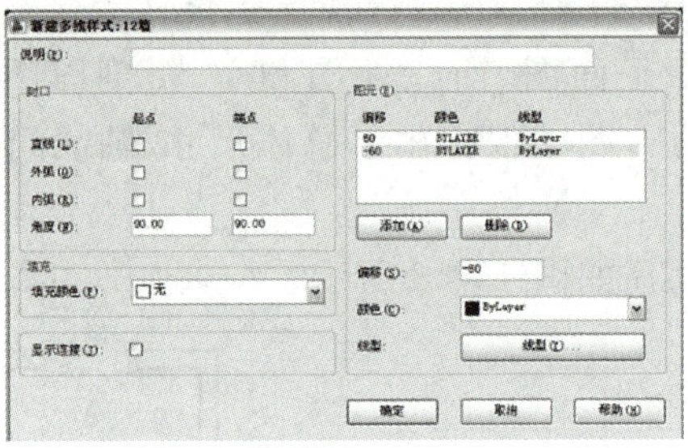

图 13-49 “12 墙”多线参数设置

c. 执行多线命令。捕捉交点绘制墙线，其中对正方式为“无”。重复多线命令，选择“12 墙”多线样式，对正方式为“上”，捕捉轴线端点和交点绘制墙线，结果如图 13-48(d)所示。

④ 绘制门窗及部件。新建“6 窗”多线样式，利用多线命令画窗户。选择“24 墙”多线样式，对正方式为“无”，捕捉轴线端点和交点绘制墙线，结果如图 13-48(c)所示。

⑤ 标注图形：

a. 对平面图进行尺寸标注。利用线性标注和连续标注标注尺寸。

b. 标注轴号：

Ⅰ. 定义轴号块：首先绘制块图形，将 0 层置为当前层，绘制一半径为 100 的圆，捕捉下象限点绘制一条长为 1 000 的垂直线段。然后定义块属性，文字样式为“西文”，高度为“3.5”，文字对正方式为“正中”，如图 13-50 所示。最后创建“轴号”块，基点为直线段的端点。

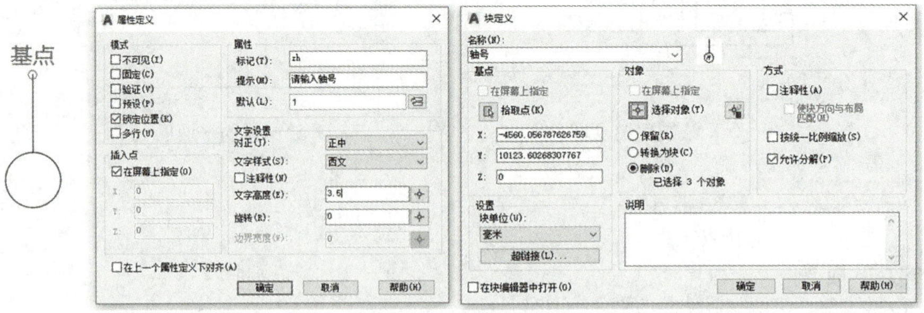

图 13-50 定义轴号块

Ⅱ.插入轴号块:切换“标注”为当前层,单击“插入块”按钮,在弹出的“插入”对话框中选“轴号”,捕捉平面图所示端点指定插入点,输入横向轴号“1”,块的缩放比例因子为“100”,完成轴号①的插入。同理插入其他横向编号,再插入竖向编号,注意插入时需要旋转270°,然后双击打开“增强属性”编辑器,先修改属性值为“A”,再修改文字旋转“0”,如图13-51所示。完成轴号Ⓐ的插入。同理插入其他轴号,如图13-48(d)所示。

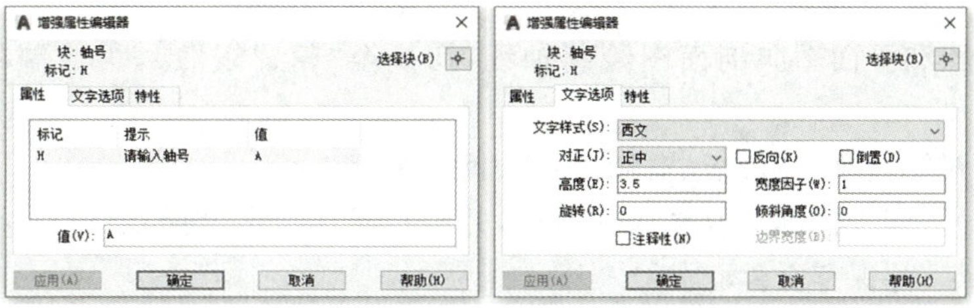

图13-51　插入竖向轴号块

技巧点拨:

同一方向的轴号标注可以利用“复制+修改属性”快速完成。

Ⅲ.定义如图13-52所示标高符号块并插入,操作过程略。

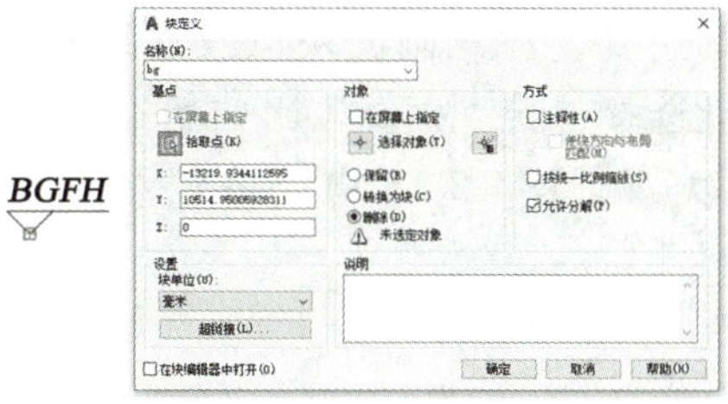

图13-52　定义标高符号块

Ⅳ.定义指北针并插入(略)。

Ⅴ.注写文字。激活单行文字,指定文字高度为“500”,然后在平面图内标注文字(注意文字样式的选择)。

⑥ 保存文件。

然后绘制立面图,绘制过程如图13-53所示。

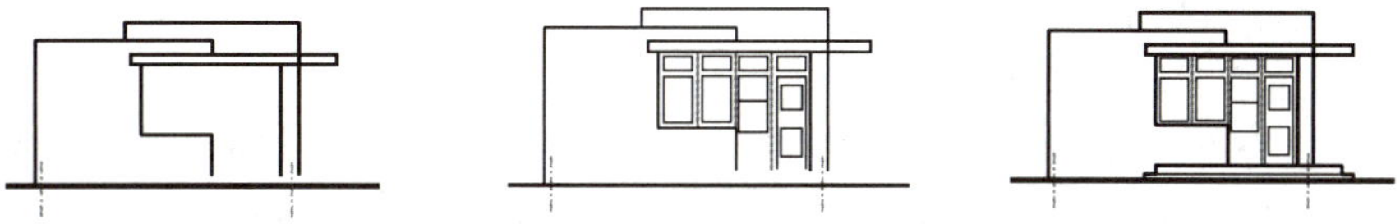

(a) 画轴线和建筑物轮廓线　(b) 绘制窗洞线和窗户　(c) 绘制室外台阶

图13-53　绘制立面图过程

① 新建图层:需要新建“地坪”(线宽为1)和“窗洞”(线宽为0.35)的图层,线型均为“continuous”。

② 利用自动追踪从平面图绘制轴网线、屋顶线、室外地坪线等，如图13-53(a)所示。

③ 利用自动追踪从平面图绘制窗洞线、窗户等，如图13-53(b)所示。

④ 利用自动追踪从平面图绘制室外台阶等，如图13-53(c)所示。

⑤ 插入标高块完成标高标注。

⑥ 注写文字，并保存文件。

最后绘制1—1剖面图。

① 从立面图和平面图向剖面图绘制轴线，切换至“轮廓线”层，再绘制屋顶的左、右端面线。

② 从立面图绘制墙体、楼板、窗洞、立柱、檐口等。

③ 标注尺寸，插入标高块及轴线编号块，并填写属性文字，块的缩放比例因子为“100”。

④ 注写文字，并保存文件。

五、AutoCAD 绘制电气线路图

与机械图不同，电气图纸无论是系统图还是平面图，其最大的特点是包含了诸多图例、文字等，因此绘制时要创建符号库和块，通过块的调用进行图形的拼合，从而提高绘图效率。在此以图12-18电路图为例介绍用AutoCAD绘制电气线路图的过程。

分析：该图并不复杂，可先绘制线路结构，再绘制电气元件，最后进行标注。电路图包含有多个电阻、电容等电子元件的图形符号，可将其定义成为块，用插入块的方法插入电路图中，就能大大提高绘图速度。注意画图块以及连线时要参照GB/T 4728系列电气简图用图形符号，画图时尽量选择一定“模数”，比如所有节点尺寸都是2.5的倍数，可以使图面规范化、标准化，也更美观。图12-18电路图绘制过程如图13-54所示，具体步骤如下。

(1) 新建图形文件并设置

利用A4样板文件新建图形文件，修改“轮廓线”为“电气元件”，修改“中心线”为“辅助线”，修改“细实线”为“线路”，这样将元器件、部件、线路以及施工图的建筑平面、建筑构件等统统放在不同的图层中，便于后期编辑。将“辅助线”置为当前。

(2) 绘制线路

绘制长为150的方框，偏移生成辅助线。用直线和距离的方式绘制电路图中的部分导线，如图13-54(a)所示。

技巧点拨：

电路图没有具体的尺寸，图中尺寸是考虑清晰表达及图纸布局大致确定。

(3) 电气元件的绘制

① 定义元件的图形符号块

将0图层置为当前，绘制一个5×10的矩形为“电阻”块图形，切换到“文字”层，定义块属性，块名为“电阻”，基点为上短边中点。绘制两条相距2.5、长5的平行线为电容块图形，定义块属性，块名为“电容”，基点为左侧竖线中点。按图13-54(b)所示定义半导体管图块，其中的箭头用多段线绘制，始、终点宽度为2.5和0。同理定义其他电子元件。

② 插入电子元件图块

切换图层为“电子元件”，插入块名为“电阻”的元件，在电路图中指定插入点位置，根据需要设置相关参数(如旋转角度及比例等，这里只需要修改块属性)，插入所有电阻。再插入

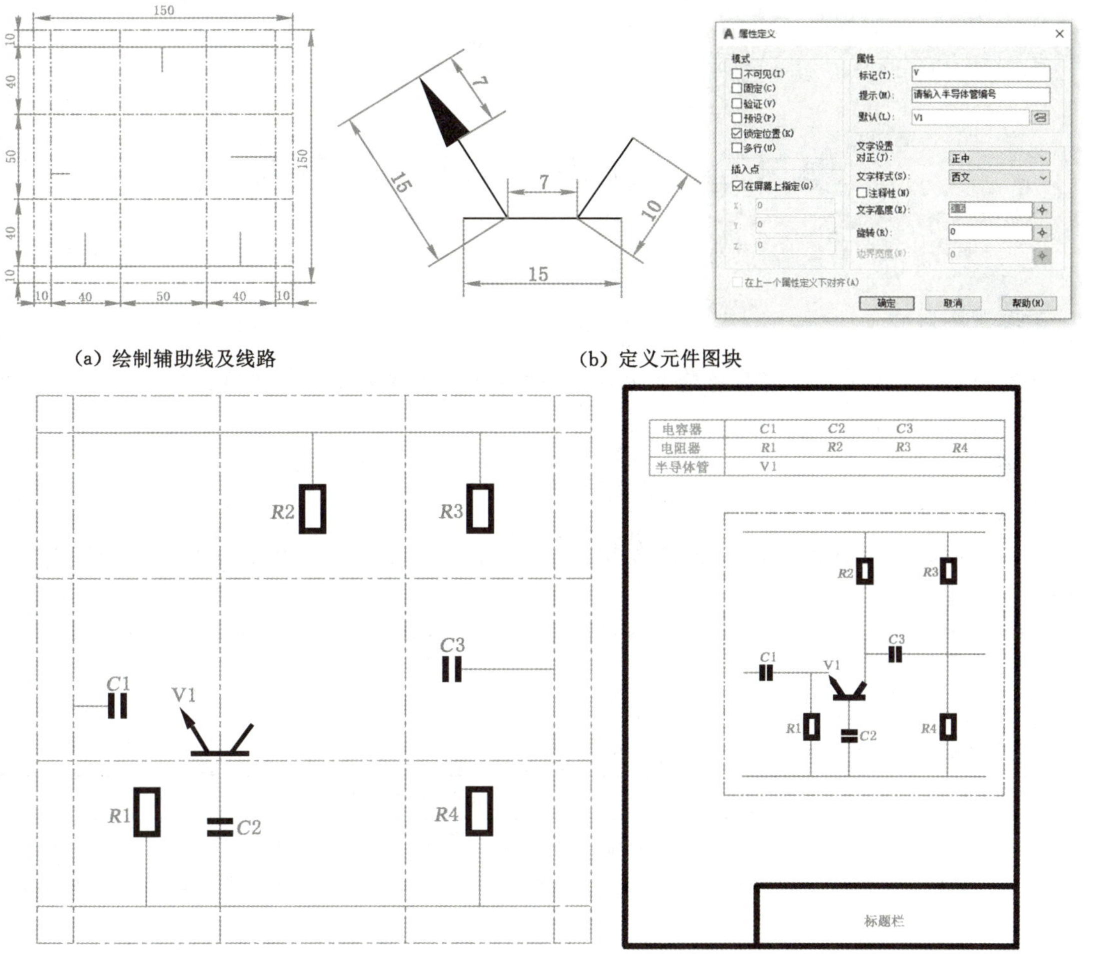

(a) 绘制辅助线及线路　　(b) 定义元件图块

(c) 绘制电子元件　　(d) 绘制元件参数表

图 13-54　电路图绘制过程

电容，注意 $C2$ 需要旋转 90°。同理插入半导体管图块，完成电子元件的绘制，如图 13-54(c)所示。

(4) 绘制元件参数表

补画整理线路图，删除内部辅助线。利用直线、偏移、修剪命令绘制表格，注写文字，绘制元件参数表。保存图形文件。

技巧点拨：

绘制电路图时熟练地应用块能使绘制图形变得轻松、简单、准确、快捷，在实际设计绘图工作中可以大大提高工作效率。

项目 14　AutoCAD 三维建模

教学目标

了解 AutoCAD 中轴测图的绘制方法；能够熟练绘制并编辑 3D 实体；掌握由 3D 实体生成 2D 图的方法。

思政目标

1. 三维建模创场景，VR 全景看蓝图，激发学生关注前沿技术和学习 CAD 三维绘图的热情。

2. 通过三峡工程等大国重器，激励学生报国情怀，勤奋学习，助力启航新征程。

学习项目工单

项目名称	AutoCAD 三维建模
项目描述	由于三维图形不仅具有较强的真实感效果，而且能表达出比二维平面更丰富、更直观的内容，故在数控加工、3D 打印、逆向建模及有限元分析等诸多工程实际中得到越来越广泛的应用。试查阅相关资料，以 PPT 的形式汇总
项目分析	了解三维模型的前沿应用技术及其优越性
成果展示及评价	各组成员每人完成所要求模型文件(以学号＋姓名保存)，小组互评后由教师综合评定成绩

引例

虚拟现实技术(VR)是人们向计算机空间概念探索的一种新技术，它的沉浸式优势使市场上越来越多的领域与其协同开发应用。

通过观看视频“借助 3D＋VR 技术记者就地变身宇航员”视频，直观感受 VR 让世界更精彩。引导学生认识 3D 建模，为 VR 创建一定的场景，从而引起学生的好奇和学习热情。

AutoCAD 2023 不仅具有强大的二维绘图功能，而且还具备强大的三维绘图功能。在绘制三维图形时，除了要掌握三维模型的创建方法之外，更要善于分解形体，合理运用三维图形的绘制和逻辑方法，灵活进行视图转换。

任务 1　绘制正等轴测图

AutoCAD 提供了绘制轴测图的工具，使用该工具可方便地绘出物体的轴测图。但所绘轴测图只提供立体效果，不是真正的三维图形。它只是用二维图形来模拟三维对象，这种轴测图无法生成视图。由于用 CAD 绘制轴测图比较简单，并且具有较好的三维真实感，因此被广泛应用于机械和建筑等专业设计中。在此主要介绍利用 CAD 的轴测模式绘制正等轴测图。

一、轴测图模式设置

AutoCAD 可以用多个命令激活轴测投影模式。

1. 使用草图设置对话框

可通过草图设置菜单显示“草图设置”对话框。为激活轴测投影模式，右击状态栏中“捕捉模式→捕捉设置→草图设置→等轴测捕捉”，如图 14-1 所示。当轴测投影模式被打开后，用户可进行二维轴测投影图的绘制。

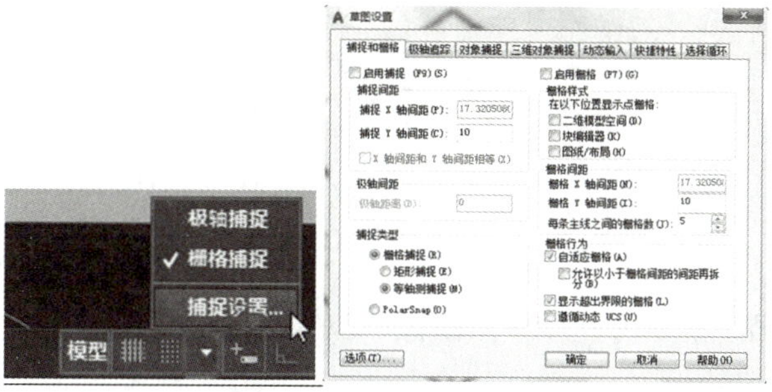

图 14-1　轴测图模式设置

2. 使用 SNAP 命令

使用 SNAP 命令的样式选项可以在轴测投影模式和标准格式之间进行切换。

在输入 SNAP 命令后，会出现下列选项表：

命令：SNAP

指定捕捉间距或[开(ON)/关(OFF)/纵横向间距(A)/旋转(R)/样式(S)/类型(T)]<10.0000>：S

输入捕捉栅格类型[标准(S)/等轴测(I)]<S>：I

输入 I，进入轴测投影模式，系统提示输入捕捉及网格的间距。

由于轴测轴与 X 轴的夹角都是 30°角的倍数，故一般在设置完轴测模式后，还需将极轴追踪增量角设置为 30°，并且选中“用所有极轴角设置追踪”。

二、轴测面

轴测投影是对三维空间的模拟，实际上用户仍在未改变的(x,y)坐标系的二维环境中工作。因此，轴测投影又有一些不同于二维图形的特点。等轴测投影的轴测间的平面称为轴测平面。

在等轴测图中，三个轴向的缩放比例相等，轴间角为 120°，如图 14-2 所示，三个轴测轴与水平方向所成的角度分别为 30°、90°和 150°。在三个轴测轴中，每两个轴测轴定义一个“轴测面”。

AutoCAD 中在绘制轴测图时，选择三个轴测平面之一将导致鼠标形式变化——“正交”和十字光标沿相应的轴测轴对齐，如图 14-2 所示。按快捷键 Ctrl＋E 或 F5 可以循环切换各轴测平面。同时，还要注意区分不同的轴测面，尤其是左视平面和右视平面。

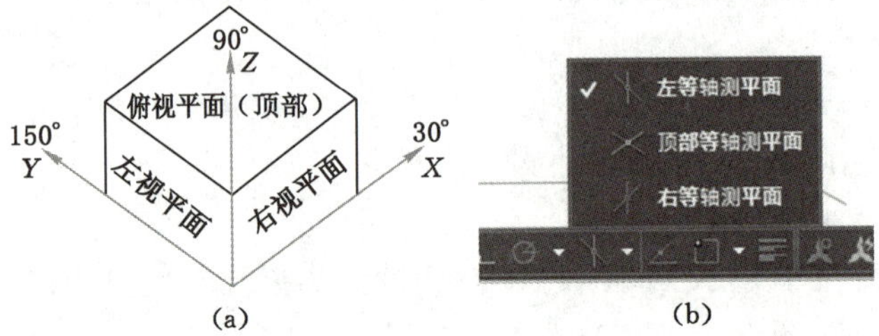

图 14-2　正等轴测图的三种轴测平面

技巧点拨：

① 任何时候用户只能在一个轴测面上绘图。因此，绘制立体不同方位的面时，必须切换到不同的轴测面上去作图。

② 轴测模式只是改变了光标显示状态，是辅助绘图的工具，并没有改变 AutoCAD 的系统坐标，此时 x、y 坐标仍然是水平和垂直方向。

③ 二维轴测图中的偏移（平行线）和镜像（对称结构）命令是不可用的，需要用复制命令来达到偏移或者镜像的效果。

三、绘制轴测图——轴测投影模式下画图

在二维轴测图中，只能使用椭圆命令下的“等轴测圆”来绘制指定的圆形。然后再将圆形复制，从而得到圆柱体。

【例 14-1】 绘制如图 14-3 所示形体的正等轴测图。

分析：绘制轴测图时也要对图形进行形体分析，然后作图。显然形体由三部分构成：水平板长方体上开一个圆形通孔，并倒有圆角；正立板结构同水平板；侧板是一个水平面和一个侧垂面截去一个角。

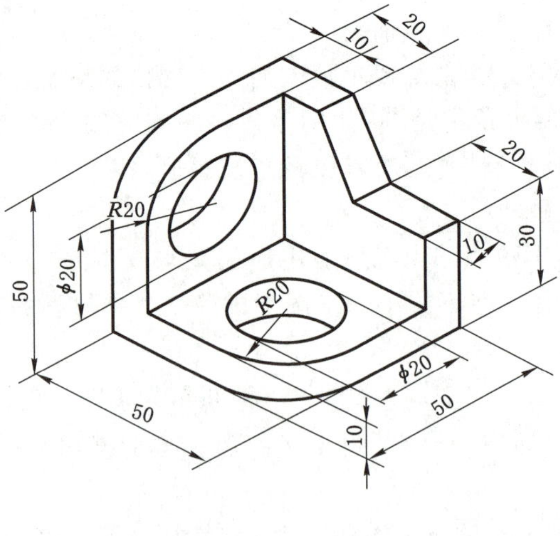

图 14-3　形体的正等轴测图

具体步骤如下：

绘制水平底板	设置好等轴测环境，设置一个“轮廓线”层(该图形只用到了粗实线)。将光标切换至“等轴测上”状态，调用直线命令画出上表面的菱形；调用直线命令绘制左侧面 $AEFD$；将光标切换至“等轴测右”状态，以同样的方法绘制前表面 $FGCD$ 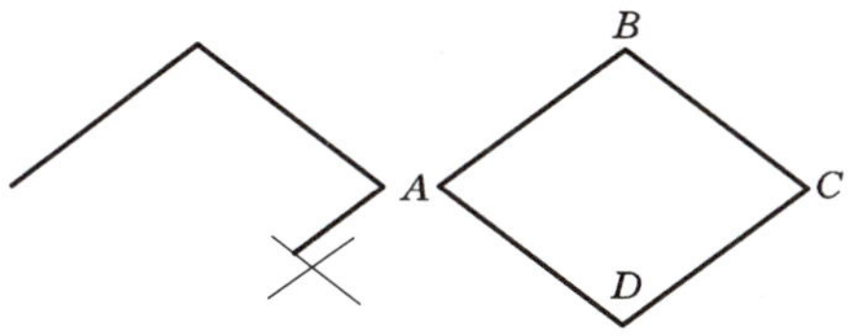 绘制上表面 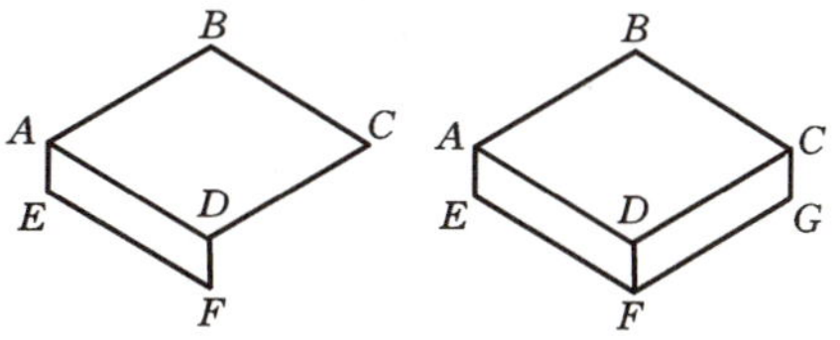 绘制左表面、前表面	
绘制立板	绘制右侧、后侧立板的内侧轮廓线，再绘制外侧框线；删除 AE、CG 处线段；将光标切换至“等轴测右”状态，以同样的方法绘制前表面 $FGCD$	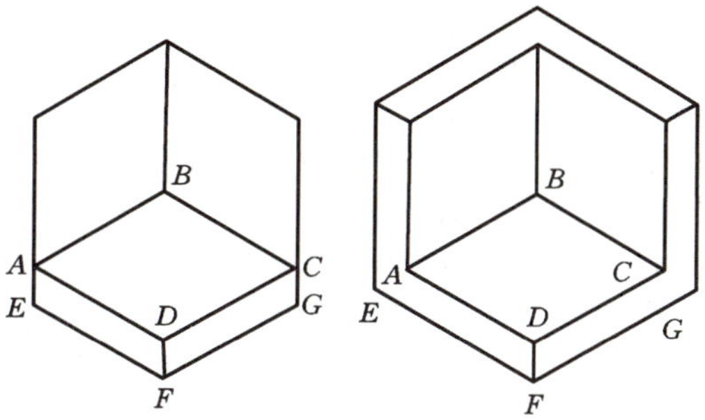
绘制底面圆孔	调用直线命令确定椭圆中心；调用椭圆命令绘制椭圆(I，捕捉交点 O；10)；调用复制命令，绘制下底面椭圆；修改图形	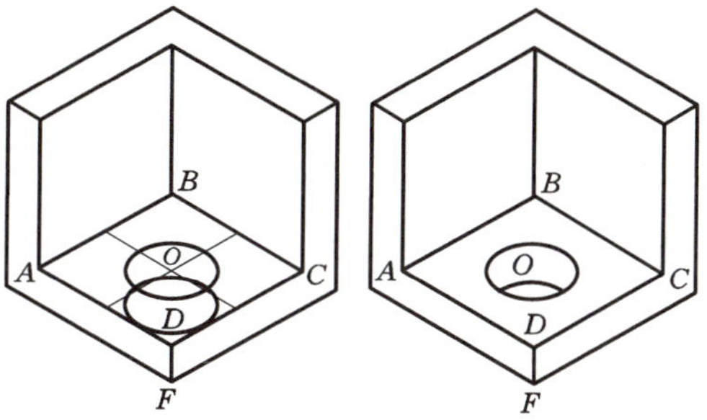 (a) (b)
绘制底面圆角	调用椭圆命令(I，捕捉上表面椭圆圆心，20)；再向下复制该椭圆；调用修剪命令修剪图形。注意：此处不能用圆角，因为轴测图中的圆角是椭圆弧，而用圆角所绘制的弧线为圆弧	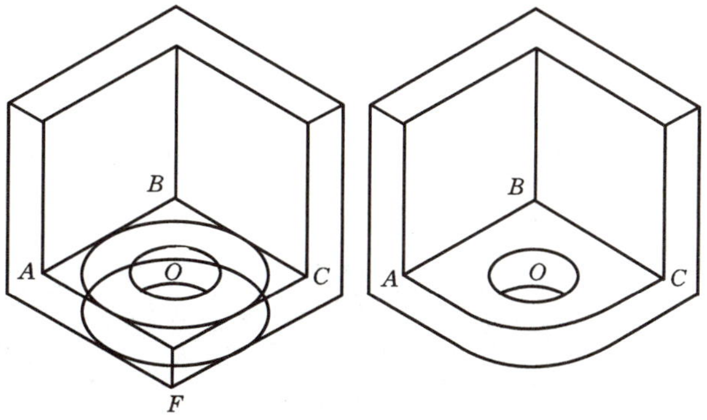 (a) (b)

<table>
<tr>
<td>后侧立面的圆孔和倒圆角</td>
<td>调整光标至“等轴测右”状态，用前面的方法绘制圆孔和倒圆角</td>
<td>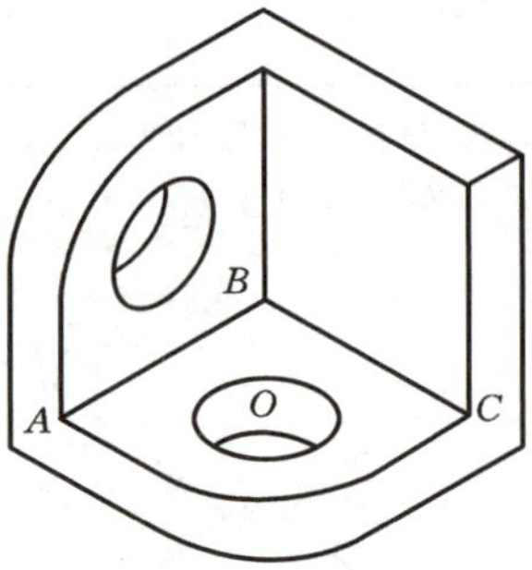
</td>
</tr>
<tr>
<td>绘制右侧立板结构</td>
<td>调用直线命令确定点 I 和点 J；再调用直线命令完成折线 ZMNJ 和 HKM 的绘制；调用直线命令，连接 J、K。注意：直线 HI 与 PF 在轴测图中不能用偏移复制方法获得，因为偏移复制所给的距离为原直线与偏移复制的直线间的垂直距离。编辑整理图形：删除直线 ZM、PH，用修剪命令修剪图形</td>
<td>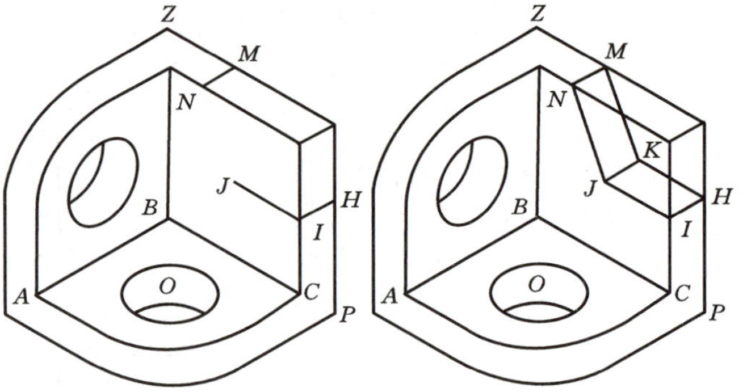

(a) (b)</td>
</tr>
<tr>
<td>标注尺寸</td>
<td colspan="2">轴测图中标注直线尺寸用“对齐”标注后，再用“标注-倾斜”命令，根据方向输入正或负 30°。对于圆或倒圆的标注：上下的倾斜是 90°，左右的倾斜是 30°，前后的倾斜是 150°，结果如图 14-3 所示</td>
</tr>
</table>

任务 2　绘制三维实体

在实际绘图工作中，三维实体因其信息最完整(不仅具有边、面，还有在其表面内由计算机确定的质量)，创建方式最直接，所以应用非常普遍。

一、设置三维建模界面

1. 三维建模空间

“三维建模”工作空间如图 14-4 所示，为绘制三维图形、观察图形、创建动画、设置光源、三维实体附加材质等操作提供了非常方便的环境。

图 14-4　“三维建模”工作空间

2. 观察模型

在 AutoCAD 中，可以缩放或平移三维图形，以观察图形的整体或局部。其方法与观察平面图形的方法相同。此外，AutoCAD 可以用标准视点从任意方向观察三维模型，也可通过三维动态旋转来动态、连续观察三维模型。

3. 视觉样式

观察三维模型的效果除了与观察的方向有关外，还和视觉样式的设置有关。视觉样式主要用来控制三维模型中边和着色的显示，使三维模型更具真实感，如图 14-5 所示。

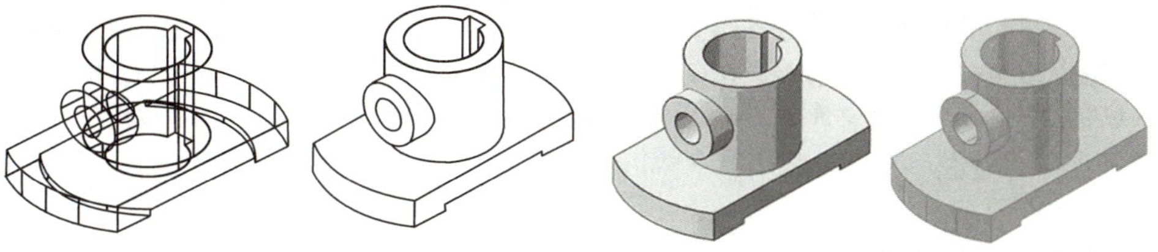

(a) 三维线框　　(b) 三维隐藏　　(c) 概念　　(d) 真实

图 14-5　应用不同视觉样式的视觉效果

4. UCS

缺省情况下，AutoCAD 坐标系为世界坐标系。此外，用户可以根据需要定制自己的坐标系，即 UCS(用户坐标系)。创建三维对象时，用户可以通过 UCS 命令在任意位置、任意方向建立合适的 UCS，从而使三维绘图变得更加简便。

技巧点拨：

① UCS 对于输入坐标、建立绘图平面和设置视图非常有用，而且改变 UCS 并不改变视点，只会改变坐标系的方向和倾斜度。

② 建立 UCS，坐标轴正向按右手螺旋法则确定。

③ UCS 是坐标输入、操作和观察的一个活动参考系，新绘制的对象只能在当前 UCS 的 *XY* 平面上，多数编辑修改命令也取决于 UCS 的位置和方向。

二、创建实体模型

AutoCAD 提供有功能强大的三维实体建模的方法，可直接创建长方体、圆柱体等规则的基本形体(只要输入适当的参数就可以创建相应的基本体)，或利用二维图形通过拉伸、旋转、扫掠、放样等操作生成复杂的三维实体(在进行拉伸的过程中，不仅允许指定拉伸的高度，而且还可以使实体的截面沿着拉伸方向发生变形。此外，也可以将某些二维图形沿着指定的路径进行放样，从而生成一些形状不规则的三维实体，见表 14-1)，还可对已创建的三维实体进行布尔运算(类似搭积木和挖切，如图 14-6 所示)、面边编辑和三维操作(剖切和切割模型，见表 14-2)等，从而完成复杂实体的造型。

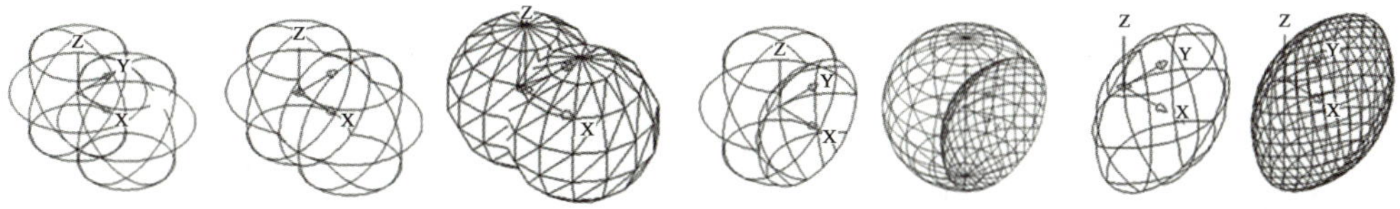

布尔与(并集)　　布尔差(差集)　　布尔交(交集)

图 14-6　布尔运算

表 14-1　利用二维对象生成三维实体

方法	示例	操作	

拉伸	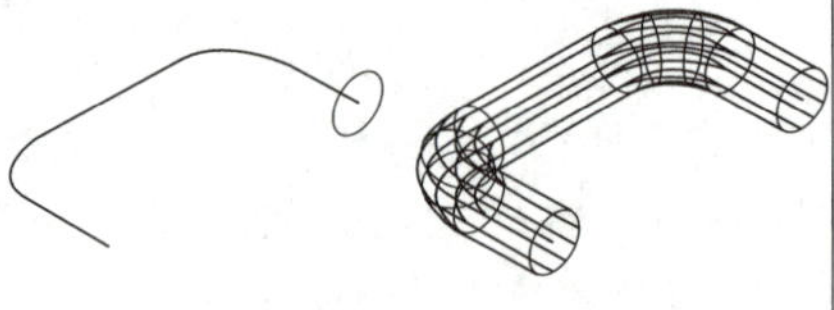
	(a) 拉伸前　(b) 拉伸后
	沿多段线路路径拉伸圆
	技巧点拨:拉伸命令可沿指定路径拉伸对象或按指定拉伸高度值和倾斜角度拉伸对象;拉伸闭合对象,生成三维实体,如为非闭合对象,则生成曲面
		命令:isolines
		输入 isolines 的新值<4>:20
		命令:_extrude
		当前线框密度:ISOLINES=20
		选择对象:
		指定拉伸高度或[路径(P)]:P
		选择拉伸路径或[倾斜角]:
			//激活 ISOLINES 命令
			//设定三维实体线框密度
			//激活 EXTRUDE 命令
			//显示当前线框密度
			//选择图(a)所示的圆
			//按路径拉伸
			//选择图(a)中的多段线

旋转	将下图手柄创建为实体。 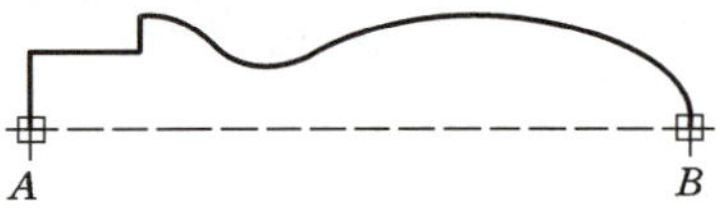 (a)  (b) 技巧点拨:旋转命令可使外轮廓轨迹绕旋转轴旋转生成实体,因此对于回转体机件,利用旋转命令来创建实体尤为简便	(1) 绘制图(a)所示的二维图形,编辑处理成为一封闭轮廓,并将其转换为多段线或面域。 (2) 利用旋转命令生成实体,选择图(a)已画好的轮廓图形(多段线或面域)为旋转对象,指定点 A 和 B 来确定旋转轴。 (3) 打通孔:画一直径为 5 的圆柱,与手柄主体做差集。将视图改为"西南等轴测",视觉样式设为"概念视觉样式",结果如图(b)所示	

表 14-2　绘制剖切和切割实体模型

方法	示例	操作
剖切	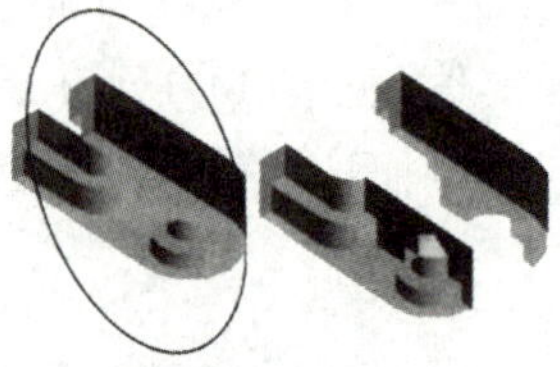 (a) 剖切前　(b) 剖切后 **剖切实体模型** 技巧点拨:运用 SILICE 命令可以将一个完整的实体根据需要剖开,类似于表达方法中的剖视图	命令:_slice 选择对象:找到 1 个 选择对象:指定切面上的第一个点,依照[对象(O)/Z 轴(Z)/视图(V)/XY 平面(XY)/YZ 平面(YZ)/ZX 平面(ZX)/三点(3)]<三点>:O↙ 选择圆、椭圆、圆弧、二维样条曲线或二维多段线:(选择椭圆) 在要保留的一侧指定点或[保留两侧(B)]:B↙

表 14-2(续)

方法	示例	操作
切割	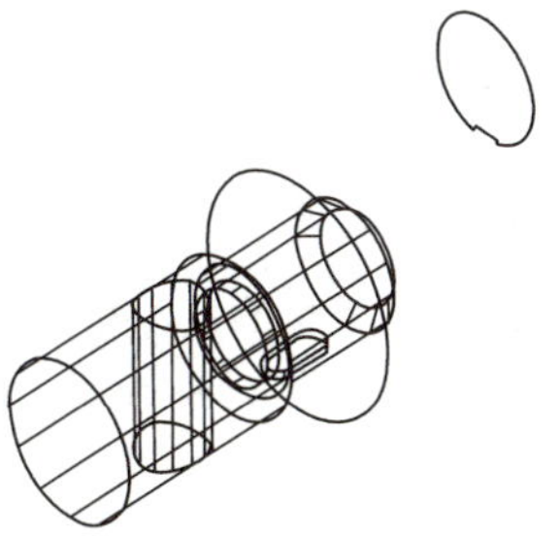 (a) (b) **轴类零件切割模型** 技巧点拨:运用 SECTION 命令可以根据需要切割实体得到任何一个断面的形状,类似于表达方法中的断面图	命令:_slice 选择对象:(选择轴)找到 1 个 选择对象:↙ 指定截面上的第一个点,依照[对象(O)/Z 轴(Z)/视图(V)/XY 平面(XY)/YZ 平面(YZ)/ZX 平面(ZX)/三点(3)]<三点>:O↙ 选择圆、椭圆、圆弧、二维样条曲线或二维多段线:(选择大圆确定截面的位置)↙

【例 14-2】 绘制如图 14-7 所示轴承座的实体模型,并创建其断面图形。

分析:通过绘制此图形,可以掌握拉伸二维对象形成三维实体的方法,掌握利用布尔运算构建复杂模型的方法,同时熟悉剖切命令、切割命令的使用。

具体步骤如下:

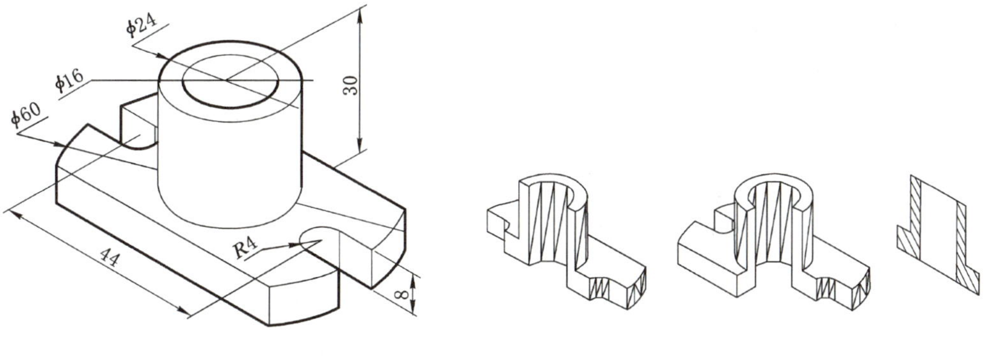

(a) 立体图　(b) 全部　(c) 半剖　(d) 截面

图 14-7　轴承座及其断面

① 创建三维模型。利用拉伸命令绘制底板和圆筒,进行布尔运算,完成轴承座的创建。将创建的实体复制两份备用。

技巧点拨:

因为 AutoCAD 中的三维操作始终是以 *XY* 平面为基准,因此为了方便绘图和标注,要运用 UCS 命令不断变换三维坐标系,将绘制或标注的对象放置在 *XY* 平面内。

② 创建全剖实体模型。激活 SLICE 命令,选择图 14-8(a)中左侧 U 形槽上圆心 *A*、圆筒上表面圆心 *B* 和右侧 U 形槽上圆心 *C* 三点指定切面,结果如图 14-7(b)所示。

③ 创建半剖实体模型。选择前面复制的完整轴座实体,重复剖切过程,选择保留两侧。

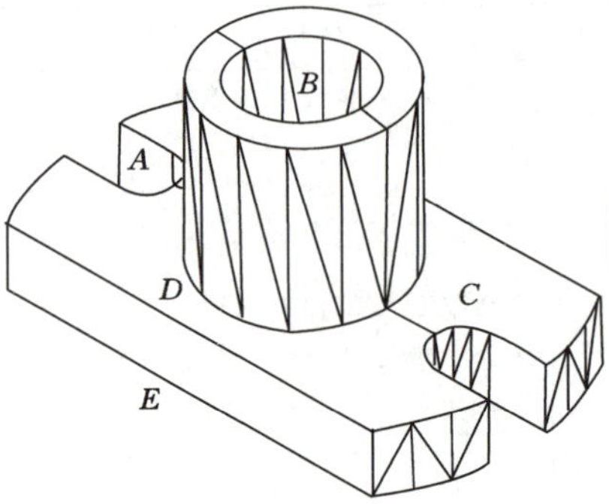

(a) 切割成两部分的实体

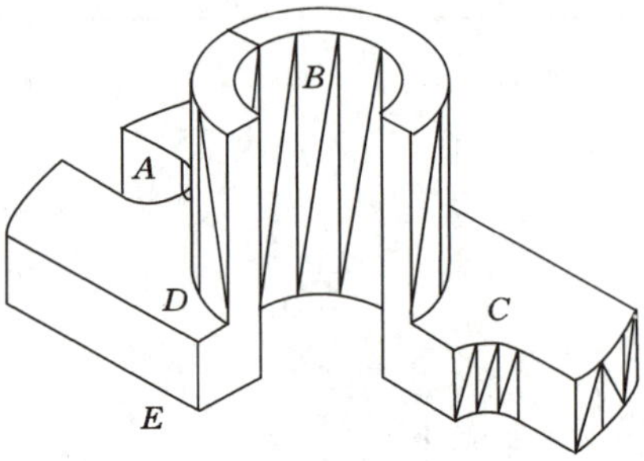

(b) 半剖的实体

图 14-8　创建半剖实体

结果如图 14-8(a)所示，虽然看似一个实体，但已经分成前、后两部分，并且在两部分中间过 *ABC* 已经产生一个分界面。

将前部分左右剖切，再调用剖切命令，选择圆筒上表面圆心 *B*、底座边中心点 *D* 和底座边中心点 *E* 三点指定切面，结果如图 14-8(b)所示。

调用"并集"运算命令，选择如图 14-8(b)所示的两部分实体，将剖切后得到的两部分合成一体，结果如图 14-7(c)所示。

③ 创建断面图。选择备用的完整实体操作。激活 SECTION 命令，选择左侧 U 形槽上圆心 *A*、圆筒上表面圆心 *B* 和右侧 U 形槽上圆心 *C* 三点指定截面，结果如图 14-9(a)所示(在线框模式下)；调用移动命令，选择图 14-9(a)中的切割面，移动到图形外，如图 14-9(b)所示；调用直线命令，连接上下缺口；调用填充命令，选择两侧闭合区域填充，结果如图 14-7(d)所示。

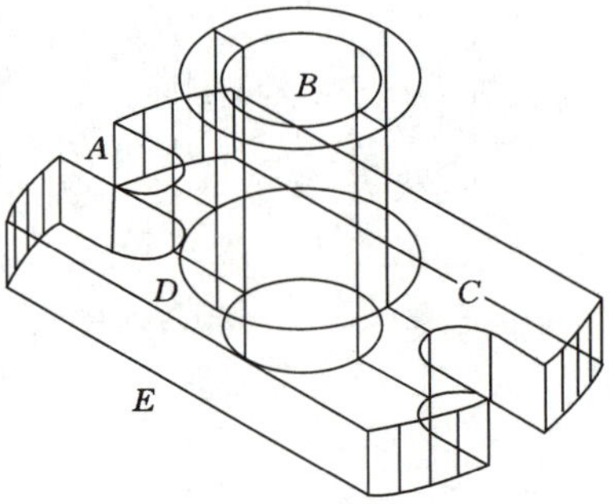

(a) 切割断面

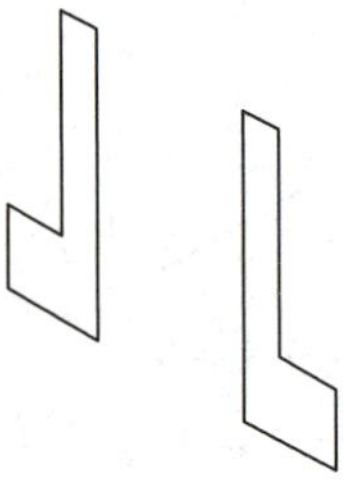

(b) 移出切割面

图 14-9　切割

【例 14-3】 将图 13-35 所示的传动轴创建为三维模型。

分析：由图可以看出，轴类零件为回转类零件，在创建三维实体时，可先根据传动轴的结构尺寸作出其一半的轮廓并生成面域或多段线，然后将其绕轴线旋转，创建轴主体；对于倒角和退刀槽结构，可在轴的一半轮廓图中作出，通过旋转直接产生；对于键槽，可先做出实体键，再通过差集操作来实现。

<table>
<tr><th>步骤</th><th>方法及示例</th></tr>
<tr><td>创建轴主体</td><td>① 绘制轴轮廓并创建面域或多段线，如下图所示。
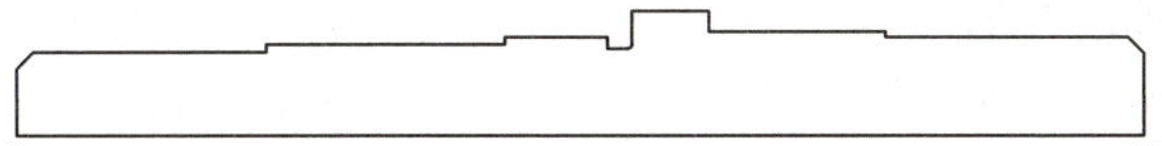

② 将轴轮廓面域绕轴 AB 旋转得到轴主体模型</td></tr>
<tr><td>生成键实体</td><td>绘制键轮廓并创建面域或多段线，拉伸键面域 1、2，拉伸高度≥4，如下图所示
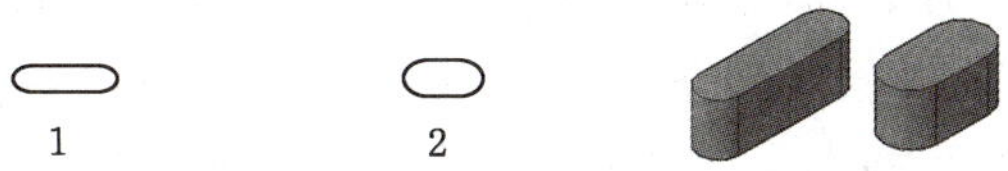

(a) 键面域　　(b) 键实体</td></tr>
<tr><td>创建轴上键槽</td><td>① 执行 UCS 命令，将坐标系移到左端轴心 A 点。执行移动命令，系统提示：
<table>
<tr><td>命令：_move</td><td>//激活移动命令</td></tr>
<tr><td>选择对象：找到 1 个</td><td>//选择键 1 实体</td></tr>
<tr><td>选择对象：</td><td>//击右键结束选择</td></tr>
<tr><td>指定基点或[位移(D)]<位移>：</td><td>//选择键 1 下底面左象限点为基点</td></tr>
<tr><td>指定第二个点或<使用第一个点作为位移>：7，0，−4</td><td>//输入坐标值</td></tr>
</table>
结果如下图所示，同理移动键 2。
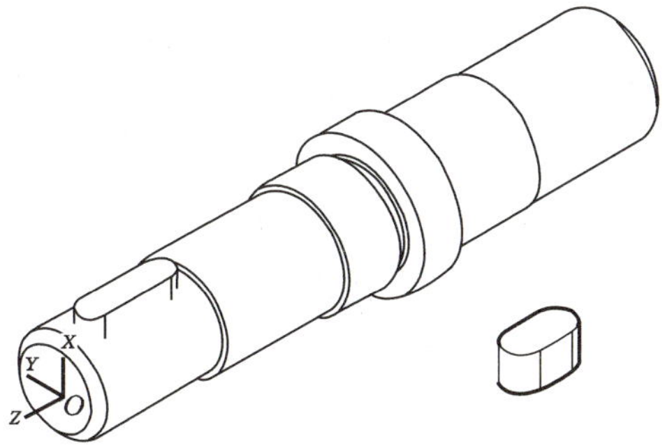

移动键 1
② 执行“修改→实体编辑→差集”命令，先选轴主体，击右键后再选键 1 和键 2 实体进行差集运算，完成传动轴实体</td></tr>
<tr><td>调整视觉样式</td><td>调整视图为“西南等轴测”，视觉样式为“概念”，效果如下图所示
</td></tr>
</table>

任务 3　画三维装配图与爆炸图

绘制三维装配图跟绘制二维装配图的基本思路差不多，绘制三维装配图一般有三种方法：第一种方法是按照装配关系，在同一个绘图区中，逐个地绘制零件的三维图，最后完成三维装配图；第二种方法是先绘制单个零件，然后将其创建成块的形式，通过三维旋转、三维移动等编辑命令对所引入的块进行位置的确定，最后进行总装配；第三种方法与第二种方法类似，先绘制好各个零件图，然后分别将各个零件依次拷贝到同一个视图中进行三维编辑，直到装配图完成。

后两种方法较为简单，但必须定位准确。在装配图绘制之前，要先定好基准，然后根据所绘制装配图的特点，选择上面介绍的三种方法进行装配图的绘制。

【例 14-4】 绘制如图 14-10 所示铣刀头的三维装配图。

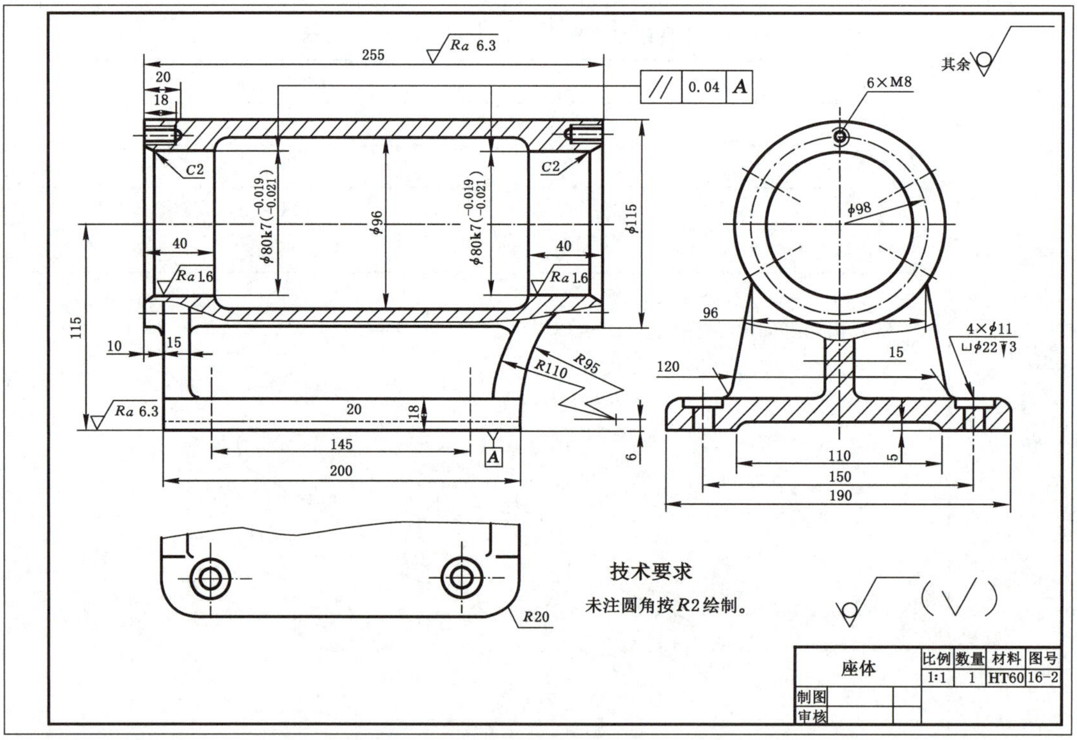

(a) 座体零件图

图 14-10　铣刀头二维零件图及装配图

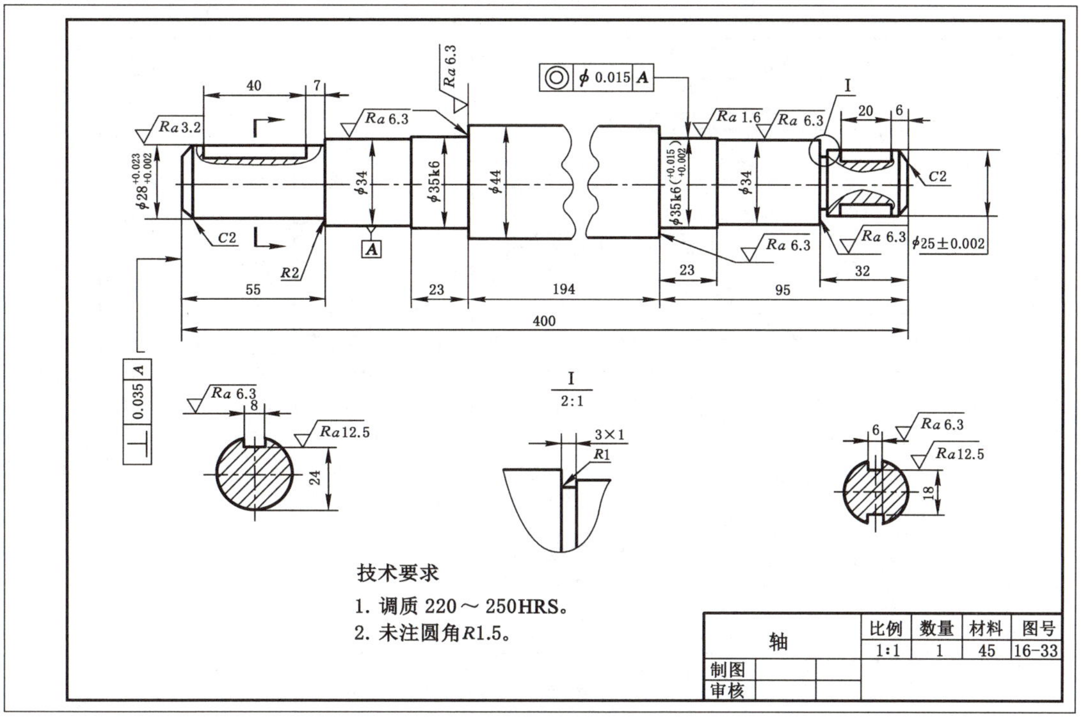

(b) 轴零件图

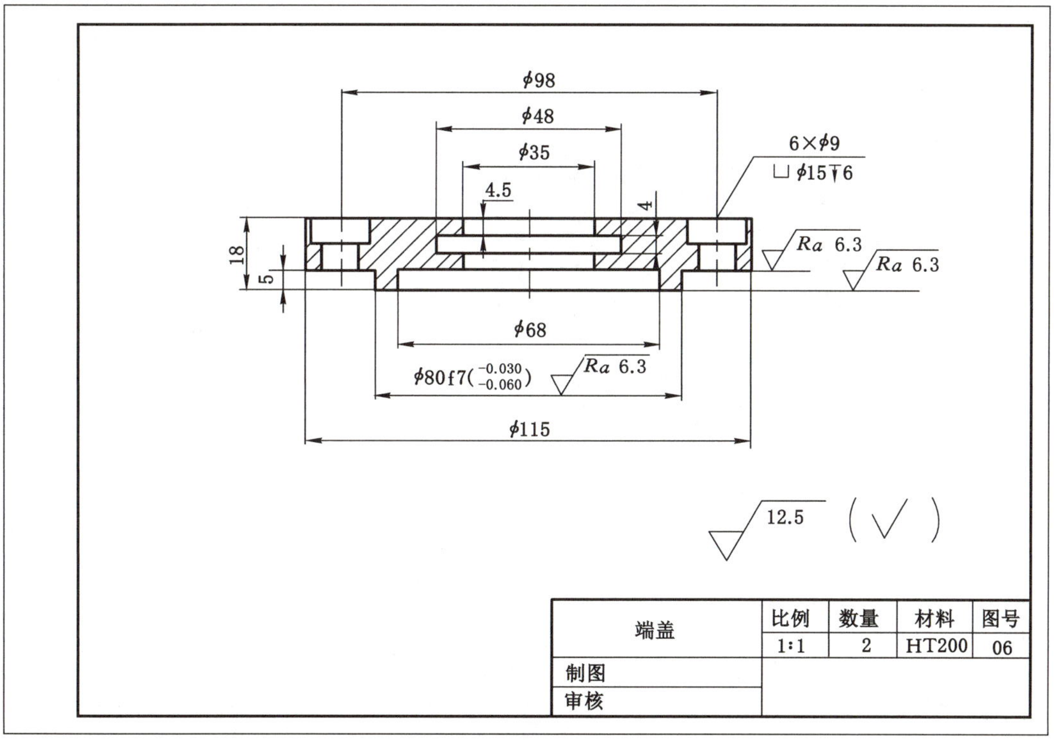

(c) 端盖零件图

图 14-10 （续）

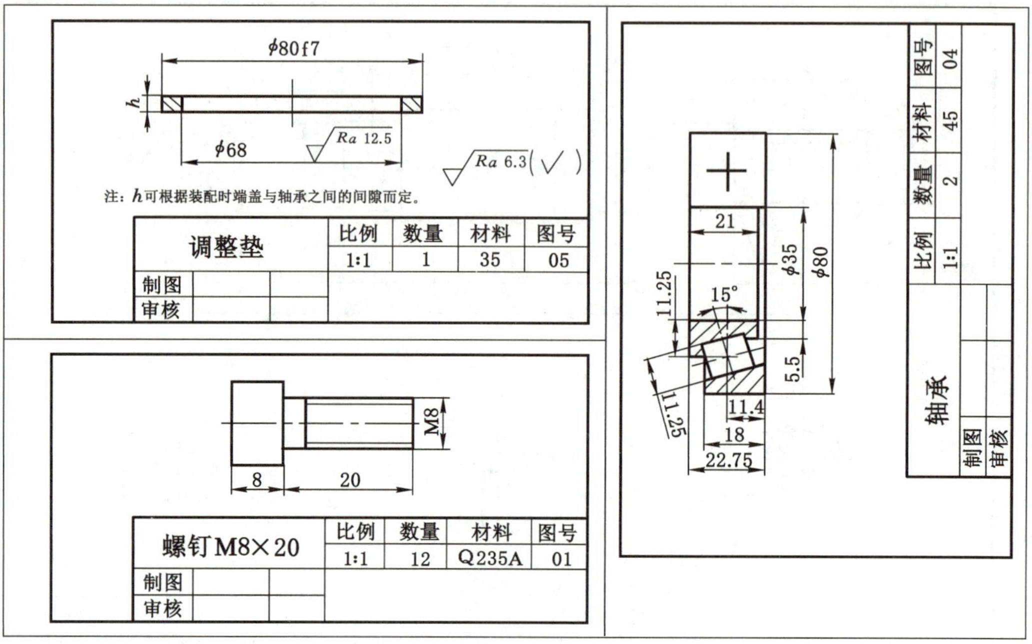

(d) 垫片、螺钉、承轴零件图

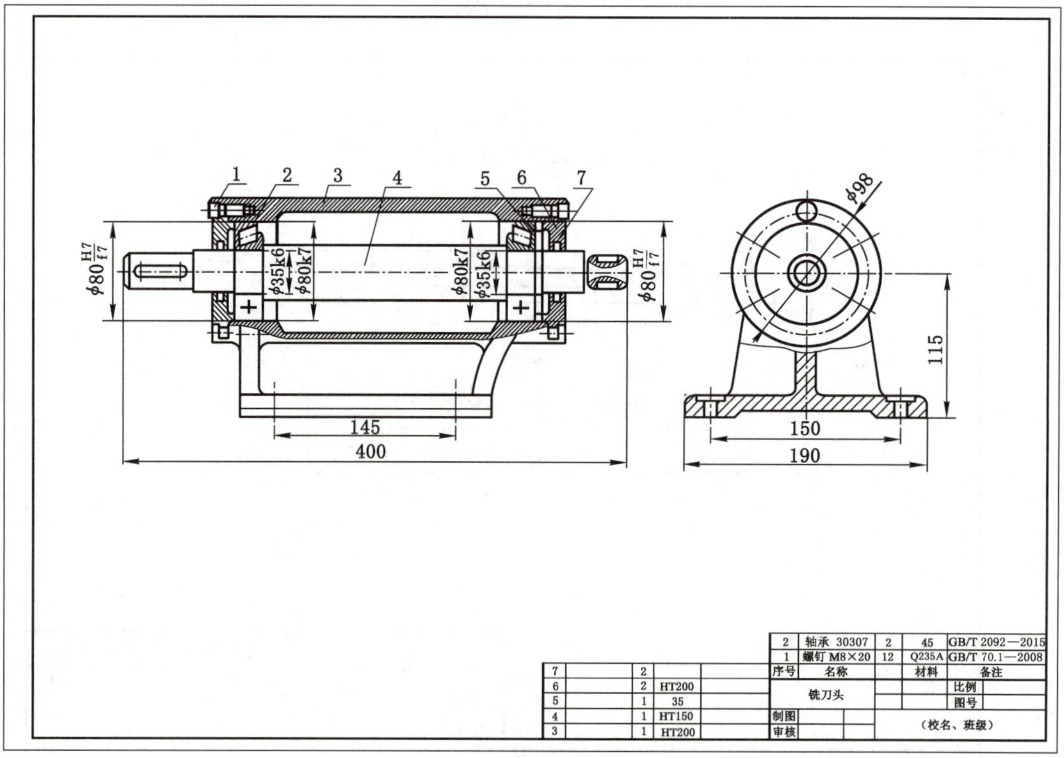

(e) 铣刀头装配图

图 14-10 （续）

分析: 利用第三种方法来绘制。

步骤	方法及示例
绘制零件的三维图	严格按尺寸绘制所有零件的三维图(如轴、轴承、座体等,键可以和轴一起绘出),如下图所示:  **铣刀头各零件的三维图** 应当注意:① 三维装配图剖切表示方法与二维装配图表示方法的区别,如图中铣刀头座体、轴承、端盖等零件的三维图仅旋转 270°。② 各零件应按装配位置的方向绘制三维图,如图中轴的轴线方向与轴承的轴线方向为同一方向。③ 最好一个零件一张图纸(或一个图层/颜色),便于以后查阅。 技巧点拨:绘每个零件的三维图时,可不用按实际的安装方向画,装配时可以再旋转进行安装
定位	① 将三维视点调整到装配主干线的顶视图方向。② 根据两装配零件间的装配关系确定各零件的安装点。如上图所示的轴与轴承之间的安装点,轴的安装点为轴肩端面的圆心点,轴承的安装点为轴承内圈端面的圆心点。两零件安装点就是两零件装配后的重合点,它与 AutoCAD 绘制二维装配图中的插入点相同。安装点的坐标或距离可以用 DI 命令查询,查询时应用单项捕捉工具,如仅仅捕捉圆心
总装	用 AutoCAD 安装零件和装配零件实物一样,首先应确定装配主干线和装配顺序。再应用移动命令将零件移到安装位置。移动的基点为一个零件的安装点,如轴承内圈端面的圆心点,移动的第二个点为另一零件的安装点,如轴肩端面圆心点,这样便可将零件逐个装配好。用移动命令进行安装时,安装点的座标可以用 DI 命令查询后输入,但应用捕捉工具捕捉安装点更为准确快捷。应当注意:三维装配要体现人性化,零件的安装符合人的思维习惯,按照从里到外、从左到右、从下到上、从上到下的装配顺序

续表

步骤	方法及示例
铣刀头三维装配图安装过程	命令:(点取 View 工具条中的 Top view 图标,显示装配主干线径向的顶视图) 命令:Move↙ 选择对象:(选取图 14-10 中右下面的轴承)↙ 指定基点或[位移(D)]<位移>:(捕捉轴承内圈上端面的圆心点,即轴承的安装点) 指定第二个点或<使用第一个点作为位移>:(捕捉轴 $\phi44$ 轴肩下端面的圆心点,即轴的安装点) 执行结果,轴承便可准确地装配在轴上。用同样的方法安装另一个轴承,如下图所示:  **将轴承安装在轴上** 同理安装其他零件,下图为经喧染后的铣刀头三维装配图: 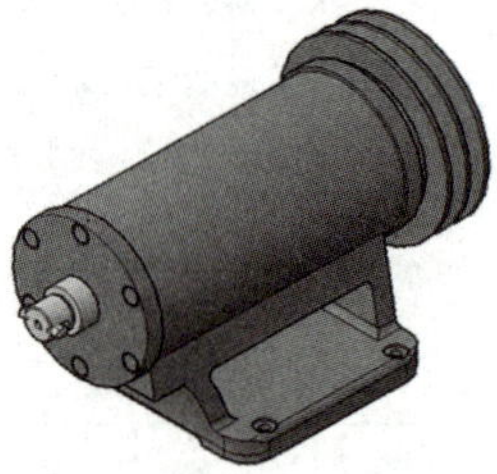 **经喧染后的铣刀头三维装配图** 技巧点拨:装配最好新建文件,以便查阅。第一次装配时,新建文件把以前绘制的零件复制进来,如把轴和齿轮进行装配,再把轴承装配,装配好后做并集运算并保存,以防在后来的装配中这些位置关系的改变;用同样方法再新建一张图纸装另一根轴。这些做完以后就可以总装了,新建一张部装图,把以前装好的各个轴复制进来装配就可以了,装好以后,保存,再做一个并集另存。

任务 4　由三维实体生成二维图形

一、利用视口观察图形——利用视口设置创建三视图

视口是图形屏幕上用于绘制、显示图形的区域。通常情况下,用户总是把整个绘图区作为一个视口。但在三维图形模式时,常常要把绘图区分割成几个视口,把每个视口中设置不同的视点(系统默认 6 个平面视图和 4 个轴测视图),从而可以从不同的方向观察图形。

激活 VPORTS 命令打开“视口”对话框来完成视口的新建,如图 14-11 所示。根据表达需要,工程制图中通常将绘图区分成四个相等的视口,通过给定的三维模型生成三视图。

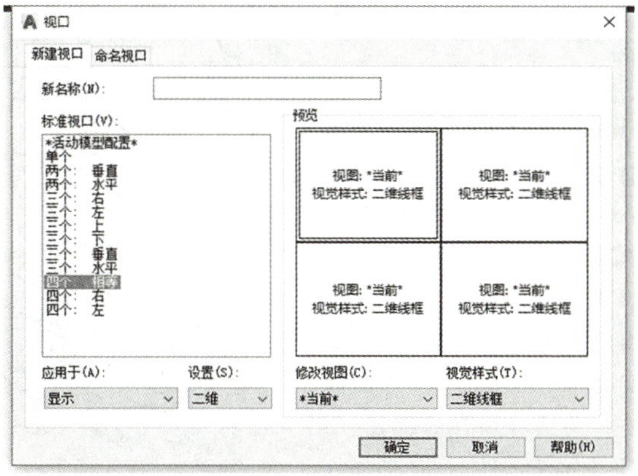

图 14-11 “视口”对话框

【例 14-5】 创建如图 14-12 所示的三维实体。要求根据国家标准中有关视图规定摆放位置,运用视口设置功能生成零件的三视图和轴测图。

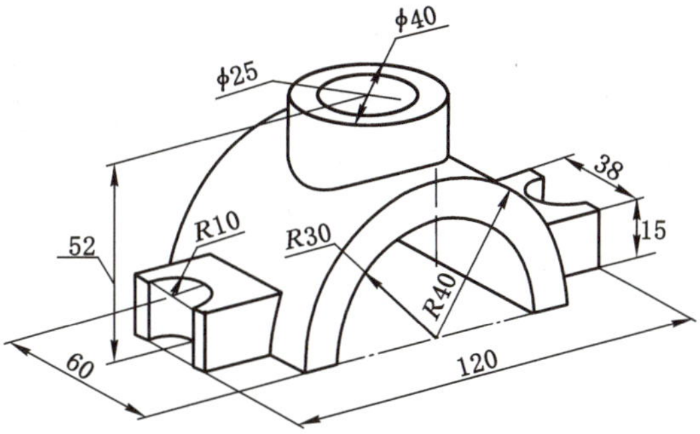

图 14-12 组合体

具体步骤如下:

① 创建三维实体。该组合体由半圆筒、两侧基本体和上面的凸台组成,可利用拉伸二维对象(多段线)生成三维实体。

(1) 设置工作空间,绘制辅助线 新建层(红色,Center),打开“中点”捕捉。任意画一个长为 80、宽为 60 的矩形,画一条对边中心线,如图(a)所示	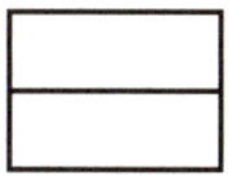 (a) 辅助线
(2) 创建半圆筒的二维图形 ① 在视图工具栏中选主视图,改为 0 层。 ② 以线中心为圆心,利用圆、直线和修剪命令绘制如图(b)所示图形,然后利用边界命令将区域 1 转换为多段线。 ③ 在视图工具栏中选“西南等轴测”,如图(c)所示	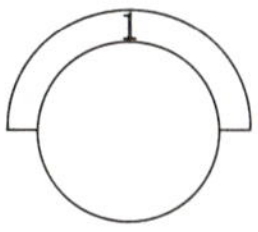 (b) 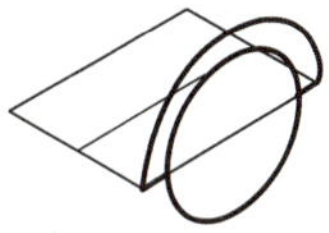 (c)

(3) 创建基本体的二维图形

① 选俯视图,先在任意地方画 120×30 的矩形,在它的两侧边画两个半径为 10 的圆,用 TRIM 命令剪去多余的圆弧,用编辑多段线将它们连成一体。

② 在底线中心处画直径为 40 与 25 的圆,如图(d)所示。

③ 将有凹圆侧边的矩形移到合适的位置。(先换 Center 层,用 LINE 命令连接有凹圆侧边的矩形上、下两边的中心,这条中心连线的中点就是这个物体的中心,然后以它为基点,用移动命令将物体移到它应该在的位置[图(e)]。用西南方向观察,如图(f)所示

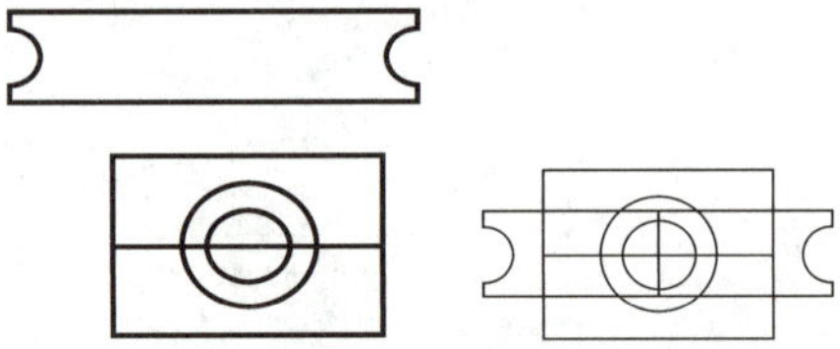

(d) (e)

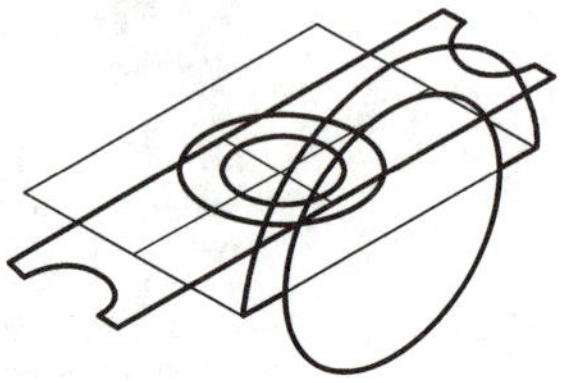

(f)

(4) 拉伸为三维实体

在图(e)中,单击拉伸" "按钮,分别将各个基本二维图形(两个水平的圆,一个水平的有凹半圆侧边的矩形,一个正面半径为 30 的圆和一个正面的半圆环)拉伸各自的深度,注意正面两个图形拉伸的深度为负数,如图(g)所示

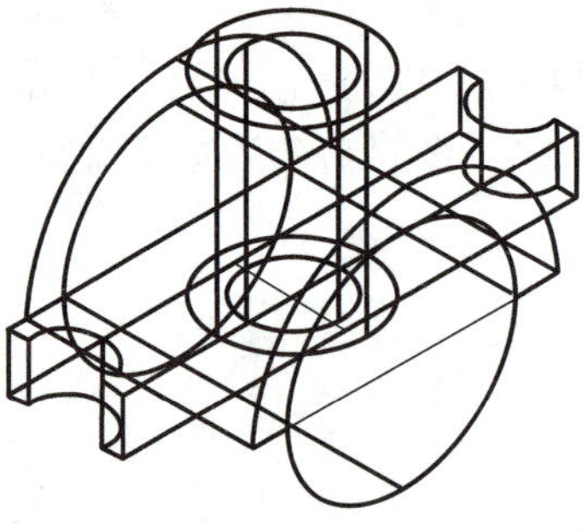

(g)

(5) 用布尔运算将各部分合并或剪切为一个实体

① 先修改轮廓密度。在"选项"对话框选择"显示"选项卡,修改渲染对象的平滑度和曲面轮廓素线,分别改为 8(即密度增加),如图(h)所示。

② 并集操作。用并集命令将外层的三个物体(直径为 40 的水平圆柱,长为 120、宽为 30 的那个两边为半圆槽的立方体,正面的半圆环)连成一体。

③ 差集操作。用差集命令减除两个圆柱。

注意:一定要先减去轴线铅垂直径为 25 的小圆柱,后减半径为 30 的大圆柱,要通过两次操作分别减。

④ 用"渲染"工具栏中"消隐"观察,如图(i)所示

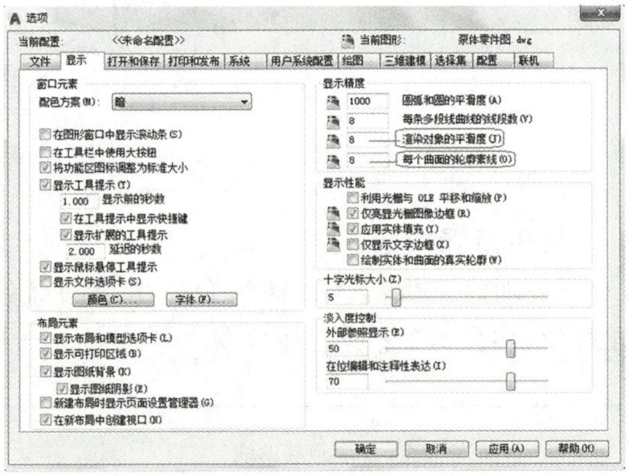

(h)

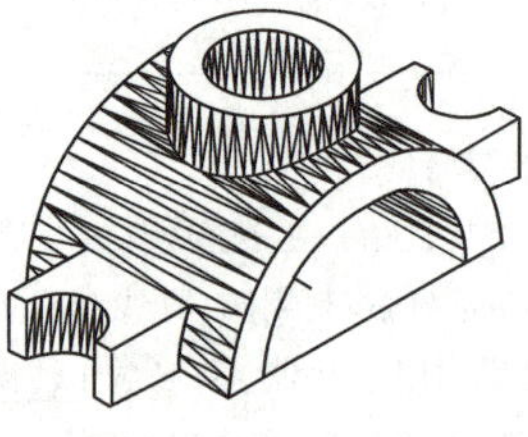

(i)

② 设置视口生成三视图和轴测图：

a. 激活 VPORTS 命令，启动视口对话框。

b. 在标准视口列表中选择“四个：相等”，将绘图区设置成四个相等的视口。

c. 在设置下拉列表框中选择“三维”。

d. 在预览窗口中进行视图设置。

根据国家标准，先选中左上方的视口，然后从“修改视图”下拉框中选择“主视图”，再依次选中右上、左下、右下三个视口，并通过“修改视图”下拉框分别将它们设置成模型的左视图、俯视图和西南方向轴测图。单击“确定”按钮关闭视口对话框，绘图区会变成如图 14-13 所示的四个视区。在每个视口中，用户可以根据需要调整视图的显示比例。

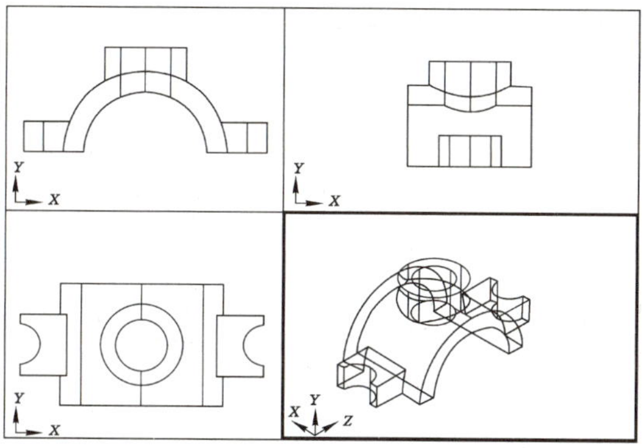

图 14-13 绘图区被分割成了四个视区

二、由三维图创建二维三视图

虽然可以通过视口设置直接由三维模型创建三视图，但是由于在模型空间当中每次只能激活一个视口，所以无法一次打印三个视图，只有借助布局空间才能实现上述功能。单击状态栏“布局 1”按钮就可以通过设置布局切换到图纸空间。在图纸空间，可以运用 MVIWE、SOLDRAW、MVSETUP 完成三视图设置、比例调整、对齐等操作，运用 SOLVIEW 可以生成三维零件的剖视图、断面图。

由于多视口中的视图只是分别改变了视点位置而形成的一种视图效果，和实际绘制的零件三视图比较，它们的可见性反映得不是很清楚，没有虚线和实线之分，要解决这个问题，可以用提取轮廓线命令（SOLPROF）对这类线段进行处理，系统会将不可见轮廓线放到自动创建的图层上（如 PH-层），在“图层特性管理器”对话框中将这些图层的线型设置成虚线（如 HIDDEN 线型）就可以得到满意的效果。图 14-14 所示为由组合体模型直接生成的三视图，与图 14-13 比较，得到了较理想的可见性效果。

具体步骤如下：

① 将前面做好的三维造型图拷贝到标准的 A3 样板图中。

a. 选下拉菜单“编辑→拷贝”，选实体模型，回车。

b. 打开 A3 样板图，在样板图中新建层 1（与层 0 的设置相同），打开层 1。再选下拉菜单“编辑→粘贴”，将实体放置于中央，并改为蓝色。

② 设置图纸空间。按布局 1，再按右键，选页面设置管理器，系统弹出“页面设置管理器”对话框，在其中将图纸幅面改为 ISO A3（420.00×297.00），得到图 14-15(a)，左下角为

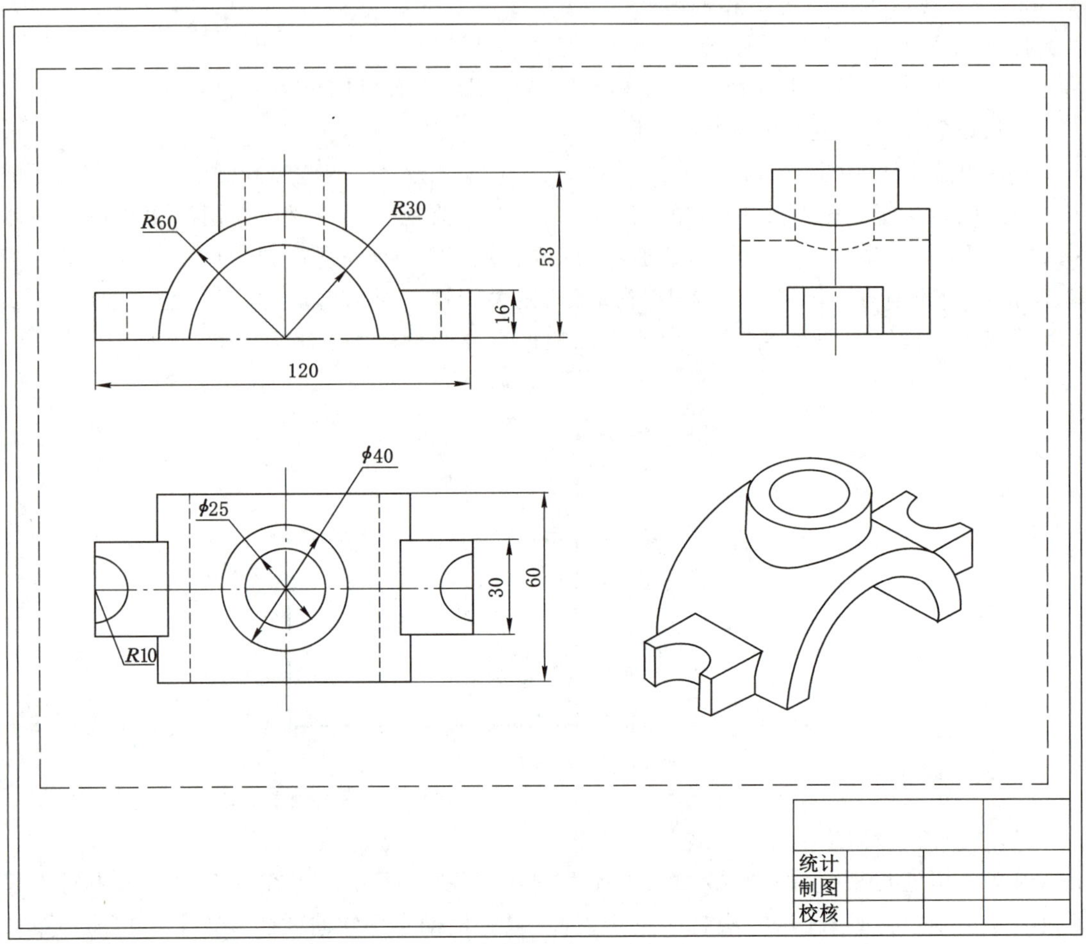

图 14-14　生成三视图

图纸空间标记。

③ 设置视图：

a. 用移动命令将图框移到主视图位置，再按视图工具条中的主视图图标，然后按图框得到图 14-15(b)。用“缩放”命令的“比例(S)”将主视图改为 1∶1。

b. 投影得到俯视图和左视图，如图 14-15(c)所示。选下拉菜单“建模→设置→视图”，操作选择为：

SOLVIEW

输入选项[UCS(U)/正交(O)/辅助(A)/截面(S)]:O(选正交)

指定视口要投影的那一侧:(从主视图窗口的上边往下拉出俯视图)

指定视图中心:(上下移动鼠标确定俯视图位置)

指定视口的第一个角点:

指定视口的对角点:(拖一个窗口将俯视图框住)

输入视图名:fu(为俯视图取名 fu)

输入选项[UCS(U)/正交(O)/辅助(A)/截面(S)]:O(选正交)

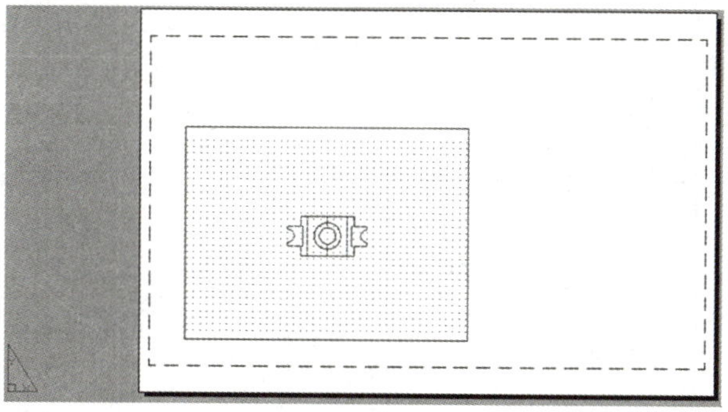

(a) 图纸空间 A3 幅面设置

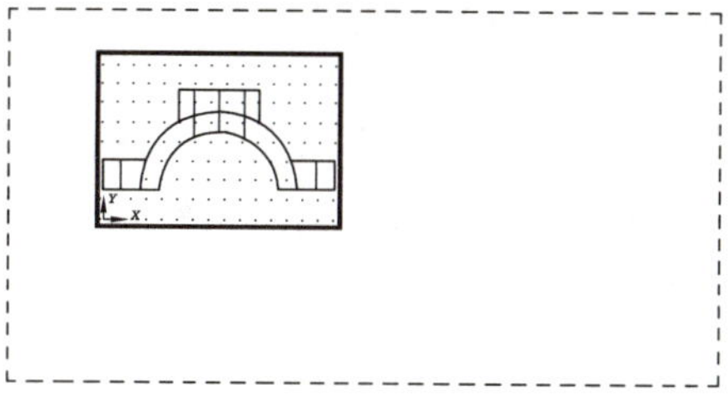

(b) 设置主视图

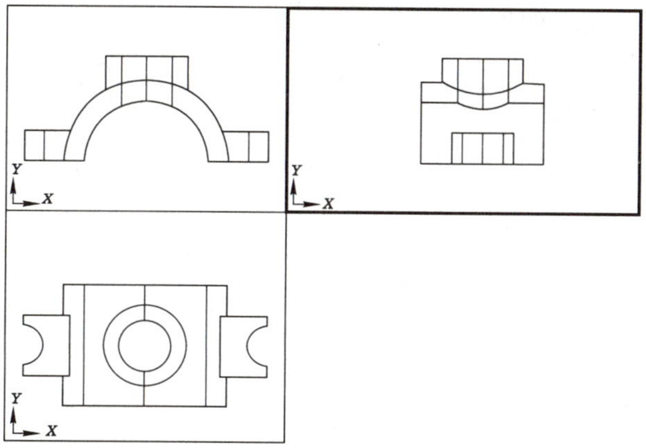

(c) 投影得俯、左视图

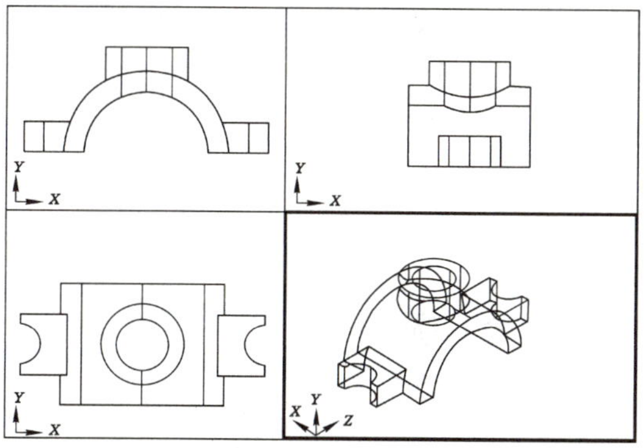

(d) 正等轴测视图

图 14-15　由三维图创建二维三视图

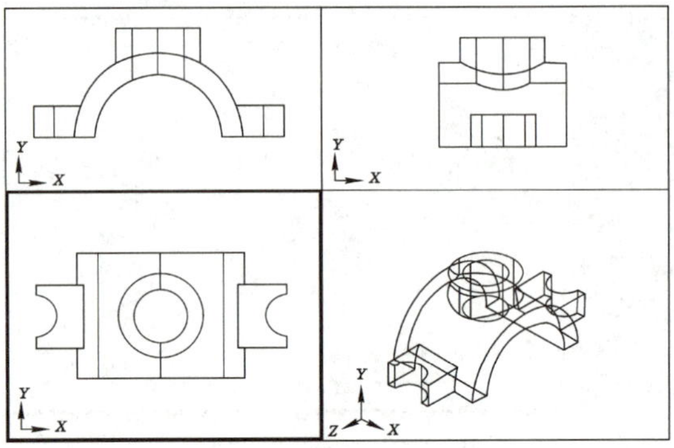

(e) 提取面轮廓

图 14-15 (续)

指定视口要投影的那一侧:(从主视图窗口的左边往右拉出左视图)

指定视图中心:(左右移动鼠标确定左视图位置)

指定视口的第一个角点:

指定视口的对角点:(拖一个窗口将左视图框住)

输入视图名:zuo(为俯视图取名 zuo)

c. 作正等轴测视图。选择下拉菜单"视图→视口→一个视口",在右下角作一个新视口,并按"西南等测图标→移动与放缩",如图 14-15(d)所示。

注意:这时四个窗口中的图形都是同一个图形。

④ 提取轮廓:

a. 提取面轮廓。选下拉菜单"建模→设置→轮廓",操作选择为:

左键选边框为粗线框中的图形(即正等测图),提示是否在单独的图层中显示隐藏的轮廓线?[是(Y)/否(N)] <是>:选缺省,提示是否将轮廓线投影到平面?[是(Y)/否(N)] <是>:选缺省,命令结束,结果如图 14-15(e)所示。

同理提取主、俯、左三视图的轮廓。

b. 修改层设置。将 PV 层的线宽全改成 0.5,将 PH 层的线型全改成 Hidden,并通过点击轴测图中的虚线检查它们所在的层,关闭这一层,并关闭 1 层和 Vports 层,将 0 层设为当前层。

⑤ 标注尺寸和画图框。将 Center 层设为当前层,并画所有的中心线。将 DIM 层设为当前层,画所有的尺寸。最后将 3 号图框插入,结果如图 14-14 所示。

技巧点拨:

在 AutoCAD 中,可以通过创建三维实体,再利用 SOLVIEW 命令和 SOLPROF 命令快速、准确地自动生成二维工程图样,提高了绘图工作效率,特别是极大地提高了复杂图形的绘图效率,具有工程应用价值。

参考文献

[1] 陈玉莲.AutoCAD 实用教程[M].徐州:中国矿业大学出版社,2010.
[2] 大连理工大学工程图学教研室.机械制图[M].7 版.北京:高等教育出版社,2013.
[3] 胡建生.工程制图[M].7 版.北京:化学工业出版社,2021.
[4] 李学京.机械制图和技术制图国家标准学用指南[M].北京:中国标准出版社,2013.
[5] 刘胜利.机械制图及习题集[M].徐州:中国矿业大学出版社,2006.
[6] 邵娟琴.机械制图与计算机绘图[M].北京:北京邮电大学出版社,2012.
[7] 唐卫东.机械制图[M].2 版.北京:高等教育出版社,2019.
[8] 王冰.工程制图[M].2 版.北京:高等教育出版社,2015.
[9] 王其昌.机械制图[M].2 版.北京:机械工业出版社,1996.

附　　录

附录 A　螺　　纹

表 A-1　普通螺纹(GB/T 193—2003、GB/T 196—2003)摘编　　单位：mm

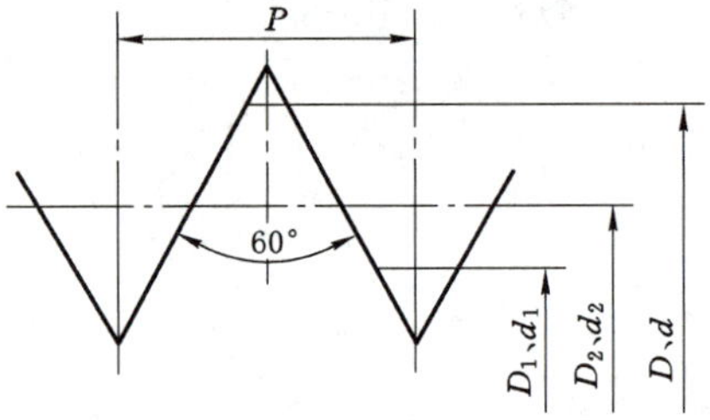

标记示例

M24——公称直径 24 mm，螺距为 3 mm 的粗牙右旋普通螺纹；

M24×1.5LH——公称直径 24 mm，螺距为 1.5 mm 的细牙左旋普通螺纹

公称直径 D、d		螺距 P		粗牙小径 D_1、d_1	公称直径 D、d		螺距 P		粗牙小径 D_1、d_1
第一系列	第二系列	粗牙	细牙		第一系列	第二系列	粗牙	细牙	
3		0.5	0.35	2.459		22	2.5	2,1.5,1,(0.75),(0.5)	19.294
	3.5	(0.6)		2.850	24		3	2,1.5,1,(0.75)	20.752
4		0.7	0.5	3.242		27	3	2,1.5,1,(0.75)	23.752
	4.5	(0.75)		3.688	30		3.5	(3),2,1.5,(1),(0.75)	26.211
						33	3.5	(3),2,1.5	29.211
5		0.8		4.134	36		4	3,2,1.5,(1)	31.670
6		1	0.75,(0.5)	4.917		39	4		34.670
7				5.197	42		4.5	(4),3,2,1.5,(1)	37.129
8		1.25	1,0.75,(0.5)	6.647		45	4.5	4,3,2,1.5,(1)	40.129
10		1.5	1.25,1,0.75,(0.5)	8.376	48		5		42.587
12		1.75	1.5,1.25,1,(0.75),(0.5)	10.106		52	5	4,3,2,1.5,(1)	46.587
	14	2	1.5,(1.25),1,(0.75),(0.5)	11.835	56		5.5		50.046
16		2	1.5,1,(0.75),(0.5)	13.835		60	5.5		54.046
	18	2.5	2,1.5,1,(0.75),(0.5)	15.294	64		6		57.505
20		2.5		17.294		68	6		61.505

注：1. 优先选用第一系列，其次是第二系列，第三系列未列入。

2. 括号内尺寸尽可能不用。

3. M14×1.25 仅用于火花塞；M35×1.5 仅用于滚动轴承锁紧螺母。

表 A-2　55°非螺纹密封的圆柱管螺纹(GB/T 7307—2001)摘编

单位：mm

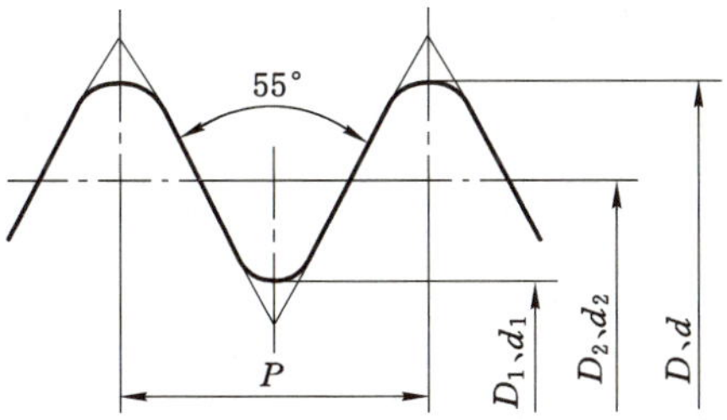

螺纹的设计牙型

标记示例

G2——尺寸代号 2，右旋，圆柱内螺纹；

G3A——尺寸代号 3，右旋，A 级圆柱外螺纹；

G2LH——尺寸代号 2，左旋，圆柱内螺纹；

G4BLH——尺寸代号 3，左旋，B 级圆柱外螺纹

螺纹的设计牙形

尺寸代号	每 25.4 mm 内所含的牙数 n	螺距 P	牙高 h	圆弧半径 $r\approx$	基本直径		
					大径 $d=D$	中径 $d_2=D_2$	小径 $d_1=D_1$
1/16	28	0.907	0.581	0.125	7.723	7.142	6.561
1/8	28	0.907	0.581	0.125	9.728	9.147	8.566
1/4	19	1.337	0.856	0.184	13.157	12.301	11.445
3/8	19	1.337	0.856	0.184	16.662	15.806	14.950
1/2	14	1.814	1.162	0.249	20.955	19.793	18.631
5/8	14	1.814	1.162	0.249	22.911	21.749	20.587
3/4	14	1.814	1.162	0.249	26.441	25.279	24.117
7/8	14	1.814	1.162	0.249	30.201	29.039	27.877
1	11	1.814	1.162	0.249	33.249	31.770	30.291
1½	11	2.309	1.479	0.317	37.897	36.418	34.939
1¼	11	2.309	1.479	0.317	41.910	40.431	38.952
1½	11	2.309	1.479	0.317	47.803	46.324	44.845
1¾	11	2.309	1.479	0.317	53.746	52.267	50.788
2	11	2.309	1.479	0.317	59.614	58.135	56.656
2¼	11	2.309	1.479	0.317	65.710	64.231	62.752
2½	11	2.309	1.479	0.317	75.184	73.705	72.226
2¾	11	2.309	1.479	0.317	81.534	80.055	78.576
3	11	2.309	1.479	0.317	87.884	86.405	84.926
3½	11	2.309	1.479	0.317	100.330	98.851	97.372
4	11	2.309	1.479	0.317	113.030	111.551	110.072
4½	11	2.309	1.479	0.317	125.730	124.251	122.772
5	11	2.309	1.479	0.317	138.430	136.951	135.472
5½	11	2.309	1.479	0.317	151.130	149.651	148.172
6	11	2.309	1.479	0.317	163.830	162.351	160.872

附录 B　常用标准件

表 B-1　六角头螺栓——A 级和 B 级(GB/T 5782—2016)摘编　　单位:mm

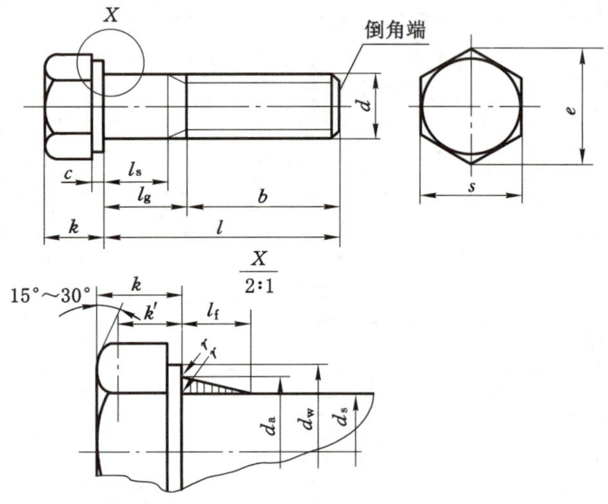

$l_{gmax}=l_{公称}-b_{参考}$

$l_{gmin}=l_{gmax}-5P$

P——螺距

标记示例

螺栓 GB 5782 M12×80——螺纹规格 d=M12,公称长度 l=80 mm、性能等级为 8.8 级,表面氧化,产品等级为 A 级的六角螺栓

螺纹规格 d				M5	M6	M8	M10	M12	M16	M20	M24	M30
螺距 P				0.8	1	1.25	1.5	1.75	2	2.5	3	3.5
$b_{参考}$	$l_{公称}\leqslant 125$			16	18	22	26	30	38	46	54	66
	$125<l_{公称}\leqslant 200$			22	24	28	32	36	44	52	60	72
	$l_{公称}>200$			35	37	41	45	49	57	65	73	85
c	min			0.15	0.15	0.15	0.15	0.15	0.2	0.2	0.2	0.2
	max			0.5	0.5	0.6	0.6	0.6	0.8	0.8	0.8	0.8
d_a	max			5.7	6.8	9.2	11.2	13.7	17.7	22.4	26.4	33.4
d_s	max			5	6	8	10	12	16	20	24	30
	min	产品等级	A	4.82	5.82	7.78	9.78	11.73	15.73	19.67	23.67	—
			B	4.70	5.70	7.64	9.64	11.57	15.57	19.48	23.48	29.48
d_w	min	产品等级	A	6.9	8.9	11.6	14.6	16.6	22.5	28.2	33.6	—
			B	6.7	8.7	11.4	14.4	16.4	22	27.7	33.2	42.7
e	min	产品等级	A	8.79	11.05	14.38	17.77	20.03	26.75	33.53	39.98	—
			B	8.63	10.89	14.20	17.59	19.85	26.17	32.95	39.55	50.85
f	max			1.2	1.4	2	2	3	3	4	4	6
k	公称			3.5	4	5.3	6.4	7.5	10	12.5	15	18.7
	产品等级	A	min	3.35	3.85	5.15	6.22	7.32	9.82	12.28	14.78	—
			max	3.65	4.15	5.45	6.58	7.68	10.18	12.72	15.22	—
		B	min	3.26	3.76	5.06	6.11	7.21	9.71	12.15	14.65	18.28
			max	3.74	4.24	5.54	6.69	7.79	10.29	12.85	15.35	19.12

表 B-1(续)

螺纹规格 d				M5	M6	M8	M10	M12	M16	M20	M24	M30
螺距 P				0.8	1	1.25	1.5	1.75	2	2.5	3	3.5
k'	min	产品等级	A	2.3	2.7	3.6	4.4	5.1	6.9	8.6	10.3	—
			B	2.3	2.6	3.5	4.3	5	6.8	8.5	10.2	12.8
r	min			0.2	0.25	0.4	0.4	0.6	0.6	0.8	0.8	1
s	max=公称			8	10	13	16	18	24	30	36	46
	min	产品等级	A	7.78	9.78	12.73	15.73	17.73	23.67	29.67	35.38	—
			B	7.64	9.64	12.57	15.57	17.57	23.16	29.16	35	45
l(商品规格范围)				25～50	30～36	35～80	40～100	45～120	55～160	65～200	80～240	90～300
l(系列)				20,25,30,35,40,45,50,55,60,65,70,80,90,100,110,120,130,140,150,160,180,200,220,240,260,280,300,320,340,360,380,400,420,440,460,480								

注：l_g 和 l_s 表中未列出。

表 B-2　Ⅰ型六角螺母—— A 级和 B 级(GB/T 6170—2015)摘编　单位：mm

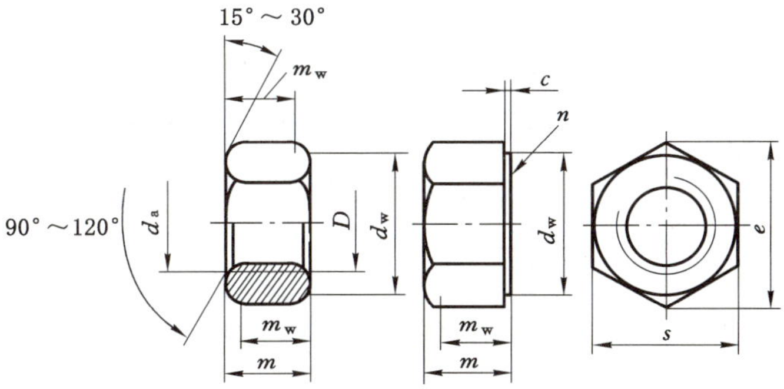

垫圈面型，应在订单中注明

垫圈面型，应在订单中注明

标记示例

螺母 GB/T 6170 M12——螺纹规格 D=M12，性能等级为 10 级，不经表面处理，产品等级为 A 级的Ⅰ型六角螺母

螺纹规格 D		M4	M5	M6	M8	M10	M12	M16	M20	M24	M30
螺距 P		0.7	0.8	1	1.25	1.5	1.75	2	2.5	3	3.5
c	max	0.4	0.5	0.5	0.6	0.6	0.6	0.8	0.8	0.8	0.8
	min	0.15	0.15	0.15	0.15	0.15	0.15	0.20	0.20	0.20	0.20
d_a	max	4.6	5.75	6.75	8.75	10.8	13	17.30	21.6	25.9	32.4
	min	4	5	6	8	10	12	16	20	24	30.0
d_w	min	5.9	6.9	8.9	11.6	14.6	16.6	22.5	27.7	33.2	42.8
e	min	7.66	8.79	11.05	14.38	17.77	20.03	26.75	32.95	39.55	50.85
m	max	3.2	4.7	5.2	6.8	8.4	10.8	14.8	18	21.5	25.6
	min	2.9	4.4	4.9	6.44	8.04	10.37	14.1	16.9	20.2	24.3
m_w	min	2.3	3.5	3.9	5.1	6.4	8.3	11.3	13.5	16.2	19.4
s	max=公称	7	8	10	13	16	18	24	30	36	46
	min	6.78	7.78	9.78	12.73	15.73	17.73	23.67	29.16	35	45

注：1. A 级用于 $D \leqslant 16$ 的螺母；B 级用于 $D>16$ 的螺母。本表仅按优选的螺纹规格列出。

2. 螺纹规格为 M8～M64、细牙、A 级和 B 级的Ⅰ型六角螺母，请查阅 GB/T 6171—2016。

表 B-3　垫圈(GB/T 97.1—2002、GB/T 97.2—2002)摘编　　　单位：mm

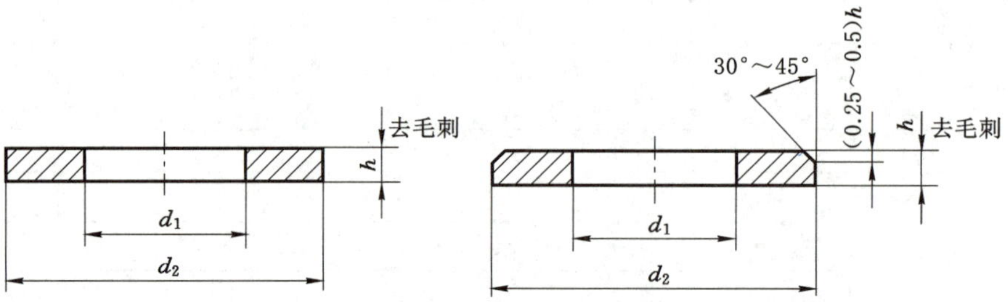

标记示例

标记示例

垫圈 GB/T 97.1—2002 8－140HV——标准系列，公称尺寸 d=8 mm，性能等级为 140HV 级，不经表面处理的平垫圈；

垫圈 GB/T 97.2—2002 8－140HV——标准系列，公称尺寸 d=8 mm，性能等级为 140HV 级，倒角型，不经表面处理的平垫圈

公称尺寸(螺纹规格 d)	内径 d_1		外径 d_2		厚度 h		
	公称(min)	max	公称(max)	min	公称	max	min
5	5.3	5.48	10	9.64	1	1.1	0.9
6	6.4	6.62	12	11.57	1.6	1.8	1.4
8	8.4	8.62	16	15.57	1.6	1.8	1.4
10	10.5	10.77	20	19.48	2	2.2	1.8
12	13	13.27	24	23.48	2.5	2.7	2.3
14	15	15.27	28	27.48	2.5	2.7	2.3
16	17	17.27	30	29.48	3	3.3	2.7
20	21	21.33	37	36.38	3	3.3	2.7
24	25	25.33	44	43.38	4	4.3	3.7
30	31	31.39	56	55.26	4	4.3	3.7
36	37	37.62	66	64.8	5	5.6	4.4

表 B-4 弹簧垫圈(GB 93—1987、GB 859—1987)摘编

单位:mm

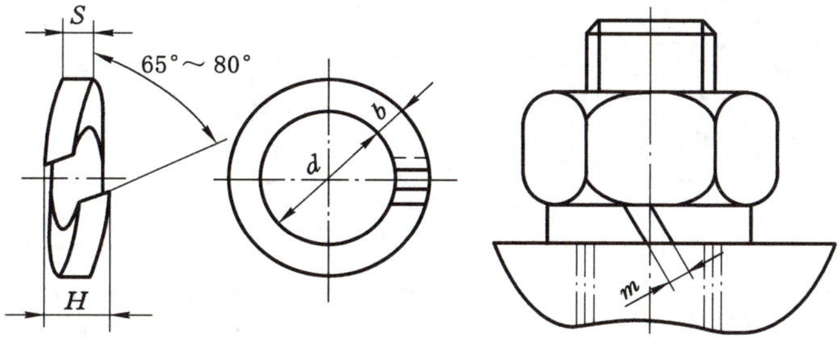

标记示例

垫圈 GB 93—1987 16——规格 16 mm,材料为 65 Mn,表面氧化的标准型弹簧垫圈

规格（螺纹大径）		3	4	5	6	8	10	12	(14)	16	(18)	20	(22)	24	(27)	30
d		3.1	4.1	5.1	6.1	8.1	10.2	12.2	14.2	16.2	18.2	20.2	22.5	24.5	27.5	30.5
H	GB 93—1987	1.6	2.2	2.6	3.2	4.2	5.2	6.2	7.2	8.2	9	10	11	12	13.6	15
	GB 859—1987	1.2	1.6	2.2	2.6	3.2	4	5	6	6.4	7.2	8	9	10	11	12
S(*b*) 公称	GB 93—1987	0.8	1.1	1.3	1.6	2.1	2.6	3.1	3.6	4.1	4.5	5	5.5	6	6.8	7.5
S 公称	GB 859—1987	0.6	0.8	1.1	1.3	1.6	2	2.5	3	3.2	3.6	4	4.5	5	5.5	6
$m\leqslant$	GB 93—1987	0.4	0.55	0.65	0.8	1.05	1.3	1.55	1.8	2.05	2.25	2.5	2.75	3	3.4	3.75
	GB 859—1987	0.3	0.4	0.55	0.65	0.8	1	1.25	1.5	1.6	1.8	2	2.25	2.5	2.75	3
b 公称	GB 859—1987	1	1.2	1.5	2	2.5	3	3.5	4	4.5	5	5.5	6	7	8	9

注:1. 括号内的规格尽可能不采用。

2. *m* 应大于零。

表 B-5 圆柱销(GB/T 119.1—2000)摘编

单位:mm

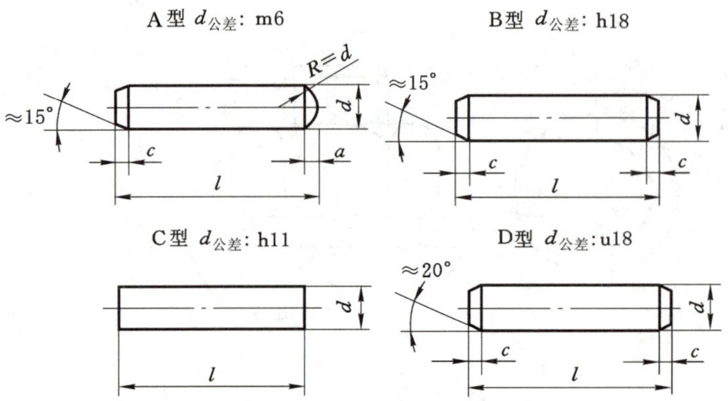

标记示例

销 GB/T 119.1 A8×30——公称直径 $d=8$ mm,长度 $l=30$ mm,材料 35 号钢,热处理硬度 28～38 HRC,表面氧化处理的 A 型圆柱销

销 GB/T 119.1 8×30——公称直径 $d=8$ mm,长度 $l=30$ mm,材料 35 号钢,热处理硬度 28～38 HRC,表面氧化处理的 B 型圆柱销

D 公称	2	2.5	3	4	5	6	8	10	12	16	20
$a\approx$	0.25	0.30	0.40	0.50	0.63	0.80	1.0	1.2	1.6	2.0	2.5
$c\approx$	0.35	0.40	0.50	0.63	0.80	1.2	1.6	2.0	2.5	3.0	3.5
l (商品范围)	6～20	6～24	8～30	8～40	10～50	12～60	14～80	18～95	22～140	26～180	35～200
l 系列	6,8,10,12,14,16,18,20,22,24,26,28,30,32,35,40,45,50,55,60,65,70,75,80,85,90,95,100,120,140,160,180,200										

表 B-6 圆锥销(GB/T 117—2000)摘编

单位:mm

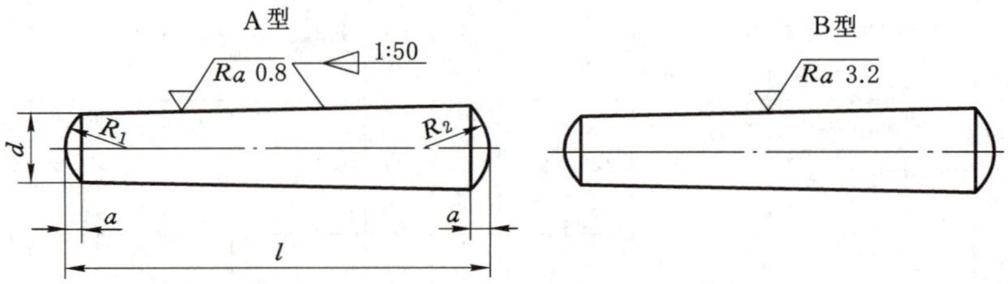

$R_1\approx d \quad R_2\approx d+(l-2a)/50$

标记示例

销 GB/T 117 A10×60——公称直径 $d=10$ mm,长度 $l=60$ mm,材料 35 号钢,热处理硬度 28～38 HRC,表面氧化处理的 A 型圆锥销

d	公称	0.6	0.8	1	1.2	1.5	2	2.5	3	4	5	6	8	10	12	16	20	25
	min	0.56	0.76	0.96	1.16	1.46	1.96	2.46	2.96	3.95	4.95	5.95	7.94	9.94	11.93	15.93	19.92	24.92
	max	0.6	0.8	1	1.2	1.5	2	2.5	3	4	5	6	8	10	12	16	20	25
	a≈	0.08	0.1	0.12	0.16	0.2	0.25	0.3	0.4	0.5	0.63	0.8	1	1.2	1.6	2	2.5	3
l(商品规格范围公称长度)		4～8	5～12	6～16	6～20	8～24	10～35	10～35	12～45	14～55	18～60	22～90	22～120	26～160	32～180	40～200	45～200	50～200
l 系列	2,3,4,5,6,8,10,12,14,16,18,20,22,24,26,28,30,32,35,40,45,50,55,60,65,75,80,85,90,95,100,120,140,160,180,200																	

表 B-7 平键的剖面及键槽(GB/T 1095—2003)摘编

单位:mm

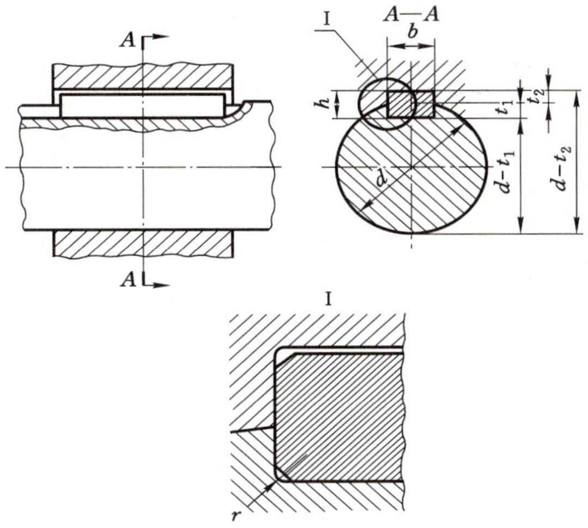

轴	键	键槽											
公称直径 d	公称尺寸 $b\times h$	宽度 b						深度				半径 r	
		公称尺寸 b	偏差					轴 t		毂 t_1			
			较松键连接		一般键连接		较紧键连接						
			轴 H9	毂 D10	轴 N9	毂 JS9	轴和毂 P9	公称	偏差	公称	偏差	最小	最大
自 6~8	2×2	2	+0.025 0	+0.060 +0.020	−0.004 −0.029	±0.012 5	−0.006 −0.031	1.2	+0.2 0	1	+0.2 0	0.08	0.16
>8~10	3×3	3						1.8		1.4			
>10~12	4×4	4	+0.030 0	+0.078 +0.030	0 −0.030	±0.015	−0.012 −0.042	2.5		1.8			
>12~17	5×5	5						3.0		2.3		0.16	0.25
>17~22	6×6	6						3.5		2.8			
>22~30	8×7	8	+0.036 0	+0.098 +0.040	0 −0.036	±0.018	−0.015 −0.051	4.0	+0.1 0	3.3	+0.2 0		
>30~38	10×8	10						5.0		3.3		0.25	0.40
>38~44	12×8	12	+0.043 0	+0.120 +0.050	0 −0.043	±0.021 5	−0.018 −0.061	5.0		3.3			
>44~50	14×9	14						5.5		3.8			
>50~58	16×10	16						6.0		4.3			
>58~65	18×11	18						7.0		4.4			
>65~75	20×12	20	+0.052 0	+0.149 +0.065	0 −0.052	±0.026	−0.022 −0.074	7.5		4.9		0.40	0.60
>75~85	22×14	22						9.0		5.4			
>85~95	25×14	25						9.0		5.4			
>95~110	28×16	28						10.0		6.4			

注:1. 在工作图中,轴槽深用 t 或($d-t$)标注,轮毂槽深用($d+t_1$)标注。平键键槽的长度偏差用 H14。

2. l 系列:6~22(2 进位),25,28,32,36,40,45,50,56,63,70,80,90,100,110,125,140,160,180,200,220,250,280,320,360,400,450,500。

表 B-8　深沟球轴承(GB/T 276—2013)摘编　　单位:mm

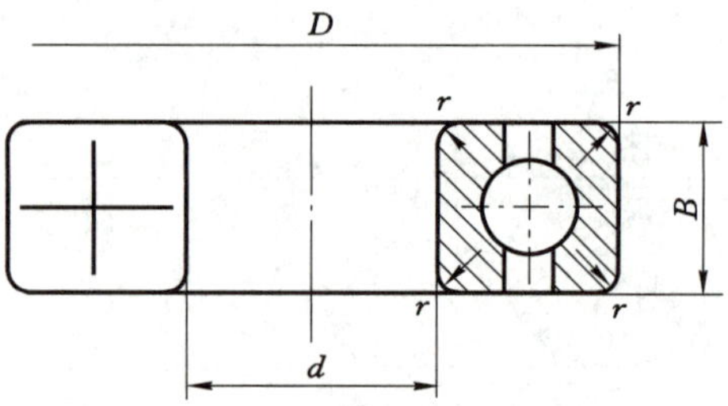

轴承型号	尺寸 d	D	B	r_{smin}
01 系列				
6100	10	26	8	0.3
6101	12	28	8	0.3
6102	15	32	9	0.3
6103	17	35	10	0.3
6104	20	42	12	0.6
6105	25	47	12	0.6
6106	30	55	13	1
6107	35	62	14	1
6108	40	68	15	1
6109	45	75	16	1
6110	50	80	16	1
6111	55	90	18	1.1
6112	60	95	18	1.1
02 系列				
6200	10	30	9	0.6
6201	12	32	10	0.6
6202	15	35	11	0.6
6203	17	40	12	0.6
6204	20	47	14	1
6205	25	52	15	1
6206	30	62	16	1
6207	35	72	17	1.1
6208	40	80	18	1.1
6209	45	85	19	1.1
6210	50	90	20	1.1
6211	55	100	21	1.5
6212	60	110	22	1.5

轴承型号	尺寸 d	D	B	r_{smin}
03 系列				
6300	10	35	11	0.6
6301	12	37	12	1
6302	15	42	13	1
6303	17	47	14	1
6304	20	52	15	1.1
6305	25	62	17	1.1
6306	30	72	19	1.1
6307	35	80	21	1.5
6308	40	90	23	1.5
6309	45	100	25	1.5
6310	50	110	27	2
6311	55	120	29	2
6312	60	130	31	2.1
6313	65	140	33	2.1
6314	70	150	35	2.1
6315	75	160	37	2.1
6316	80	170	39	2.1
6317	85	180	41	3
6318	90	190	43	3
04 系列				
6403	17	62	17	1.1
6404	20	72	19	1.1
6405	25	80	21	1.5
6406	30	90	23	1.5
6407	35	100	25	1.5
6408	40	110	27	2
6409	45	120	29	2
6410	50	130	31	2.1
6411	55	140	33	2.1
6412	60	150	35	2.1
6413	65	160	37	2.1
6414	70	180	42	3
6415	75	190	45	3
6416	80	200	48	3
6417	85	210	52	4
6418	90	225	54	4
6419	95	240	55	4
6420	100	250	58	4

注:r 为内、外圈公称倒角尺寸;r_{smin} 为 r 的单向最小倒角尺寸。

附录 C 极限与配合

表 C-1 标准公差数值(GB/T 1800.2—2009)摘编

公称尺寸/mm		标准公差等级																	
		IT1	IT2	IT3	IT4	IT5	IT6	IT7	IT8	IT9	IT10	IT11	IT12	IT13	IT14	IT15	IT16	IT17	IT18
大于	至	μm											mm						
—	3	0.8	1.2	2	3	4	6	10	14	25	40	60	0.1	0.14	0.25	0.4	0.6	1	1.4
3	6	1	1.5	2.5	4	5	8	12	18	30	48	75	0.12	0.18	0.3	0.48	0.75	1.2	1.8
6	10	1	1.5	2.5	4	6	9	15	22	36	58	90	0.15	0.22	0.36	0.58	0.9	1.5	2.2
10	18	1.2	2	3	5	8	11	18	27	43	70	110	0.18	0.27	0.43	0.7	1.1	1.8	2.7
18	30	1.5	2.5	4	6	9	13	21	33	52	84	130	0.21	0.33	0.52	0.84	1.3	2.1	3.3
30	50	1.5	2.5	4	7	11	16	25	39	62	100	160	0.25	0.39	0.62	1	1.6	2.5	3.9
50	80	2	3	5	8	13	19	30	46	74	120	190	0.3	0.46	0.74	1.2	1.9	3	4.6
80	120	2.5	4	6	10	15	22	35	54	87	140	220	0.35	0.54	0.87	1.4	2.2	3.5	5.4
120	180	3.5	5	8	12	18	25	40	63	100	160	250	0.4	0.63	1	1.6	2.5	4	6.3
180	250	4.5	7	10	14	20	29	46	72	115	185	290	0.46	0.72	1.15	1.85	2.9	4.6	7.2
250	315	6	8	12	16	23	32	52	81	130	210	320	0.52	0.81	1.3	2.1	3.2	5.2	8.1
315	400	7	9	13	18	25	36	57	89	140	230	360	0.57	0.89	1.4	2.3	3.6	5.7	8.9
400	500	8	10	15	20	27	40	63	97	155	250	400	0.63	0.97	1.55	2.5	4	6.3	9.7
500	630	9	11	16	22	32	44	70	110	175	280	440	0.7	1.1	1.75	2.8	4.4	7	11
630	800	10	13	18	25	36	50	80	125	200	320	500	0.8	1.25	2	3.2	5	8	12.5
800	1 000	11	15	21	28	40	56	90	140	230	360	560	0.9	1.4	2.3	3.6	5.6	9	14
1 000	1 250	13	18	24	33	47	66	105	165	260	420	660	1.05	1.65	2.6	4.2	6.6	10.5	16.5
1 250	1 600	15	21	29	39	55	78	125	195	310	500	780	1.25	1.95	3.1	5	7.8	12.5	19.5
1 600	2 000	18	25	35	46	65	92	150	230	370	600	920	1.5	2.3	3.7	6	9.2	15	23
2 000	2 500	22	30	41	55	78	110	175	280	440	700	1100	1.75	2.8	4.4	7	11	17.5	28
2 500	3 150	26	36	50	68	96	135	210	330	540	860	1350	2.1	3.3	5.4	8.6	13.5	21	33

注:1. 公称尺寸大于 500 的 IT1～IT5 的标准公差数值为试行。

2. 公称尺寸小于或等于 1 mm 时,无 IT14～IT18。

表 C-2　轴 a、b、c、d、e 的极限偏差(GB/T 1800.2—2009)摘编　　单位：μm

公称尺寸/mm		a	b		c			d				e		
大于	至	11	11	12	9	10	11*	8	9*	10	11	7	8	9
—	3	−270 −330	−140 −200	−140 −240	−60 −85	−60 −100	−60 −120	−20 −34	−20 −45	−20 −60	−20 −80	−14 −24	−14 −28	−14 −39
3	6	−270 −348	−140 −215	−140 −260	−70 −100	−70 −118	−70 −145	−30 −48	−30 −60	−30 −78	−30 −105	−20 −32	−20 −38	−20 −50
6	10	−280 −370	−150 −240	−150 −300	−80 −116	−80 −138	−80 −170	−40 −62	−40 −76	−40 −98	−40 −130	−25 −40	−25 −47	−25 −61
10	18	−290 −400	−150 −260	−150 −330	−95 −138	−95 −165	−95 −205	−50 −77	−50 −93	−50 −120	−50 −160	−32 −50	−32 −59	−32 −75
18	30	−300 −430	−160 −290	−160 −370	−110 −162	−110 −194	−110 −240	−65 −98	−65 −117	−65 −149	−65 −195	−40 −61	−40 −73	−40 −92
30	40	−310 −470	−170 −330	−170 −420	−120 −182	−120 −220	−120 −280	−80 −119	−80 −142	−80 −180	−80 −240	−50 −75	−50 −89	−50 −112
40	50	−320 −480	−180 −340	−180 −430	−130 −192	−130 −230	−130 −290							
50	65	−340 −530	−190 −380	−190 −490	−140 −214	−140 −260	−140 −330	−100 −146	−100 −174	−100 −220	−100 −290	−60 −90	−60 −106	−60 −134
65	80	−360 −550	−200 −390	−200 −500	−150 −224	−150 −270	−150 −340							
80	100	−380 −600	−220 −440	−220 −570	−170 −257	−170 −310	−170 −390	−120 −174	−120 −207	−120 −260	−120 −340	−72 −107	−72 −126	−72 −159
100	120	−410 −630	−240 −460	−240 −590	−180 −267	−180 −320	−180 −400							
120	140	−460 −710	−260 −510	−260 −660	−200 −300	−200 −360	−200 −450	−145 −208	−145 −245	−145 −305	−145 −395	−85 −125	−85 −148	−85 −185
140	160	−520 −770	−280 −530	−280 −680	−210 −310	−210 −370	−210 −460							
160	180	−580 −830	−310 −560	−310 −710	−230 −330	−230 −390	−230 −480							
180	200	−660 −950	−340 −630	−340 −800	−240 −355	−240 −425	−240 −530	−170 −242	−170 −285	−170 −355	−170 −460	−100 −146	−100 −172	−100 −215
200	225	−740 −1 030	−380 −670	−380 −840	−260 −375	−260 −445	−260 −550							
225	250	−820 −1 110	−420 −710	−420 −880	−280 −395	−280 −465	−280 −570							

表 C-2(续)

公称尺寸/mm		a	b		c			d				e		
大于	至	11	11	12	9	10	11*	8	9*	10	11	7	8	9
250	280	−920 −1 240	−480 −800	−480 −1 000	−300 −430	−300 −510	−300 −620	−190 −271	−190 −320	−190 −400	−190 −510	−110 −162	−110 −191	−110 −240
280	315	−1 050 −1 370	−540 −860	−540 −1060	−330 −460	−330 −540	−330 −650							
315	355	−1 200 −1 560	−600 −960	−600 −1 170	−360 −500	−360 −590	−360 −720	−210 −299	−210 −350	−210 −440	−210 −570	−125 −182	−125 −214	−125 −265
355	400	−1 350 −1 710	−680 −1 040	−680 −1 250	−400 −540	−400 −630	−400 −760							
400	450	−1 500 −1 900	−760 −1 160	−760 −1 390	−440 −595	−440 −690	−440 −840	−230 −327	−230 −385	−230 −480	−230 −630	−135 −198	−135 −232	−135 −290
450	500	−1 650 −2 050	−840 −1 240	−840 −1 470	−480 −635	−480 −730	−480 −880							

注:1. 带 * 号者为优先公差带。

2. 公称尺寸小于 1 mm 时,各级的 a 和 b 均不采用。

表 C-3　轴 f、g、h 的极限偏差(GB/T 1800.2—2009)摘编

单位:μm

公称尺寸/mm		f				g			h						
大于	至	5	6	7*	8	5	6*	7	5	6*	7*	8	9*	10	11*
—	3	−6 −10	−6 −12	−6 −16	−6 −20	−2 −6	−2 −8	−2 −12	0 −4	0 −6	0 −10	0 −14	0 −25	0 −40	0 −60
3	6	−10 −15	−10 −18	−10 −22	−10 −28	−4 −9	−4 −12	−4 −16	0 −5	0 −8	0 −12	0 −18	0 −30	0 −48	0 −75
6	10	−13 −19	−13 −22	−13 −28	−13 −35	−5 −11	−5 −14	−5 −20	0 −6	0 −9	0 −15	0 −22	0 −36	0 −58	0 −90
10	18	−16 −24	−16 −27	−16 −34	−16 −43	−6 −14	−6 −17	−6 −24	0 −8	0 −11	0 −18	0 −27	0 −43	0 −70	0 −110
18	30	−20 −29	−20 −33	−20 −41	−20 −53	−7 −16	−7 −20	−7 −28	0 −9	0 −13	0 −21	0 −33	0 −52	0 −84	0 −130
30	50	−25 −36	−25 −41	−25 −50	−25 −64	−9 −20	−9 −25	−9 −34	0 −11	0 −16	0 −25	0 −39	0 −62	0 −100	0 −160
50	80	−30 −43	−30 −49	−30 −60	−30 −76	−10 −23	−10 −29	−10 −40	0 −13	0 −19	0 −30	0 −46	0 −74	0 −120	0 −190

表 C-3（续）

公称尺寸/mm		f				g			h						
大于	至	5	6	7*	8	5	6*	7	5	6*	7*	8	9*	10	11*
80	120	−36 −51	−36 −58	−36 −71	−36 −90	−12 −27	−12 −34	−12 −47	0 −15	0 −22	0 −35	0 −54	0 −87	0 −140	0 −220
120	180	−43 −61	−43 −68	−43 −83	−43 −106	−14 −32	−14 −39	−14 −54	0 −18	0 −25	0 −40	0 −63	0 −100	0 −160	0 −250
180	250	−50 −70	−50 −79	−50 −96	−50 −122	−15 −35	−15 44	−15 −61	0 −20	0 −29	0 −46	0 −72	0 −115	0 −185	0 −290
250	315	−56 −79	−56 −88	−56 −108	−56 −137	−17 −40	−17 −49	−17 −69	0 −23	0 −32	0 −52	0 −81	0 −130	0 −210	0 −320
315	400	−62 −87	−62 −98	−62 −119	−62 −151	−18 −43	−18 −54	−18 −75	0 −25	0 −36	0 −57	0 −89	0 −140	0 −230	0 −360
400	500	−68 −95	−68 −108	−68 −131	−68 −165	−20 −47	−20 −60	−20 −83	0 −27	0 −40	0 −63	0 −97	0 −155	0 −250	0 −400

表 C-4　轴 js、k、m、n、p 的极限偏差（GB/T 1800.2—2009）摘编　　单位：μm

基本尺寸/mm		js			k			m			n			p		
大于	至	5	6	7	5	6*	7	5	6	7	5	6*	7	5	6*	7
—	3	±2	±3	±5	+4 0	+6 0	+10 0	+6 +2	+8 +2	+12 +2	+8 +4	+10 +4	+14 +4	+10 +6	+12 +6	+16 +6
3	6	±2.5	±4	±6	+6 +1	+9 +1	+13 +1	+9 +4	+12 +4	+16 +4	+13 +8	+16 +8	+20 +8	+17 +12	+20 +12	+24 +12
6	10	±3	±4.5	±7	+7 +1	+10 +1	+16 +1	+12 +6	+15 +6	+21 +6	+16 +10	+19 +10	+25 +10	+21 +15	+24 +15	+30 +15
10	18	±4	±5.5	±9	+9 +1	+12 +1	+19 +1	+15 +7	+18 +7	+25 +7	+20 +12	+23 +12	+30 +12	+26 +18	+29 +18	+36 +18
18	30	±4.5	±6.5	±10	+11 +2	+15 +2	+23 +2	+17 +8	+21 +8	+29 +8	+24 +15	+28 +15	+36 +15	+31 +22	+35 +22	+43 +22
30	50	±5.5	±8	±12	+13 +2	+18 +2	+27 +2	+20 +9	+25 +9	+34 +9	+28 +17	+33 +17	+42 +17	+37 +26	+42 +26	+51 +26
50	80	±6.5	±9.5	±15	+15 +2	+21 +2	+32 +2	+24 +11	+30 +11	+41 +11	+33 +20	+39 +20	+50 +20	+45 +32	+51 +32	+62 +32
80	120	±7.5	±11	±17	+18 +3	+25 +3	+38 +3	+28 +13	+35 +13	+48 +13	+38 +23	+45 +23	+58 +23	+52 +37	+59 +37	+72 +37

表 C-4(续)

基本尺寸/mm		js			k			m			n			p		
大于	至	5	6	7	5	6*	7	5	6	7	5	6*	7	5	6*	7
120	180	±9	±12.5	±20	+21 +3	+28 +3	+43 +3	+33 +15	+40 +15	+55 +15	+45 +27	+52 +27	67 +27	+61 +43	+68 +43	+83 +43
180	250	±10	±14.5	±23	+24 +4	+33 +4	+50 +4	+37 +17	+46 +17	+63 +17	+51 +31	+60 +31	+77 +31	+70 +50	+79 +50	+96 +50
250	315	±11.5	±16	±26	+27 +4	+36 +4	+56 +4	+43 +20	+52 +20	+72 +20	+57 +34	+66 +34	+86 +34	+79 +56	+88 +56	+108 +56
315	400	±12.5	±18	±28	+29 +4	+40 +4	+61 +4	+46 +21	+57 +21	+78 +21	+62 +37	+73 +37	+94 +37	+87 +62	+98 +62	+119 +62
400	500	±13.5	±20	±31	+32 +5	+45 +5	+68 +5	+50 +23	+63 +23	+86 +23	+67 +40	+80 +40	+103 +40	+95 +68	+108 +68	+131 +68

表 C-5 轴 r、s、t、u、v、x、y、z 的极限偏差(GB/T 1800.2—2009)摘编　　单位:μm

公称尺寸/mm		r		s			t			u		v	x	y	z
大于	至	6	7	5	6*	7	5	6	7	6*	7	6	6	6	6
—	3	+16 +10	+20 +10	+18 +14	+20 +14	+24 +14	—	—	—	24 +18	+28 +18	—	+26 +20	—	+32 +26
3	6	+23 +15	+27 +15	+24 +19	+27 +19	+31 +19	—	—	—	+31 +23	+35 +23	—	+36 +28	—	+43 +35
6	10	+28 +19	+34 +19	+29 +23	+32 +23	+38 +23	—	—	—	+37 +28	+43 +28	—	+43 +34	—	+51 +42
10	14	+34 +23	+41 +23	+36 +28	+39 +28	+46 +28	—	—	—	+44 +33	+51 +33	—	+51 +40	—	+61 +50
14	18											+50 +39	+56 +45	—	+71 +60
18	24	+41 +28	+49 +28	+44 +35	+48 +35	+56 +35	—	—	—	+54 +41	+62 +41	+60 +47	+67 +54	+76 +63	+86 +73
24	30						+50 +41	+54 +41	62 +41	+61 +48	+69 +48	+68 +55	+77 +64	+88 +75	+101 +88
30	40	+50 +34	+59 +34	+54 +43	+59 +43	+68 +43	+59 +48	+64 +48	+73 +48	+76 +60	+85 +60	+84 +68	+96 +80	+110 +94	+128 +112
40	50						+65 +54	+70 +54	+79 +54	+86 +70	+95 +70	+97 +81	+113 +97	+130 +114	+152 +136

表 C-5(续)

公称尺寸/mm		r		s			t			u		v	x	y	z
大于	至	6	7	5	6*	7	5	6	7	6*	7	6	6	6	6
50	65	+60 +41	+71 +41	+66 +53	+72 +53	+83 +53	+79 +66	+85 +66	+96 +66	+106 +87	+117 +87	+121 +102	+141 +122	+163 +144	+191 +172
65	80	+62 +43	+73 +43	+72 +59	+78 +59	+89 +59	+88 +75	+94 +75	+105 +75	+121 +102	+132 +102	+139 +120	+165 +146	+193 +174	+229 +210
80	100	+73 +51	+86 +51	+86 +71	+93 +71	+106 +71	+106 +91	+113 +91	+126 +91	+146 +124	+159 +124	+168 +146	+200 +178	+236 +214	+280 +258
100	120	+76 +54	+89 +54	+94 +79	+101 +79	+114 +79	+119 +104	+126 +104	+139 +104	+166 +144	+179 +144	+194 +172	+232 +210	+276 +254	+332 +310
120	140	+88 +63	+103 +63	+110 +92	+117 +92	+132 +92	+140 +122	+147 +122	+162 +122	+195 +170	+210 +170	+227 +202	+273 +248	+320 +300	+390 +365
140	160	+90 +65	+105 +65	+118 +100	+125 +100	+140 +100	+152 +134	+159 +134	+174 +134	+215 +190	+230 +190	+253 +228	+305 +280	+365 +340	+440 +415
160	180	+93 +68	+108 +68	+126 +108	+133 +108	+148 +108	+164 +146	+171 +146	+186 +146	+235 +210	+250 +210	+277 +252	+335 +310	+405 +380	+490 +465
180	200	+106 +77	+123 +77	+142 +122	+151 +122	+168 +122	+186 +166	+195 +166	+212 +166	+265 +236	+282 +236	+313 +284	+379 +350	+454 +425	+549 +520
200	225	+109 +80	+126 +80	+150 +130	+159 +130	+176 +130	+200 +180	+209 +180	+226 +180	+287 +258	+304 +258	+339 +310	+414 +385	+499 +470	+604 +575
225	250	+113 +84	+130 +84	+160 +140	+169 +140	+186 +140	+216 +196	+225 +196	+242 +196	+313 +284	+330 +284	+369 +340	+454 +425	+549 +520	+669 +640
250	280	+126 +94	+146 +94	+181 +158	+190 +158	+210 +158	+241 +218	+250 +218	+270 +218	+347 +315	+367 +315	+417 +385	+507 +475	+612 +580	+742 +710
280	315	+130 +98	+150 +98	+193 +170	+202 +170	+222 +170	+263 +240	+272 +240	+292 +240	+382 +350	+402 +350	+457 +425	+557 +525	+682 +650	+822 +790
315	355	+144 +108	+165 +108	+215 +190	+226 +190	+247 +190	+293 +268	+304 +268	+325 +268	+426 +390	+447 +390	+551 +475	+626 +590	+766 +730	+936 +900
355	400	+150 +114	+171 +114	+233 +208	+244 +208	+265 +208	+319 +294	+330 +294	+351 +294	+471 +435	+492 +435	+566 +530	+696 +660	+856 +820	+1 036 +1 000
400	450	+166 +126	+189 +126	+259 +232	+272 +232	+295 +232	+357 +330	+370 +330	+393 +330	+530 +490	+553 +490	+635 +595	+780 +740	+960 +920	+1 140 +1 100
450	500	+172 +132	+195 +132	+279 +252	+292 +252	+315 +252	+387 +360	+400 +360	+423 +360	+580 +540	+603 +540	+700 +660	+860 +820	+1 040 +1 000	+1 290 +1 250

表 C-6 孔 G、H、JS、K、M 的极限偏差(GB/T 1800.2—2009)摘编 单位:μm

公称尺寸/mm		G		H						JS		K		M	
大于	至	6	7*	6	7*	8*	9*	10	11*	6	7	6	7*	6	7
—	3	+8 +2	+12 +2	+6 0	+10 0	+14 0	+25 0	+40 0	+60 0	±3	±5	0 −6	0 −10	−2 −8	−2 −12
3	6	+12 +4	+16 +4	+8 0	+12 0	+18 0	+30 0	+48 0	+75 0	±4	±6	+2 −6	+3 −9	−1 −9	0 −12
6	10	+14 +5	+20 +5	+9 0	+15 0	+22 0	+36 0	+58 0	+90 0	±4.5	±7	+2 −7	+5 −10	−3 −12	0 −15
10	18	+17 +6	+24 +6	+11 0	+18 0	+27 0	+43 0	+70 0	+110 0	±5.5	±9	+2 −9	+6 −12	−4 −15	0 −18
18	30	+20 +7	+28 +7	+13 0	+21 0	+33 0	+52 0	+84 0	+130 0	±6.5	±10	+2 −11	+6 −15	−4 −17	0 −21
30	50	+25 +9	+34 +9	+16 0	+25 0	+39 0	+62 0	+100 0	+160 0	±8	±12	+3 −13	+7 −18	−4 −20	0 −25
50	80	+29 +10	+40 +10	+19 0	+30 0	+46 0	+74 0	+120 0	+190 0	±9.5	±15	+4 −15	+9 −21	−5 −24	0 −30
80	120	+34 +12	+47 +12	+22 0	+35 0	+54 0	+87 0	+140 0	+220 0	±11	±17	+4 −18	+10 −25	−6 −28	0 −35
120	180	+39 +14	+54 +14	+25 0	+40 0	+63 0	+100 0	+160 0	+250 0	±12.5	±20	+4 −21	+12 −28	−8 −33	0 −40
180	250	+44 +15	+61 +15	+29 0	+46 0	+72 0	+115 0	+185 0	+290 0	±14.5	±23	+5 −24	+13 −33	−8 −37	0 −46
250	315	+49 +17	+69 +17	+32 0	+52 0	+81 0	+130 0	+210 0	+320 0	±16	±26	+5 −27	+16 −36	−9 −41	0 −52
315	400	+54 +18	+75 +18	+36 0	+57 0	+89 0	+140 0	+230 0	+360 0	±18	±28	+7 −29	+17 −40	−10 −46	0 −57
400	500	+60 +20	+83 +20	+40 0	+63 0	+97 0	+155 0	+250 0	+400 0	±20	±31	+8 −32	+18 −45	−10 −50	0 −63

表 C-7 孔 N、P、R、S、T、U 的极限偏差(G/T 1800.2—2009)摘编 单位：μm

公称尺寸/mm		N			P		R		S		T		U
大于	至	6	7*	8	6	7*	6	7	6	7*	6	7	7*
—	3	−4 −10	−4 −14	−4 −18	−6 −12	−6 −16	−10 −16	−14 −20	−14 −20	−14 −24	—	—	−18 −28
3	6	−5 −13	−4 −16	−2 −20	−9 −17	−8 −20	−12 −20	−11 −23	−16 −24	−15 −27	—	—	−1 −31
6	10	−7 −16	−4 −19	−3 −25	−12 −21	−9 −24	−16 −25	−13 −28	−20 −29	−17 −32	—	—	−22 −37
10	14	−9 −20	−5 −23	−3 −30	−15 −26	−11 −29	−20 −31	−16 −34	−25 −36	−21 −39	—	—	−26 −44
14	18												
18	24	11 −24	−7 −28	−3 −36	−18 −31	−14 −35	−24 −37	−20 −41	−31 −44	−27 −48	—	—	−33 −54
24	30										−37 −50	−33 −54	−40 −61
30	40	−12 −28	−8 −33	−3 −42	−21 −37	−17 −42	−29 −45	−25 −50	−38 −54	−34 −59	−43 −59	−39 −64	−51 −76
40	50										−49 −65	−45 −70	−61 −86
50	65	−14 −33	−9 −39	−4 −50	−26 −45	−21 −51	−35 −54	−30 −60	−47 −66	−42 −72	−60 −79	−55 −85	−76 −106
65	80						−37 −56	−32 −62	−53 −72	−48 −78	−69 −88	−64 −94	−91 −121
80	100	−16 −38	−10 −45	−4 −58	−30 −52	−24 −59	−44 −66	−38 −73	−64 −86	−58 −93	−84 −106	−78 −113	−111 −146
100	120						−47 −69	−41 −76	−72 −94	−66 −101	−97 −119	−91 −126	−131 −166
120	140	−20 −45	−12 −52	−4 −67	−36 −61	−28 −68	−56 −81	−48 −88	−85 −110	−77 −117	−115 −140	−107 −147	−155 −195
140	160						−58 −83	−50 −90	−93 −118	−85 −125	−127 −152	−119 −159	−175 −215
160	180						−61 −86	−53 −93	−101 −126	−93 −133	−139 −164	−131 −171	−195 −235
180	200	−22 −51	−14 −60	−5 −77	−41 −70	−33 −79	−68 −97	−60 −106	−113 −142	−105 −151	−157 −186	−149 −195	−219 −265
200	225						−71 −100	−63 −109	−121 −150	−113 −159	−171 −200	−163 −209	−241 −287
225	250						−75 −104	−67 −113	−131 −160	−123 −169	−187 −216	−179 −225	−267 −313

表 C-7(续)

公称尺寸/mm		N			P		R		S		T		U
大于	至	6	7*	8	6	7*	6	7	6	7*	6	7	7*
250	280	−25 −57	−14 −66	−5 −86	−47 −79	−36 −88	−85 −117	−74 −126	−149 −181	−138 −190	−209 −241	−198 −250	−295 −347
280	315						−89 −121	−78 −130	−161 −193	−150 −202	−231 −263	−220 −272	−330 −382
315	355	−26 −62	−16 −73	−5 −94	−51 −87	−41 −98	−97 −133	−87 −144	−179 −215	−169 −226	−257 −293	−247 −304	−369 −426
355	400						−103 −139	−93 −150	−197 −233	−187 −244	−283 −319	−273 −330	−414 −471
400	450	−27 −67	−17 −80	−6 −103	−55 −95	−45 −108	−113 −153	−103 −166	−219 −259	−209 −272	−317 −357	−307 −370	−467 −530
450	500						−119 −159	−109 −172	−239 −279	−229 −292	−347 −387	−337 −400	−517 −580

附录D 标准结构

表 D-1 中心孔(GB/T 145—2001)、中心孔表示法(GB/T 4459.5—1999)摘编 单位:mm

	R型	A型	B型	C型
形式及标记示例	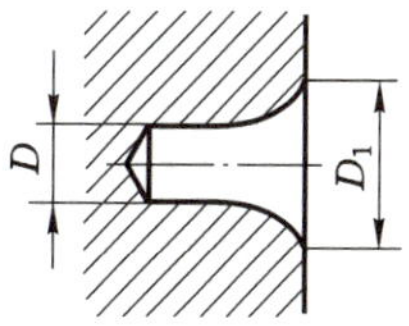 GB/T 4459.5-R3.15/6.7 ($D=3.15, D_1=6.7$)	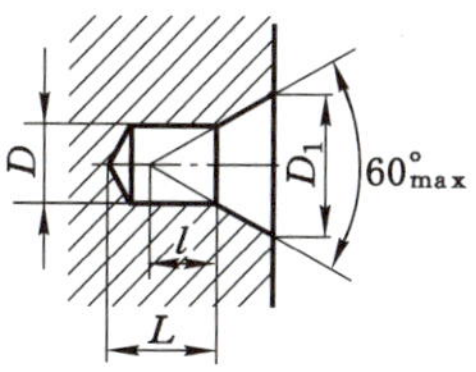 GB/T 4459.5-A4/8.5 ($D=4, D_1=8.5$)	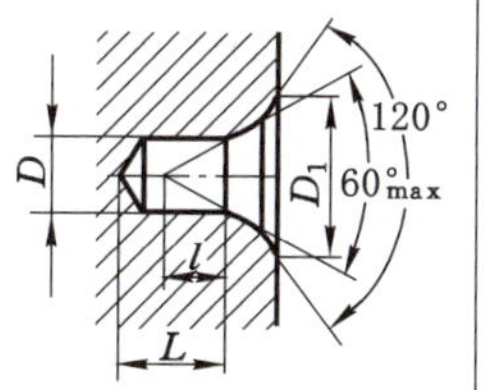 GB/T 4459.5-R2.5/8 ($D=2.5, D_1=8$)	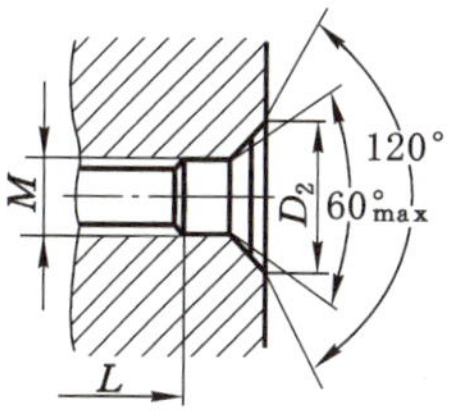 GB/T 4459.5-7 CM10L30/16.3 ($D=M10, L=30, D_1=6.7$)
用途	通常用于需要提高加工精度的场合	通常用于加工后可以保留的场合(此种情况占绝大多数)	通常用于加工后必须要保留的场合	通常用于一些压紧装置的零件

表 D-1(续)

	要求	规定表示法	简化表示法	说明
中心孔表示法	在完工的零件上要求保留中心孔	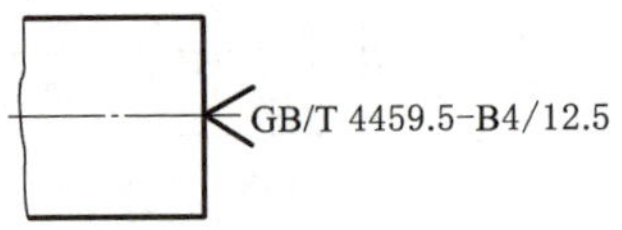	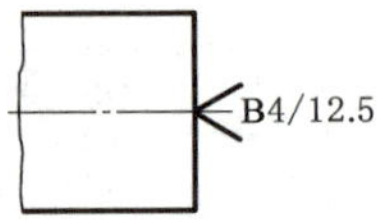	采用 B 型中心孔 $D=4, D_1=12.5$
	在完工的零件上可以保留中心孔(是否保留都可以,多数情况如此)	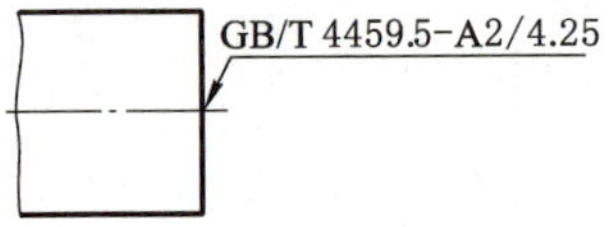	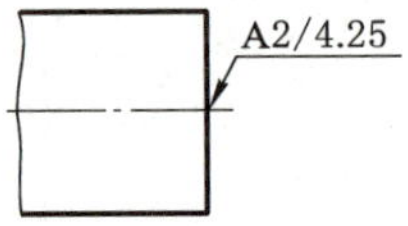	采用 A 型中心孔 $D=2, D_1=4.25$ 一般情况下,均采用这种方式
		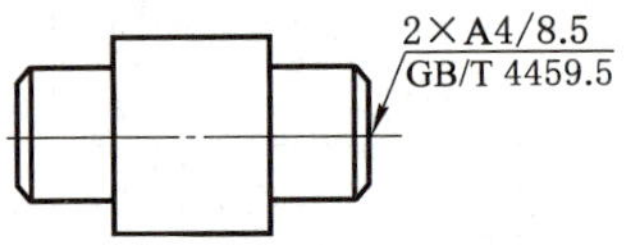	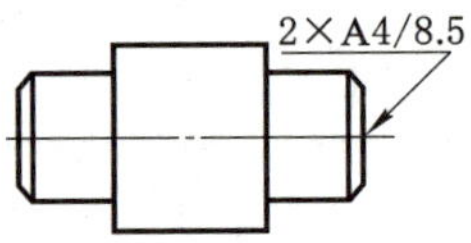	采用 A 型中心孔 $D=4, D_1=8.5$ 轴的两端中心孔相同,可只在一端注出
	在完工的零件上不允许保留中心孔		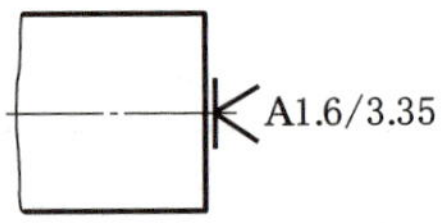	采用 A 型中心孔 $D=1.6, D_1=3.35$

注:1. 对标准中心孔,在图样中可不绘制其详细结构。
2. 简化标注时,可省略标准编号。
3. 尺寸 L 取决于零件的功能要求。

中心孔的尺寸参数

导向孔直径 D(公称尺寸)	R 型	A 型		B 型		C 型	
	锥孔直径 D_1	锥孔直径 D_1	参照尺寸 t	锥孔直径 D_1	参照尺寸 t	公称尺寸 M	锥孔直径 D_2
1	2.12	2.12	0.9	3.15	0.9	M3	5.8
1.6	3.35	3.35	1.4	5	1.4	M4	7.4
2	4.25	4.25	1.8	6.3	1.8	M5	8.8
2.5	5.3	5.3	2.2	8	2.2	M6	10.5
3.15	6.7	6.7	2.8	10	2.8	M8	13.2
4	8.5	8.5	3.5	12.5	3.5	M10	16.3
(5)	10.6	10.6	4.4	16	4.4	M12	19.8
6.3	13.2	13.2	5.5	18	5.5	M16	25.3
(8)	17	17	7	22.4	7	M20	31.3
10	21.2	21.2	8.7	28	8.7	M24	38

注:尽量避免选用括号中的尺寸。

表 D-2 零件倒角与倒圆(GB/T 6403.4—2008)摘编

单位:mm

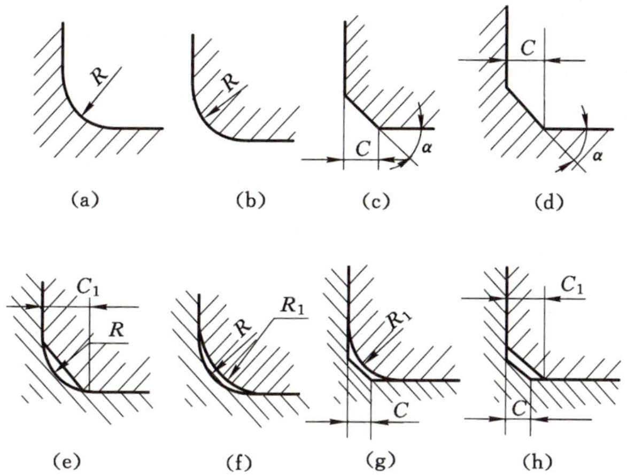

ϕ	—3	>3~6	>6~10	>10~18	>18~30	>30~50
C 或 R	0.2	0.4	0.6	0.8	1.0	1.6
ϕ	>50~80	>80~120	>120~180	>180~250	>250~320	>320~400
C 或 R	2.0	2.5	3.0	4.0	5.0	6.0
ϕ	>400~500	>500~630	>630~800	>800~1 000	>1 000~1 250	>1 250~1 600
C 或 R	8.0	10	12	16	20	25

注:1. 内角倒圆,外角倒角时,$C_1>R$,如图(e)所示。

2. 内角倒圆,外角倒圆时,$R_1>R$,如图(f)所示。

3. 内角倒圆,外角倒圆时,$C>0.58R_1$,如图(g)所示。

4. 内角倒圆,外角倒角时,$C_1>C$,如图(h)所示。

表 D-3　紧固件通孔(GB/T 5277—1985)及沉头座尺寸

(GB/T 152.2—2014、GB 152.3—1988、GB/T 152.4—1988)

单位:mm

螺纹规格 d			3	4	5	6	8	10	12	14	16	18	20	22	24	27	30	36
通孔直径 GB/T 5277—1985		精装配	3.2	4.3	5.3	6.4	8.4	10.5	13	15	17	19	21	23	25	28	31	37
		中等装配	3.4	4.5	5.5	6.6	9	11	13.5	15.5	17.5	20	22	24	26	30	33	39
		粗装配	3.6	4.8	5.8	7	10	12	14.5	16.5	18.5	21	24	26	28	32	35	42
六角头螺栓和六角螺母用沉孔	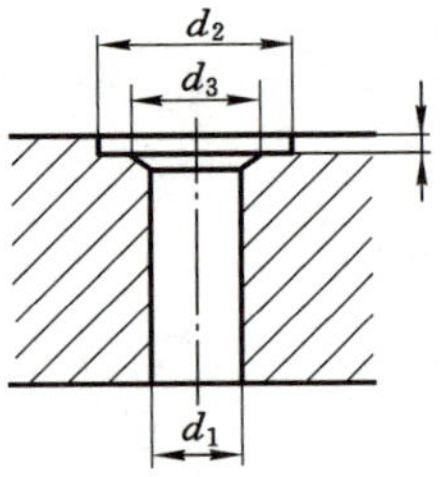 GB/T 152.4—1988	d_2	9	10	11	13	18	22	26	30	33	36	40	43	48	53	61	适用于六角头螺栓和六角螺母
		d_3	—	—	—	—	—	—	16	18	20	22	24	26	28	33	36	
		d_1	3.4	4.5	5.5	6.6	9.0	11.0	13.5	15.5	17.5	20.0	22.0	24	26	30	33	
沉头用沉孔	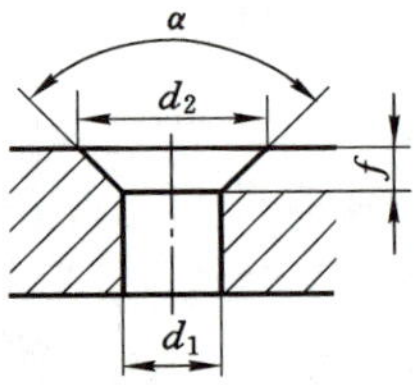 GB/T 152.2—2014	d_2	6.4	9.6	10.6	12.8	17.6	20.3	24.4	28.4	32.4	—	40.4	—	—	—	—	适用于沉头及半沉头螺钉
		$t\approx$	1.6	2.7	2.7	3.3	4.6	5.0	6.0	7.0	8.0	—	10.0	—	—	—	—	
		d_1	3.4	4.5	5.5	6.6	9	11	13.5	15.5	17.5	—	22	—	—	—	—	
		α	$90^{\circ}{}^{-3+}_{-4+}$															
圆柱头用沉孔	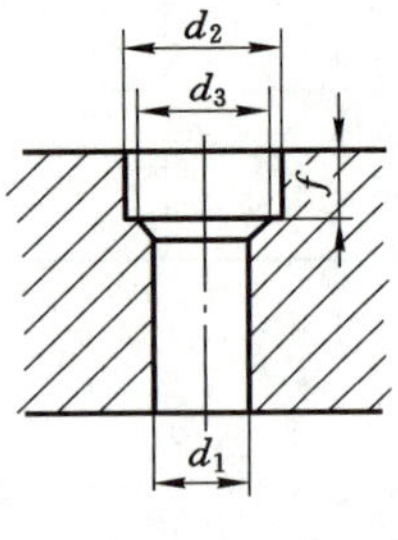 GB 152.3—1988	d_2	6.0	8.0	10.0	11.0	15.0	18.0	20.0	24.0	26.0	—	33.0	—	40.0	—	48.0	适用于内六角圆柱头螺钉
		t	3.4	4.6	5.7	6.8	9.0	11.0	13.0	15.0	17.5	—	21.5	—	25.5	—	32.0	
		d_1	—	—	—	—	—	—	16	18	20	—	24	—	28	—	36	
		d_2	3.4	4.5	5.5	6.6	9.0	11.0	13.5	15.5	17.5	—	22.0	—	26.0	—	33.0	
		d_2	—	8	10	11	15	18	20	24	26	—	33	—	—	—	—	适用于开槽圆柱头螺钉
		t	—	3.2	4.0	4.7	6.0	7.0	8.0	9.0	10.5	—	12.5	—	—	—	—	
		d_2	—	—	—	—	—	—	16	18	20	—	24	—	—	—	—	
		d_3	—	4.5	5.5	6.6	9.0	11.0	13.5	15.5	17.5	—	22.0	—	—	—	—	

注:1. 对螺栓和螺母用沉孔的尺寸 t,只要能制出与通孔轴线垂直的圆平面即可,即刮平圆平面为止,常称锪平。

2. 表中尺寸 d_1、d_2、t 的公差带都是 H13。

附录E　常用材料

表 E-1　常用黑色金属材料

名称	牌号		应用举例	说明
碳素结构钢	Q195	—	用于金属结构构件、拉杆、芯轴、垫圈、凸轮等	1. 新旧牌号对照： Q215→A2； Q235→A3； Q275→A5。 2. A 级不做冲击试验； B 级做常温冲击试验； C、D 级重要焊接结构用
	Q215	A		
		B	用于金属结构构件、吊钩、拉杆、套、螺栓、螺母、楔、盖、焊拉件等	
	Q235	A		
		B		
		C		
	Q255	D		
		A		
	Q275	B		
		—	用于轴、轴销、螺栓等强度较高件	
优质碳素钢	10		屈服点和抗拉强度比值较低，塑性和韧性均高，在冷状态下，容易模压成形。一般用于拉杆、卡头、钢管垫片、垫圈、铆钉。这种钢焊接性甚好	牌号的两位数字表示平均含碳量，45 号钢即表示平均含碳量为 0.45%。含锰量较高的钢，须加注化学元素符号“Mn”。含碳量≤0.25%的碳钢是低碳钢（渗碳钢）。含碳量在 0.25%～0.60%之间的碳钢是中碳钢（调质钢）。含碳量大于 0.60%的碳钢是高碳钢
	15		塑性、韧性、焊接性和冷冲性均良好，但强度较低。用于制造受力不大、韧性要求较高的零件、紧固件、冲模锻件及不要热处理的低负荷零件，如螺栓、螺钉、拉条、法兰盘及化工贮器、蒸汽锅炉等	
	35		具有良好的强度和韧性，用于制造曲轴、转轴、轴销、杠杆、连杆、横梁、星轮、圆盘、套筒、钩环、垫圈、螺钉、螺母等。一般不作焊接用	
	45		用于强度要求较高的零件，如汽轮机的叶轮、压缩机、泵的零件等	
	60		强度和弹性相当高，用于制造轧辊、轴、弹簧圈、弹簧、离合器、凸轮、钢绳等	
	65Mn		性能与 15 号钢相似，但其淬透性、强度和塑性比 15 号钢都高些。用于制造中心部分的机械性能要求较高且须渗透碳的零件。这种钢焊接性好	
	15Mn		强度高，淬透性较大，脱碳倾向小，但有过热敏感性，易产生淬火裂纹，并有回火脆性。适宜作大尺寸的各种扁、圆弹簧，如座板簧、弹簧发条	

表 E-1(续)

名称	牌号	应用举例	说明
灰铸铁	HT100	属低强度铸铁,用于铸盖、手把、手轮等不重要的零件	"HT"是灰铸铁的代号,是由表示其特征的汉语拼音字的第一个大写正体字母组成。代号后面的一组数字,表示抗拉强度值(N/mm^2)
	HT150	属中等强度铸铁,用于一般铸件,如机床座、端盖、皮带轮、工作台等	
	HT200 HT250	属高强铸铁,用于较重要铸件,如气缸、齿轮、凸轮、机座、床身、飞轮、皮带轮、齿轮箱、阀壳、联轴器、衬筒、轴承座等	
	HT300 HT350	属高强度、高耐磨铸件,用于重要的齿轮、凸轮、床身、高压液压筒、液压泵和滑阀的壳体、车床卡盘等	
球墨铸铁	QT700-2 QT600-3	用于曲轴、缸体、车轮等	"QT"是球墨铸铁代号,是表示"球铁"的汉语拼音的第一个字母,它后面的数字表示强度和延伸率的大小
	QT500-7	用于阀体、汽缸、轴瓦等	
	QT450-10 QT400-15	用于减速器箱体、管路、阀体、盖、中低压阀体等	

表 E-2　常用有色金属材料

类别	名称与牌号	应用举例
加工青铜	4-4-4 锡青铜 QSn4-4-4	一般摩擦条件下的轴承、轴套、衬套、圆盘及衬套内垫
	7-0.2 锡青铜 QSn-7-0.2	中负荷、中等滑动速度下的摩擦零件，如抗磨垫圈、轴承、蜗轮等
	9-4 铝青铜 QAl9-4	高负荷下的抗磨、耐蚀零件，如轴承、轴套、衬套、阀座、齿轮、蜗轮等
	10-3-1.5 铝青铜 QAl10-3-1.5	高温下工作的耐磨零件，如齿轮、轴承、衬套、圆盘、飞轮等
	10-4-4 铝青铜 QAl10-4-4	高强度耐磨件及高温下工作零件，如轴衬、轴套、齿轮、螺母、法兰盘、滑座等
	2 铍青铜 QBe2	高速、高温、高压下工作的耐磨零件，如轴承、衬套等
铸造铜合金	5-5-5 锡青铜 ZCuSn5Pb5Zn5	用于较高负荷、中等滑动速度下工作的耐磨、耐蚀零件，如轴瓦、衬套、油塞、蜗轮等
	10-1 锡青铜 ZCuSn10P1	用于小于 20 MPa 和滑动速度小于 8 m/s 条件下工作的耐磨零件，如齿轮、蜗轮、轴瓦、轴套等
	10-2 锡青铜 ZCuSn10Zn2	用于中等负荷和小滑动速度下工作的管配件及阀、旋塞、泵体、齿轮、蜗轮、叶轮等
	8-13-3-2 铝青铜 ZCuAl8Mn13Fe3Ni2	用于强度高耐蚀重要零件，如船舶螺旋桨、高压阀体、泵体、耐压耐磨的齿轮、蜗轮、法兰、衬套等
	9-2 铝青铜 ZCuAl9Mn2	用于制造耐磨结构简单的大型铸件，如衬套、蜗轮及增压器内气封等
	10-3 铝青铜 ZCuAl10Fe3	制造强度高、耐磨、耐蚀零件，如蜗轮、轴承、衬套、管嘴、耐热管配件
	9-4-4-2 铝青铜 ZCuAl9Fe4Ni4Mn2	制造高强度重要零件，如船舶螺旋桨、耐磨及 400 ℃以下工作的零件，如轴承、齿轮、蜗轮、螺母、法兰、阀体、导向套管等
	25-6-3-3 铝黄铜 ZCuZn25Al6Fe3Mn3	适于高强耐磨零件，如桥梁支承板、螺母、螺杆、耐磨板、滑块、蜗轮等
	38-2-2 锰黄铜 ZCuZn38Mn2Pb2	一般用途结构件，如套筒、衬套、轴瓦、滑块等
铸造铝合金	ZL301 ZL102 ZL401	用于受大冲击负荷、高耐蚀的零件； 用于汽缸活塞以及高温复杂形状零件； 适用于压力铸造的高强度铝合金

表 E-3　常用非金属材料

类别	名称	代号	说明及规格		应用举例
			厚度/mm	宽度/mm	
工业用橡胶板	普通橡胶板	1608	0.5、1、1.5、2、2.5、3、4、5、6、8、10、12、14、16、18、20、22、25、30、40、50	500～2 000	能在－30～＋60 ℃的空气中工作，适于冲制各种密封、缓冲胶圈、垫板及铺设工作台、地板
		1708			
		1613			
	耐油橡胶板	3707			可在－30～80 ℃温度之间的机油、汽油、变压器油等介质中工作，适于冲制各种形状的垫圈
		3807			
		3709			
		3809			
尼龙	尼龙 尼龙 1010		有高的抗拉强度和良好的冲击韧性，一定的耐热性（可在 100 ℃以下使用），能耐弱酸、弱碱，耐油性良好		用以制作机械传动零件，有良好的灭音性，运转时噪声小，常用来做齿轮等零件
石棉制品	耐油橡胶石棉板		有厚度为 0.4～0.3 mm 的十种规格		供航空发动机的煤油、润滑油及冷气系统接合处的密封衬垫材料
	油浸石棉盘根	YS450	盘根形状分 F（方形）形、Y（圆形）形、N（扭制）形三种，按需选用		适用于回转轴，往复活塞或阀门杆上作为密封材料，介质为蒸汽、空气、工业用水、重质石油产品
	橡胶石棉盘根	XS450	该牌号盘根只有 F（方形）形		适用于作蒸汽机、往复泵的活塞和阀门杆上的密封材料
其他制品	毛毡	112-32-44（细毛） 122-30～38（半粗毛） 132-32～36（粗毛）	厚度为 1.5～2.5 mm		用作密封、防漏油、防震、缓冲衬垫等。按需要选用细毛、半粗毛、粗毛
	软钢板纸		厚度为 0.5～3.0 mm		用作密封连接处垫片
	聚四氟乙烯	SFL-4-13	耐腐蚀、耐高温（＋250 ℃），并具有一定的强度，能切削加工成各种零件		用于腐蚀介质中，起密封和减磨作用，用作垫圈等
	有机玻璃板		耐盐酸、硫酸、草酸、烧碱和纯碱等一般酸碱以及二氧化硫、臭氧等气体腐蚀		适用于耐腐蚀和需要透明的零件

表 E-4 常用的热处理和表面处理名词解释

名词	代号及标注示例	说明	应用
退火	Th	将钢件加热到临界温度以上(一般是710～715 ℃,个别合金钢 800～900 ℃)30～50 ℃,保温一段时间,然后缓慢冷却(一般在炉中冷却)	用来消除铸造、锻、焊零件的内应力,降低硬度,便于切削加工,细化金属晶粒,改善组织,增加韧性
正火	Z	将钢件加热到临界温度以上,保温一段时间,然后用空气冷却,冷却速度比退火快	用来处理低碳和中碳结构钢及渗碳零件,使其组织细化,增加强度与韧性,减少内应力,改善切削性能
淬火	C C48—淬火回火 (45～50HRC)	将钢件加热到临界温度以上,保温一段时间,然后在水、盐水或油中(个别材料在空气中)急速冷却,使其得到高硬度	用来提高钢的硬度和强度极限。但淬火会引起内应力,使钢变脆,所以淬火后必须回火
回火	回火	将淬硬的钢件加热到临界点以下的温度,保温一段时间,然后在空气中或油中冷却下来	用来消除淬火后的脆性和内应力,提高钢的塑性和冲击韧性
调质	T T235——调质至 220～250HB	淬火后在 450～650 ℃进行高温回火,称为调质	用来使钢获得高的韧性和足够的强度。重要的齿轮、轴及丝杆等零件是调质处理的
表面淬火 火焰淬火	H54——火焰淬火后,回火到 52～58HRC	用火焰或高频电流将零件表面迅速加热至临界温度以上,急速冷却	使零件表面获得高硬度,而芯部保持一定的韧性,使零件既耐磨又能承受冲击。表面淬火常用来处理齿轮等
表面淬火 高频淬火	G52——高频淬火后,回火到 50～55HRC		
渗碳淬火	50.5-C59——渗碳层深 0.5,淬火硬度 56～62HRC	在渗碳剂中将钢件加热到 900～950 ℃,停留一定时间,将碳渗入钢表面,温度约为 0.5～2 mm,再淬火后回火	增加钢件的耐磨性能,表面硬度、抗拉强度及疲劳极限。适用于低碳、中碳(含量<0.40%)结构钢的中小型零件
氮化	D0.3-900——氮化深度为 0.3,硬度大于 850HV	氮化是在 500～600 ℃通入氮的炉子内加热,向钢的表面渗入氮原子的过程。氮化层为 0.025～0.8 mm,氮化时间需 40～50 h	增加钢件的耐磨性能、表面硬度、疲劳极限和抗蚀能力。适用于合金钢、碳钢、铸铁件,如机床主轴、丝杆以及在潮湿碱水和燃烧气体介质的环境中工作的零件
氰化	Q59——氰化淬火后,回火至 56～62HRC	在 820～860 ℃炉内通入碳和氮,保温 1～2 h,使钢件的表面同时渗入碳、氮原子,可得到 0.2～0.5 mm 的氰化层	增加表面硬度、耐磨性、疲劳强度和耐蚀性。用于要求硬度高、耐磨的中小型及薄片零件和刀具等

表 E-4(续)

名词	代号及标注示例	说明	应用
时效	时效处理	低温回火后，精加工之前，加热到 100～160 ℃，保持 10～40 h。对铸件也可用天然时效(放在露天中一年以上)	使工件消除内应力和稳定形状，用于量具、精密丝杆、床身导轨、床身等
发蓝 发黑	发蓝或发黑	将金属零件放在很浓的碱和氧化剂溶液中加热氧化，使金属表面形成一层氧化铁所组成的保护性薄膜	防腐蚀、美观。用于一般连接的标准件和其他电子类零件
硬度	HB(布氏硬度)	材料抵抗硬的物体压入其表面的能力称“硬度”。根据测定的方法不同，可分布氏硬度、洛氏硬度和维氏硬度 硬度的测定是检验材料经热处理后的机械性能——硬度	用于退火、正火、调质的零件及铸件的硬度检验
	HRC(洛氏硬度)		用于经淬火、回火及表面渗碳、渗氮等处理的零件硬度检验
	HV(维氏硬度)		用于薄层硬化零件的硬度检验

附录 F　AutoCAD 常用快捷键

表 F-1　AutoCAD 中常用的快捷键

快捷键名称	功能	快捷键名称	功能
F1	AutoCAD 帮助	Ctrl+N	新建图形文件
F2	实现作图窗口和文本窗口的切换	Ctrl+M	打开选项对话框
F3	控制是否实现对象自动捕捉	Ctrl+1	打开特性对话框
F4	数字化仪开关	Ctrl+2	打开图形资源管理器
F5	等轴测平面切换	Ctrl+6	数据库连接
F6	控制状态行上坐标的显示方式	Ctrl+O	打开图形文件
F7	栅格显示模式控制	Ctrl+S	保存文件
F8	正交模式控制	Ctrl+C	复制
F9	栅格捕捉模式控制	Ctrl+V	粘贴剪贴板上的内容
F10	极轴模式控制	Ctrl+X	剪切所选择的内容
F11	对象追踪模式控制	Ctrl+Z	重做
DELL	清除	Ctrl+Y	取消前一步的操作
Ctrl+K	超级链接	Ctrl+P	打印

注：快捷键是 Windows 系统提供的一些使用功能键或功能键和普通键的组合来达到快速操作的目的。